Grundlagen der Elektrotechnik 1

Manfred Albach

Grundlagen der Elektrotechnik 1

Erfahrungssätze, Bauelemente, Gleichstromschaltungen

3., aktualisierte Auflage

Higher Education
München • Harlow • Amsterdam • Madrid • Boston
San Francisco • Don Mills • Mexico City • Sydney
a part of Pearson plc worldwide

Bibliografische Information der Deutschen Nationalbibliothek

Die Deutsche Nationalbibliothek verzeichnet diese Publikation in der Deutschen Nationalbibliografie;
detaillierte bibliografische Daten sind im Internet über *http://dnb.d-nb.de* abrufbar.

Die Informationen in diesem Buch werden ohne Rücksicht auf einen
eventuellen Patentschutz veröffentlicht.
Warennamen werden ohne Gewährleistung der freien Verwendbarkeit benutzt.
Bei der Zusammenstellung von Texten und Abbildungen wurde mit größter
Sorgfalt vorgegangen. Trotzdem können Fehler nicht ausgeschlossen werden.
Verlag, Herausgeber und Autoren können für fehlerhafte Angaben
und deren Folgen weder eine juristische Verantwortung noch irgendeine Haftung übernehmen.
Für Verbesserungsvorschläge und Hinweise auf Fehler sind Verlag und Autor dankbar.

Alle Rechte vorbehalten, auch die der fotomechanischen Wiedergabe und der
Speicherung in elektronischen Medien.
Die gewerbliche Nutzung der in diesem Produkt gezeigten Modelle und Arbeiten
ist nicht zulässig.

Fast alle Produktbezeichnungen und weitere Stichworte und sonstige Angaben,
die in diesem Buch verwendet werden, sind als eingetragene Marken geschützt.
Da es nicht möglich ist, in allen Fällen zeitnah zu ermitteln, ob ein Markenschutz besteht,
wird das ®-Symbol in diesem Buch nicht verwendet.

10 9 8 7 6 5 4 3 2

13 12

ISBN 978-3-86894-079-4

© 2011 by Pearson Deutschland GmbH
Martin-Kollar-Straße 10-12, D-81829 München/Germany
Alle Rechte vorbehalten
www.pearson.de
A part of Pearson plc worldwide
Programmleitung: Birger Peil, bpeil@pearson.de
Korrektorat: Brigitta Keul
Einbandgestaltung: Thomas Arlt, tarlt@adesso21.net
Herstellung: Philipp Burkart, pburkart@pearson.de
Satz: mediaService, Siegen (www.media-service.tv)
Druck und Verarbeitung: GraphyCems, Villatuerta

Printed in Spain

Inhaltsübersicht

Vorwort 11

Kapitel 1 Das elektrostatische Feld 15

Kapitel 2 Das stationäre elektrische Strömungsfeld 79

Kapitel 3 Einfache elektrische Netzwerke 109

Kapitel 4 Stromleitungsmechanismen 151

Kapitel 5 Das stationäre Magnetfeld 175

Kapitel 6 Das zeitlich veränderliche elektromagnetische Feld 233

Anhang A Vektoren 303

Anhang B Orthogonale Koordinatensysteme 311

Anhang C Ergänzungen zur Integralrechnung 319

Anhang D Physikalische Grundbegriffe 327

Literaturverzeichnis 333

Verzeichnis der verwendeten Symbole 335

Griechisches Alphabet 341

Koordinatensysteme 342

Register 345

Inhaltsverzeichnis

Vorwort   11

Kapitel 1   Das elektrostatische Feld   15

1.1   Die elektrische Ladung   17
1.2   Das Coulomb'sche Gesetz   18
1.3   Die elektrische Feldstärke   19
1.4   Überlagerung von Feldern   21
1.5   Kräfte zwischen Ladungsverteilungen   24
1.6   Ladungsdichten   26
1.7   Darstellung von Feldern   27
       1.7.1   Feldbild für zwei Punktladungen   29
       1.7.2   Qualitative Darstellung von Feldbildern   31
1.8   Das elektrostatische Potential   31
       1.8.1   Das Potential einer Punktladung   34
       1.8.2   Äquipotentialflächen   36
1.9   Die elektrische Spannung   37
1.10   Die elektrische Flussdichte   38
1.11   Das Verhalten der Feldgrößen bei einer Flächenladung   41
1.12   Feldstärke an leitenden Oberflächen   45
1.13   Die Influenz   47
       1.13.1   Dünne leitende Platten im homogenen Feld   47
       1.13.2   Im leitenden Körper eingeschlossener Hohlraum   49
1.14   Die dielektrische Polarisation   51
1.15   Kräfte im inhomogenen Feld   57
1.16   Sprungstellen der Dielektrizitätskonstanten   58
1.17   Die Kapazität   60
       1.17.1   Der Plattenkondensator   61
       1.17.2   Der Kugelkondensator   62
1.18   Einfache Kondensatornetzwerke   65
1.19   Praktische Ausführungsformen von Kondensatoren   67
       1.19.1   Der Vielschichtkondensator   67
       1.19.2   Der Drehkondensator   68
       1.19.3   Der Wickelkondensator   69
1.20   Die Teilkapazitäten   69
1.21   Der Energieinhalt des Feldes   70
       Zusammenfassung   74
       Übungsaufgaben   75

Kapitel 2   Das stationäre elektrische Strömungsfeld   79

2.1   Der elektrische Strom   81
2.2   Die Stromdichte   83
2.3   Definition des stationären Strömungsfeldes   86

2.4	Ladungsträgerbewegung im Leiter	86
2.5	Die spezifische Leitfähigkeit und der spezifische Widerstand	88
2.6	Das Ohm'sche Gesetz	91
2.7	Praktische Ausführungsformen von Widerständen	96
	2.7.1 Festwiderstände	96
	2.7.2 Einstellbare Widerstände	98
	2.7.3 Weitere Widerstände	98
2.8	Das Verhalten der Feldgrößen an Grenzflächen	99
	2.8.1 Verschwindende Leitfähigkeit in einem Teilbereich	101
	2.8.2 Perfekte Leitfähigkeit in einem Teilbereich	101
2.9	Energie und Leistung	102
	Zusammenfassung	105
	Übungsaufgaben	106

Kapitel 3 Einfache elektrische Netzwerke 109

3.1	Zählpfeile	111
3.2	Spannungs- und Stromquellen	113
3.3	Zählpfeilsysteme	115
3.4	Die Kirchhoff'schen Gleichungen	115
3.5	Einfache Widerstandsnetzwerke	119
	3.5.1 Der Spannungsteiler	124
	3.5.2 Der belastete Spannungsteiler	126
	3.5.3 Messbereichserweiterung eines Spannungsmessgerätes	128
	3.5.4 Der Stromteiler	129
	3.5.5 Messbereichserweiterung eines Strommessgerätes	130
	3.5.6 Widerstandsmessung	130
3.6	Reale Spannungs- und Stromquellen	133
3.7	Wechselwirkungen zwischen Quelle und Verbraucher	135
	3.7.1 Zusammenschaltung von Spannungsquellen	135
	3.7.2 Leistungsanpassung	136
	3.7.3 Wirkungsgrad	139
3.8	Das Überlagerungsprinzip	141
3.9	Analyse umfangreicher Netzwerke	143
	Zusammenfassung	148
	Übungsaufgaben	149

Kapitel 4 Stromleitungsmechanismen 151

4.1	Stromleitung im Vakuum	153
4.2	Stromleitung in Gasen	157
4.3	Stromleitung in Flüssigkeiten	158
4.4	Ladungstransport in Halbleitern	162
	4.4.1 Der *pn*-Übergang	166
	4.4.2 Die Diode	169
	Zusammenfassung	171
	Übungsaufgaben	172

Kapitel 5 Das stationäre Magnetfeld 175

- 5.1 Magnete 177
- 5.2 Kraft auf stromdurchflossene dünne Leiter 179
- 5.3 Kraft auf geladene Teilchen 183
- 5.4 Definition der Stromstärke 183
- 5.5 Die magnetische Feldstärke 186
- 5.6 Das Oersted'sche Gesetz 187
- 5.7 Die magnetische Feldstärke einfacher Leiteranordnungen 189
  - 5.7.1 Unendlich langer kreisförmiger Linienleiter 189
  - 5.7.2 Toroidspule 190
  - 5.7.3 Lang gestreckte Zylinderspule 192
- 5.8 Die magnetische Spannung 194
- 5.9 Der magnetische Fluss 195
- 5.10 Die magnetische Polarisation 195
  - 5.10.1 Diamagnetismus 199
  - 5.10.2 Paramagnetismus 199
  - 5.10.3 Ferromagnetismus 200
  - 5.10.4 Dauermagnete 202
- 5.11 Das Verhalten der Feldgrößen an Grenzflächen 204
- 5.12 Die Analogie zwischen elektrischem und magnetischem Kreis 206
- 5.13 Die Induktivität 210
  - 5.13.1 Induktivität der Ringkernspule 211
  - 5.13.2 Induktivität einer Doppelleitung 213
- 5.14 Der magnetische Kreis mit Luftspalt und der A_L-Wert 217
  - 5.14.1 Zusammenhang von Luftspaltlänge und Windungszahl 219
  - 5.14.2 Zusammenhang von Luftspaltlänge und Flussdichte 221
- 5.15 Praktische Ausführungsformen von Induktivitäten 223
  - 5.15.1 Drahtgewickelte Luftspulen 223
  - 5.15.2 Planare Luftspulen 226
  - 5.15.3 Spulen mit hochpermeablen Kernen 226
- Zusammenfassung 228
- Übungsaufgaben 229

Kapitel 6 Das zeitlich veränderliche elektromagnetische Feld 233

- 6.1 Das Induktionsgesetz 235
- 6.2 Die Selbstinduktion 248
- 6.3 Einfache Induktivitätsnetzwerke 249
- 6.4 Die Gegeninduktion 250
  - 6.4.1 Die Gegeninduktivität zweier Doppelleitungen 254
  - 6.4.2 Die Koppelfaktoren 259
- 6.5 Der Energieinhalt des Feldes 260
  - 6.5.1 Die Energieberechnung aus den Feldgrößen 263
  - 6.5.2 Die Hystereseverluste 265
- 6.6 Anwendung der Bewegungsinduktion 267
  - 6.6.1 Das Generatorprinzip 267
  - 6.6.2 Das Drehstromsystem 270

6.7	Anwendung der Ruheinduktion	274
	6.7.1 Der verlustlose Übertrager	275
	6.7.2 Die Punktkonvention	280
	6.7.3 Der verlustlose streufreie Übertrager	286
	6.7.4 Der ideale Übertrager	287
	6.7.5 Die Widerstandstransformation	289
	6.7.6 Ersatzschaltbilder für den verlustlosen Übertrager	289
	6.7.7 Der verlustbehaftete Übertrager	294
	6.7.8 Der Spartransformator	295
	Zusammenfassung	297
	Übungsaufgaben	298

Anhang A Vektoren 303

A.1	Einheitsvektoren	305
A.2	Einfache Rechenoperationen mit Vektoren	305
	A.2.1 Addition und Subtraktion von Vektoren	305
	A.2.2 Multiplikation von Vektor und Skalar	306
A.3	Das Skalarprodukt	306
A.4	Das Vektorprodukt	307
A.5	Zerlegung eines Vektors in seine Komponenten	308
A.6	Vektorbeziehungen in Komponentendarstellung	309
A.7	Formeln zur Vektorrechnung	310

Anhang B Orthogonale Koordinatensysteme 311

B.1	Das kartesische Koordinatensystem	312
B.2	Krummlinige orthogonale Koordinatensysteme	314
B.3	Die Zylinderkoordinaten	316
B.4	Die Kugelkoordinaten	317

Anhang C Ergänzungen zur Integralrechnung 319

C.1	Das Linienintegral einer vektoriellen Größe	320
C.2	Der Fluss eines Vektorfeldes	323

Anhang D Physikalische Grundbegriffe 327

D.1	Physikalische Größen	328
D.2	Physikalische Gleichungen	331
	D.2.1 Größengleichungen	331
	D.2.2 Zugeschnittene Größengleichungen	332

Literaturverzeichnis 333

Verzeichnis der verwendeten Symbole 335

Griechisches Alphabet 341

Koordinatensysteme 342

Register 345

Vorwort

Die Aufgabe der Elektrotechnik besteht in der technischen Nutzbarmachung der aus der Physik gewonnenen Erkenntnisse über die elektromagnetischen Erscheinungen und deren Gesetzmäßigkeiten. Von dem in diesem Arbeitsumfeld tätigen Ingenieur wird unabhängig von der speziellen Studienrichtung, z.B. Informations- und Kommunikationstechnik, Mikroelektronik, Automatisierungstechnik oder auch Energie- und Antriebstechnik, ein fundamentales Verständnis der grundlegenden Zusammenhänge erwartet. Selbst in der Mechatronik und im Maschinenbau ist dieses Grundwissen unerlässlich.

Das dreibändige Lehrwerk *Grundlagen der Elektrotechnik* stellt das notwendige Fachwissen in einer leicht verständlichen und klar strukturierten Form zusammen. Es richtet sich an Studenten der genannten Fachrichtungen an Fachhochschulen und Universitäten und basiert auf den Erfahrungen einer mehrjährig durchgeführten Vorlesung an der Universität Erlangen-Nürnberg.

Warum ein neues Grundlagenbuch?

Meine Erfahrungen aus den Vorlesungen im Grundstudium zeigen, dass die vielfältigen Erscheinungen des Elektromagnetismus die Studierenden zunächst vor erhebliche Probleme stellen. Während die Gesetze der Mechanik oft sehr anschaulich sind und viele Begriffe aus dem alltäglichen Bereich zur Beschreibung der physikalischen Zusammenhänge verwendet werden, ist die Situation bei den elektrischen und magnetischen Vorgängen völlig anders. Zur mathematischen Formulierung der physikalischen Beobachtungen werden neue Begriffe wie z.B. der Begriff des *elektromagnetischen Feldes* oder der Begriff des *Dipols* eingeführt, für die es keine Entsprechung aus dem Erfahrungsschatz des Alltags gibt. Der Überwindung dieser Anfangsschwierigkeiten wird besondere Aufmerksamkeit geschenkt.

Für ein grundlegendes Verständnis der elektromagnetischen Erscheinungen ist es wichtig, sich schon frühzeitig mit dem Begriff des *Feldes* vertraut zu machen und dessen praktische Anwendung zu üben. An einfachen Anordnungen wird gezeigt, wie aus den im Allgemeinen dreidimensionalen Feldverteilungen die integralen Größen Spannung, Strom, Widerstand, Kapazität und Induktivität abgeleitet werden können, mit deren Hilfe die ursprüngliche Feldbeschreibung auf eine einfache (summarische) Berechnung mit skalaren Größen zurückgeführt werden kann.

Mithilfe der Begriffe *elektrischer* und *magnetischer Dipol* werden die beobachtbaren Phänomene in der Materie am mikroskopischen Verhalten der Atome und Moleküle auf einfache Weise veranschaulicht. Gleichzeitig aber erlaubt die makroskopische Betrachtungsweise, d.h. die Mittelung über das Verhalten einer sehr großen Anzahl von Atomen, die Erfassung der speziellen Materialeigenschaften durch einfache skalare Größen.

Inhaltlicher Aufbau

Den Einstieg in die einzelnen Kapitel bilden die aus Experimenten abgeleiteten und in die Sprache der Mathematik übertragenen *Erfahrungssätze*. Ausgehend von Kraftwirkungen zwischen ruhenden Ladungsverteilungen, die auch ohne das Vorhandensein eines Übertragungsmediums im Vakuum beobachtbar sind, wird der Begriff des *elektrischen Feldes* eingeführt. Die Ladungsträgerbewegung im Leiter mit konstanter mittlerer Geschwindigkeit führt zu den Gleichstromnetzwerken, die im dritten Kapitel ausführlich behandelt werden. Das vierte Kapitel beschreibt die unterschiedlichen Stromleitungsmechanismen im Vakuum, in Gasen, Flüssigkeiten und in Halbleitern. Die Kraftwirkung zwischen den zeitlich konstanten Strömen führt zu dem Begriff des *magnetischen Feldes*. Den Abschluss bildet das zeitlich veränderliche elektromagnetische Feld und seine Anwendung bei der Erzeugung elektrischer Energie in Generatoren sowie die Anwendung bei den Transformatoren und den Übertragern.

Der zweite Band, *ISBN: 978-3-86894-080-0*, behandelt die Analyse von Wechselstromschaltungen und die Schaltvorgänge. Die ausführliche Netzwerktheorie und die Besonderheiten nicht linearer Schaltungen sind Bestandteil des dritten Bandes, *ISBN: 978-3-8273-7107-2*.

Didaktische Besonderheiten

Das Lehrwerk ist so aufgebaut, dass es auch zum autodidaktischen Lernen geeignet ist. Aus der Mathematik der gymnasialen Oberstufe sollte die Differential- und Integralrechnung bekannt sein. Die Vektorrechnung und die grundlegenden Koordinatensysteme werden im Anhang ausführlich behandelt. Die immer wiederkehrenden Begriffe eines Linienintegrals und eines Hüllflächenintegrals werden ebenfalls im Anhang an zwei einfachen Beispielen auf anschauliche Weise erläutert.

Die wichtigsten Erkenntnisse aus den einzelnen Abschnitten sind als Zusammenfassungen und Merksätze besonders hervorgehoben. Durch Referenzen in den Formeln auf vorhergehende Gleichungen wird das Nachvollziehen der Ableitungen wesentlich erleichtert. Ausgewählte Beispiele, die zu einem tieferen Verständnis der Zusammenhänge beitragen, sind im Text integriert.

Ohne Hilfe geht es nicht

Für das sorgfältige Korrekturlesen sowie die kritische Durchsicht des Manuskriptes möchte ich Herrn Dr.-Ing. H. Roßmanith und Herrn Dipl.-Ing. Univ. S. Schuh ausdrücklich danken, ebenso Frau H. Schadel und Herrn Dipl.-Ing. H. Weglehner für die Unterstützung beim Erstellen der Bilder und bei der Formatierung des Textes.

Hinweise auf eventuelle Fehler und Verbesserungsvorschläge werden jederzeit dankbar entgegengenommen (*M.Albach@emf.eei.uni-erlangen.de*).

Ein Buch zu den Grundlagen der Elektrotechnik stellt eine besondere Herausforderung dar, einerseits soll ein solides Fundament für das weitere Studium gelegt werden, andererseits darf die neue Begriffswelt nicht als Abschreckung empfunden werden. Der Autor hofft, dass dieser Kompromiss mit dem vorliegenden Buch gelungen ist.

Erlangen   Manfred Albach

Vorwort zur 2. und 3. Auflage

Mit diesen Auflagen wurde dem Wunsch vieler Leser entsprochen, ergänzende Beispiele mit Lösungen in den Text zu integrieren. Einige Erweiterungen in Form von zusätzlichen Abbildungen und ausführlicheren Erklärungen sollen dazu beitragen, das Verständnis einiger offenbar doch schwieriger Zusammenhänge zu erleichtern.

Gedankt sei an dieser Stelle allen, die mit zahlreichen Anregungen und Kommentaren zu Verbesserungen beigetragen haben.

Handhabung des Buches

Dozent Der vorliegende Band ist Teil einer vierstündigen Vorlesung „Grundlagen der Elektrotechnik" im 1. Semester an der Universität Erlangen-Nürnberg. Die in einer zusätzlichen zweistündigen Übung behandelten Aufgaben stehen komplett mit Lösungen im Downloadbereich bei der entsprechenden Vorlesung auf der Lehrstuhl-Homepage zur Verfügung. Die im Buch verwendeten Abbildungen sind zum Einsatz in eigenen Vorlesungen auf der Companion Website verfügbar.

Folien

Student Jedes Kapitel beginnt mit einer kurzen themenbezogenen Einleitung und mit einer Liste der zu erreichenden Lernziele. Am Ende der Kapitel werden die Kernaussagen und die wichtigsten Gedankengänge noch einmal in einer Übersicht zusammengestellt.

Lösungen

Zur Vertiefung des Stoffes und zur Vorbereitung auf die Klausur endet jedes Kapitel mit einer kleinen Aufgabensammlung. Es wird dringend empfohlen, diese Aufgaben weitestgehend eigenständig zu lösen. Zur Kontrolle stehen die ausführlichen Lösungswege im Downloadbereich bei der entsprechenden Vorlesung auf der Lehrstuhl-Homepage und auf der Companion Website zur Verfügung.

CWS zum Buch

Neben den ausführlichen Lösungen zu diesem Buch ist eine umfangreiche Sammlung von Klausuraufgaben und Übungsbeispielen zusammen mit einer ausführlichen Beschreibung des Lösungswegs unter *www.pearson-studium.de* verfügbar. Sie gelangen am schnellsten zu der Buchseite, indem Sie dort in das Feld *Schnellsuche* die Buchnummer **4079** eingeben. Dort finden Sie auch weiterführende Links u.a. zur Lehrstuhl-Homepage der Universität Erlangen.

Erlangen *Manfred Albach*

Das elektrostatische Feld

1.1	Die elektrische Ladung	17
1.2	Das Coulomb'sche Gesetz	18
1.3	Die elektrische Feldstärke	19
1.4	Überlagerung von Feldern	21
1.5	Kräfte zwischen Ladungsverteilungen	24
1.6	Ladungsdichten	26
1.7	Darstellung von Feldern	27
1.8	Das elektrostatische Potential	31
1.9	Die elektrische Spannung	37
1.10	Die elektrische Flussdichte	38
1.11	Das Verhalten der Feldgrößen bei einer Flächenladung	41
1.12	Feldstärke an leitenden Oberflächen	45
1.13	Die Influenz	47
1.14	Die dielektrische Polarisation	51
1.15	Kräfte im inhomogenen Feld	57
1.16	Sprungstellen der Dielektrizitätskonstanten	58
1.17	Die Kapazität	60
1.18	Einfache Kondensatornetzwerke	65
1.19	Praktische Ausführungsformen von Kondensatoren	67
1.20	Die Teilkapazitäten	69
1.21	Der Energieinhalt des Feldes	70

1 Das elektrostatische Feld

Einführung

>> In diesem Kapitel werden wir uns zunächst mit dem Begriff der elektrischen Ladung beschäftigen. Die Existenz solcher Ladungen ist die Ursache für alle elektromagnetischen Erscheinungen. Wer kennt nicht das Zucken im Finger beim Anfassen eines Geländers, nachdem man über einen Teppich gelaufen ist, oder die spektakulären Vorführungen, bei denen eine Person unbeschadet einen Metallkäfig verlässt, in den ein Blitz eingeschlagen hat.

Zur Beschreibung solcher Phänomene werden wir den Begriff des Feldes, in diesem speziellen Kapitel den Begriff des elektrostatischen Feldes einführen. Anordnungen mit ruhenden Ladungen bieten den leichtesten Einstieg in die mathematische Behandlung von Feldberechnungen. Obwohl die Feldtheorie und die ihr zugrunde liegenden Maxwell'schen Gleichungen das zentrale Fundament für die Elektrotechnik bilden, werden wir in diesen Grundlagenbüchern nur die Konzepte kennen lernen und uns auf einfachste Anordnungen beschränken.

Ausgangspunkt für dieses Kapitel ist das Coulomb'sche Gesetz, das die Kraftwirkung zwischen ruhenden Ladungen beschreibt. Als einen der wichtigsten Begriffe werden wir die Kapazität kennen lernen, eine aus der Feldverteilung abgeleitete integrale Größe, die die Fähigkeit einer Anordnung beschreibt, elektrische Energie zu speichern. Erst mit diesen Begriffen, später kommen noch Widerstand und Induktivität hinzu, sind wir gut gerüstet, reale Bauelemente durch mehr oder weniger komplizierte Modelle zu ersetzen und damit Schaltungen aufzubauen, zu analysieren und auch die Grenzen bei der Schaltungsanalyse mit vereinfachten Modellen zu verstehen. <<

LERNZIELE

Nach Durcharbeiten dieses Kapitels und dem Lösen der Übungsaufgaben werden Sie in der Lage sein,

- mithilfe des Coulomb'schen Gesetzes Kräfte auf Ladungen zu berechnen,
- das elektrostatische Feld für einfache Ladungsanordnungen zu berechnen,
- die zugehörigen Äquipotentialflächen und Feldlinien darzustellen,
- die elektrische Spannung aus den Feldgrößen zu bestimmen,
- das Verhalten der Feldgrößen an Sprungstellen der Materialeigenschaften zu bestimmen,
- die Kapazität von einfachen Leiteranordnungen zu berechnen,
- die Zusammenschaltung von Kondensatoren zu vereinfachen sowie
- die im elektrostatischen Feld gespeicherte Energie zu berechnen.

1.1 Die elektrische Ladung

Zum Einstieg in dieses Kapitel betrachten wir ein kleines Experiment. Werden zwei Glasstäbe mit einem Wolltuch gerieben, dann kann man feststellen, dass sich die beiden Stäbe gegenseitig abstoßen. Wird das gleiche Experiment mit zwei Kunststoffstäben wiederholt, dann bleibt das Ergebnis gleich, auch diese beiden Stäbe stoßen sich gegenseitig ab. Im Gegensatz dazu ziehen sich ein Glas- und ein Kunststoffstab gegenseitig an. Diese mit den Gesetzen der Mechanik nicht zu erklärende Erscheinung führt man auf Ladungen zurück. Da sowohl Anziehung als auch Abstoßung auftritt, müssen zwei verschiedene Arten von Ladungen existieren. Man unterscheidet daher positive und negative Ladungen.

Die den beobachteten Kraftwirkungen zugrunde gelegte Modellvorstellung ist in ▶Abb. 1.1 dargestellt. Nach diesem vereinfachten Atommodell von Niels Bohr (1885 – 1962) bestehen Atome aus Kernen, die Protonen (positive Ladungsträger) und Neutronen enthalten, sowie aus Elektronen (negative Ladungsträger), die den Kern auf bestimmten Bahnen umkreisen. Mehrere Bahnen bilden zusammen eine Schale. Auf jeder Schale können sich nur eine begrenzte Anzahl von Elektronen aufhalten. Die Summe aller den Kern umkreisenden Elektronen bezeichnet man als Elektronenhülle. Der Atomkern besitzt einen Durchmesser in der Größenordnung von 10^{-14} m, während der Durchmesser der Elektronenumlaufbahnen etwa um den Faktor 10 000 größer ist. (Die Abmessungsverhältnisse in der Abb. 1.1 sind nicht maßstabsgerecht.)

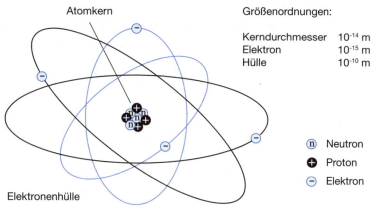

Abbildung 1.1: Bohr'sches Atommodell

Die kleinste, d.h. nicht weiter unterteilbare, Ladungsmenge heißt **Elementarladung** e. Ihr experimentell bestimmter Wert beträgt $e = 1{,}6021892 \cdot 10^{-19}$ As. Da die Ladung der Protonen ($+e$) entgegengesetzt gleich groß ist zur Ladung der Elektronen ($-e$) und da die Anzahl der Protonen und Elektronen in den Atomen gleich groß ist, verhalten sich Atome nach außen elektrisch neutral. Die Anzahl der Protonen bzw. Elektronen in einem Atom wird als **Ordnungszahl** bezeichnet, sie beträgt bei Wasserstoff 1 und bei dem in der Elektrotechnik als Leitermaterial verwendeten Kupfer 29. Der Wert von e

ist konstant, er ist insbesondere unabhängig vom Bewegungszustand (Geschwindigkeit) des Teilchens. Im Gegensatz dazu ist die Teilchenmasse abhängig von der Geschwindigkeit.

Bei dem eingangs beschriebenen Experiment werden keine Ladungen *erzeugt*, sondern die positiven und negativen Ladungen getrennt. Von den Atomen des Glasstabs bleiben einige Elektronen am Wolltuch hängen, so dass die positive Gesamtladung des Glasstabs einem **Elektronenmangel** entspricht, während beim Reiben des Kunststoffstabs einige Elektronen vom Wolltuch an dem Stab hängen bleiben, so dass die negative Gesamtladung des Kunststoffstabs einem **Elektronenüberschuss** entspricht. Erst dadurch entstehen die nach außen hin wirksamen Kräfte.

Die im Kern enthaltenen Protonen und Neutronen werden als Nukleonen bezeichnet. Da die Masse der Nukleonen etwa um den Faktor 1836 größer ist als die Masse der Elektronen, bestimmt die Summe der in einem Atom vorhandenen Nukleonen im Wesentlichen dessen Masse. Trotz der gegenseitigen Abstoßung der Protonen werden die Kerne zusammengehalten. Die Ursache für diese Kernbindung ist die als starke Wechselwirkung bezeichnete Kraft zwischen den Nukleonen.

Fassen wir die wesentlichen Aussagen noch einmal zusammen:

Merke

- Ladungen sind stets ein Vielfaches der Elementarladung.
- In einem abgeschlossenen System ist die Summe der Ladungen stets konstant. Diese Aussage gilt unabhängig von dem Bewegungszustand des Beobachters.
- Ladungen gleichen Vorzeichens stoßen sich gegenseitig ab, Ladungen unterschiedlichen Vorzeichens ziehen sich gegenseitig an.

1.2 Das Coulomb'sche Gesetz

Durch Messung hat Charles Augustin de Coulomb (1736 – 1806) festgestellt, dass die Kraft F zwischen zwei Ladungen Q_1 und Q_2 betragsmäßig proportional zu jeder der beiden Ladungen und umgekehrt proportional zum Quadrat des Abstandes r zwischen den Ladungen ist. Mit der Proportionalitätskonstante $1/(4\pi\varepsilon_0)$ folgt daraus die Beziehung

$$F \sim \frac{Q_1 Q_2}{r^2} \quad \rightarrow \quad F = \frac{1}{4\pi\varepsilon_0} \frac{Q_1 Q_2}{r^2}. \tag{1.1}$$

Der Faktor ε_0 wird als **elektrische Feldkonstante** (Dielektrizitätskonstante des Vakuums) bezeichnet. Durch die Festlegung der Basiseinheit 1A (vgl. Kap. 5.4) ist ε_0 nicht mehr frei wählbar. Messungen ergeben einen auf vier Stellen gerundeten Wert von $\varepsilon_0 = 8{,}854 \cdot 10^{-12}$ As/Vm.

Bei der Gleichung (1.1) wird angenommen, dass die geometrische Ausdehnung der einzelnen Ladungen sehr viel kleiner als der Abstand zwischen den Ladungen ist, daher spricht man hier von der Kraft zwischen **Punktladungen**. In dieser Gleichung kommt noch nicht die Richtung der Kraft zum Ausdruck. Mit der Festlegung eines Einheitsvektors $\vec{e}_r$, der gemäß ▶Abb. 1.2 in Richtung der Verbindungslinie von der Punktladung Q_1 zur Punktladung Q_2 zeigt, kann die Kraft auf die Ladung Q_2 als vektorielle Gleichung

$$\vec{F}_2 = \vec{e}_r \frac{1}{4\pi\varepsilon_0} \frac{Q_1 Q_2}{r^2} \tag{1.2}$$

geschrieben werden. Haben beide Ladungen gleiche Vorzeichen, dann wird die Ladung Q_2 von der Ladung Q_1 abgestoßen, haben sie entgegengesetzte Vorzeichen, dann wirkt die Kraft in Richtung $-\vec{e}_r$ und die Ladung Q_2 wird von Q_1 angezogen.

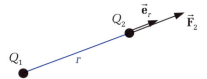

Abbildung 1.2: Zwei Punktladungen gleichen Vorzeichens

Die Unterscheidung der beiden Ladungsarten durch ein positives bzw. negatives Vorzeichen liefert im Zusammenhang mit dem in Gl. (1.2) auftretenden Produkt der Ladungen automatisch die mit den Experimenten übereinstimmende Richtung für den Kraftvektor.

1.3 Die elektrische Feldstärke

Das Coulomb'sche Gesetz (1.2) beschreibt offenbar eine für beliebige Abstände r geltende physikalische Wirkung, ohne dabei eine Aussage über den Raum zwischen den Ladungen zu machen. In diesem Zusammenhang sind zwei Fragen von Bedeutung:

1. Wie kann im Unterschied zur klassischen Mechanik ohne direkten Kontakt und ohne ein stoffliches Medium eine Kraft ausgeübt werden?

2. Ist es möglich, sofort, d.h. ohne Zeitverzug, eine Änderung der Kraftwirkung auf Q_2 wahrzunehmen, wenn Q_1 seine Position relativ zu Q_2 ändert?

Die Schwierigkeiten bei der Beantwortung dieser Fragen lassen sich umgehen mit der Annahme, dass durch die Anwesenheit einer Ladung der umgebende Raum selbst zum Träger physikalischer Eigenschaften wird. Um den Zustand des Raumes in die Beschreibung mit einzubeziehen, wird an dieser Stelle der Begriff des Feldes eingeführt. Unter dem Begriff **Feld** soll hier allgemein verstanden werden, dass jedem Punkt des Raumes zu einem bestimmten Zeitpunkt eindeutig eine oder auch mehrere physikalische Größen zugeordnet werden können und zwar unabhängig von der Wahl eines

Koordinatensystems. Diese Feldgrößen verknüpfen zusammen mit den Materialeigenschaften des Raumes die Ursache und Wirkung an demselben Raumpunkt und zum gleichen Zeitpunkt. Im vorliegenden Fall spricht man von einem **elektrischen Feld**, das sich durch die Kraftwirkung auf Ladungen bemerkbar macht. Ein anderes bekanntes Beispiel für ein Feld ist das Gravitationsfeld, das an den Kraftwirkungen auf Massen erkennbar wird.

Die erste Frage kann unter Zuhilfenahme mechanischer Vorgänge und Wirkungen nicht beantwortet werden. Die Kraft auf die Ladung Q_2 in Gl. (1.2) lässt sich aber mit dem hier eingeführten Feldbegriff darstellen als das Produkt aus dem Wert der Ladung selbst und einer mit $\vec{E}$ bezeichneten vektoriellen Raumzustandsgröße

$$\vec{F}_2 = \vec{e}_r \frac{1}{4\pi\varepsilon_0} \frac{Q_1 Q_2}{r^2} = \vec{E}_1 Q_2 \quad \text{mit} \quad \vec{E}_1 = \vec{e}_r \frac{Q_1}{4\pi\varepsilon_0 r^2} \quad . \tag{1.3}$$

$\vec{E}$ wird **elektrische Feldstärke** genannt und hat die Dimension V/m. Die Kraftwirkung (1.3) als Folge des von der *ruhenden* Ladung Q_1 hervorgerufenen *elektrostatischen* Feldes kann auch im Vakuum nachgewiesen werden und ist nicht an das Vorhandensein von Materie im Raum zwischen den Ladungen gebunden. Misst man die elektrische Feldstärke mit unterschiedlichen Probeladungen Q_2, dann liefert das Verhältnis aus dem Betrag der Kraft zum Wert der Probeladung immer den gleichen Betrag für die elektrische Feldstärke. Da die Feldstärke (1.3) unabhängig ist von der zu ihrem Nachweis notwendigen Probeladung, existiert das elektrostatische Feld als Raumzustand offenbar auch dann, wenn bei Abwesenheit der Probeladung keine Kräfte beobachtet werden.

> **Merke**
>
> Während sich die als *elektrische Feldstärke* bezeichnete vektorielle Raumzustandsgröße auf einen speziellen Raumpunkt bezieht, kennzeichnet man mit dem Begriff *elektrisches Feld* die Gesamtheit der Feldvektoren in allen Raumpunkten.

Die zweite Frage nach dem *zeitlichen Abstand* zwischen Positionsänderung der einen Ladung und daraus resultierender Änderung der Kraftwirkung auf die andere Ladung kann erst im Zusammenhang mit der Ausbreitung elektromagnetischer Wellen beantwortet werden. An dieser Stelle soll lediglich darauf hingewiesen werden, dass die Wellenausbreitung mit Lichtgeschwindigkeit erfolgt und die Information über die Änderung des Raumzustands infolge der Bewegung von Q_1 um die benötigte Laufzeit der Welle für die Distanz r zwischen den Ladungen später bei Q_2 ankommt. Die Änderung der Kraftwirkung auf Q_2 wird sich entsprechend zeitversetzt bemerkbar machen. Diese Effekte spielen aber bei der Behandlung elektrostatischer Probleme keine Rolle.

Kehren wir noch einmal zu dem neu eingeführten Begriff der elektrischen Feldstärke zurück. Die Richtung von $\vec{E}$ wird allgemein in Richtung der Kraft gezählt, die auf eine positive Ladung wirkt. Betrachten wir in diesem Zusammenhang die Gl. (1.3), dann zeigt die Kraft auf eine positive Ladung Q_2 infolge einer ebenfalls als positiv angenommenen Ladung Q_1 in Richtung des Einheitsvektors $\vec{e}_r$, also radial von der Punktladung Q_1 nach außen. Die von der positiven Ladung Q_1 hervorgerufene Feldstärke zeigt damit definitionsgemäß ebenfalls radial nach außen. Die Ladung Q_2 reagiert aber nicht nur mit der auf sie ausgeübten Kraftwirkung infolge des von Q_1 hervorgerufenen Feldes, sondern sie erzeugt ihrerseits eine Feldstärke $\vec{E}_2$, die eine gleich große entgegengesetzt gerichtete Kraft $\vec{F}_1 = \vec{E}_2 Q_1 = -\vec{F}_2$ auf die Punktladung Q_1 ausübt.

Zusammenfassend gilt:

> **Merke**
>
> - Eine positive Punktladung ruft im homogenen Raum der Dielektrizitätskonstanten ε_0 eine radial nach außen gerichtete elektrische Feldstärke hervor, die mit dem Quadrat des Abstandes von der Punktladung abnimmt. Bei einer negativen Punktladung zeigt der Feldstärkevektor zur Punktladung hin.
>
> - Die Kraft auf eine positive Punktladung hat die gleiche Richtung wie die elektrische Feldstärke an der Stelle der Punktladung, bei einer negativen Punktladung zeigen Feldstärke und Kraft in entgegengesetzte Richtungen.
>
> - Die elektrische Feldstärke $\vec{E}$ beschreibt die **Wirkung** (Stärke) des elektrischen Feldes. Sie ist eine **Intensitätsgröße** und wird gemessen durch die auf Ladungen ausgeübte Kraftwirkung.

1.4 Überlagerung von Feldern

Befindet sich eine Punktladung Q_1 im Ursprung des Kugelkoordinatensystems, dann ruft sie die in Gl. (1.3) angegebene Feldstärke hervor. Der Vektor $\vec{e}_r$ entspricht dann dem radialen Einheitsvektor $\vec{e}_r$ des Kugelkoordinatensystems. Zur Verallgemeinerung sei der in ▶Abb. 1.3 dargestellte Fall betrachtet, bei dem sich die Punktladung an der **Quellpunktskoordinate** $\vec{r}_Q$ befindet. Der **Aufpunkt** P (Beobachtungspunkt), an dem das Feld berechnet werden soll, befindet sich, bezogen auf den willkürlich gewählten Ursprung, an der **Aufpunktskoordinate** $\vec{r}_P$. Bezeichnet man den vektoriellen Abstand von dem Quellpunkt Q zum Aufpunkt P mit $\vec{r}$, dann ist die Richtung der Feldstärke im Aufpunkt P durch den Einheitsvektor $\vec{e}_r = \vec{r}/r$ gegeben.

1 Das elektrostatische Feld

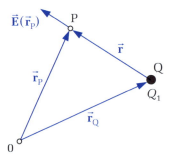

Abbildung 1.3: Punktladung Q_1 am Quellpunkt Q, Berechnung der Feldstärke im Aufpunkt P

Mithilfe der Gl. (1.3) erhält man unmittelbar die an dem Aufpunkt P, d.h. an der Stelle $\vec{r}_P$, vorliegende Feldstärke

$$\vec{E}(\vec{r}_P) = \frac{\vec{r}}{r}\frac{Q_1}{4\pi\varepsilon_0 r^2} = \frac{Q_1}{4\pi\varepsilon_0}\frac{\vec{r}}{r^3} \quad \text{mit} \quad \vec{r} = \vec{r}_P - \vec{r}_Q \quad \text{und} \quad r = |\vec{r}_P - \vec{r}_Q|. \tag{1.4}$$

Betrachten wir noch einmal die Abb. 1.2. Die Kraft auf die Ladung Q_2 ist nach Gl. (1.3) proportional zu der von der Ladung Q_1 am Ort von Q_2 hervorgerufenen Feldstärke. Sind noch weitere Ladungen vorhanden, dann erhält man die Gesamtkraft auf die Ladung Q_2 durch lineare Überlagerung der einzelnen Kräfte, d.h. auch die gesamte elektrische Feldstärke ergibt sich durch Überlagerung der von den einzelnen Ladungen hervorgerufenen Feldstärkebeiträge.

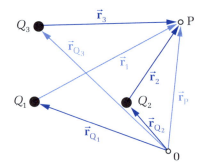

Abbildung 1.4: Das Feld mehrerer Punktladungen

Befinden sich beispielsweise drei Punktladungen Q_i mit $i = 1,2,3$ gemäß ▶Abb. 1.4 an den Stellen $\vec{r}_{Q_i}$ im homogenen Raum der Dielektrizitätskonstanten ε_0 und sind die Abstände der einzelnen Punktladungen von dem Aufpunkt P durch die vektoriellen Entfernungen $\vec{r}_i = \vec{r}_P - \vec{r}_{Q_i}$ der Beträge $r_i = |\vec{r}_i|$ gegeben, dann erhält man die gesamte Feldstärke im Aufpunkt P durch Summation der Beiträge aller drei Ladungen. Für eine beliebige Anzahl Ladungen $i = 1,2,...$ wird die Feldstärke durch Summation über alle Werte i berechnet

$$\vec{E}(\vec{r}_P) \stackrel{(1.4)}{=} \frac{1}{4\pi\varepsilon_0}\sum_{i=1,2,...} Q_i \frac{\vec{r}_i}{r_i^3} \quad \text{mit} \quad \vec{r}_i = \vec{r}_P - \vec{r}_{Q_i} \quad \text{und} \quad r_i = |\vec{r}_i|. \tag{1.5}$$

1.4 Überlagerung von Feldern

> **Merke**
>
> Die Gesamtfeldstärke einer aus mehreren Ladungen bestehenden Anordnung ergibt sich durch lineare Überlagerung der Beiträge der Einzelladungen.

Der Zusammenhang zwischen einer Ladungsverteilung und der elektrischen Feldstärkeverteilung ist eindeutig. Aus der bekannten Ladungsverteilung kann in jedem Punkt des Raumes die elektrische Feldstärke bestimmt werden, umgekehrt kann aus dem elektrischen Feld eindeutig auf die Ladungsanordnung zurückgerechnet werden.

Erweitern wir die Anordnung in Abb. 1.4 jetzt dahingehend, dass wir eine Punktladung Q_4 an die Stelle des Aufpunktes P bringen (▶Abb. 1.5a), dann erfährt diese Ladung eine Gesamtkraft

$$\vec{F}_4 = Q_4 \vec{E}(\vec{r}_P) = Q_4 \vec{E}(\vec{r}_{Q_4}) \stackrel{(1.5)}{=} \frac{Q_4}{4\pi\varepsilon_0} \sum_{i=1}^{3} Q_i \frac{\vec{r}_i}{r_i^3} = \frac{Q_4}{4\pi\varepsilon_0} \left(\frac{Q_1 \vec{r}_1}{r_1^3} + \frac{Q_2 \vec{r}_2}{r_2^3} + \frac{Q_3 \vec{r}_3}{r_3^3} \right), \quad (1.6)$$

die aus dem Produkt der Ladung Q_4 mit der vektoriellen Raumzustandsgröße $\vec{E}(\vec{r}_{Q_4})$ an der Stelle von Q_4 infolge aller anderen Ladungen berechnet wird. Die Punktladung übt auf sich selber keine Kraft aus[1].

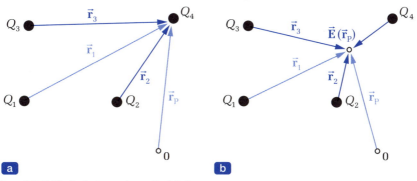

Abbildung 1.5: Kräfte im System mehrerer Punktladungen

Auf die gleiche Weise können auch die Kräfte auf die Punktladungen Q_1, Q_2 und Q_3 in der ▶Abb. 1.5b berechnet werden. Da alle zwischen jeweils zwei Punktladungen wirkenden Teilkräfte entgegengesetzt gleich groß sind, muss die vektorielle Summe aller Kräfte auf die vier dargestellten Punktladungen verschwinden. Diese Aussage lässt

---

1 Man beachte, dass zur Berechnung der Feldstärke in einem beliebigen Raumpunkt die Beiträge aller Punktladungen Q_1 bis Q_4 überlagert werden (Abb. 1.5b). Zur Berechnung der Kraft auf eine Punktladung wird aber der Feldstärkebeitrag derjenigen Ladung, auf die die Kraft berechnet werden soll, nicht mit einbezogen (Abb. 1.5a).

sich verallgemeinern. Besteht eine Ladungsanordnung aus mehreren Punktladungen Q_i mit $i = 1,2,...$, dann verschwindet die vektorielle Summe der auf alle Ladungen wirkenden Kräfte

$$\vec{F}_{ges} = \sum_i \vec{F}_i = \vec{0} \ . \tag{1.7}$$

1.5 Kräfte zwischen Ladungsverteilungen

Wir betrachten jetzt die in ▶Abb. 1.6 dargestellte Anordnung. In den beiden Körpern V_1 und V_2 befinden sich ortsfeste Ladungsverteilungen, z.B. Elektronen in V_1 und Elektronen und Protonen in V_2. Ortsfest soll dabei bedeuten, dass sich die Ladungsträger nicht frei innerhalb des Volumens bewegen können. Da jeder einzelne Ladungsträger Kräfte auf jeden anderen ausübt, wird die Situation sehr schnell unübersichtlich. In den meisten praktischen Fällen ist aber eine umfassende Berechnung aller Teilkräfte auf die einzelnen Elektronen und Protonen nicht erforderlich.

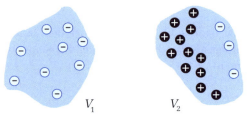

Abbildung 1.6: Mehrere zusammengehörige Ladungsverteilungen

Bei einer solchen Ladungsanordnung sind z.B. folgende Fragen von Interesse:

1. Welche Kräfte treten innerhalb eines Volumens infolge der Ladungsträger in diesem Volumen auf?
2. Welche Kräfte wirken zwischen den beiden Körpern V_1 und V_2?

Zur Beantwortung der ersten Frage für den Körper 1 muss die Summe der Kräfte auf die Elektronen in V_1 infolge aller anderen Elektronen im Volumen V_1 berechnet werden. Diese Frage stellt sich im Zusammenhang mit mechanischen Beanspruchungen des Materials. Aufgrund des größeren Abstands des zweiten Körpers kann dessen Beitrag zu den innerhalb von V_1 wirkenden Kräften in der Regel vernachlässigt werden. Die gleiche Frage stellt sich natürlich auch für das Volumen V_2.

Eine völlig andere Situation ergibt sich im Zusammenhang mit der zweiten Frage. Hier muss die Summe der Kräfte auf alle Elektronen in V_1 berechnet werden, die ausschließlich durch die Ladungsträger in V_2 hervorgerufen werden. Hintergrund der Frage ist die gegenseitige Anziehungskraft zwischen den beiden Körpern, aus der sich bei bekannter Masse der beiden Körper die jeweilige Beschleunigung bestimmen lässt.

Beispiel 1.1: Gedankenexperiment

In diesem Abschnitt wollen wir eine Situation betrachten, die sich in der Praxis nicht realisieren lässt. Um dennoch die gewünschten Aussagen zu erhalten und einen Einblick in bestimmte Zusammenhänge zu bekommen, führen wir dieses Experiment lediglich in Gedanken durch.

Wir entfernen aus 1 mm³ Kupfer alle Elektronen und bringen sie in einen Abstand $a = 10$ km von den Atomkernen (Protonen). Zu bestimmen ist die Anziehungskraft zwischen den beiden Ladungsverteilungen. Um das Ergebnis besser mit der Alltagserfahrung in Einklang zu bringen, soll die Masse eines Körpers bestimmt werden, der bei der Erdbeschleunigung $g = 9{,}81$ m/s² die gleiche Kraft erfährt.

Lösung:

Zunächst muss die Anzahl der Ladungsträger bestimmt werden. 1 mm³ Kupfer wiegt $8{,}96 \cdot 10^{-6}$ kg und enthält nach Gl. (D.3) $8{,}96 \cdot 10^{-6}$ kg/$1{,}055 \cdot 10^{-25}$ kg $= 8{,}5 \cdot 10^{19}$ Atome. Da jedes Kupferatom 29 Protonen und 29 Elektronen enthält, gilt für die Gesamtladungen

$$Q_p = -Q_e = 8{,}5 \cdot 10^{19} \, \text{Atome} \cdot 29 \frac{\text{Protonen}}{\text{Atom}} \cdot 1{,}602 \cdot 10^{-19} \frac{\text{As}}{\text{Proton}} = 395 \, \text{As} . \quad (1.8)$$

Die Anziehungskraft zwischen den beiden Ladungsverteilungen kann mit Gl. (1.2) berechnet werden

$$F = \frac{Q_p^2}{4\pi\varepsilon_0} \frac{1}{r^2} = \frac{(395 \, \text{As})^2}{4\pi \, 8{,}854 \cdot 10^{-12} \, \text{As}} \frac{\text{Vm}}{(10 \, \text{km})^2} = 14 \cdot 10^6 \frac{\text{Ws}}{\text{m}} = 14 \cdot 10^6 \, \text{kg} \frac{\text{m}}{\text{s}^2} . \quad (1.9)$$

Mit dem bekannten Kraftgesetz $F = mg$ aus der Mechanik erhält man als Ergebnis

$$m = 14 \cdot 10^6 \, \text{kg} \frac{\text{m}}{\text{s}^2} \cdot \frac{1}{9{,}81} \frac{\text{s}^2}{\text{m}} = 1{,}427 \cdot 10^6 \, \text{kg} \quad (1.10)$$

den erstaunlichen Wert von 1 427 Tonnen! Wegen der Abhängigkeit der Kraft vom Quadrat des reziproken Abstands erhöht sich das Ergebnis um den Faktor 100, wenn der Abstand auf 1/10, d.h. auf 1 km reduziert wird.

Schlussfolgerung:

Aus der Tatsache, dass die in den alltäglichen Situationen auftretenden Kräfte um sehr viele Größenordnungen geringer sind, muss man den Schluss ziehen, dass gemessen an der Gesamtzahl vorhandener Ladungsträger prozentual immer nur eine extrem geringe Anzahl getrennt ist und zur elektrischen Feldstärke beiträgt.

1.6 Ladungsdichten

Bei vielen technischen Problemen werden metallische Leiter unterschiedlicher Abmessungen und Formen verwendet, auf denen freie Ladungen verteilt sein können. Da die atomaren Strukturen praktisch immer vernachlässigbar klein sind gegenüber den Leiterabmessungen, können wir die aus diskreten Ladungsträgern bestehenden Ladungsverteilungen als kontinuierlich, d.h. beliebig fein unterteilt, annehmen. In dieser *makroskopischen* Betrachtungsweise behandeln wir nur noch Ladungsdichten und vernachlässigen dabei ganz bewusst die Tatsache, dass diese im atomaren Bereich von Punkt zu Punkt sehr stark schwanken. Solange wir uns nicht mit Fragestellungen im atomaren Bereich beschäftigen, ist diese Vorgehensweise für die Beschreibung der physikalischen Zusammenhänge ausreichend. Vergleichbar ist diese Situation mit der Definition der Dichte eines Körpers als Verhältnis von Masse zu Volumen. Auch hier vernachlässigt man die Tatsache, dass die Masse nicht homogen verteilt, sondern in den Atomkernen konzentriert ist.

Die Punktladung als idealisiertes Modell einer Ladungsverteilung in einem sehr kleinen Volumen, verglichen mit den sonstigen Abmessungen der betrachteten Anordnung, haben wir bereits kennen gelernt. Man kann sich aber auch leicht vorstellen, dass eine Gesamtladung Q, bestehend aus einer sehr großen Zahl einzelner Ladungsträger, kontinuierlich auf einem dünnen Stab (eindimensionale Verteilung), auf einer dünnen Folie (zweidimensionale Verteilung) oder in einem ausgedehnten dreidimensionalen Volumen verteilt ist. Wir sprechen in diesem Zusammenhang von einer **Linienladung**, einer **Flächenladung** und einer **Raumladung**. Dimensionsmäßig handelt es sich in allen genannten Fällen um Ladungsdichten. Wir wollen diese Begriffe im Folgenden konkretisieren und beginnen mit der Linienladung.

Ist eine Gesamtladung Q gleichmäßig auf einer Linie der Länge l verteilt, dann bezeichnet man den Quotienten $\lambda = Q/l$ als **Linienladungsdichte**. Diese hat die Dimension As/m. Sind die einzelnen Ladungsträger nicht mehr homogen verteilt, dann ist die Linienladungsdichte ortsabhängig. Befindet sich auf einem elementaren Abschnitt der Länge Δl die elementare Ladungsmenge ΔQ, dann beschreibt der Quotient $\lambda = \Delta Q/\Delta l$ die mittlere Linienladungsdichte auf dem betrachteten Abschnitt. Will man den Wert λ für einen bestimmten Punkt P auf der Linie angeben, dann muss man die elementare Länge Δl gegen Null gehen lassen und zwar so, dass sie den Punkt P jederzeit einschließt. Die Linienladungsdichte in dem betrachteten Punkt P lässt sich dann in der Form

$$\lambda(\mathrm{P}) = \lim_{\Delta l \to 0} \frac{\Delta Q}{\Delta l} = \frac{\mathrm{d}Q}{\mathrm{d}l} \qquad (1.11)$$

als Differentialquotient darstellen. Ist im umgekehrten Fall die ortsabhängige Linienladungsdichte für alle Punkte auf der Linie l bekannt, dann kann die Gesamtladung durch Integration

$$Q = \int_l \lambda \, \mathrm{d}l \qquad (1.12)$$

über die gesamte Länge berechnet werden.

Die gleichmäßige Verteilung einer Gesamtladung Q auf einer Fläche A führt auf analoge Weise zu einer **Flächenladungsdichte** $\sigma = Q/A$ der Dimension As/m². Für eine ortsabhängige Ladungsverteilung gibt das Verhältnis $\sigma = \Delta Q/\Delta A$ die mittlere Flächenladungsdichte auf dem betrachteten elementaren Flächenelement ΔA an. Im Grenzübergang $\Delta A \to 0$ erhält man wieder die Flächenladungsdichte in einem betrachteten Punkt aus dem Differentialquotienten

$$\sigma(\mathrm{P}) = \lim_{\Delta A \to 0} \frac{\Delta Q}{\Delta A} = \frac{\mathrm{d}Q}{\mathrm{d}A} \tag{1.13}$$

und die Gesamtladung einer mit einer ortsabhängigen Dichte verteilten Flächenladung σ berechnet man aus einer Integration über die ladungsbesetzte Fläche

$$Q = \iint_A \sigma \, \mathrm{d}A . \tag{1.14}$$

Zum Abschluss führen wir noch die **Raumladungsdichte** $\rho = Q/V$ der Dimension As/m³ ein, die im Falle einer homogenen Ladungsverteilung aus dem Verhältnis von Gesamtladung Q zu ladungsbesetztem Volumen V gegeben ist. Bei ortsabhängiger Ladungsverteilung beschreibt das Verhältnis $\rho = \Delta Q/\Delta V$ die mittlere Raumladungsdichte in dem betrachteten elementaren Volumenelement ΔV. Im Grenzübergang erhält man wieder die Raumladungsdichte in einem betrachteten Punkt P aus dem Differentialquotienten

$$\rho(\mathrm{P}) = \lim_{\Delta V \to 0} \frac{\Delta Q}{\Delta V} = \frac{\mathrm{d}Q}{\mathrm{d}V} \tag{1.15}$$

und die in einem Volumen V enthaltene Gesamtladung Q kann durch Integration über das ladungsbesetzte Volumen berechnet werden

$$Q = \iiint_V \rho \, \mathrm{d}V . \tag{1.16}$$

1.7 Darstellung von Feldern

Zur grafischen Darstellung des Feldverlaufs verwendet man unterschiedliche Feldbilder. In diesem Abschnitt betrachten wir die Feldlinienbilder, in Kap. 1.8.2 die Äquipotentialflächen.

Als **Feldlinien** bezeichnet man Raumkurven, deren gerichtetes Wegelement immer in Richtung der Feldstärke zeigt. Der vektorielle Charakter des Feldverlaufs wird dadurch zum Ausdruck gebracht, dass die Feldlinien mit Pfeilen versehen werden, deren Spitzen in Richtung der Feldstärke zeigen. Aus der Darstellung in ▶Abb. 1.7 ist zu erkennen, dass die Richtung der Feldstärke an jeder Stelle entlang der Feldlinie durch die Tangente an die Feldlinie gegeben ist.

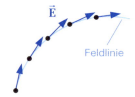

Abbildung 1.7: Konstruktion der Feldlinie

Die Dichte der in einem Feldlinienbild eingezeichneten Feldlinien kann in vielen Fällen so gewählt werden, dass sie ein Maß für den Betrag der Feldstärke darstellt. Die mit zunehmendem Abstand von einer Punktladung geringer werdende elektrische Feldstärke drückt sich in der ▶Abb. 1.8 z.B. dadurch aus, dass der Abstand zwischen den Feldlinien größer wird.

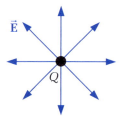

Abbildung 1.8: Feldlinienbild einer positiven Punktladung

Man muss sich jedoch immer darüber im Klaren sein, dass das gezeichnete Feldbild nur einen zweidimensionalen Schnitt durch eine dreidimensionale Feldverteilung darstellt. In der Abb. 1.8 liegen die Punktladung und damit zwangsläufig auch alle dargestellten Feldlinien in der Zeichenebene. Bei umfangreicheren, nicht mehr symmetrischen Ladungsverteilungen oder bei ungünstiger Wahl der Schnittebene wird die Darstellung des Feldlinienbildes schwieriger, da die Feldlinien einen beliebigen Winkel zur Zeichenebene aufweisen können.

Entsprechend der Einführung der elektrischen Feldstärke in Gl. (1.3) gehen die Feldlinien immer von den positiven Ladungen aus und enden auf den negativen. In vielen Fällen sind die Abstände zwischen den Ladungen unterschiedlichen Vorzeichens sehr groß, z.B. können sich die negativen Ladungen sehr weit entfernt befinden, verglichen mit der räumlichen Verteilung der positiven Ladungen. Das Feldbild in unmittelbarer Umgebung der positiven Ladungen wird dann allein von diesen bestimmt. Zur Vereinfachung nimmt man in diesen Fällen an, dass sich die zugehörigen negativen Ladungen auf der **unendlich fernen Hülle** befinden, ihr Beitrag zur Feldstärke wird dann bei der Berechnung vernachlässigt. Einen derartigen Sonderfall stellt das von einer Punktladung hervorgerufene radialsymmetrische Feld in Abb. 1.8 dar, bei dem die elektrische Feldstärke radial nach außen zeigt und nur vom Abstand zur Punktladung abhängt.

Einen weiteren Sonderfall bildet das **homogene Feld**, bei dem die Feldstärke überall die gleiche Richtung und den gleichen Betrag aufweist. Ein derartiges Feld lässt sich nur näherungsweise und auch nur in einem begrenzten räumlichen Bereich realisieren (▶Abb. 1.20). Den allgemeinen Fall stellt das inhomogene (ortsabhängige) Feld dar.

1.7.1 Feldbild für zwei Punktladungen

Als Beispiel wollen wir in diesem Abschnitt das Feldlinienbild für zwei Punktladungen Q_1 und Q_2 berechnen, die sich auf der y-Achse an den Stellen y = a und y = −a befinden. Zu bestimmen ist zunächst die elektrische Feldstärke in einem allgemeinen Punkt in der xy-Ebene (Zeichenebene).

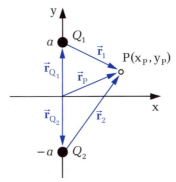

Abbildung 1.9: Zur Berechnung eines Feldlinienbildes

Zur Berechnung der Feldstärke mithilfe der Gl. (1.5) werden die Abstände der Ladungen vom Aufpunkt benötigt. Mit den Quellpunktskoordinaten $\vec{r}_{Q_1} = \vec{e}_y a$ und $\vec{r}_{Q_2} = -\vec{e}_y a$ sowie den Koordinaten des Aufpunkts $\vec{r}_P = \vec{e}_x x_P + \vec{e}_y y_P$ erhält man die Abstände

$$\vec{r}_1 = \vec{r}_P - \vec{r}_{Q_1} = \vec{e}_x x_P + \vec{e}_y (y_P - a) \quad \text{mit} \quad r_1 = \sqrt{x_P^2 + (y_P - a)^2} \tag{1.17}$$

und

$$\vec{r}_2 = \vec{r}_P - \vec{r}_{Q_2} = \vec{e}_x x_P + \vec{e}_y (y_P + a) \quad \text{mit} \quad r_2 = \sqrt{x_P^2 + (y_P + a)^2}. \tag{1.18}$$

Durch Einsetzen in die Beziehung (1.5) kann die elektrische Feldstärke unmittelbar angegeben werden

$$\begin{aligned}\vec{E}(\vec{r}_P) &\stackrel{(1.5)}{=} \frac{1}{4\pi\varepsilon_0} \left[Q_1 \frac{\vec{r}_1}{r_1^3} + Q_2 \frac{\vec{r}_2}{r_2^3} \right] \\ &= \frac{1}{4\pi\varepsilon_0} \left[\vec{e}_x \left(Q_1 \frac{x_P}{r_1^3} + Q_2 \frac{x_P}{r_2^3} \right) + \vec{e}_y \left(Q_1 \frac{y_P - a}{r_1^3} + Q_2 \frac{y_P + a}{r_2^3} \right) \right].\end{aligned} \tag{1.19}$$

Die Auswertung dieser Beziehung für die beiden Sonderfälle gleicher $Q_1 = Q_2 = Q$ bzw. entgegengesetzt gleicher Punktladungen $Q_1 = Q$, $Q_2 = -Q$ ist in ▶Abb. 1.10 dargestellt.

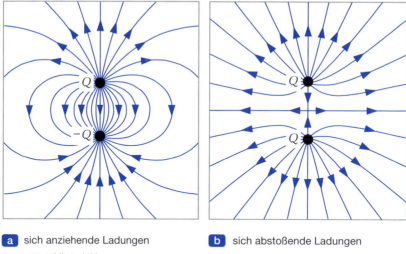

a sich anziehende Ladungen **b** sich abstoßende Ladungen

Abbildung 1.10: Feldlinienbilder

Eine Besonderheit ergibt sich bei den Punktladungen gleichen Vorzeichens in Abb. 1.10b. Hier treffen die Feldlinien in der Mitte zwischen den beiden Ladungen scheinbar aufeinander und laufen dann in zwei dazu senkrechten Richtungen auseinander. Bringen wir nun eine weitere Punktladung genau an diese Position, dann kann die Kraft auf diese Punktladung nicht gleichzeitig in verschiedene Richtungen zeigen. Das bedeutet aber auch, dass die elektrische Feldstärke in diesem Punkt eine eindeutige Richtung haben muss, d.h. die elektrischen Feldlinien dürfen sich nicht schneiden. Dieser scheinbare Widerspruch löst sich dadurch auf, dass die Feldstärke bei Annäherung an diesen Punkt immer kleiner wird und in dem Punkt selber verschwindet. Diese Aussage lässt sich leicht überprüfen. Für $Q_1 = Q_2 = Q$ erhält man im Ursprung $x_P = y_P = 0$ aus der Gl. (1.19) tatsächlich den Wert $\vec{E}(0) = \vec{0}$.

> **Merke**
>
> Eine nicht verschwindende elektrische Feldstärke besitzt immer eine eindeutige Richtung, d.h. die elektrischen Feldlinien können sich nicht schneiden.

1.7.2 Qualitative Darstellung von Feldbildern

In vielen Fällen lässt sich ein Feldbild bereits qualitativ angeben, auch ohne umfangreiche Rechnungen durchzuführen. Dabei können folgende Informationen verwendet werden:

- Das Feld in unmittelbarer Nähe einer Punktladung wird im Wesentlichen von der Punktladung bestimmt und hat den in Abb. 1.8 dargestellten radialsymmetrischen Verlauf.
- In sehr großem Abstand von einer Ladungsanordnung verhält sich das Feld wie bei einer im Ladungsschwerpunkt angebrachten Punktladung, die den gleichen Wert wie die Gesamtladung besitzt. Die Feldlinien zeigen bei positiver Gesamtladung radial nach außen (Abb. 1.10b).
- Bei verschwindender Gesamtladung müssen alle von den positiven Ladungen ausgehenden Feldlinien auf den negativen Ladungen enden. Es verlaufen keine Feldlinien zur unendlich fernen Hülle (Abb. 1.10a). Die einzige Ausnahme bildet hier die Feldlinie auf der Verbindungslinie zwischen den beiden Punktladungen, d.h. auf der y-Achse.
- Oftmals lassen sich Symmetrieebenen finden, auf denen die Feldrichtung angegeben werden kann. In den beiden Feldbildern der Abb. 1.10 betrifft das sowohl die durch beide Punktladungen verlaufende vertikale Verbindungslinie als auch die horizontale Ebene zwischen den Ladungen.

1.8 Das elektrostatische Potential

Wir haben bereits gesehen, dass auf eine Punktladung Q in einem äußeren, d.h. von anderen Ladungen hervorgerufenen, elektrischen Feld eine Kraft ausgeübt wird. Soll diese Ladung von einem Punkt P_0 zu einem Punkt P_1 verschoben werden, dann muss *gegen* die Feldkräfte eine Arbeit aufgewendet werden. Mit der Beziehung (1.3) für die Kraft $\vec{F} = \vec{E}Q$ erhält man aus dem Linienintegral (C.7) die erforderliche Arbeit

$$W_e = -\int_{P_0}^{P_1} \vec{F} \cdot d\vec{s} = -Q \int_{P_0}^{P_1} \vec{E} \cdot d\vec{s} . \qquad (1.20)$$

An dieser Stelle wollen wir kurz innehalten und die Frage nach dem richtigen Vorzeichen in Gl. (1.20) untersuchen. Stellen wir uns vor, dass wir eine positive Ladung Q im Feld einer zweiten, ebenfalls positiven Ladung bewegen und zwar so, dass der Abstand zwischen beiden Ladungen verringert werden soll (die ausführliche Rechnung folgt in Kapitel 1.8.1). Das vektorielle Wegelement $d\vec{s}$ zeigt wegen der Annäherung in Richtung auf die zweite Ladung. Die von der zweiten (positiven) Ladung hervorgerufene Feldstärke zeigt aber von dieser Ladung weg, d.h. das Integral über das Skalarprodukt $\vec{E} \cdot d\vec{s}$ liefert einen negativen Wert. Mit dem bereits in Gl. (1.20) vorhandenen negativen Vorzeichen nimmt W_e insgesamt einen positiven Wert an. Diese zu leistende

Arbeit beim Zusammenschieben zweier sich gegenseitig abstoßender Ladungen führt zu einer Erhöhung der im System gespeicherten Energie. Der Wert W_e in Gl. (1.20) beschreibt also die von außen dem System zugeführte Energie.

Betrachten wir nun den Sonderfall, dass eine Ladung Q entsprechend ▶Abb. 1.11 entlang eines geschlossenen Weges, beginnend beim Punkt P_0 entlang der Kontur C_1 zum Punkt P_1 und anschließend entlang der Kontur C_2 wieder zurück zum Punkt P_0 bewegt wird[2].

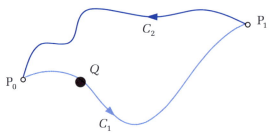

Abbildung 1.11: Bewegung einer Punktladung entlang eines geschlossenen Weges

Die dabei aufzuwendende Arbeit kann mit Gl. (1.20) durch die beiden Teilintegrale

$$W_e = -Q \int_{C_1} \vec{E} \cdot d\vec{s} - Q \int_{C_2} \vec{E} \cdot d\vec{s} = -Q \int_{P_0}^{P_1} \vec{E} \cdot d\vec{s} - Q \int_{P_1}^{P_0} \vec{E} \cdot d\vec{s} \qquad (1.21)$$

beschrieben werden. Da sich die Punktladung nach dem Umlauf an der gleichen Position befindet wie vorher, ist auch die Energie des Systems unverändert. Die insgesamt nach Gl. (1.21) geleistete Arbeit verschwindet daher, mit anderen Worten, das Linienintegral der elektrischen Feldstärke entlang der Kontur C_1 ist entgegengesetzt gleich dem Linienintegral der elektrischen Feldstärke entlang der Kontur C_2.

Kennzeichnet man den geschlossenen Integrationsweg durch einen Ring im Integralzeichen, wir sprechen dann von einem **Ringintegral** oder einem Umlaufintegral (vgl. Anhang C), dann erhält man für die Gl. (1.21) folgende mathematische Darstellung

$$W_e = -Q \int_{C_1} \vec{E} \cdot d\vec{s} - Q \int_{C_2} \vec{E} \cdot d\vec{s} = -Q \oint_{C} \vec{E} \cdot d\vec{s} = 0 \quad \rightarrow \quad \oint_{C} \vec{E} \cdot d\vec{s} = 0 \ . \qquad (1.22)$$

Die geschlossene Kontur C in der letzten Gleichung setzt sich aus den beiden Konturen C_1 und C_2 zusammen.

---

2 Wir wollen hier voraussetzen, dass dieser Bewegungsvorgang hinreichend langsam erfolgt, so dass die Abstrahlung elektromagnetischer Felder vernachlässigt werden kann.

> **Merke**
>
> Im elektrostatischen Feld verschwindet das entlang einer geschlossenen Kontur gebildete Umlaufintegral der elektrischen Feldstärke.

Diese Aussage trägt natürlich auch der Tatsache Rechnung, dass die elektrischen Feldlinien bei den positiven Ladungen beginnen und bei den negativen enden. Wären die elektrischen Feldlinien in sich geschlossen, z.B. in Form eines Kreises, dann würde die Berechnung des Integrals (1.22) entlang einer derart **geschlossenen Feldlinie** auf jedem elementaren Wegelement einen Beitrag mit jeweils gleichem Vorzeichen zu dem Gesamtergebnis liefern, das somit nicht mehr verschwinden könnte. Die Ladungen stellen die Quellen für das elektrostatische Feld dar. Dieses wird daher als **Quellenfeld** bezeichnet (im Gegensatz zu dem später noch zu behandelnden **Wirbelfeld**).

Auch das Gravitationsfeld ist ein Quellenfeld, wobei die Quellen in diesem Fall durch die Massen gegeben sind. Wird ein Körper der Masse m gegen die Kräfte eines Gravitationsfeldes von einem Punkt P_0 zu einem Punkt P_1 bewegt, dann ist dafür eine Arbeit aufzuwenden, die zu einer Erhöhung der *potentiellen* Energie des Körpers um den Betrag der geleisteten Arbeit führt. Ganz analog führt die Bewegung einer Ladung gegen die Kräfte des elektrischen Feldes zu einer Erhöhung der Energie dieser Ladung, die auch in diesem Fall gleich dem Betrag der geleisteten Arbeit ist. Man spricht auch hier von der **potentiellen Energie** der Ladung und beschreibt damit die Möglichkeit dieser Ladung, durch Abgabe ihrer potentiellen Energie Arbeit leisten zu können. Nach Gl. (1.20) ist der Zuwachs an potentieller Energie bei einer Bewegung der Ladung Q von einem Punkt P_0 zu einem Punkt P_1 gegeben durch das Produkt aus dem Wert der Ladung und dem negativen Wegintegral der elektrischen Feldstärke. Wir haben aber bereits in Abb. 1.11 gesehen, dass dieses Wegintegral nicht von dem Verlauf des gewählten Weges, sondern lediglich vom Anfangs- und Endpunkt abhängt. Wählt man jeweils ausgehend von dem gleichen Anfangspunkt P_0 unterschiedliche Endpunkte für den Integrationsweg, dann unterscheiden sich die Ergebnisse bei der Berechnung der potentiellen Energie nach Gl. (1.20) nur durch den Wert einer skalaren Größe. Damit kann jeder Punkt des Raumes, bezogen auf einen willkürlichen Anfangspunkt (Bezugswert) durch eine skalare Größe charakterisiert werden, für die die Bezeichnung φ_e verwendet und die **elektrostatisches Potential** (Dimension V) genannt wird

$$W_e \overset{(1.20)}{=} Q \left[\int_{P_0}^{P_1} \left(-\vec{E}\right) \cdot d\vec{s} \right] = Q \left[\varphi_e(P_1) - \varphi_e(P_0) \right]. \tag{1.23}$$

Der Zuwachs an potentieller Energie ist proportional zur Größe der bewegten Ladung Q und zur Potentialdifferenz $\varphi_e(P_1) - \varphi_e(P_0)$, die bei der Ladungsbewegung durchlaufen wird. Da in dieser Beziehung nicht das Potential selbst, sondern lediglich die Änderung des Potentials zwischen Anfangs- und Endpunkt von Bedeutung ist, kann dem gesamten Raum ein beliebiges konstantes Potential überlagert werden, ohne dass das Ergebnis (1.23) davon beeinflusst wird. Die Festlegung eines Bezugspunktes ist willkürlich und wird üblicherweise so vorgenommen, dass man der Erde oder auch der unendlich fernen Hülle das Bezugspotential $\varphi_e = 0$ zuordnet. Die Erdoberfläche stellt aufgrund ihrer Leitfähigkeit eine Äquipotentialfläche dar (vgl. Kap. 1.8.2). In Schaltungen wird üblicherweise der so genannten *Masse*, d.h. dem Minusanschluss bei einer Batterie oder dem an die Schaltung angeschlossenen metallischen Gehäuse der Bezugswert $\varphi_e = 0$ zugeordnet[3].

Legt man insbesondere den Anfangspunkt P_0 so, dass $\varphi_e(P_0) = 0$ gilt, dann ist die absolute potentielle Energie einer Punktladung im Punkt P_1 durch die Beziehung

$$W_e(P_1) \stackrel{(1.23)}{=} Q \left[\varphi_e(P_1) - \underbrace{\varphi_e(P_0)}_{0} \right] = Q\,\varphi_e(P_1) \tag{1.24}$$

gegeben, umgekehrt lässt sich das absolute Potential in diesem Punkt aus der Beziehung

$$\varphi_e(P_1) = \frac{W_e(P_1)}{Q} \stackrel{(1.23)}{=} -\int_{P_0}^{P_1} \vec{E} \cdot d\vec{s} \tag{1.25}$$

berechnen.

> **Merke**
>
> Das elektrostatische Potential $\varphi_e(P)$ an der Stelle eines Punktes P ist der Quotient aus der Arbeit, die nötig ist, um eine Ladung Q von einem Punkt P_0 mit dem Bezugspotential $\varphi_e(P_0) = 0$ zu dem betrachteten Punkt P zu bringen, und der Ladung.

1.8.1 Das Potential einer Punktladung

Als Beispiel wollen wir das von einer im Ursprung des Kugelkoordinatensystems befindlichen positiven Punktladung Q in einem beliebigen Punkt P hervorgerufene Potential berechnen. Die radial gerichtete Feldstärke (Abb. 1.8) ist nach Gl. (1.3) gege-

---

[3] Die beschriebene Situation ist vergleichbar der Festlegung von Höhenangaben auf der Erde. Die Aussage, dass sich ein beliebiger Punkt auf der Erdoberfläche auf einer bestimmten Höhe befindet, ist nur sinnvoll bei gleichzeitiger Angabe des willkürlich gewählten Bezugswertes. Dieser wird üblicherweise auf die Höhe des Meeresspiegels gelegt.

ben. Bringen wir eine zweite Punktladung Q_1 von der Stelle $r = r_1$ entgegen der Feldrichtung an die Stelle $r = r_2 < r_1$ (vgl. ▶Abb. 1.12), dann muss die Arbeit

$$W_e \overset{(1.23)}{=} -Q_1 \int_{r_1}^{r_2} \vec{E} \cdot d\vec{s} = -Q_1 \int_{r_1}^{r_2} \underbrace{\vec{e}_r \frac{Q}{4\pi\varepsilon_0 r^2}}_{\vec{E}} \cdot \underbrace{\vec{e}_r dr}_{d\vec{s}} = -Q_1 \frac{Q}{4\pi\varepsilon_0} \int_{r_1}^{r_2} \frac{1}{r^2} dr$$

$$= -Q_1 \frac{Q}{4\pi\varepsilon_0} \left(\frac{-1}{r_2} + \frac{1}{r_1} \right) = Q_1 \left(\frac{Q}{4\pi\varepsilon_0 r_2} - \frac{Q}{4\pi\varepsilon_0 r_1} \right)$$

(1.26)

geleistet werden. Verlegen wir den Anfangspunkt r_1 auf die unendlich ferne Hülle $r_1 \to \infty$, dann gilt mit dem dort vorliegenden Bezugspotential $\varphi_e(\infty) = 0$ für die Energie der Punktladung Q_1 an der Stelle r_2 nach Gl. (1.26)

$$W_e \overset{(1.26)}{=} Q_1 \frac{Q}{4\pi\varepsilon_0 r_2} \overset{(1.24)}{=} Q_1 \varphi_e(r_2) \quad \to \quad \varphi_e(r_2) = \frac{Q}{4\pi\varepsilon_0 r_2}.$$

(1.27)

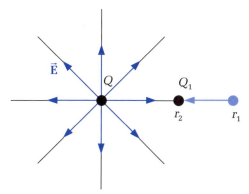

Abbildung 1.12: Verschiebung einer Punktladung im Feld einer zweiten Punktladung

Der Ausdruck $\varphi_e(r_2)$ beschreibt das von der Punktladung Q an der Stelle $r = r_2$ hervorgerufene Potential. Dieses ist proportional zur Ladung und umgekehrt proportional zum Abstand von der Ladung. Die Flächen konstanten Potentials sind konzentrisch um die Punktladung angeordnete Kugelflächen. An dem ersten Ausdruck in Gl. (1.27) erkennt man, dass die zu leistende Arbeit positiv ist, wenn beide Ladungen gleiche Vorzeichen haben und sich gegenseitig abstoßen.

Betrachten wir noch einmal das Ergebnis (1.26), dann beschreibt dieses in der Form $W_e = Q_1\varphi_e(r_2) - Q_1\varphi_e(r_1)$ die aufzuwendende Arbeit bzw. die Zunahme der potentiellen Energie der Punktladung Q_1, wenn diese von einem Punkt r_1 mit dem Potential $\varphi_e(r_1)$ zu einem Punkt r_2 mit dem Potential $\varphi_e(r_2)$ bewegt wird. Dieser Ausdruck verschwindet, wenn $\varphi_e(r_2) = \varphi_e(r_1)$ gilt, d.h. das Verschieben einer Ladung zwischen zwei Punkten mit gleichem Potential erfordert als Integral über den gesamten Weg betrachtet keine Arbeit.

1.8.2 Äquipotentialflächen

In diesem Kapitel wollen wir eine weitere Möglichkeit zur grafischen Darstellung von Feldern, nämlich mithilfe von Äquipotentialflächen, kennen lernen. Zur besseren Übersicht zeichnet man die Schnittlinien der Äquipotentialflächen mit der Zeichenebene. Die sich so ergebenden Linien werden als **Äquipotentiallinien** bezeichnet. Für das Beispiel der Punktladung erhält man als Schnittlinien konzentrisch um die Ladung angeordnete Kreise. Eine zusätzliche Information kann man diesen Feldbildern aus der Dichte der Linien entnehmen, wenn die Potentialdifferenzen zwischen jeweils zwei benachbarten Äquipotentiallinien konstant gehalten werden. Das bisherige Feldlinienbild der Punktladung nach Abb. 1.8 kann jetzt entsprechend ▶Abb. 1.13 erweitert werden.

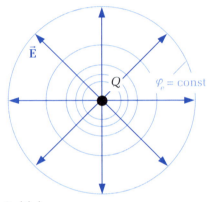

Abbildung 1.13: Feldbild einer Punktladung

Aus diesem Bild ist zu erkennen, dass die Feldlinien an jeder Stelle senkrecht auf den Äquipotentialflächen stehen. Dieser Zusammenhang ist nach Gl. (1.23) allgemein gültig. Bewegt man sich nämlich auf einer Äquipotentialfläche von einem Punkt P_0 zu einem Punkt P_1, dann ist das Potential entlang des gerichteten Wegelementes überall gleich groß. Wegen der verschwindenden Potentialdifferenz muss dann aber auch das Linienintegral der elektrischen Feldstärke verschwinden

$$\varphi_e(P_1) - \varphi_e(P_0) = 0 \stackrel{(1.23)}{=} -\int_{P_0}^{P_1} \vec{E} \cdot d\vec{s} \, . \tag{1.28}$$

Diese Bedingung lässt sich bei nicht verschwindender Feldstärke nur erfüllen, wenn das Skalarprodukt aus Feldstärke und vektoriellem Wegelement in Gl. (1.28) Null wird. Nach Gl. (A.7) folgt daraus unmittelbar, dass Äquipotentialflächen und Feldlinien senkrecht aufeinander stehen.

Betrachten wir nun einen metallischen Leiter, der in ein ortsabhängiges *externes* elektrisches Feld gebracht wird. Mit der Kennzeichnung extern soll verdeutlicht werden, dass das Feld von Ladungen außerhalb des Leiters hervorgerufen wird. Nehmen wir zunächst an, dass sich in dem Leiter infolge des externen Feldes ein nicht konstantes Potential einstellt. Nach Gl. (1.28) tritt dann zwischen den Punkten unterschiedlichen

Potentials eine elektrische Feldstärke auf, die Kräfte auf die in dem Leiter vorhandenen Ladungsträger ausübt. Die frei beweglichen Ladungsträger werden sich in dem Leiter also so lange verschieben, bis keine Kräfte mehr auftreten und die Potentialdifferenzen innerhalb des Leiters verschwinden. Die benötigte Dauer für diese Ladungsverschiebung ist bei metallischen Leitern extrem kurz und liegt in dem Bereich $< 10^{-12}$ s. Bei Materialien mit geringerer Leitfähigkeit (vgl. Kap. 2) wird dieser Ausgleichsvorgang mehr Zeit in Anspruch nehmen. Im statischen Zustand nach Beendigung der Ladungsträgerbewegungen werden die Potentialdifferenzen auch innerhalb der schwach leitfähigen Materialien verschwinden. Eine Ausnahme bilden die so genannten Nichtleiter, bei denen der Ausgleichsvorgang theoretisch unendlich lange dauert.

Da jeder Leiter ein konstantes Potential annimmt, ist er in seinem Inneren feldfrei. Die verschobenen Ladungen im Leiter erzeugen ein elektrisches Feld, das das externe Feld innerhalb des Leiters gerade kompensiert. Die sich einstellende Ladungsverteilung auf der Leiteroberfläche (vgl. Kap. 1.13) hängt von der Geometrie des Körpers und von seiner Lage bezogen auf die externen Ladungsverteilungen ab. Resultierend gilt die Aussage:

> **Merke**
>
> Im elektrostatischen Feld besitzt ein leitender Körper ein konstantes Potential. Seine Oberfläche wird zur Äquipotentialfläche, auf der die elektrische Feldstärke senkrecht steht. Das Leiterinnere ist feldfrei.

Diese Feldfreiheit ist aber nicht nur gewährleistet, wenn sich der Körper in einem externen Feld befindet, sie bleibt auch erhalten, wenn der leitende Körper eine eigene nicht verschwindende Gesamtladung besitzt. Auch diese Ladungsträger werden sich unter dem Einfluss der Coulomb'schen Kräfte so auf der Oberfläche verteilen, dass das Leiterinnere stets feldfrei ist.

1.9 Die elektrische Spannung

Die Potentialdifferenz zwischen zwei beliebigen Punkten P_1 und P_2 kann mit Gl. (1.23) bzw. mit Gl. (1.25) berechnet werden. Wählt man wieder für einen willkürlichen Bezugspunkt P_0 das Potential $\varphi_e(P_0) = 0$, dann gilt

$$\varphi_e(P_1) - \varphi_e(P_2) \stackrel{(1.25)}{=} -\int_{P_0}^{P_1} \vec{E} \cdot d\vec{s} + \int_{P_0}^{P_2} \vec{E} \cdot d\vec{s} = \int_{P_1}^{P_0} \vec{E} \cdot d\vec{s} + \int_{P_0}^{P_2} \vec{E} \cdot d\vec{s} = \int_{P_1}^{P_2} \vec{E} \cdot d\vec{s} . \tag{1.29}$$

Dieses Ergebnis ist unabhängig von der Wahl des Bezugspunktes P_0 und wird als elektrische Spannung U (Dimension V) zwischen den Punkten P_1 und P_2 bezeichnet

$$U_{12} = \varphi_e(P_1) - \varphi_e(P_2) = \int_{P_1}^{P_2} \vec{E} \cdot d\vec{s} . \tag{1.30}$$

1.10 Die elektrische Flussdichte

Die Feldstärke einer positiven Punktladung ist nach Gl. (1.3) radial nach außen gerichtet und umgekehrt proportional zum Quadrat des Abstands von der Ladung. Für eine im Ursprung des Kugelkoordinatensystems befindliche Punktladung Q schreiben wir diese Gleichung zunächst in der Form

$$\varepsilon_0 \vec{E} = \vec{e}_r \varepsilon_0 E_r(r) \stackrel{(1.3)}{=} \vec{e}_r \frac{Q}{4\pi r^2} \ . \tag{1.31}$$

Denken wir uns eine Kugel vom Radius r mit der Oberfläche $A_K = 4\pi r^2$ um die Punktladung Q geschlagen, dann ist der rechts stehende Ausdruck in Gl. (1.31) das Verhältnis aus der von der Kugel eingeschlossenen Ladung zur Kugelfläche. Multiplizieren wir also die vektorielle Gl. (1.31) skalar mit dem Einheitsvektor $\vec{e}_r$ und integrieren wir diesen Ausdruck über die Kugelfläche, dann erhalten wir als Ergebnis auf der rechten Seite der Gleichung die innerhalb der Kugel befindliche Ladung

$$\oiint_{A_K} \varepsilon_0 \vec{E} \cdot \vec{e}_r \, dA = \oiint_{A_K} \vec{e}_r \frac{Q}{4\pi r^2} \cdot \vec{e}_r \, dA = \frac{Q}{4\pi r^2} \oiint_{A_K} dA = Q \ . \tag{1.32}$$

Man beachte, dass die Koordinate r bezüglich der Integration über die Kugeloberfläche eine Konstante ist und somit vor das Integral gezogen werden darf. In dieser Gleichung bezeichnet dA das skalare Flächenelement, das über die Kugelfläche integriert den Wert der Kugeloberfläche ergibt. Dagegen bezeichnet $\vec{e}_r dA = d\vec{A}$ das vektorielle Flächenelement, dessen Richtung senkrecht auf der Fläche steht und nach außen zeigt (vgl. Anhang C.2). Damit erhalten wir die Darstellung

$$\oiint_{A_K} \varepsilon_0 \vec{E} \cdot \vec{e}_r \, dA = \oiint_{A_K} \varepsilon_0 \vec{E} \cdot d\vec{A} = Q \ . \tag{1.33}$$

Das in dem Integral stehende Produkt

$$\varepsilon_0 \vec{E} = \vec{D} \tag{1.34}$$

der Dimension As/m² wird als **elektrische Flussdichte** bezeichnet. Das Integral von $\vec{D}$ über eine Fläche A mit dem gerichteten Flächenelement d$\vec{A}$ (▶Abb. 1.14) gibt den **elektrischen Fluss** Ψ der Dimension As an, der die Fläche A in Richtung der Flächennormalen durchsetzt[4]

$$\Psi = \iint_A \vec{D} \cdot d\vec{A} \ . \tag{1.35}$$

---

4 Die Begriffe Fluss und Flussdichte sind an dieser Stelle irreführend. Es gibt hier keinen physikalischen Vorgang, der durch die Bewegung von Teilchen oder dergleichen beschrieben werden kann. Die Verwendung dieser Begriffe erklärt sich aus dem Aufbau der Gleichung (1.35), die in Kapitel C.2 ausführlich behandelt wird und dort tatsächlich einen Fluss (von Teilchen) durch eine Fläche im Sinne des üblichen Sprachgebrauchs darstellt.

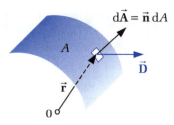

Abbildung 1.14: Elektrischer Fluss Ψ durch die Fläche A

Handelt es sich bei der Fläche um eine geschlossene Hüllfläche, innerhalb der sich eine Punktladung Q befindet, dann liefert das Integral nach Gl. (1.33) den Wert der eingeschlossenen Ladung. Dieser Sachverhalt, den wir am Beispiel einer Kugelfläche und einer im Kugelmittelpunkt angebrachten Punktladung gezeigt haben, lässt sich auch allgemein für eine beliebig gewählte Hüllfläche beweisen. Damit ist der Zusammenhang zwischen eingeschlossener Punktladung und Gesamtfluss durch die Hüllfläche unabhängig davon, an welcher Stelle sich die Ladung in dem umschlossenen Volumen befindet.

Da man sich jede Ladungsanordnung im Elementaren aus Punktladungen aufgebaut denken kann, kommt man zur folgenden allgemein gültigen Aussage:

> **Merke**
>
> Das Hüllflächenintegral der elektrischen Flussdichte über eine beliebig geschlossene Fläche A entspricht der im umschlossenen Volumen enthaltenen Gesamtladung Q. Der Fluss Ψ ist also ein Maß für die vorhandene Ladungsmenge
>
> $$\Psi = \oiint_A \vec{D} \cdot d\vec{A} = Q \quad . \tag{1.36}$$
>
> Die elektrische Flussdichte $\vec{D}$ ist eine **Quantitätsgröße** und beschreibt die **Ursache** für den Raumzustand, der sich durch Kraftwirkungen auf Ladungen bemerkbar macht.

Da die Ladungen als Erregung für den Raumzustand angesehen werden, wird die Flussdichte $\vec{D}$ oft auch als **elektrische Erregung** bezeichnet.

Die Gl. (1.36) kann in einfachen, meist symmetrischen Anordnungen dazu verwendet werden, die Feldstärke im allgemeinen Raumpunkt zu berechnen. Wir werden in den folgenden beiden Kapiteln ausgehend von dieser Beziehung das Verhalten der Flussdichte und der Feldstärke einerseits beim Durchgang durch eine ortsabhängige Flächenladung und andererseits an leitenden Oberflächen untersuchen.

Beispiel 1.2: Feldberechnung

Im zylindrischen Koordinatensystem (ρ,φ,z) ist der gesamte Bereich $\rho \leq a$ und $-\infty < z < \infty$ mit einer Raumladung der Dichte ρ_0 ausgefüllt. Von dem unendlich langen Zylinder ist in der ▶Abb. 1.15 nur ein Ausschnitt der Länge l dargestellt.

1. Wie groß ist die Gesamtladung Q in einem Abschnitt der Länge l?

2. Welchen Wert nimmt die elektrische Flussdichte $\vec{D}$ in einem beliebigen Punkt des Raumes an?

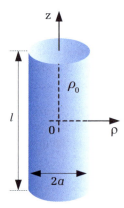

Abbildung 1.15: Raumladungsverteilung

Lösung:

1. Für die Gesamtladung in einem Abschnitt der Länge l gilt:

$$Q \stackrel{(1.16)}{=} \iiint_V \rho_0 \, dV = \rho_0 \iiint_V dV = \rho_0 V \quad \to \quad Q = \rho_0 \, l \, \pi \, a^2. \tag{1.37}$$

2. Die Anordnung ist unabhängig von den Koordinaten φ und z. Die aus Symmetriegründen radial gerichtete Flussdichte $\vec{D} = \vec{e}_\rho D(\rho)$ hängt nur von dem Achsabstand ab. Für einen Zylinder der Länge l gilt:

$$Q \stackrel{(1.36)}{=} \oiint_A \vec{D} \cdot d\vec{A} = \iint_{Mantel} \vec{e}_\rho D(\rho) \cdot \vec{e}_\rho dA = D(\rho) 2\pi \rho l \stackrel{(1.37)}{=} \begin{cases} \rho_0 \, l \, \pi \, \rho^2 & \text{für } \rho \leq a \\ \rho_0 \, l \, \pi \, a^2 & \rho > a \end{cases}. \tag{1.38}$$

Für die Flussdichte gilt resultierend das Ergebnis

$$\vec{D}(\rho) = \begin{cases} \vec{e}_\rho \, \rho_0 \, \dfrac{\rho}{2} = \vec{e}_\rho \, \dfrac{Q}{2\pi a l} \, \dfrac{\rho}{a} & \text{innerhalb des Zylinders} \\ \vec{e}_\rho \, \rho_0 \, \dfrac{a^2}{2\rho} = \vec{e}_\rho \, \dfrac{Q}{2\pi a l} \, \dfrac{a}{\rho} & \text{außerhalb des Zylinders} \end{cases}. \tag{1.39}$$

1.11 Das Verhalten der Feldgrößen bei einer Flächenladung

In diesem Abschnitt soll das Verhalten der Feldgrößen beim Durchgang durch eine ortsabhängige Flächenladung untersucht werden. Zu diesem Zweck betrachten wir die in ▶Abb. 1.16 dargestellte dünne Kunststofffolie mit vernachlässigbarer Dicke, die z.B. durch Reiben mit einem Wolltuch aufgeladen ist und eine im Allgemeinen ortsabhängige Flächenladungsverteilung aufweist. Zur einfacheren Behandlung des Problems werden wir in diesem und auch in späteren Fällen die vektoriellen Feldgrößen $\vec{E}$ und $\vec{D}$, die in Bezug auf die betrachtete Folie eine beliebige Orientierung aufweisen, in eine zur Fläche senkrechte Komponente, die so genannte Normalkomponente (Index n) und in eine Tangentialkomponente (Index t) zerlegen. Die Betrachtung wird für die beiden Komponenten getrennt durchgeführt.

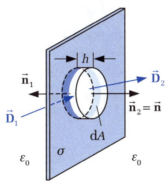

Abbildung 1.16: Flächenladungsverteilung

Um das Verhalten der Normalkomponente zu untersuchen, legen wir gemäß Abb. 1.16 einen kleinen Flachzylinder um die ladungsbesetzte Fläche und lassen die Höhe h des Zylinders gegen Null gehen. Die elementare Fläche dA des Zylinders wählen wir so klein, dass wir die Flächenladung σ innerhalb des Zylinders als konstant, d.h. ortsunabhängig ansehen können. Nach Gl. (1.36) muss der insgesamt durch die Zylinderoberfläche austretende elektrische Fluss der innerhalb des Zylinders eingeschlossenen Gesamtladung $\sigma \mathrm{d}A$ entsprechen. Wegen $h \to 0$ liefert die Mantelfläche keinen Beitrag und wegen der innerhalb von dA voraussetzungsgemäß ortsunabhängigen Flächenladungsdichte geht die Integration der Flussdichte über die Deckflächen in eine einfache Multiplikation mit dem als dA bezeichneten Flächenelement über. Mit den Bezeichnungen $\vec{n}_1$ und $\vec{n}_2$ für die beiden von der Folie jeweils nach außen zeigenden Einheitsvektoren kann der gesamte aus dem Flachzylinder austretende Fluss nach Gl. (1.36) folgendermaßen geschrieben werden

$$\vec{D}_2 \cdot \vec{n}_2 \, \mathrm{d}A + \vec{D}_1 \cdot \vec{n}_1 \, \mathrm{d}A = \sigma \, \mathrm{d}A \,. \tag{1.40}$$

Bezeichnen wir nun eine der beiden Flächennormalen zur Vereinfachung mit $\vec{n}$, z.B. $\vec{n}_2 = \vec{n}$, dann gilt $\vec{n}_1 = -\vec{n}$ und die Gl. (1.40) nimmt die neue Form

$$\vec{D}_2 \cdot \vec{n}_2 \, dA + \vec{D}_1 \cdot \vec{n}_1 \, dA = \vec{D}_2 \cdot \vec{n} \, dA - \vec{D}_1 \cdot \vec{n} \, dA = D_{n2} \, dA - D_{n1} \, dA = \sigma \, dA \tag{1.41}$$

an. Die Werte D_{n1} und D_{n2} bezeichnen die Komponenten der Flussdichten $\vec{D}_1$ und $\vec{D}_2$ in Richtung des Einheitsvektors $\vec{n}$. Die Gl. (1.41) lässt sich nun auf einfache Weise interpretieren: die Differenz zwischen dem auf der rechten Seite der Folie in Richtung der Flächennormalen $\vec{n}$ aus dem Flachzylinder austretenden Fluss $D_{n2} dA$ und dem auf der gegenüberliegenden Seite in Richtung des gleichen Einheitsvektors $\vec{n}$ in den Zylinder eintretenden Fluss $D_{n1} dA$ ist durch die eingeschlossene Ladung gegeben. Nach Kürzen des auf beiden Gleichungsseiten identischen Flächenelementes dA folgt unmittelbar die gesuchte Beziehung

$$D_{n2} - D_{n1} = \sigma \tag{1.42}$$

für die Normalkomponente der Flussdichte. Bei verschwindender Flächenladung $\sigma = 0$ folgt aus dieser Gleichung die triviale Aussage, dass sich die Normalkomponente der Flussdichte dann auch nicht ändert, d.h. $D_{n1} = D_{n2}$.

Mit der auf beiden Seiten der Flächenladung gleichen Dielektrizitätskonstanten ε_0 erhält man mithilfe der Gl. (1.34) die Übergangsbedingung für die Normalkomponente der elektrischen Feldstärke

$$\varepsilon_0 E_{n2} - \varepsilon_0 E_{n1} = \sigma \quad . \tag{1.43}$$

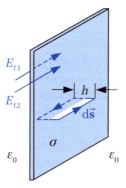

Abbildung 1.17: Flächenladungsverteilung

Im zweiten Schritt soll das Verhalten der Tangentialkomponenten untersucht werden. Zu diesem Zweck betrachten wir das in ▶Abb. 1.17 um die Trennfläche gelegte Rechteck mit den tangential zur Trennebene verlaufenden elementaren Seitenlängen $d\vec{s}$ und der wiederum verschwindenden Abmessung $h \to 0$. Bilden wir gemäß Gl. (1.22) das Umlaufintegral der elektrischen Feldstärke entlang dieses Rechtecks, dann liefern wegen $h \to 0$ nur die auf beiden Seiten entlang der Folie verlaufenden Wegelemente $d\vec{s}$ einen Beitrag. Wir wählen die Strecke ds so klein, dass die elektrische Feldstärke in diesem Abschnitt als konstant, d.h. ortsunabhängig angesehen werden kann. Das Wegintegral der Feldstärke geht dann über in eine einfache Multiplikation der Feldstärke mit der Länge ds. Aus dem geforderten Verschwinden des Umlaufintegrals nach Gl. (1.22) folgt unmittelbar die Stetigkeit der Tangentialkomponente der elektrischen Feldstärke auf beiden Seiten der Flächenladung

$$E_{t2}\,ds - E_{t1}\,ds = 0 \quad \rightarrow \quad \boxed{E_{t1} = E_{t2}} \,. \tag{1.44}$$

Die Stetigkeit der Tangentialkomponente der elektrischen Feldstärke erfordert wegen der auf beiden Seiten der Flächenladung gleichen Dielektrizitätskonstanten auch die Stetigkeit der Tangentialkomponente der elektrischen Flussdichte

$$E_{t1} = \frac{1}{\varepsilon_0} D_{t1} = E_{t2} = \frac{1}{\varepsilon_0} D_{t2} \quad \rightarrow \quad \boxed{D_{t1} = D_{t2}} \,. \tag{1.45}$$

Die in diesem Abschnitt am Beispiel der Flächenladung abgeleiteten Beziehungen für die Komponenten der beiden vektoriellen Feldgrößen werden allgemein als **Randbedingungen** bezeichnet. In den folgenden Abschnitten werden wir weitere Randbedingungen, z.B. an Sprungstellen von Materialeigenschaften kennen lernen.

Wegen der besonderen Bedeutung der Randbedingungen bei der Feldberechnung und wegen der immer wieder gleichen Vorgehensweise bei der Ableitung dieser Beziehungen fassen wir die einzelnen Schritte noch einmal zusammen:

- Zerlegung der vektoriellen Feldgrößen in Normal- und Tangentialkomponenten
- Betrachtung der *Normalkomponente der Flussdichte*, da hier bereits eine bekannte Gesetzmäßigkeit vorliegt, z.B. Gl. (1.36)
- Betrachtung der *Tangentialkomponente der Feldstärke*, hier liegt ebenfalls eine bekannte Gesetzmäßigkeit vor, z.B. Gl. (1.22)
- Aufstellung der Randbedingungen für die Tangentialkomponente der Flussdichte und die Normalkomponente der Feldstärke mithilfe einer bekannten Beziehung zwischen den beiden Feldgrößen, z.B. Gl. (1.34)

Für die Randbedingungen bei einer Flächenladung gilt allgemein die Aussage:

> **Merke**
>
> Beim Durchgang durch eine ladungsbesetzte Fläche erleidet die Normalkomponente der elektrischen Flussdichte einen der Flächenladungsdichte am Durchgangsort proportionalen Sprung (1.42), während die Tangentialkomponente der elektrischen Feldstärke stetig ist (1.44). Die Forderungen für die beiden anderen Komponenten (1.43) und (1.45) ergeben sich aus der Beziehung $\vec{D} = \varepsilon_0 \vec{E}$.

Beispiel 1.3: Zwei parallel angeordnete homogene Flächenladungen der Dichten $\pm\sigma$

In den Ebenen y_1 = const und y_2 = const befinden sich homogene Flächenladungsverteilungen $\pm\sigma$, die zur Vereinfachung in x- und in z-Richtung als unendlich ausgedehnt angenommen werden sollen. Unter der Voraussetzung, dass sich die Anordnung in Luft befindet, sind im allgemeinen Raumpunkt die elektrische Flussdichte und die elektrische Feldstärke zu bestimmen.

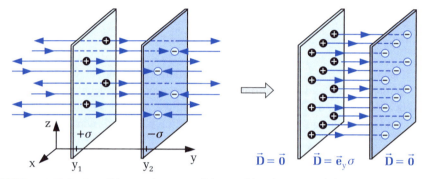

Abbildung 1.18: Zwei parallel angeordnete, unendlich ausgedehnte homogene Flächenladungsverteilungen

Lösung:

Da die gesamte Ladungsverteilung von den beiden Koordinaten x und z unabhängig ist, muss auch das elektrische Feld von diesen Koordinaten unabhängig sein. Betrachten wir zunächst nur das Feld infolge der Flächenladung $+\sigma$ in der Ebene $y = y_1$. Aus Symmetriegründen wird die Feldstärke auf beiden Seiten der Flächenladung betragsmäßig gleich sein. Da die Feldlinien von den positiven Ladungen ausgehen, zeigt das Feld im Bereich $y > y_1$ in die positive y-Richtung, im Bereich $y < y_1$ dagegen in die negative y-Richtung. Mit der willkürlich gewählten Flächennormalen $\vec{n} = \vec{e}_y$ kann die Flussdichte in der folgenden Form dargestellt werden

$$\vec{D}_{+\sigma} = \begin{matrix}\vec{e}_y D_{y2} \\ \vec{e}_y D_{y1}\end{matrix} \quad \text{für} \quad \begin{matrix} y > y_1 \\ y < y_1 \end{matrix}. \qquad (1.46)$$

Aus der Randbedingung (1.42) folgt wegen der zur Ebene $y = y_1$ schiefsymmetrischen Flussdichteverteilung das Ergebnis

$$D_{y2} - D_{y1} = D_{y2} - (-D_{y2}) = \sigma \quad \rightarrow \quad \vec{D}_{+\sigma} = \pm\vec{e}_y \frac{\sigma}{2} \quad \text{für} \quad \begin{matrix} y > y_1 \\ y < y_1 \end{matrix}. \qquad (1.47)$$

Für die negative Flächenladungsverteilung in der Ebene $y = y_2$ gilt entsprechend

$$\vec{D}_{-\sigma} = \mp\vec{e}_y \frac{\sigma}{2} \quad \text{für} \quad \begin{matrix} y > y_2 \\ y < y_2 \end{matrix}. \qquad (1.48)$$

Überlagert man die beiden Teillösungen (1.47) und (1.48), dann stellt man fest, dass sich im Bereich zwischen den beiden Ebenen $y_1 < y < y_2$ ein von der Koordinate y unabhängiges homogenes Feld vom Gesamtwert

$$\vec{D} = \vec{D}_{+\sigma} + \vec{D}_{-\sigma} = \vec{e}_y \sigma \tag{1.49}$$

einstellt. In den Bereichen $y < y_1$ und $y > y_2$ kompensieren sich die beiden Teillösungen, so dass dieser Raum feldfrei ist (rechte Seite der ▶Abb. 1.18). Die elektrische Feldstärke nimmt in dem Zwischenraum $y_1 < y < y_2$ den Wert $\vec{E} = \vec{e}_y \sigma / \varepsilon_0$ an und verschwindet ebenfalls in den Bereichen $y < y_1$ und $y > y_2$.

1.12 Feldstärke an leitenden Oberflächen

Als zweites Anwendungsbeispiel für die Gl. (1.36) untersuchen wir das Verhalten der Feldgrößen an einer leitenden Oberfläche. Zu diesem Zweck betrachten wir die in ▶Abb. 1.19 dargestellte leitende metallische Kugel des Durchmessers $2a$, auf der sich die Gesamtladung $Q > 0$ befindet. Wegen der kugelsymmetrischen Anordnung ist die Feldstärke und damit auch die Flussdichte außerhalb der Kugel radial nach außen gerichtet und nur von der Kugelkoordinate r abhängig. Die Integration der Flussdichte nach Gl. (1.36) über eine um den gleichen Mittelpunkt geschlagene, in der Abbildung gestrichelt angedeutete Kugel des Radius $r > a$ liefert wegen der von den Integrationsvariablen ϑ und φ unabhängigen Flussdichte $D(r)$ das Ergebnis

$$\oiint_A \vec{D} \cdot d\vec{A} = \oiint_A \vec{e}_r D(r) \cdot \vec{e}_r dA = D(r) \oiint_A dA = D(r) 4\pi r^2 = Q \quad \rightarrow$$

$$D(r) = \varepsilon_0 E(r) = \frac{Q}{4\pi r^2}. \tag{1.50}$$

Ein Vergleich mit der Beziehung (1.31) zeigt, dass die geladene Kugel in ihrem Außenraum das gleiche Feld wie eine Punktladung Q im Ursprung erzeugt. Die Kugel besitzt nach Kapitel 1.8.2 ein konstantes Potential und ist in ihrem Inneren feldfrei. Diese Aussage bedeutet aber gleichzeitig, dass die Ladungen homogen auf der Kugeloberfläche als Flächenladung

$$\sigma = \frac{Q}{A_K} = \frac{Q}{4\pi a^2} \tag{1.51}$$

verteilt sein müssen. Integrieren wir nämlich die Flussdichte über eine konzentrisch um den Mittelpunkt angeordnete kugelförmige Hüllfläche, deren Radius kleiner ist als der Kugelradius a, dann folgt wegen der Feldfreiheit im Inneren $D(r) = 0$ für $r < a$ nach Gl. (1.50) unmittelbar das Verschwinden der innerhalb der Hüllfläche vorhandenen Gesamtladung.

Ein Vergleich der beiden letzten Beziehungen zeigt, dass der Betrag der Flussdichte $D(r)$ unmittelbar an der Kugeloberfläche $r \rightarrow a$ dem Wert der Flächenladung entspricht

$$D(a) = \varepsilon_0 E(a) = \sigma. \tag{1.52}$$

Der Sprung der Flussdichte vom Wert Null für r < a auf den Wert σ nach Gl. (1.52) beim Durchgang durch die Kugeloberfläche r = a entspricht genau der Randbedingung (1.42). Der Verlauf der Flussdichte als Funktion des Mittelpunktsabstandes r ist ebenfalls in Abb. 1.19 dargestellt.

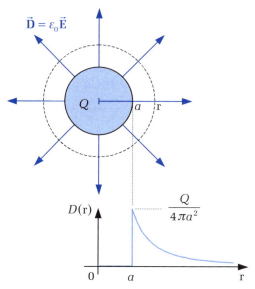

Abbildung 1.19: Geladene metallische Kugel

Da die elektrische Feldstärke von den positiven Ladungen ausgeht, ist die in Gl. (1.52) festgestellte Proportionalität zwischen Feldstärke und Flächenladung leicht einzusehen. Dieser aus Symmetriegründen am Beispiel einer Kugel demonstrierte Zusammenhang ist auch bei ortsabhängiger Ladungsverteilung an jeder Stelle der leitenden Oberfläche gültig. Bezeichnet man mit $\vec{n}$ die Flächennormale, d.h. den auf der Oberfläche senkrecht stehenden Einheitsvektor, und mit D_n bzw. E_n die beiden Normalkomponenten, dann lässt sich die auf der Leiteroberfläche geltende Beziehung (1.52) $D_n = \varepsilon_0 E_n = \sigma$ mithilfe der Gl. (A.12) in der vektoriellen Form

$$D_n = \vec{n} \cdot \vec{D} = \varepsilon_0 \vec{n} \cdot \vec{E} = \sigma \big|_{\text{auf der Oberfläche}} \tag{1.53}$$

schreiben. Zerlegt man die beiden Vektoren in ihre auf der leitenden Oberfläche senkrecht stehende Normalkomponente und in die Tangentialkomponente, dann gelten die skalaren Beziehungen

$$D_n = \sigma, \; D_t = 0 \quad \text{und} \quad E_n = \frac{\sigma}{\varepsilon_0}, \; E_t = 0 \tag{1.54}$$

für die entsprechenden Komponenten auf der Oberfläche. Innerhalb des Leiters verschwinden die Feldgrößen.

1.13 Die Influenz

Wir wollen jetzt noch einmal die bereits in Kap. 1.8.2 diskutierte Situation untersuchen, bei der sich ein leitender Körper in einem externen elektrischen Feld befindet. Wir haben bereits festgestellt, dass der leitende Körper ein konstantes Potential annimmt und in seinem Inneren feldfrei ist. Die Folgerungen aus dieser Aussage wollen wir an zwei unterschiedlichen Beispielen detailliert untersuchen, indem wir die zur Erzeugung der Feldfreiheit notwendige Ladungsträgerverschiebung in den Körpern quantitativ bestimmen.

1.13.1 Dünne leitende Platten im homogenen Feld

Im ersten Beispiel verwenden wir zur Felderzeugung die in ▶Abb. 1.20 dargestellte Anordnung mit zwei parallelen Platten der Gesamtladungen $\pm Q$, die sich in einem im Vergleich mit den Plattenabmessungen kleinen Abstand gegenüberstehen.

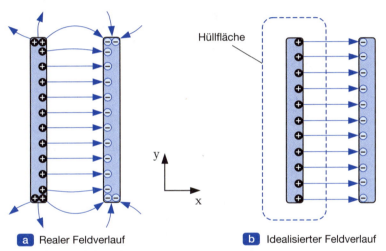

a Realer Feldverlauf   **b** Idealisierter Feldverlauf

Abbildung 1.20: Elektrisch geladene Platten

Die in der Abb. 1.20a angedeutete Ladungsträgerverteilung innerhalb der beiden Platten lässt sich auf einfache Weise verstehen. Aufgrund der Anziehungskräfte zwischen den positiven und negativen Ladungsträgern müssen sich diese zwangsläufig auf den Innenseiten der Platten, d.h. auf den sich gegenüberliegenden Oberflächen konzentrieren. Man kann diese Verteilung auch noch anders begründen. Betrachten wir die rechte Platte, dann befindet sich diese in dem von den positiven Ladungsträgern hervorgerufenen externen x-gerichteten Feld. Feldfreiheit in der rechten Platte kann aber nur erreicht werden, wenn das von den Elektronen innerhalb der Platte erzeugte Feld die entgegengesetzte Richtung aufweist. Da die Feldlinien zu den negativen Ladungsträgern hinzeigen, müssen sich diese auf der innen liegenden Oberfläche befinden. Diese Feldfreiheit innerhalb der rechten Platte wird auf die gleiche Weise erreicht wie die Feldfreiheit im Bereich $y > y_2$ in der Abb. 1.18.

Das elektrische Feld wird sich in der dargestellten Weise zwischen den beiden Platten konzentrieren und einen näherungsweise homogenen Verlauf aufweisen. Außerhalb der Platten verschwindet das Feld fast völlig. Es wird hier umso kleiner, je größer die Plattenfläche und je kleiner der Abstand zwischen den Platten wird. In dem Übergangsbereich an den Plattenrändern bildet sich ein so genanntes **Streufeld** aus. Sein Verlauf ist in Abb. 1.20a angedeutet.

Zur näherungsweisen Berechnung der Feldstärke zwischen den Platten können das Streufeld und auch das Feld außerhalb der Platten vernachlässigt werden. Man erkennt, dass die idealisierte Feldverteilung in Abb. 1.20b identisch ist mit der Feldverteilung in Abb. 1.18. Mit der Bezeichnung A für die Fläche der Platten und mit den Gesamtladungen $\pm Q$ erhält man die homogen verteilten Flächenladungsdichten $\pm\sigma = \pm Q/A$. Nach Gl. (1.49) wird sich auf den innen liegenden Oberflächen der beiden Platten das x-gerichtete Feld der Flussdichte $D_x = \varepsilon_0 E_x = \sigma$ einstellen. Wegen der Homogenität des Feldes wird es überall zwischen den Platten diesen Wert aufweisen. Da es unter den gemachten Voraussetzungen außerhalb der Platten verschwindet, steht diese Feldverteilung auch in Einklang mit der Aussage (1.36). Das Flächenintegral der Flussdichte über die in Abb. 1.20b gestrichelt angedeutete Hüllfläche liefert wegen der Feldfreiheit außerhalb nur im Bereich zwischen den Platten einen Beitrag zum elektrischen Fluss, der nach Auswertung des Integrals der eingeschlossenen Ladung entspricht

$$\Psi \stackrel{(1.36)}{=} \underbrace{\oiint \vec{D}\cdot d\vec{A}}_{\text{Hüllfläche}} = \underbrace{\iint \vec{e}_x D_x \cdot \vec{e}_x dA}_{\text{Plattenfläche}} \stackrel{(1.49)}{=} \sigma \underbrace{\iint dA}_{\text{Plattenfläche}} = \sigma A = Q. \tag{1.55}$$

In das homogene Feld zwischen den beiden Platten bringen wir jetzt gemäß ▶Abb. 1.21 einen aus zwei dünnen leitenden Scheiben bestehenden ungeladenen Körper.

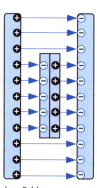

Abbildung 1.21: Leitender Körper im elektrischen Feld

Auf die in den Scheiben vorhandenen Ladungsträger werden infolge der Feldstärke Kräfte ausgeübt. Die freien Elektronen werden in Richtung der linken, positiv geladenen Platte angezogen, so dass die linke Scheibe einen Elektronenüberschuss und die rechte Scheibe einen Elektronenmangel aufweist (zur Ladungsträgerbewegung vgl.

Kap. 2). Diese Ladungstrennung, man spricht hier von **influenzierten Ladungen** auf den beiden Scheiben, kann man leicht nachweisen, indem man die beiden Scheiben getrennt aus dem Feld herausnimmt und die Ladungen auf den einzelnen Scheiben getrennt untersucht.

Unter der Voraussetzung, dass die beiden leitenden Scheiben sehr dünn sind, werden sie das ursprünglich vorhandene elektrische Feld $\vec{E}$ praktisch nicht beeinflussen. Die auf ihrer Oberfläche influenzierte (*verschobene*) Ladung entspricht nach Gl. (1.53) der elektrischen Flussdichte $\sigma = D_x$. Aus diesem Grund wird $\vec{D}$ oft auch als **Verschiebungsdichte** bezeichnet.

1.13.2 Im leitenden Körper eingeschlossener Hohlraum

Im zweiten Beispiel betrachten wir eine ungeladene leitende Hohlkugel mit Innenradius a und Außenradius b. Im Mittelpunkt der Hohlkugel befindet sich eine Punktladung Q. Wegen der von den Koordinaten ϑ und φ unabhängigen kugelsymmetrischen Feldverteilung wird das Feld sowohl im Hohlraum $r < a$ als auch im Außenraum $r > b$ entsprechend der Ableitung in Gl. (1.50) identisch sein zu dem Feld der im Ursprung angeordneten Punktladung.

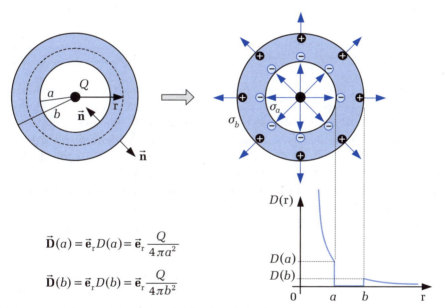

$$\vec{D}(a) = \vec{e}_r D(a) = \vec{e}_r \frac{Q}{4\pi a^2}$$

$$\vec{D}(b) = \vec{e}_r D(b) = \vec{e}_r \frac{Q}{4\pi b^2}$$

Abbildung 1.22: Leitende Hohlkugel mit Punktladung im Mittelpunkt

Damit ist aber auch bereits festgelegt, wie sich die Influenzladungen auf der Hohlkugel verteilen. Die Flussdichte infolge der Punktladung verlangt nach Gl. (1.54) auf der inneren Oberfläche $r = a$ das Vorhandensein einer negativen Flächenladungsverteilung gleichen Betrages. Die Flächennormale auf der inneren Kugeloberfläche $\vec{n} = -\vec{e}_r$ zeigt entgegen der Flussdichte, so dass die Gl. (1.53) das Ergebnis

$$\vec{n} \cdot \vec{D} = -\vec{e}_r \cdot \vec{e}_r D_r(r = a) \stackrel{(1.31)}{=} -\frac{Q}{4\pi a^2} \stackrel{(1.53)}{=} \sigma_a \quad \rightarrow \quad \sigma_a = -\frac{Q}{4\pi a^2} \qquad (1.56)$$

liefert. Auf der Kugeloberfläche $r = b$ gilt $\vec{n} = \vec{e}_r$ und damit

$$\vec{n} \cdot \vec{D} = \vec{e}_r \cdot \vec{e}_r D_r(r = b) \stackrel{(1.31)}{=} \frac{Q}{4\pi b^2} \stackrel{(1.53)}{=} \sigma_b \quad \rightarrow \quad \sigma_b = \frac{Q}{4\pi b^2} \: . \qquad (1.57)$$

Es lässt sich leicht verifizieren, dass die Gesamtladung der Hohlkugel Q_K verschwindet

$$Q_K = \sigma_a 4\pi a^2 + \sigma_b 4\pi b^2 = 0 \: . \qquad (1.58)$$

Als zusätzliche Kontrolle kann man die Flussdichte innerhalb des leitenden Bereichs $a < r < b$ berechnen. Bildet man das Hüllflächenintegral über die in ▶Abb. 1.22 gestrichelt eingezeichnete Kugelfläche vom Radius r, dann verschwindet die Flussdichte wegen der ebenfalls verschwindenden eingeschlossenen Ladung

$$\oiint_A \vec{D} \cdot d\vec{A} \stackrel{(1.50)}{=} D(r) 4\pi r^2 = Q + \sigma_a 4\pi a^2 = 0 \quad \rightarrow \quad D(r) = 0 \quad \text{für} \quad a < r < b \: . \qquad (1.59)$$

> **Merke**
>
> Befindet sich ein leitender Körper in einem von externen Ladungsverteilungen hervorgerufenen elektrischen Feld, dann werden auf seiner Oberfläche Ladungen influenziert. Der Wert der influenzierten Flächenladungsdichte in einem Punkt P der Oberfläche entspricht genau dem Wert der senkrecht auftreffenden Flussdichte an dieser Stelle P. Die Flussdichte springt aber infolge der Randbedingung (1.42) genau um den Wert der Flächenladungsdichte und damit auf den Wert Null auf der Innenseite des leitenden Körpers. Die Felder der externen Ladungsverteilungen und der Influenzladungen kompensieren sich innerhalb des leitenden Körpers, der somit feldfrei ist.

Erweitern wir die Problemstellung jetzt dahingehend, dass die Hohlkugel eine nicht verschwindende Gesamtladung $Q_K \neq 0$ aufweist, dann wird die Flussdichte im Bereich $r > b$ nach Gl. (1.50) den Wert

$$D(r) = \frac{Q + Q_K}{4\pi r^2} \qquad (1.60)$$

aufweisen und die Ladung Q_K wird sich wie in Abb. 1.19 dargestellt ebenfalls auf der Oberfläche r = b homogen verteilen, so dass die Flächenladung σ_b den Wert

$$\sigma_b = \frac{Q+Q_K}{4\pi b^2} \tag{1.61}$$

annimmt. Die Feldfreiheit innerhalb des leitenden Körpers ist somit unabhängig davon, ob der Körper eine Ladung besitzt oder ob er ungeladen ist.

Betrachten wir noch den Sonderfall, dass sich die Feld erzeugenden Ladungen außerhalb der Hohlkugel befinden und der Hohlraum ladungsfrei ist. In diesem Fall werden sich nur an der äußeren Oberfläche r = b Influenzladungen ausbilden, so dass nicht nur das Leiterinnere, sondern auch der nicht leitende Hohlraum vollständig gegenüber dem elektrischen Feld abgeschirmt ist. Dieses Prinzip der elektrostatischen Abschirmung ist als **Faraday'scher Käfig** bekannt und findet vielfältige Anwendung. Empfindliche Halbleiterbauelemente werden z.B. zum Schutz gegen elektrostatische Entladungen in leitfähige Materialien verpackt.

Auch in den Fällen, in denen der Hohlraum nicht vollständig von einem leitenden Körper umschlossen wird, ist er dennoch sehr gut gegen äußere elektrostatische Felder abgeschirmt. Selbst bei Verwendung eines Drahtgitters ist das Feld im Innenraum sehr stark reduziert, lediglich in der unmittelbaren Umgebung der Löcher ist die Schirmwirkung gering. Diese Abschirmung funktioniert auch noch bei zeitlich langsam veränderlichen Feldern, erst bei schnell veränderlichen darf der Abstand zwischen den Gitterstäben einen von der Geschwindigkeit der zeitlichen Änderung abhängigen Maximalwert nicht überschreiten, um eine entsprechende Schirmwirkung zu erzielen.

1.14 Die dielektrische Polarisation

In diesem Abschnitt gehen wir noch einmal von dem idealisierten Feldverlauf der Abb. 1.20 aus. Wird in das Feld zwischen den im Abstand d befindlichen Platten der ▶Abb. 1.23a ein leitender Körper eingebracht, dann werden an seiner Oberfläche Ladungen influenziert und das Innere des Körpers bleibt feldfrei (▶Abb. 1.23c). Hält man die Ladungen $\pm Q = \pm \sigma A$ auf den äußeren Platten beim Einbringen des leitenden Körpers konstant, dann bleibt auch die von ihnen hervorgerufene elektrische Flussdichte nach Gl. (1.53) unverändert. In den Zwischenräumen zwischen den äußeren Platten und dem leitenden Körper muss dann auch die elektrische Feldstärke $\vec{E} = \vec{D}/\varepsilon_0$ gleich bleiben. Die zwischen den beiden Platten anliegende Spannung kann nach Gl. (1.30) als das Wegintegral der elektrischen Feldstärke berechnet werden. Da die Feldstärke und das gerichtete Wegelement zwischen den Platten parallel verlaufen und sich die Feldstärke im homogenen Feld längs des Weges nicht ändert, kann die Spannung von der positiv zur negativ geladenen Platte im Teilbild a durch eine Multiplikation des Feldstärkebetrages E mit der Weglänge d ersetzt werden. Im Teilbild c wird die elektrische Spannung entsprechend der verkürzten Weglänge kleiner sein als im Teilbild a.

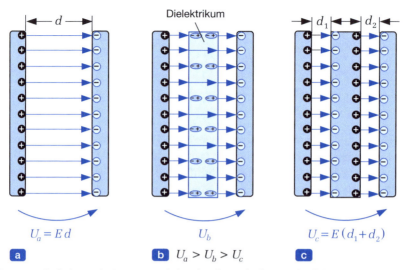

Abbildung 1.23: Reduzierung der Spannung zwischen den Platten durch unterschiedliche Materialien

Bringt man dagegen anstelle des Metallkörpers ein homogenes, isolierendes Material gleicher Abmessungen zwischen die geladenen Platten, dann stellt man bei wiederum unveränderter Gesamtladung auf den äußeren Platten eine Spannung zwischen den Platten fest, die kleiner ist als im Teilbild a, jedoch größer als bei dem leitenden Körper im Teilbild c. Die Ursache für dieses Verhalten liegt in dem inneren Aufbau des isolierenden Materials. Im Gegensatz zu dem Leiter sind die Elektronen zwar nicht frei beweglich, dennoch tritt eine Ladungsverschiebung innerhalb der atomaren Strukturen auf. Infolge des von außen angelegten elektrischen Feldes wirken Kräfte auf die Ladungsträger, die dazu führen, dass die Atome bzw. Moleküle in der einen Richtung negativ und in der entgegengesetzten Richtung positiv **polarisiert** werden.

Als Ursache für die Polarisation können unterschiedliche Mechanismen verantwortlich sein. Von **Verschiebungspolarisation** spricht man, wenn die positiven und negativen Ladungsträger beim Anlegen eines äußeren Feldes gegeneinander verschoben werden. Die an zwei gegenüberliegenden Seiten entgegengesetzt geladenen Teilchen werden als **Dipole** bezeichnet. Befinden sich zwei Punktladungen $\pm Q$ im Abstand d, dann bezeichnet man das Produkt aus dem von der negativen zur positiven Ladung zeigenden Abstandsvektor $\vec{d}$ mit dem positiven Wert der Ladung Q als **Dipolmoment** $\vec{p}$

$$\vec{p} = Q\vec{d} \,. \tag{1.62}$$

Diese Definition lässt sich verallgemeinern. Handelt es sich bei den Ladungen nicht um konzentrierte Punktladungen, sondern um räumlich verteilte Ladungen, dann verwendet man für $\vec{d}$ den vektoriellen Abstand zwischen den Schwerpunkten der beiden Ladungsanordnungen $+Q$ und $-Q$. Ein Beispiel für die Verschiebungspolarisation ist in ▶Abb. 1.24 dargestellt. Unter dem Einfluss eines elektrischen Feldes verschiebt sich die Elektronenhülle gegenüber dem Atomkern. Man spricht in diesem Fall von **Elektronenpolarisation**.

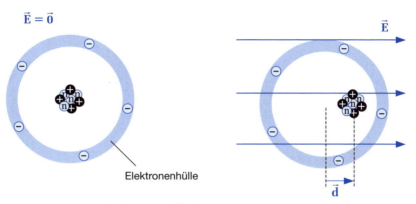

Abbildung 1.24: Elektronenpolarisation

Ein weiteres Beispiel für die Verschiebungspolarisation tritt in Substanzen auf, die Ionen enthalten. Die Situation bei der so genannten Ionenpolarisation ist vergleichbar dem vorhergehenden Beispiel. Die positiven Ionen werden in Richtung der elektrischen Feldstärke und die negativen Ionen in Gegenrichtung verschoben.

Ein etwas anderer Mechanismus liegt der **Orientierungspolarisation** zugrunde. Manche Moleküle besitzen aufgrund ihres unsymmetrischen Aufbaus bereits ein permanentes Dipolmoment. Bei dem in ▶Abb. 1.25 dargestellten Wassermolekül ist die Aufenthaltswahrscheinlichkeit für die Hüllenelektronen der beiden Wasserstoffatome in der Nähe des Sauerstoffkerns größer als in der Nähe der beiden H-Kerne (Protonen). Als Folge dieser Ionenbindung enthält das Sauerstoffatom eine mittlere negative Ladung und die Wasserstoffatome enthalten eine mittlere positive Ladung.

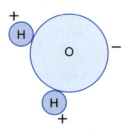

Abbildung 1.25: Wassermolekül H_2O

Das Dipolmoment entsteht dadurch, dass die Schwerpunkte der positiv bzw. negativ geladenen Ionen nicht zusammenfallen. Solange kein elektrisches Feld vorhanden ist, sind die Dipolmomente der Moleküle innerhalb der Flüssigkeit statistisch verteilt und es ist keine Polarisation nach außen feststellbar. Unter dem Einfluss eines elektrischen Feldes erfahren die beiden Ladungen eines Dipols Kräfte in entgegengesetzter Richtung. Die Zerlegung dieser Vektoren gemäß ▶Abb. 1.26 zeigt, dass neben einer Kraftkomponente in Längsrichtung des Dipols eine weitere Kraftkomponente entsteht, die ein Drehmoment auf den Dipol ausübt. Die Dipole werden in Abhängigkeit von dem Wert der Feldstärke mehr oder weniger in Feldrichtung ausgerichtet, so dass auch makroskopisch betrachtet eine Polarisation auftritt. Dieser Effekt ist im Gegensatz zur Verschiebungspolarisation stark temperaturabhängig, da die Wärmebewegungen der Moleküle einer geordneten Ausrichtung entgegenwirken.

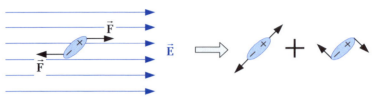

Abbildung 1.26: Drehmoment auf einen Dipol im homogenen Feld

Befinden sich N Dipole in einem Volumen V, dann wird die auf das Volumen bezogene vektorielle Summe der Dipolmomente als **dielektrische Polarisation** $\vec{P}$

$$\vec{P} = \frac{1}{V} \sum_{n=1}^{N} \vec{p}_n \qquad (1.63)$$

und das nicht leitende Material als **Dielektrikum** bezeichnet. Für den Sonderfall gleich gerichteter Dipole vereinfacht sich die Beziehung (1.63) zu

$$\vec{P} = \frac{N \vec{p}}{V} . \qquad (1.64)$$

Die Ladungen der Dipole bezeichnet man als **Polarisationsladungen**, die frei beweglichen Ladungen bei den Metallen dagegen als **freie Ladungen**. Diese Unterscheidung ist physikalisch begründet. Während man die freien Ladungen voneinander trennen kann, ist diese Trennung bei den Polarisationsladungen nicht möglich. Aus diesem Grund ist die gesamte Polarisationsladung in einem Dielektrikum immer gleich Null. Die influenzierten Ladungen auf den beiden Scheibchen der Abb. 1.21 sind in diesem Sinne freie Ladungen, da sie durch getrennte Herausnahme der beiden Scheibchen aus dem Feld separiert werden können.

Durch die besondere Ausrichtung der Dipole im homogenen Feld heben sich ihre Wirkungen im Inneren des Dielektrikums auf. Betrachtet man die ▶Abb. 1.27, dann erkennt man jedoch, dass sich infolge der Ladungsträgerverschiebung an den Oberflächen des Dielektrikums Ladungsverteilungen ausbilden, die in ihrer Wirkung den Flächenladungen bei den Leitern vergleichbar sind[5].

---

5 Die geordnete Ausrichtung aller Dipole in der Abb. 1.27 dient nur zur Veranschaulichung der entstehenden Flächenladungen, in der Praxis werden die Dipole bei den üblichen Temperaturen relativ ungeordnet bleiben und die makroskopisch wirksame Polarisation kommt lediglich durch die Mittelwertbildung über die unvorstellbar große Zahl der nur zum Teil ausgerichteten Moleküle entsprechend Gl. (1.63) zustande.

1.14 Die dielektrische Polarisation

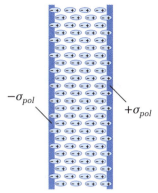

Abbildung 1.27: Polarisationsflächenladung

Als Folge der Polarisation wird das elektrische Feld $\vec{E}$ im Dielektrikum bei gleicher Flussdichte $\vec{D}$ zwar schwächer, es verschwindet aber nicht völlig wie beim Leiter. Dieser Zustand ist schematisch in ▶Abb. 1.23b durch den größeren Abstand zwischen den Feldlinien im Dielektrikum angedeutet. Auch hier ist die Situation im mikroskopischen Bereich sehr kompliziert. Die elektrische Feldstärke wird zwischen den Molekülen sehr stark ortsabhängig sein, so dass die angesprochene Reduzierung der Feldstärke im Dielektrikum nicht für einen beliebigen Punkt innerhalb des Materials gilt, sondern wiederum als Mittelwert über einen Bereich, dessen Ausdehnung wesentlich größer als die Abmessungen der Moleküle sein muss.

Vom Standpunkt einer makroskopischen Betrachtungsweise aus kann die Reduzierung der elektrischen Feldstärke $\vec{E}$ im Dielektrikum bei gleicher Flussdichte $\vec{D}$ durch einen dimensionslosen Faktor ε_r erfasst werden, der als (relative) **Dielektrizitätszahl** bezeichnet wird. Die Gl. (1.34) wird also folgendermaßen erweitert

$$\vec{D} = \varepsilon_r \varepsilon_0 \vec{E} = \varepsilon \vec{E} \quad \text{mit} \quad \varepsilon = \varepsilon_r \varepsilon_0 = \text{Dielektrizitätskonstante.} \tag{1.65}$$

> **Merke**
>
> Die Dielektrizitätszahl ε_r beschreibt das Verhältnis der elektrischen Feldstärke ohne Dielektrikum zur elektrischen Feldstärke im Dielektrikum bei gleicher Flussdichte.

Die Beziehung (1.65) setzt voraus, dass zwischen den beiden Feldgrößen $\vec{D}$ und $\vec{E}$ ein linearer Zusammenhang besteht und dass beide Feldgrößen gleich gerichtet sind. Mit den Materialien, bei denen diese Voraussetzungen nicht erfüllt sind, werden wir uns im weiteren Verlauf nicht beschäftigen. In der Praxis tritt zudem häufig der Fall auf, dass ε_r ortsabhängig ist und von weiteren physikalischen Einflussgrößen abhängt wie z.B. von der Temperatur, vom Druck oder von der Frequenz bei zeitlich veränderlichen Feldgrößen.

1 Das elektrostatische Feld

In der folgenden Tabelle ist die Dielektrizitätszahl für verschiedene Materialien angegeben.

Tabelle 1.1

Dielektrizitätszahl ε_r für verschiedene Materialien

Stoff	ε_r	Stoff	ε_r
Trockene Luft	1,000594	Polyäthylen	2,3
Bariumtitanat	1 000 … 4 000	Polystyrol	2,3 … 2,7
Bernstein	2,8	Porzellan	6,0 … 8,0
Glimmer	7	Quarz	3,5 … 4,5
Gummi	2,6	Quarzglas	4
Hartpapier	5,0 … 6,0	Transformatorenöl	2,2 … 2,5
Papier	1,2 … 3,0	Destilliertes Wasser	81
Pertinax	3,5 … 5,5		

In Luft unterscheidet sich der Wert ε_r nur unwesentlich von dem Wert im Vakuum $\varepsilon_r = 1$, d.h. in Luft kann praktisch in allen Fällen $\varepsilon = \varepsilon_0$ gesetzt werden.

Im Gegensatz zur Gl. (1.65) kann der Zusammenhang zwischen den beiden vektoriellen Feldgrößen als Folge der dielektrischen Materialeigenschaften auch auf andere Weise formelmäßig erfasst werden. Man kann nämlich die Dielektrizitätszahl ε_r auch auffassen als die Erhöhung der elektrischen Flussdichte im Dielektrikum gegenüber der elektrischen Flussdichte im Vakuum bei gleicher elektrischer Feldstärke. Denkt man sich also die elektrische Flussdichte im Dielektrikum zusammengesetzt aus der Flussdichte, die bereits bei Abwesenheit des Dielektrikums vorliegt $\vec{D} = \varepsilon_0 \vec{E}$, und dem zusätzlich durch das Dielektrikum verursachten Anteil $\vec{P}$, dann erhält man die Darstellung

$$\vec{D} = \varepsilon_0 \vec{E} + \vec{P} \,. \tag{1.66}$$

Durch Gleichsetzen der beiden Beziehungen (1.65) und (1.66) findet man den Zusammenhang

$$\vec{P} = (\varepsilon - \varepsilon_0) \vec{E} = \varepsilon_0 (\varepsilon_r - 1) \vec{E} = \varepsilon_0 \chi \vec{E} \,. \tag{1.67}$$

Nach dieser Gleichung sind Polarisation und Feldstärke zueinander proportional. Die Differenz χ zwischen der Dielektrizitätszahl $\varepsilon_r = \varepsilon/\varepsilon_0$ der Materie und dem Wert 1 des Vakuums wird **dielektrische Suszeptibilität** genannt.

Nach den vorstehenden Gleichungen ergeben sich prinzipiell zwei Möglichkeiten, die besonderen Eigenschaften eines Dielektrikums in den Rechnungen zu berücksichtigen, zum einen mithilfe der Dielektrizitätszahl ε_r nach Gl. (1.65), zum anderen mithilfe der

Polarisation $\vec{P}$ nach Gl. (1.66). Die Rechnung mit der Polarisation setzt aber die Kenntnis der **Polarisationsflächenladungen** voraus, die sich z.B. an den Oberflächen des Dielektrikums in Abb. 1.23b ausbilden. Bei nicht homogenen Materialeigenschaften heben sich die Wirkungen der Dipole im Inneren der Dielektrika nicht vollständig auf, so dass in diesem Fall zusätzlich mit einer ortsabhängigen **Polarisationsraumladung** gerechnet werden muss. Aus diesem Grund werden wir in den folgenden Abschnitten den Einfluss der Dielektrika auf die Feldverteilung nicht durch die Polarisationsladungen, sondern durch die skalare Dielektrizitätszahl ε_r erfassen.

1.15 Kräfte im inhomogenen Feld

In den vorausgegangenen Abschnitten haben wir die Influenz und die Polarisation als Folge-Erscheinungen der Kräfte auf die Ladungsträger im elektrischen Feld kennen gelernt. Damit verbunden war die vollkommene Abschirmung des Leiterinneren gegenüber dem äußeren Feld bzw. die Reduzierung der Feldstärke im Inneren eines Dielektrikums.

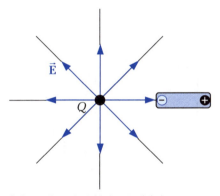

Abbildung 1.28: Leitender ungeladener Körper im Feld einer Punktladung

Befindet sich ein leitender ungeladener Körper oder ein aus dielektrischem Material bestehender Körper in einem *homogenen* elektrischen Feld wie in der Abb. 1.23, dann heben sich die Kräfte auf die positiven und auf die negativen Ladungsträger gegenseitig auf. Es kann zwar im allgemeinen Fall ein Drehmoment auf den Körper ausgeübt werden (Abb. 1.26), die Gesamtkraft verschwindet aber. Bringen wir dagegen einen leitenden ungeladenen Körper in ein *inhomogenes* Feld, z.B. in das Feld einer positiven Punktladung gemäß ▶Abb. 1.28, dann wird wegen der mit wachsendem Abstand von der Punktladung abnehmenden Feldstärke die Kraft auf die influenzierten negativen Ladungsträger dominieren und es wird sich eine resultierende (anziehende) Kraft einstellen. Besitzt die Feld erzeugende Ladung Q einen Wert $Q < 0$, dann wird sich auch das Vorzeichen bei den influenzierten Ladungen umkehren und es tritt auch in diesem Fall eine anziehende Kraft auf. Aus der Tatsache, dass sich zwei Körper gegenseitig anziehen, kann also nicht zwangsläufig geschlossen werden, dass beide Körper

Gesamtladungen unterschiedlichen Vorzeichens tragen. Im vorliegenden Beispiel entsteht eine anziehende Kraft zwischen einem geladenen und einem ungeladenen Körper. Da sowohl Influenz- als auch Polarisationserscheinungen immer zu einer anziehenden Kraft führen, kann aber umgekehrt aus der Abstoßung zweier Körper auf vorhandene Gesamtladungen gleichen Vorzeichens geschlossen werden.

1.16 Sprungstellen der Dielektrizitätskonstanten

In Kap. 1.14 haben wir gesehen, dass die senkrecht in das Dielektrikum eintretende elektrische Feldstärke unstetig ist, wie z.B. durch die Feldliniendichte in Abb. 1.23b angedeutet. Daher werden wir in diesem Abschnitt das Verhalten der beiden Feldgrößen $\vec{D}$ und $\vec{E}$ an den Sprungstellen der Materialeigenschaften etwas genauer untersuchen. Dazu betrachten wir die Oberfläche A des in ▶Abb. 1.29 dargestellten quaderförmigen Körpers, der aus einem Material der Dielektrizitätskonstanten ε_1 besteht, und der sich im umgebenden Raum der Dielektrizitätskonstanten ε_2 befindet. Die Feldgrößen in den beiden Bereichen werden mit den gleichen Indizes gekennzeichnet wie die Dielektrizitätskonstanten.

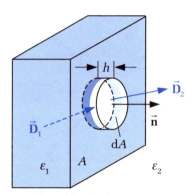

Abbildung 1.29: Grenzfläche mit Sprung der Dielektrizitätskonstanten

Die Vorgehensweise ist die gleiche wie bereits in Kapitel 1.11 beschrieben. Im ersten Schritt betrachten wir die Normalkomponente der Flussdichte $\vec{D}$. Zu diesem Zweck legen wir um die Trennfläche zwischen den beiden Materialien einen kleinen Flachzylinder mit der verschwindenden Höhe $h \to 0$. Da sich innerhalb des Zylinders keine freie Gesamtladung befindet, muss der insgesamt durch die Oberfläche austretende elektrische Fluss nach Gl. (1.36) verschwinden. Wegen $h \to 0$ liefert der Zylindermantel keinen Beitrag, so dass der Fluss durch das elementare Flächenelement dA auf beiden Seiten der Trennfläche gleich ist. Der auf der einen Seite eintretende Fluss muss auf der anderen Seite wieder austreten

$$D_{n1} \mathrm{d}A = D_{n2} \mathrm{d}A \quad \to \quad D_{n1} = D_{n2} \; . \tag{1.68}$$

1.16 Sprungstellen der Dielektrizitätskonstanten

Die Stetigkeit der Normalkomponente der Flussdichte erfordert aber wegen der auf beiden Seiten unterschiedlichen Dielektrizitätskonstanten nach Gl. (1.65) einen Sprung in der Normalkomponente der elektrischen Feldstärke

$$D_{n1} = \varepsilon_1 E_{n1} = D_{n2} = \varepsilon_2 E_{n2} \quad \rightarrow \quad \boxed{\varepsilon_1 E_{n1} = \varepsilon_2 E_{n2}} \;. \tag{1.69}$$

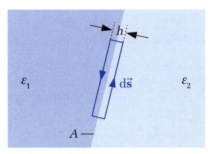

Abbildung 1.30: Grenzfläche mit Sprung der Dielektrizitätskonstanten

Im zweiten Schritt soll das Verhalten der Tangentialkomponente der elektrischen Feldstärke untersucht werden. Zu diesem Zweck betrachten wir das in ▶Abb. 1.30 um die Trennfläche gelegte Rechteck mit der elementaren Seitenlänge ds und der wiederum verschwindenden Abmessung $h \rightarrow 0$. Bilden wir das Umlaufintegral der elektrischen Feldstärke entlang dieses Rechtecks, dann liefern wegen $h \rightarrow 0$ nur die Seiten ds einen Beitrag. Nach Gl. (1.22) muss aber dieses Umlaufintegral verschwinden, so dass die Tangentialkomponente der elektrischen Feldstärke auf beiden Seiten der Trennfläche den gleichen Wert aufweist

$$E_{t1}\,\mathrm{d}s - E_{t2}\,\mathrm{d}s = 0 \quad \rightarrow \quad \boxed{E_{t1} = E_{t2}} \;. \tag{1.70}$$

Die Stetigkeit der Tangentialkomponente der elektrischen Feldstärke erfordert aber wegen der auf beiden Seiten unterschiedlichen Dielektrizitätskonstanten nach Gl. (1.65) einen Sprung in der Tangentialkomponente der Flussdichte

$$E_{t1} = \frac{1}{\varepsilon_1} D_{t1} = E_{t2} = \frac{1}{\varepsilon_2} D_{t2} \quad \rightarrow \quad \boxed{\frac{D_{t1}}{D_{t2}} = \frac{\varepsilon_1}{\varepsilon_2}} \;. \tag{1.71}$$

Zusammengefasst gilt die Aussage:

> **Merke**
>
> Bei einer sprunghaften Änderung der Dielektrizitätskonstanten auf einer Fläche der Normalen $\vec{n}$ sind die Normalkomponente der Flussdichte D_n und die Tangentialkomponente der elektrischen Feldstärke E_t stetig. Die Forderungen für die beiden anderen Komponenten D_t und E_n ergeben sich aus den Beziehungen $\vec{D}_1 = \varepsilon_1 \vec{E}_1$ und $\vec{D}_2 = \varepsilon_2 \vec{E}_2$.

Diese Zusammenhänge sind in ▶Abb. 1.31 nochmals dargestellt. Aus den Beziehungen

$$\frac{\tan\alpha_1}{\tan\alpha_2} = \frac{E_{t1}}{E_{n1}}\frac{E_{n2}}{E_{t2}} \stackrel{(1.70)}{=} \frac{E_{n2}}{E_{n1}} \quad \text{bzw.} \quad \frac{\tan\alpha_1}{\tan\alpha_2} = \frac{D_{t1}}{D_{n1}}\frac{D_{n2}}{D_{t2}} \stackrel{(1.68)}{=} \frac{D_{t1}}{D_{t2}} \quad (1.72)$$

folgt für beide Feldvektoren das gleiche Brechungsgesetz

$$\frac{\tan\alpha_1}{\tan\alpha_2} = \frac{E_{n2}}{E_{n1}} = \frac{D_{t1}}{D_{t2}} = \frac{\varepsilon_1}{\varepsilon_2} \quad . \quad (1.73)$$

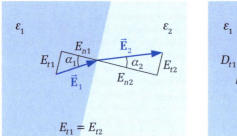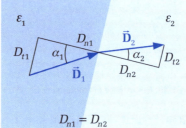

Abbildung 1.31: Zum Brechungsgesetz

1.17 Die Kapazität

Betrachten wir noch einmal die Abb. 1.23a. Wird die Gesamtladung $\pm Q$ auf den beiden Platten auf einen Wert $\pm kQ$ erhöht, dann wird sich nach Gl. (1.36) bzw. (1.53) die elektrische Flussdichte und wegen Gl. (1.65) auch die elektrische Feldstärke um den gleichen Faktor k erhöhen. Da aber auch die Spannung U als das Wegintegral der Feldstärke um diesen Faktor k ansteigen wird, sind die beiden Größen Ladung und Spannung zueinander proportional

$$Q \sim U \quad \rightarrow \quad Q = CU \quad . \quad (1.74)$$

Diese Proportionalität gilt unabhängig von der Geometrie der Anordnung. Der Proportionalitätsfaktor C wird **Kapazität** genannt und hat die Dimension As/V. Wegen der großen Bedeutung wird eine eigene Bezeichnung Farad (nach Michael Faraday, 1791 – 1867) für die Dimension der Kapazität eingeführt: 1 F = 1 As/V (vgl. Tabelle D.2).

> **Merke**
>
> Unter der Kapazität C versteht man das Verhältnis aus der aufgenommenen Ladung Q zu der angelegten Spannung U. Sie ist ein Maß für die Fähigkeit eines Körpers, Ladungen zu speichern.

Der große Vorteil bei der Rechnung mit Kapazitäten besteht darin, dass hier integrale Größen verwendet werden, bei denen die zugrunde liegende dreidimensionale Feldverteilung nicht mehr explizit berechnet werden muss. Sie ist als Information gemäß der folgenden Gleichung bereits in dem Wert der Kapazität enthalten

$$Q \stackrel{(1.36)}{=} \oiint_A \vec{D} \cdot d\vec{A} \stackrel{(1.53)}{=} \oiint_A \sigma\, dA, \qquad U \stackrel{(1.30)}{=} \int_s \vec{E} \cdot d\vec{s}, \qquad C = \frac{Q}{U} = \frac{\varepsilon \oiint_A \vec{E} \cdot d\vec{A}}{\int_s \vec{E} \cdot d\vec{s}}. \qquad (1.75)$$

Während die Kapazität die Eigenschaft der Leiteranordnung (ihr *Fassungsvermögen*) beschreibt, wird eine Anordnung mit dieser Eigenschaft (das Bauelement) als **Kondensator** bezeichnet. Allgemein spricht man von einem Kondensator, wenn zwei leitende Beläge mit entgegengesetzten, gleich großen Ladungen vorhanden sind und alle Feldlinien, d.h. der gesamte elektrische Fluss, von der mit den positiven Ladungen besetzten Fläche zu der mit den negativen Ladungen besetzten Fläche gelangen. Bei dem Beispiel in Abb. 1.23a spricht man von einem Plattenkondensator. Je nach Anwendungsfall findet man sehr unterschiedliche Bauformen von Kondensatoren. Einige dieser Bauformen werden wir in den folgenden Kapiteln kennen lernen.

1.17.1 Der Plattenkondensator

Wir berechnen die Kapazität der in Abb. 1.23a dargestellten Anordnung unter den dort gemachten vereinfachenden Annahmen, dass das Feld zwischen den Platten homogen und das Streufeld am Rand der Platten vernachlässigbar sei[6]. Diese Annahme ist hinreichend gut erfüllt, wenn der Plattenabstand klein ist im Vergleich zu den Plattenabmessungen. Die Ladungen $\pm Q$ sind als homogene Flächenladungen $\pm \sigma = \pm Q/A$ auf den Plattenflächen A verteilt. Nach Gl. (1.54) ist die Flussdichte an der Plattenoberfläche gleich der Flächenladungsdichte. Die elektrische Feldstärke ist im Luftbereich zwischen den Platten durch die Gl. (1.34) gegeben

$$E \stackrel{(1.34)}{=} \frac{D}{\varepsilon_0} \stackrel{(1.54)}{=} \frac{\sigma}{\varepsilon_0} = \frac{Q}{\varepsilon_0 A}. \qquad (1.76)$$

Die Spannung zwischen den Platten berechnet sich in diesem Sonderfall aus dem Produkt von Feldstärke E und Plattenabstand d, so dass die Kapazität des Plattenkondensators bereits bekannt ist

$$U \stackrel{(1.30)}{=} E d \quad \rightarrow \quad C = \frac{Q}{U} = \frac{\varepsilon_0 A}{d}. \qquad (1.77)$$

---

6 Durch die Vernachlässigung des Streufeldes ist der im Folgenden berechnete Wert für die Kapazität des Plattenkondensators etwas kleiner als der mit der exakten Feldverteilung berechnete Wert.

Verallgemeinern wir die Aufgabenstellung dahingehend, dass der Raum zwischen den beiden Platten mit einem Dielektrikum der Dielektrizitätszahl ε_r ausgefüllt ist, dann ändert sich die Gl. (1.76) und damit die Kapazität in der folgenden Weise

$$E \stackrel{(1.65)}{=} \frac{D}{\varepsilon_r \varepsilon_0} \stackrel{(1.54)}{=} \frac{\sigma}{\varepsilon_r \varepsilon_0} = \frac{Q}{\varepsilon_r \varepsilon_0 A} \quad \rightarrow \quad C = \frac{\varepsilon_r \varepsilon_0 A}{d} = \frac{\varepsilon A}{d} \ . \tag{1.78}$$

Die Kapazität des idealen Plattenkondensators ist proportional zur Fläche A, umgekehrt proportional zum Plattenabstand d und proportional zur Dielektrizitätskonstanten. Sie hängt also nur von der Geometrie und den Materialeigenschaften ab, nicht jedoch von der auf dem Kondensator befindlichen Ladung.

Beispiel 1.4: Zahlenbeispiel

Welche Fläche müssen die Platten eines Kondensators haben, der in Luft bei einem Plattenabstand von 1 mm die Kapazität von 1 F aufweisen soll?

Lösung:

$$A = \frac{C d}{\varepsilon_0} = \frac{1 \frac{\text{As}}{\text{V}} \cdot 1\,\text{mm}}{8{,}854 \cdot 10^{-12} \frac{\text{As}}{\text{Vm}}} = \frac{1\,\text{mm}}{8{,}854 \cdot 10^{-12} \frac{1}{\text{m}}} = \frac{10^9}{8{,}854}\,\text{m}^2 = 113\,\text{km}^2 \tag{1.79}$$

Man erkennt an diesem Zahlenbeispiel, dass die Einheit F sehr groß ist. Die üblicherweise verwendeten Kondensatoren besitzen Kapazitätswerte im Bereich µF, nF oder pF.

1.17.2 Der Kugelkondensator

Als zweites Beispiel soll die Kapazität eines Kugelkondensators berechnet werden. Dieser besteht aus den in der ▶Abb. 1.32 dargestellten konzentrischen, leitenden Kugelschalen der Radien a und $b > a$.

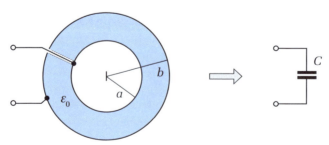

Abbildung 1.32: Kugelkondensator

Im ersten Schritt wird angenommen, dass sich auf der inneren Kugelschale die Ladung +Q und auf der äußeren die Ladung −Q befindet. Die Aufgabe besteht dann darin, die zu dieser Ladungsverteilung gehörige Spannung (Potentialdifferenz) zwischen den beiden Kugelschalen zu berechnen. Vernachlässigen wir den Einfluss des von der inneren Kugelschale nach außen geführten Anschlussdrahtes, dann werden sich die Ladungen aus Symmetriegründen gleichmäßig auf den Kugelflächen verteilen und wir können die Flussdichte im Bereich zwischen den beiden Kugeln aus der Gl. (1.50) übernehmen. Für die Spannung von der inneren zur äußeren Kugel erhalten wir mithilfe der Gl. (1.30) das gesuchte Ergebnis, aus dem die Kapazität des Kugelkondensators unmittelbar folgt

$$U_{ab} \stackrel{(1.30)}{=} \int_a^b \vec{E}\cdot d\vec{r} \stackrel{(1.50)}{=} \int_a^b \vec{e}_r \frac{Q}{4\pi\varepsilon_0 r^2}\cdot \vec{e}_r dr = \frac{Q}{4\pi\varepsilon_0}\int_a^b \frac{1}{r^2}dr = \frac{Q}{4\pi\varepsilon_0}\frac{b-a}{ba} \stackrel{(1.74)}{=} \frac{Q}{C} \rightarrow$$

$$C = 4\pi\varepsilon_0 \frac{ba}{b-a}. \qquad (1.80)$$

Mit diesem Ergebnis kann die reale dreidimensionale Ausgangsanordnung in Abb. 1.32 durch eine einfache skalare Größe beschrieben werden. Dargestellt wird dieses Bauelement dann durch das für einen Kondensator übliche Schaltzeichen auf der rechten Seite der Abbildung, wobei der in Abhängigkeit von den Abmessungen und von der Materialeigenschaft berechnete Kapazitätswert an dem Schaltzeichen mit angegeben werden kann.

Wir wollen das Ergebnis in Gl. (1.80) noch für einen Sonderfall kontrollieren. Lässt man nämlich die Abmessung b gegen a gehen, so dass $b = a + d$ mit einem kleinen Abstand $d \rightarrow 0$ gilt, dann sind die beiden Kugelschalen sehr dicht beieinander und die Abhängigkeit der Feldstärke vom reziproken Abstand $1/r^2$ spielt keine Rolle mehr. Die Gl. (1.80) geht dann in die Gleichung des Plattenkondensators über

$$C = 4\pi\varepsilon_0 \frac{ba}{b-a} \approx \varepsilon_0 \frac{4\pi a^2}{d} = \varepsilon_0 \frac{A_K}{d}, \qquad (1.81)$$

wobei die Größe der Platten durch die Kugelfläche A_K gegeben ist.

Aus der Gl. (1.80) lässt sich auch die Beziehung für die Kapazität einer Kugel gegen die unendlich ferne Hülle ableiten. Mit dem Grenzübergang $b \rightarrow \infty$ findet man unmittelbar das Ergebnis

$$C = 4\pi\varepsilon_0 \frac{ba}{b-a} \approx 4\pi\varepsilon_0 \frac{ba}{b} = 4\pi\varepsilon_0 a. \qquad (1.82)$$

Dieses ist proportional zum Kugelradius. Um einen Eindruck von der Größenordnung zu erhalten, kann man die Kapazität der Erdkugel gegen die unendlich ferne Hülle berechnen. Mit dem Radius $a \approx 6360$ km erhält man näherungsweise den sehr kleinen Wert $C \approx 700$ µF.

Beispiel 1.5: Kapazität eines Koaxialkabels

Gegeben ist ein Koaxialkabel mit einem Innenleiter des Durchmessers $2a$ und einem üblicherweise aus metallischem Geflecht bestehenden Außenleiter, der den Innendurchmesser $2b$ und den Außendurchmesser $2c$ aufweist. In dem Zwischenraum befindet sich ein Material mit der Dielektrizitätskonstante ε. Die um den Außenleiter angebrachte Schutzisolierung spielt bei der folgenden Betrachtung keine Rolle. Zu bestimmen ist die Kapazität des Kabels pro Längeneinheit.

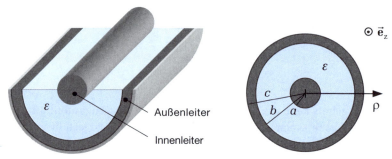

Abbildung 1.33: Querschnitt durch die Koaxialleitung

Lösung:

Im ersten Schritt wird pro Längeneinheit des Kabels eine Ladung $+Q$ auf dem Innenleiter und eine Ladung $-Q$ auf dem Außenleiter vorgegeben. Die Ladung auf dem Innenleiter wird sich als homogene Flächenladung auf der Leiteroberfläche verteilen. Die Berechnung der von dieser Ladung ausgehenden Flussdichte erfolgt analog zum Beispiel 1.2 und liefert das Ergebnis (1.39). Mit der Spannung zwischen Innen- und Außenleiter

$$U = \int_a^b \vec{E} \cdot d\vec{r} \stackrel{(1.39)}{=} \frac{1}{\varepsilon} \int_a^b \vec{e}_\rho \frac{Q}{2\pi a l} \frac{a}{\rho} \cdot \vec{e}_\rho d\rho = \frac{Q}{2\pi \varepsilon l} \int_a^b \frac{1}{\rho} d\rho = \frac{Q}{2\pi \varepsilon l} \ln \frac{b}{a} \qquad (1.83)$$

erhalten wir die gesuchte Kapazität pro Länge

$$\frac{C}{l} = \frac{Q/l}{U} = \frac{2\pi\varepsilon}{\ln(b/a)}. \qquad (1.84)$$

1.18 Einfache Kondensatornetzwerke

In der praktischen Schaltungstechnik kann der Fall eintreten, dass mehrere Kondensatoren zusammengeschaltet werden. Von den vielfältigen Möglichkeiten sollen hier nur die beiden grundlegenden Fälle betrachtet werden, nämlich die Parallelschaltung und die Reihenschaltung. Die Aufgabe besteht darin, die Anordnung mit mehreren Kondensatoren C_k mit $k = 1,2,...$ durch einen einzigen Kondensator C_{ges} zu ersetzen, der bezogen auf die beiden Anschlussklemmen das gleiche Verhalten aufweist.

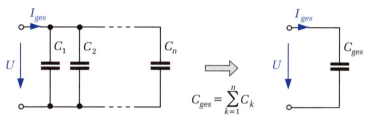

Abbildung 1.34: Parallelschaltung von Kondensatoren

Betrachten wir zunächst die **Parallelschaltung** in ▶Abb. 1.34. Alle oberen Kondensatorplatten sind leitend miteinander verbunden und liegen daher auf dem gleichen Potential. Da auch die unteren Kondensatorplatten auf gleichem Potential liegen, ist die Potentialdifferenz und damit die Spannung U für alle Kondensatoren gleich. An den einzelnen Kondensatoren gelten die Beziehungen $Q_k = C_k U$ und für den Gesamtkondensator muss $Q_{ges} = C_{ges} U$ gelten, wobei die Gesamtladung Q_{ges} der Summe der Ladungen Q_k auf den einzelnen Kondensatoren entsprechen muss. Addiert man die Beziehungen für die einzelnen Kondensatoren, dann gilt

$$Q_{ges} = \sum_{k=1}^{n} Q_k \stackrel{(1.74)}{=} \sum_{k=1}^{n} C_k U = U \sum_{k=1}^{n} C_k = U C_{ges} \quad \rightarrow \quad C_{ges} = \sum_{k=1}^{n} C_k . \quad (1.85)$$

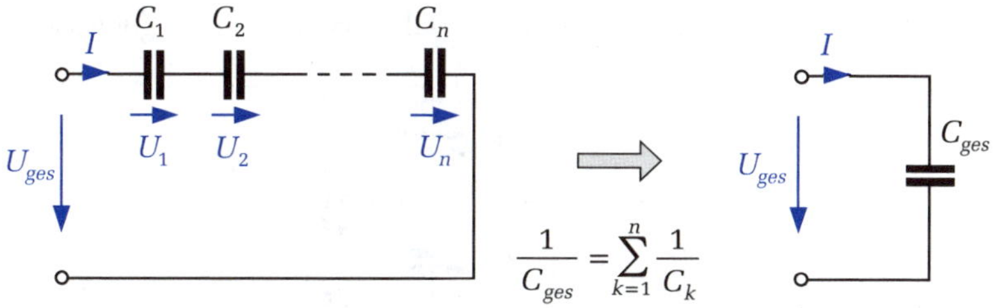

Abbildung 1.35: Reihenschaltung von Kondensatoren

Bei der **Reihenschaltung** kann man von folgender Überlegung ausgehen. Die gesamte an den Eingangsanschlüssen vorhandene Spannung (Potentialdifferenz) U_{ges} setzt sich aus der Summe der Teilspannungen U_k an den einzelnen Kondensatoren zusammen. Bringt man auf die beiden äußeren, mit den Anschlussklemmen verbundenen Platten eine Ladung $\pm Q$, dann werden auf den inneren Platten Ladungen influenziert und zwar so, dass sich auf jeweils zwei gegenüberliegenden Platten gleich große Gesamtladungen $\pm Q$ gegenüberstehen (vgl. Abb. 1.23c), d.h. alle Kondensatoren weisen die gleichen Ladungen $\pm Q$ auf und es gelten die Beziehungen $U_k = Q/C_k$. Addiert man diese Ausdrücke, dann findet man durch Vergleich mit der Beziehung für den Gesamtkondensator $Q = C_{ges} U_{ges}$ das Ergebnis

$$U_{ges} = \sum_{k=1}^{n} U_k \stackrel{(1.74)}{=} \sum_{k=1}^{n} \frac{Q}{C_k} = Q \sum_{k=1}^{n} \frac{1}{C_k} = Q \frac{1}{C_{ges}} \quad \rightarrow \quad \frac{1}{C_{ges}} = \sum_{k=1}^{n} \frac{1}{C_k} \,. \quad (1.86)$$

Für zwei in Reihe geschaltete Kondensatoren C_1 und C_2 folgt daraus

$$C_{ges} = \frac{C_1 C_2}{C_1 + C_2} \,. \quad (1.87)$$

Bei der Reihenschaltung ist die Gesamtkapazität kleiner als die kleinste vorkommende Einzelkapazität.

> **Merke**
>
> Bei der Parallelschaltung von Kondensatoren addieren sich die Kapazitäten der einzelnen Kondensatoren, bei der Reihenschaltung ist der Kehrwert der Gesamtkapazität gleich der Summe der Kehrwerte der Einzelkapazitäten.

Beispiel 1.6: Kondensatornetzwerk

Gegeben ist das Kondensatornetzwerk in ▶Abb. 1.36 mit den Kapazitäten $C_1 = C$, $C_2 = 2C$ und $C_3 = C_4 = 10C$. Zwischen den Anschlussklemmen 1-0 wird eine Gleichspannungsquelle mit der unbekannten Spannung U_1 angeschlossen. Zwischen den Anschlussklemmen 2-0 wird eine Gleichspannung U_2 gemessen.

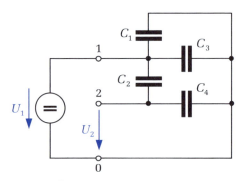

Abbildung 1.36: Kondensatornetzwerk

1. Welchen Wert hat die Spannung U_1?

2. Die Gleichspannungsquelle U_1 wird durch ein Kapazitätsmessgerät ersetzt. Welche Gesamtkapazität C_{10} wird zwischen den Klemmen 1-0 gemessen?

3. Die Gleichspannungsquelle U_1 wird durch einen Kurzschluss (leitende Verbindung zwischen den Klemmen 1-0) ersetzt. Welche Gesamtkapazität C_{20} wird zwischen den Klemmen 2-0 gemessen?

Die Ergebnisse sind in Abhängigkeit von C und U_2 anzugeben.

Lösung:

1. Auf den in Reihe geschalteten Kondensatoren C_2 und C_4 befinden sich gleiche Ladungen:

$$Q \stackrel{(1.74)}{=} C_4 U_2 = C_2 (U_1 - U_2) \quad \rightarrow \quad U_1 = \frac{C_2 + C_4}{C_2} U_2 = 6 U_2 \qquad (1.88)$$

2. Mit den Beziehungen (1.85) und (1.86) erhalten wir

$$C_{10} = C_1 + C_3 + \frac{C_2 C_4}{C_2 + C_4} = C + 10C + \frac{2C \cdot 10C}{2C + 10C} = \frac{38}{3} C . \qquad (1.89)$$

3. C_1 und C_3 sind kurzgeschlossen:

$$C_{20} = C_2 + C_4 = 2C + 10C = 12C \qquad (1.90)$$

1.19 Praktische Ausführungsformen von Kondensatoren

Der Plattenkondensator ist die einfachste Form eines kapazitiven Bauelementes. Während der Kugelkondensator mehr zur Übung berechnet wurde, wollen wir jetzt einige in der Praxis häufig anzutreffende Bauformen betrachten.

1.19.1 Der Vielschichtkondensator

Der Vielschichtkondensator besteht aus mehreren übereinandergeschichteten Platten, die abwechselnd dem einen oder anderen Anschluss zugeordnet sind. Die Kapazität C zwischen jeweils zwei Platten ist mit deren Flächeninhalt $A = ab$ nach Gl. (1.78) bekannt. Im Gegensatz zum einfachen Plattenkondensator tragen alle inneren Platten mit ihren beiden Oberflächen zur Kapazität bei. Besteht jeder Kondensatoranschluss aus n Platten (in ▶Abb. 1.37 gilt $n = 5$), dann sind $2n - 1$ Kondensatoren parallel geschaltet und für die Gesamtkapazität dieses Bauelementes gilt die Beziehung

$$C_{ges} = (2n-1) C = (2n-1) \frac{\varepsilon ab}{d} . \qquad (1.91)$$

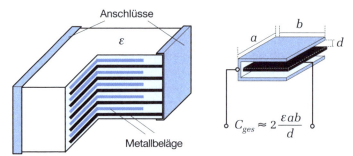

Abbildung 1.37: Vielschichtkondensator im Querschnitt

Will man große Kapazitätswerte bei gleichzeitig kleinem Bauelementevolumen realisieren, dann müssen nach Gl. (1.78) Materialien mit großen Dielektrizitätskonstanten verwendet werden. Alternativ kann auch der Plattenabstand d reduziert werden. Dieser Möglichkeit sind jedoch Grenzen gesetzt, da es zu Spannungsdurchbrüchen zwischen den beiden Elektroden kommen kann, sofern die Feldstärke einen Maximalwert überschreitet. Wegen $U = Ed$ dürfen die Kondensatoren nur bis zu einer maximalen Spannung betrieben werden.

1.19.2 Der Drehkondensator

Der Drehkondensator besteht aus einem fest stehenden Plattenpaket (Stator) und einem drehbar gelagerten Plattenpaket (Rotor). In Abhängigkeit von der Rotorposition ändert sich die überdeckte Fläche A und damit auch die Kapazität.

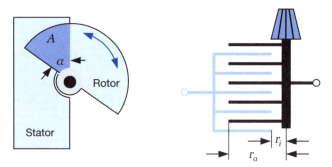

Abbildung 1.38: Drehkondensator

Da Drehkondensatoren meist ohne Dielektrikum aufgebaut werden, gilt mit den Bezeichnungen der ▶Abb. 1.38 für deren Kapazität

$$C_{ges} = (2n-1)\frac{\varepsilon_0 A}{d} = (2n-1)\frac{\varepsilon_0}{d}\left(\pi r_a^2 - \pi r_i^2\right)\frac{\alpha}{2\pi} = (2n-1)\frac{\varepsilon_0 \alpha \left(r_a^2 - r_i^2\right)}{2d} \,. \quad (1.92)$$

Bei den halbkreisförmigen Platten steigt die Kapazität linear mit dem Drehwinkel an. Durch andere Formgebung der Platten kann für spezielle Anwendungen ein anderer, z.B. logarithmischer Zusammenhang zwischen C und α realisiert werden.

1.19.3 Der Wickelkondensator

Ebenfalls sehr weit verbreitet sind Wickelkondensatoren. Diese können z.B. aus zwei Metallfolien und zwei Kunststofffolien bestehen, die abwechselnd aufeinandergelegt und aufgerollt werden (▶Abb. 1.39). Die Kapazität im nicht aufgerollten Zustand kann mit der Beziehung für den Plattenkondensator berechnet werden, infolge des Aufrollens wird die Kapazität etwa doppelt so groß, da abgesehen von der inneren und äußeren Windung beide Seiten der Metallfolien zur Kapazität beitragen.

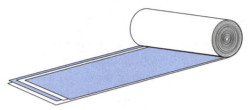

Abbildung 1.39: Aufbau eines Wickelkondensators

Anstatt separate Metallfolien zu verwenden, können auch dünne Metallschichten auf die Kunststofffolien aufgedampft werden. Zum Schutz gegen mechanische Beschädigungen werden die Wickel mit Kunstharz vergossen und in einem Gehäuse aus Metall oder Kunststoff untergebracht.

1.20 Die Teilkapazitäten

Besteht eine Anordnung im Gegensatz zu den bisher betrachteten Beispielen aus mehreren leitenden Teilen wie z.B. die drei in ▶Abb. 1.40 dargestellten Stränge einer Freileitung, dann ist die Kapazität im Sinne der Gl. (1.74) nicht mehr definierbar. Der von einer Leitung ausgehende elektrische Fluss endet teilweise auf den anderen Leitungen und zum Teil auf der unendlich fernen Hülle bzw. auf dem Erdboden. Man spricht in diesem Fall von **Teilkapazitäten** zwischen den einzelnen Leitern und verwendet als **Ersatzschaltbild** eine Anordnung mit mehreren Kondensatoren. Die Werte der einzelnen Teilkapazitäten sind proportional zu den jeweiligen elektrischen Teilflüssen zwischen den betreffenden Leitern. Die diese Teilflüsse verursachenden Teilladungen werden im Ersatzschaltbild den jeweiligen Kondensatorplatten zugeordnet.

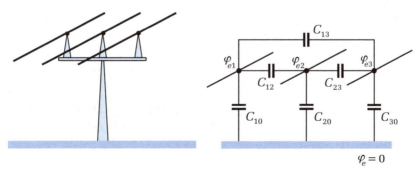

Abbildung 1.40: Teilkapazitäten bei einer Freileitungsanordnung

1.21 Der Energieinhalt des Feldes

Da Kondensatoren häufig zur Speicherung elektrischer Energie eingesetzt werden, wollen wir die Frage untersuchen, wie viel Energie in einem Kondensator gespeichert werden kann und welcher Zusammenhang zur Kapazität (zum *Fassungsvermögen*) des Kondensators besteht.

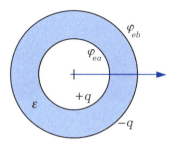

Abbildung 1.41: Zur Berechnung der in einem Kondensator gespeicherten Energie

Zu diesem Zweck untersuchen wir den Ladevorgang des in ▶Abb. 1.41 dargestellten Kugelkondensators, der, ausgehend von dem ungeladenen Anfangszustand, so lange aufgeladen werden soll, bis seine beiden Kugelschalen im Endzustand die Gesamtladungen $\pm Q$ tragen. Wir betrachten einen willkürlichen Zeitpunkt während des Ladevorgangs, bei dem auf beiden Kugelschalen momentan die Ladungen $\pm q$ vorliegen. Die Ladungen werden jetzt mit Kleinbuchstaben bezeichnet, um deutlich zu machen, dass es sich nicht mehr um konstante Größen, sondern um zeitveränderliche bzw. von dem momentanen Zustand des Ladevorgangs abhängige Größen handelt. Zur Fortsetzung des Ladevorgangs wird eine elementare Ladung dq von der äußeren Schale zur inneren transportiert. Der dadurch entstehende Energiezuwachs dW_e ist nach Gl. (1.23) proportional zur bewegten Ladung dq und zur Potentialdifferenz $\varphi_{ea} - \varphi_{eb}$, die von der Ladung durchlaufen wird. Die Potentialdifferenz entspricht aber nach Gl. (1.30) der momentan zwischen den Kugelschalen anliegenden Spannung u_{ab}, die nach Gl. (1.74) selbst eine Funktion der momentanen Ladungsverteilung $\pm q$ und damit ebenfalls zeitabhängig ist

$$dW_e \stackrel{(1.23)}{=} (\varphi_{ea} - \varphi_{eb}) dq \stackrel{(1.30)}{=} u_{ab} dq \stackrel{(1.74)}{=} \frac{1}{C} q\, dq. \tag{1.93}$$

Die gesamte in dem Kondensator gespeicherte elektrische Energie W_e kann durch Integration der elementaren Beiträge über den gesamten Ladevorgang berechnet werden

$$W_e = \frac{1}{C} \int_0^Q q\, dq = \frac{1}{2} \frac{Q^2}{C} \stackrel{(1.74)}{\rightarrow} \quad W_e = \frac{1}{2} C U^2 = \frac{1}{2} Q U. \tag{1.94}$$

Bei der mathematischen Herleitung wurde zu keinem Zeitpunkt die spezielle Geometrie des Kondensators berücksichtigt, d.h. die abgeleitete Beziehung ist unabhängig von der Bauform des Kondensators und gilt allgemein.

> **Merke**
>
> Die in einem Kondensator gespeicherte elektrische Energie ist proportional zum Produkt aus der Kapazität C und dem Quadrat der angelegten Spannung U.

Beispiel 1.7: Parallelschaltung von Kondensatoren

Zwei Kondensatoren C_1 und C_2 mit den unterschiedlichen Spannungen U_1 und U_2 sollen parallel geschaltet werden, d.h. die Anschlüsse mit dem jeweils höheren Potential und die Anschlüsse mit dem jeweils niedrigeren Potential werden leitend miteinander verbunden. Wie ändert sich die Gesamtenergie durch diese Maßnahme?

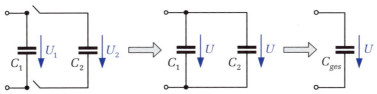

Abbildung 1.42: Zusammenschaltung der Kondensatoren

Lösung:

Im Ausgangszustand beträgt die Energie

$$W_{e0} \stackrel{(1.94)}{=} \frac{1}{2}C_1 U_1^2 + \frac{1}{2}C_2 U_2^2 . \tag{1.95}$$

Nach dem Zusammenschalten beträgt die Gesamtkapazität nach Gl. (1.85) $C_{ges} = C_1 + C_2$. Da die Ladungssumme erhalten bleiben muss (vgl. Kap. 1.1), befindet sich auf dem Kondensator C_{ges} die Gesamtladung $Q_{ges} = Q_1 + Q_2 = C_1 U_1 + C_2 U_2$. Für die Energie in den parallel geschalteten Kondensatoren gilt demnach

$$W_e \stackrel{(1.94)}{=} \frac{1}{2}\frac{Q_{ges}^2}{C_{ges}} = \frac{1}{2}\frac{(C_1 U_1 + C_2 U_2)^2}{C_1 + C_2} . \tag{1.96}$$

Die Energiedifferenz infolge des Zusammenschaltens

$$\Delta W_e = W_e - W_{e0} = \frac{-C_1 C_2}{2(C_1 + C_2)}(U_1 - U_2)^2 < 0 \tag{1.97}$$

ist negativ und entspricht daher einer Energieabnahme. Dieser Energieverlust wird verursacht durch die Ladungsträgerbewegung in den Verbindungsleitungen (vgl. Kap. 2) sowie durch die Abstrahlung elektromagnetischer Felder und ist umso größer, je größer die Spannungsdifferenz $U_1 - U_2$ vor dem Zusammenschalten ist.

Nach dem Zusammenschalten ist die Spannung an beiden Kondensatoren gleich und nimmt den Wert

$$U = \frac{Q_{ges}}{C_{ges}} = \frac{C_1 U_1 + C_2 U_2}{C_1 + C_2} \tag{1.98}$$

an. Bei dem Sonderfall zweier Kondensatoren mit gleicher Kapazität $C_1 = C_2 = C$, von denen der eine die Spannung U_1 aufweist und der andere zunächst ungeladen ist ($U_2 = 0$), werden infolge der Parallelschaltung sowohl die Gesamtenergie als auch die Spannung halbiert, d.h. es gelten die Gleichungen

$$W_e = \frac{1}{2} W_{e0} \quad \text{und} \quad U = \frac{1}{2} U_1. \tag{1.99}$$

In der Gl. (1.75) wurden zwei Möglichkeiten zur Berechnung der Kapazität aufgezeigt, entweder aus den integralen Größen Q und U oder aus den Feldgrößen $\vec{D}$ und $\vec{E}$. Die Berechnung der Energie aus den integralen Größen ist in Gl. (1.94) angegeben. Die mathematische Formulierung zur Berechnung der Energie aus den Feldgrößen lässt sich am Beispiel des idealen Plattenkondensators (Abb. 1.23a) relativ einfach ableiten. Ersetzt man in der Gl. (1.94) die Spannung und die Kapazität entsprechend den Beziehungen (1.77) und (1.78), dann erhält man unmittelbar das Ergebnis

$$W_e = \frac{1}{2} \frac{\varepsilon A}{d} (E d)^2 = \frac{1}{2} \varepsilon E^2 \underbrace{A d}_{V} \stackrel{(1.65)}{=} \frac{1}{2} E D V. \tag{1.100}$$

Für den Sonderfall des bei dem Plattenkondensator zugrunde gelegten homogenen Feldes erhält man die Energie durch Multiplikation des Ausdruckes $ED/2$ mit dem Volumen V. Der Faktor $ED/2$ (= Energie pro Volumen) wird **Energiedichte** genannt und hat die Dimension VAs/m³. Bei gleich gerichteten Vektoren $\vec{E}$ und $\vec{D}$ kann die mit w_e bezeichnete Energiedichte auch als Skalarprodukt der vektoriellen Feldgrößen dargestellt werden

$$w_e = \frac{1}{2} E D = \frac{1}{2} \vec{E} \cdot \vec{D}. \tag{1.101}$$

Betrachtet man den allgemeinen Fall eines nicht homogenen Feldes wie z.B. bei dem in Abb. 1.41 dargestellten Kugelkondensator, dann ist die Energiedichte ortsabhängig. Die in einem elementaren Volumenelement dV gespeicherte Energie dW_e erhält man in diesem Fall aus dem Produkt der an der betrachteten Stelle vorliegenden Energiedichte mit dem Volumenelement. Die gesamte in einem Volumen V gespeicherte Energie findet man durch Integration der elementaren Beiträge über das Volumen

$$W_e = \iiint_V w_e dV = \frac{1}{2} \iiint_V E D \, dV = \frac{1}{2} \iiint_V \vec{E} \cdot \vec{D} \, dV. \tag{1.102}$$

Beispiel 1.8: Energie im Kugelkondensator

Zum Abschluss dieses Kapitels wollen wir noch die im Kugelkondensator der Abb. 1.41 nach Beendigung des Ladevorgangs gespeicherte Energie berechnen und zwar einmal mit den Feldgrößen $\vec{E}$ und $\vec{D}$ und zum Vergleich mit den skalaren Größen U und C.

Lösung:

Beginnen wir mit den Feldgrößen. Befindet sich auf der inneren Kugel die Ladung Q, dann ist die Flussdichte im Zwischenraum $a < r < b$ nach Gl. (1.50) gegeben. Für die Energie erhalten wir das Integral

$$W_e \stackrel{(1.102)}{=} \frac{1}{2} \iiint_V E D \, \mathrm{d}V = \frac{1}{2}\left(\frac{Q}{4\pi}\right)^2 \frac{1}{\varepsilon} \iiint_V \frac{1}{r^4} \mathrm{d}V, \qquad (1.103)$$

das mit dem Volumenelement in Kugelkoordinaten $\mathrm{d}V = r^2 \sin\vartheta \, \mathrm{d}r \, \mathrm{d}\vartheta \, \mathrm{d}\varphi$ nach Gl. (B.23) zunächst das Zwischenergebnis

$$\iiint_V \frac{1}{r^4} \mathrm{d}V = \int_{\varphi=0}^{2\pi} \int_{\vartheta=0}^{\pi} \int_{r=a}^{b} \frac{1}{r^4} r^2 \sin\vartheta \, \mathrm{d}r \, \mathrm{d}\vartheta \, \mathrm{d}\varphi = 2 \cdot 2\pi \int_a^b \frac{1}{r^2} \mathrm{d}r = 4\pi \left(\frac{1}{a} - \frac{1}{b}\right) = 4\pi \frac{b-a}{ba} \qquad (1.104)$$

und durch Einsetzen in Gl. (1.103) die gespeicherte Energie

$$W_e = \frac{1}{2} \frac{Q^2}{4\pi\varepsilon} \frac{b-a}{ba} \qquad (1.105)$$

liefert. Berechnen wir die Energie zur Kontrolle mit den skalaren Größen, dann erhalten wir unmittelbar dasselbe Ergebnis

$$W_e \stackrel{(1.94)}{=} \frac{1}{2} \frac{Q^2}{C} \stackrel{(1.80)}{=} \frac{1}{2} \frac{Q^2}{4\pi\varepsilon} \frac{b-a}{ba}. \qquad (1.106)$$

An diesem Beispiel zeigt sich der Vorteil der skalaren Größen. Ist die Kapazität C eines Kondensators, unabhängig davon, wie kompliziert sein dreidimensionaler Aufbau auch immer sein mag, vorab durch Rechnung mit den Feldgrößen oder auch durch Messung bereits bekannt, dann werden die folgenden Berechnungen wesentlich einfacher. Dies gilt insbesondere für die Analyse von Schaltungen mithilfe der Netzwerktheorie, in der die Bauelemente nur noch durch geeignete **Ersatzschaltbilder** repräsentiert werden. Auf der anderen Seite ist die Feldberechnung immer dann notwendig, wenn entweder die Ersatzschaltbilder abgeleitet werden sollen oder wenn die Feldverteilung innerhalb der Bauelemente eine Rolle spielt. Dies kann z.B. der Fall sein, wenn die innerhalb des Kondensators auftretende ortsabhängige Feldstärke einen Maximalwert nicht überschreiten darf, damit das Bauelement nicht zerstört wird. In anderen Fällen stellt sich z.B. die Frage nach der örtlichen Verteilung der in einem Bauelement entstehenden Verluste (vgl. Kap. 2), um eine lokale Überhitzung und damit ebenfalls eine Zerstörung zu vermeiden. Diese Fragestellungen können naturgemäß mit den skalaren Größen nicht beantwortet werden.

1 Das elektrostatische Feld

ZUSAMMENFASSUNG

- Ausgangspunkt für die gesamte Elektrostatik ist das **Coulomb'sche Gesetz**, das die Kraftwirkungen zwischen Ladungen mathematisch beschreibt.
- Zur Erklärung der Kraftwirkungen zwischen Ladungen wird der Begriff des **elektrischen Feldes** eingeführt. Die elektrische Feldstärke ist ein Vektor, dessen Richtung mit der Richtung der Kraft auf eine positive Ladung übereinstimmt.
- Das **Feld mehrerer Ladungen** ergibt sich durch **Überlagerung der Beiträge** der einzelnen Ladungen.
- **Das elektrische Feld ist ein Quellenfeld**, die Feldlinien beginnen bei den positiven und enden bei den negativen Ladungen.
- An den physikalisch beobachtbaren Kraftwirkungen ist immer nur eine extrem geringe Anzahl der in der Materie enthaltenen Ladungsträger beteiligt.
- Das **elektrostatische Feld** kann durch eine skalare Größe, nämlich das **elektrostatische Skalarpotential** beschrieben werden. Dieses ist bis auf eine Konstante eindeutig bestimmt. Üblicherweise wird der unendlich fernen Hülle das Bezugspotential Null zugewiesen.
- Die **Potentialdifferenz** zwischen zwei Punkten wird als **elektrische Spannung** bezeichnet. Sie wird aus dem Wegintegral der elektrischen Feldstärke zwischen den beiden Punkten berechnet.
- **Räumliche Flächen** mit gleichem Potential werden als **Äquipotentialflächen** bezeichnet. Die elektrische Feldstärke steht senkrecht auf ihnen.
- Neben der elektrischen Feldstärke wird ein zweiter Feldvektor, die **elektrische Flussdichte**, eingeführt. Das über eine geschlossene Hüllfläche gebildete Integral der elektrischen Flussdichte entspricht der im Volumen eingeschlossenen Ladung. Für einfache, meist symmetrische Ladungsanordnungen lässt sich aus dieser Aussage die ortsabhängige Feldverteilung bestimmen.
- Auf einem leitenden Körper sind die Ladungen auf der Oberfläche so verteilt, dass er ein konstantes Potential annimmt. Im Leiterinneren verschwindet die elektrische Feldstärke. Auf der Oberfläche entspricht die Normalkomponente der Flussdichte dem Wert der Flächenladung. Die Tangentialkomponente verschwindet.
- An Materialsprungstellen treten so genannte Randbedingungen für die Feldgrößen auf. Befinden sich an der Trennstelle keine flächenhaft verteilten Ladungen, dann sind die Normalkomponente der Flussdichte und die Tangentialkomponente der Feldstärke stetig.
- Enthalten zwei leitende Körper entgegengesetzt gleiche Ladungen und verläuft der gesamte elektrische Fluss vom Körper mit den positiven Ladungen zum Körper mit den negativen Ladungen, dann bezeichnen wir das Verhältnis aus der positiven Ladung zur Spannung zwischen den beiden Körpern als **Kapazität**. Im verallgemeinerten Fall mit mehreren geladenen Körpern erhalten wir ein Netzwerk aus Teilkapazitäten.
- Ein Bauelement mit der Eigenschaft Kapazität nennen wir **Kondensator**. Es wird z.B. zur Speicherung elektrischer Energie verwendet.

Übungsaufgaben

Aufgabe 1.1 Kraftberechnung

Drei Punktladungen liegen in der Ebene z = 0. Die erste Punktladung Q_1 befindet sich im Ursprung des kartesischen Koordinatensystems (x, y), die zweite Punktladung Q_2 liegt an der Stelle x = 0, y = −a und die dritte Punktladung Q_3 auf einem Kreis um den Ursprung mit dem Radius a. Die Position der dritten Punktladung Q_3 wird durch den Winkel φ beschrieben.

Lösungen

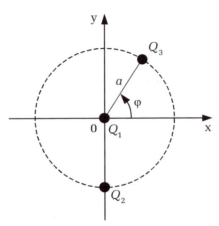

Abbildung 1.43: Punktladungsanordnung

1. Welche Kraft $\vec{F}$ wirkt auf die Punktladung Q_1 im Ursprung?
2. Bestimmen Sie für den Sonderfall $Q_2 = Q_3$ alle Winkel φ = $φ_0$ so, dass der Betrag der Kraft $|\vec{F}_0|$ auf die Punktladung Q_1 infolge der Punktladung Q_2 allein genauso groß ist wie der Betrag der Kraft $|\vec{F}|$ infolge der beiden Punktladungen Q_2 und Q_3 zusammen.

Aufgabe 1.2 Flussberechnung

Gegeben ist ein homogenes elektrisches Feld $\vec{E} = E_x \vec{e}_x$. Das Feld durchsetzt eine senkrecht dazu angeordnete halbkugelförmige Fläche A_K mit der Flächennormalen $\vec{n} = \vec{e}_r$ und dem Kugelradius a. Der Mittelpunkt dieser halbkugelförmigen Fläche A_K liegt im Ursprung eines Kugelkoordinatensystems (r,ϑ,φ). Auf der z-Achse befindet sich an der Stelle z = a/2 eine Punktladung Q.

Welchen Wert muss die Punktladung annehmen, damit der elektrische Fluss Ψ durch die Fläche A_K insgesamt verschwindet?

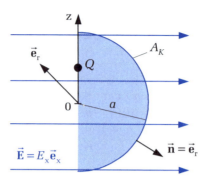

Abbildung 1.44: Fluss durch Hüllfläche

Aufgabe 1.3 Ladungsträgeranzahl

Gegeben ist ein Plattenkondensator der Abmessungen $A = 2 \times 2$ cm², $d = 1$ mm mit Luftzwischenraum.

1. Bestimmen Sie die Anzahl der Ladungsträger auf einer Platte, wenn eine Spannung von 100 V angelegt wird.
2. Wie viele Ladungsträger befinden sich auf der Fläche von 1 mm²?

Aufgabe 1.4 Kapazitätsberechnung

Die beiden Platten eines Kondensators mit den Abmessungen a (in y-Richtung) und b (in z-Richtung) und dem Plattenabstand d sind an eine Gleichspannung U angeschlossen. Bis zur Höhe h befindet sich der Plattenkondensator in einer nichtleitenden Flüssigkeit mit $\varepsilon = \varepsilon_r \varepsilon_0$ ($\varepsilon_r > 1$), sonst in Luft ($\varepsilon_r = 1$).

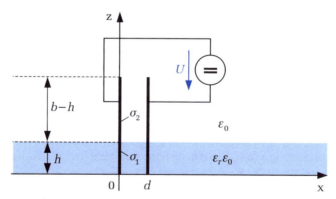

Abbildung 1.45: Kondensator mit bereichsweise unterschiedlichen Dielektrika

1. Geben Sie die Flächenladungsdichten σ_1 und σ_2 auf der Innenseite der linken Platte an.
2. Berechnen Sie die Kapazität C des Plattenkondensators unter Vernachlässigung der Streufelder am Rand.

Aufgabe 1.5 Kapazitätsberechnung

Der im Querschnitt gezeichnete Vielschichtkondensator ist abwechselnd mit einem Dielektrikum und mit Luft gefüllt. Die Breite der einzelnen Zellen beträgt jeweils a, die Dicke sei $d \ll a$. Senkrecht zur Zeichenebene besitzt der Kondensator die Länge l.

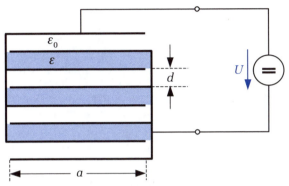

Abbildung 1.46: Vielschichtkondensator

1. Skizzieren Sie für dieses Bauelement ein Ersatzschaltbild, in dem jede einzelne Zelle durch einen Kondensator beschrieben wird.
2. Bestimmen Sie die Gesamtkapazität dieses Bauelements unter Vernachlässigung der Streueffekte im Randbereich.
3. Welche Ladungen befinden sich auf den einzelnen Platten, wenn das Bauelement an eine Gleichspannungsquelle U angeschlossen wird?

Aufgabe 1.6 Kapazitätsberechnung

Zwei Metallkugeln mit den Radien r_1 und r_2 befinden sich im Mittelpunktsabstand a mit $a \gg r_1$ und $a \gg r_2$. Die Dielektrizitätskonstante des umgebenden Raumes sei ε_0.

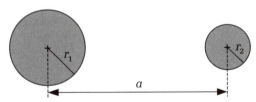

Abbildung 1.47: Zwei leitende Kugeln

Bestimmen Sie die Teilkapazität zwischen den beiden Metallkugeln.

Aufgabe 1.7 Energieberechnung

▶Abb. 1.48a zeigt eine leitende Kugel vom Radius a, auf die eine Gesamtladung Q aufgebracht ist. In ▶Abb. 1.48b ist die gleiche Gesamtladung homogen im Vakuum verteilt und zwar ebenfalls in einem kugelförmigen Bereich mit Radius a.

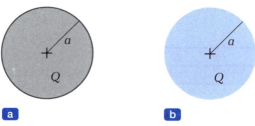

Abbildung 1.48: Ladungsverteilungen

1. Wie ist die Ladung auf der Kugel in Abb. 1.48a verteilt? Geben Sie die Ladungsdichte an.
2. Geben Sie für beide Anordnungen die elektrische Feldstärke in einem beliebigen Punkt P an.
3. Berechnen Sie die in den beiden Anordnungen jeweils gespeicherte Energie.

Das stationäre elektrische Strömungsfeld

2.1	Der elektrische Strom	81
2.2	Die Stromdichte	83
2.3	Definition des stationären Strömungsfeldes	86
2.4	Ladungsträgerbewegung im Leiter	86
2.5	Die spezifische Leitfähigkeit und der spezifische Widerstand	88
2.6	Das Ohm'sche Gesetz	91
2.7	Praktische Ausführungsformen von Widerständen	96
2.8	Das Verhalten der Feldgrößen an Grenzflächen	99
2.9	Energie und Leistung	102

2

ÜBERBLICK

2 Das stationäre elektrische Strömungsfeld

Einführung

》 Nachdem in dem bisherigen Kapitel ausschließlich Anordnungen mit ruhenden Ladungen betrachtet wurden, soll in den folgenden Abschnitten der physikalische Vorgang einer im zeitlichen Mittel konstanten Ladungsträgerbewegung untersucht werden. Wir werden aufbauend auf den Zusammenhang zwischen Stromdichte und elektrischer Feldstärke das Ohm'sche Gesetz sowie die Begriffe Energie und Leistung im stationären Strömungsfeld kennen lernen. Ein weiteres wichtiges Thema sind wieder die Randbedingungen an Materialsprungstellen. 《

LERNZIELE

Nach Durcharbeiten dieses Kapitels und dem Lösen der Übungsaufgaben werden Sie in der Lage sein,

- die Stromdichteverteilung in einfachen Anordnungen zu berechnen,
- den ohmschen Widerstand von einfachen Leiteranordnungen zu berechnen,
- die Temperaturabhängigkeit der ohmschen Widerstände anzugeben,
- das Ohm'sche Gesetz in differentieller und integraler Form anzuwenden,
- das Verhalten der Stromdichte an Materialsprungstellen mit unterschiedlichen Leitfähigkeiten zu bestimmen sowie
- die Energie und Leistung im stationären Strömungsfeld zu berechnen.

2.1 Der elektrische Strom

Auf den beiden geladenen Körpern der ▶Abb. 2.1, die wir im Folgenden als **Elektroden** bezeichnen wollen, befinden sich die entgegengesetzt gleichen Gesamtladungen $+Q$ und $-Q$. Die Elektrode 1 besitzt das Potential φ_{e1} und die Elektrode 2 das Potential $\varphi_{e2} < \varphi_{e1}$.

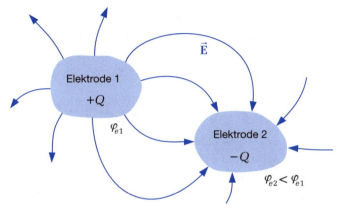

Abbildung 2.1: Zwei Elektroden mit entgegengesetzt gleichen Ladungen

Die elektrischen Feldlinien verlaufen von den positiven Ladungen der Elektrode 1 zu den negativen Ladungen der Elektrode 2. Zwischen den Elektroden besteht nach Gl. (1.30) die Spannung

$$U_{12} = \varphi_{e1} - \varphi_{e2} \, . \tag{2.1}$$

Stellen wir nun mithilfe eines dünnen Drahtes entsprechend ▶Abb. 2.2 eine leitende Verbindung zwischen den beiden Elektroden her, in der sich die Elektronen frei bewegen können, dann wird die auf die Ladungsträger wirkende Kraft dazu führen, dass ein Ladungsausgleich zwischen den beiden Elektroden stattfindet. Dieser Vorgang ist erst dann beendet, wenn im Draht zwischen den Elektroden keine elektrische Feldstärke, d.h. zwischen ihnen keine Spannung mehr vorhanden ist. Beide Elektroden besitzen in diesem Endzustand das gleiche Potential. Die Dauer dieses Ausgleichsvorganges hängt von verschiedenen Faktoren ab, die in den folgenden Abschnitten näher untersucht werden sollen.

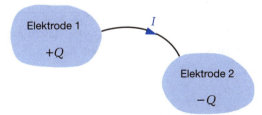

Abbildung 2.2: Ladungsträgerbewegung zwischen Elektroden unterschiedlichen Potentials

Die Bewegung der Ladungsträger bezeichnet man als **elektrischen Strom**. Die Richtung eines positiven Stromes ist so definiert, dass er von der Elektrode höheren Potentials zur Elektrode niedrigeren Potentials fließt. Er hat damit innerhalb der leitenden Verbindung die gleiche Richtung wie die elektrische Feldstärke.

Vorsicht

Die negativen Ladungsträger (Elektronen) bewegen sich entgegengesetzt zur festgelegten (technischen) Stromrichtung, d.h. von der Elektrode niedrigeren Potentials zur Elektrode höheren Potentials.

Hinweis

Physikalisch gesehen gibt es verschiedene Mechanismen, die zu dem elektrischen Strom beitragen können. Den durch einen Transport von Ladungsträgern verursachten Strom nennt man **Konvektionsstrom**. Im Gegensatz dazu tritt bei zeitabhängigen Vorgängen der so genannte **Verschiebungsstrom** auf, der proportional zur zeitlichen Ableitung der Verschiebungsdichte $\partial \vec{D}/\partial t$ ist. Dieser existiert auch im Vakuum (Wellenausbreitung) und ist nicht an einen Ladungsträgertransport gebunden. Im nichtleitenden Dielektrikum kann man sich den Verschiebungsstrom vorstellen als eine infolge einer zeitlich veränderlichen Feldstärke hervorgerufene, zeitlich veränderliche Polarisation, d.h. eine Verschiebung der Polarisationsladungen. Wir werden uns aber im Folgenden ausschließlich mit dem Konvektionsstrom beschäftigen.

Um eine quantitative Aussage zur Größe des elektrischen Stromes zu erhalten, können wir folgendes Gedankenexperiment durchführen: An einer beliebigen Stelle der leitenden Verbindung betrachten wir deren gesamte Querschnittsfläche. Während eines kleinen Zeitabschnitts Δt erfassen wir alle Ladungsträger, die diese Querschnittsfläche in einer bestimmten Richtung durchströmen (vgl. auch ▶Abb. C.4 im Anhang). Das Produkt aus der Summe dieser Ladungsträger und dem Wert der Elementarladung stellt eine Ladungsmenge dar, die wir mit ΔQ bezeichnen wollen. Wir können also beobachten, dass in der Zeitspanne Δt während des Ausgleichsvorganges insgesamt die Ladungsmenge ΔQ durch die leitende Verbindung von der Elektrode 1 zur Elektrode 2 fließt. Das Verhältnis aus der transportierten Ladungsmenge ΔQ und der betrachteten Zeit Δt bezeichnet man als **Stromstärke**[1] I

$$I = \frac{\Delta Q}{\Delta t}. \qquad (2.2)$$

Die elektrische Stromstärke gehört zu den Basisgrößen im MKSA-System (vgl. Tab. D.1) und ihre Einheit ist das Ampère $[I] = A$ (nach André Marie Ampère, 1775 – 1836).

---

1 Oftmals wird vereinfachend vom Strom gesprochen, obwohl die Stromstärke gemeint ist.

Das Ergebnis der Gl. (2.2) ist die mittlere Stromstärke in dem betrachteten Zeitabschnitt Δt. Ist die Anzahl der die Querschnittsfläche durchströmenden Ladungsträger zeitlich konstant, dann ist auch der Strom zeitlich konstant. Betrachten wir allerdings den Ausgleichsvorgang in Abb. 2.2, dann wird die Stromstärke von einem Anfangswert beim Zustandekommen der Verbindung auf den Wert Null bei nicht mehr vorhandener Spannung U_{12} abnehmen. Interessiert man sich nicht für den mittleren Wert der Stromstärke in einem endlichen Zeitabschnitt, sondern für den Augenblickswert der Stromstärke zu einem beliebigen Zeitpunkt t, dann muss man die Dauer des Zeitabschnitts Δt gegen Null gehen lassen und zwar so, dass der Zeitpunkt t immer innerhalb von Δt verbleibt. Die Stromstärke in dem betrachteten Zeitpunkt lässt sich dann als Differentialquotient in der Form

$$I(t) = \lim_{\Delta t \to 0} \frac{\Delta Q}{\Delta t} = \frac{dQ}{dt} \qquad (2.3)$$

schreiben. Mit der Festlegung der technischen Stromrichtung als Bewegungsrichtung der positiven Ladungsträger bedeutet ΔQ in der Gl. (2.2) die in der Zeit Δt von der positiv geladenen zur negativ geladenen Elektrode durch eine beliebige Querschnittsfläche hindurchfließende Ladungsmenge.

Ähnlich wie die Gesamtladung Q und die Spannung U in Gl. (1.75) ist auch die Stromstärke I in Gl. (2.3) eine integrale Größe. Wir haben bisher lediglich die Zählrichtung beim Durchtritt der Ladungsträger durch die gedachte Querschnittsfläche festgelegt und als Ergebnis nur die Summe der Ladungsträger in dem betrachteten Zeitabschnitt in die Gln. (2.2) bzw. (2.3) eingesetzt. Diese Gleichungen enthalten daher keine Informationen über die örtliche Verteilung der Ladungsträgerbewegung innerhalb der leitenden Verbindung.

2.2 Die Stromdichte

Die Bewegung von Ladungsträgern ist im allgemeinen Fall eine gerichtete Größe. Zur Untersuchung dieser Zusammenhänge betrachten wir die ▶Abb. 2.3. In dieser Anordnung besteht der gesamte Raum zwischen den beiden Elektroden aus einem leitfähigen Material. Der von der Elektrode 1 zur Elektrode 2 fließende Gesamtstrom I wird sich mit einer ortsabhängigen Dichte über den gesamten Raum verteilen.

Im nun folgenden Schritt legen wir um die Elektrode 1 eine geschlossene Hüllfläche A. Nehmen wir zunächst vereinfachend an, dass A so gewählt sei, dass die Bewegungsrichtung der Ladungsträger an jeder Stelle senkrecht zu der Hüllfläche verläuft, d.h. der in Abb. 2.3 eingezeichnete Winkel α zwischen der Ladungsträgerbewegung in Richtung $\vec{J}$ und der Flächennormalen $\vec{n}$ sei überall Null. Durch ein elementares Flächenelement ΔA wird der elementare Anteil des Stromes ΔI hindurchtreten. Das Verhältnis aus elementarem Stromanteil und elementarem Flächenelement nennt man **Stromdichte**. Diese wird mit J bezeichnet und hat die Dimension A/m^2

$$J = \frac{\Delta I}{\Delta A}. \qquad (2.4)$$

2 Das stationäre elektrische Strömungsfeld

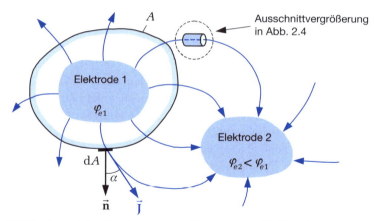

Abbildung 2.3: Räumlich verteilter Stromfluss zwischen Elektroden unterschiedlichen Potentials

Für die weitere Betrachtung schneiden wir aus dem stromführenden Bereich zwischen den beiden Elektroden der Abb. 2.3 ein elementares Volumenelement (Stromröhre) mit den Stirnseiten ΔA und der Mantelfläche M heraus. Dieses Volumenelement sei so gewählt, dass sich die Ladungsträger parallel zur Mantelfläche bewegen und seine Länge sei so klein, dass sich die Querschnittsfläche ΔA dieser in ▶Abb. 2.4 vergrößert dargestellten Stromröhre längs der Abmessung Δx nicht ändert. Wir können diese elementare Stromröhre mit den an den beiden Stirnseiten ein- bzw. austretenden Ladungsträgern auch als einen endlichen Abschnitt der leitenden Verbindung zwischen den beiden Elektroden in Abb. 2.2 ansehen.

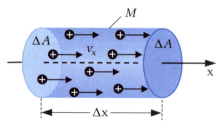

Abbildung 2.4: Bewegung einer Raumladung in x-Richtung

Zur einfacheren Beschreibung legen wir die x-Achse eines willkürlich gewählten Koordinatensystems parallel zur Bewegungsrichtung der Ladungsträger. Bewegen sich die Ladungsträger mit der Geschwindigkeit v_x, dann benötigen sie zum Durchlaufen einer Strecke Δx die Zeit Δt

$$\Delta x = v_x \, \Delta t \, . \tag{2.5}$$

In einem Zeitabschnitt Δt werden somit genau diejenigen Ladungsträger die rechte Stirnseite der Stromröhre durchfließen, die sich zum Beginn des Beobachtungszeitraumes innerhalb der Stromröhre mit der Länge Δx befinden. Wird die in dem Volumenelement

$$\Delta V = \Delta A \, \Delta x \tag{2.6}$$

enthaltene elementare Ladungsmenge ΔQ nach Gl. (1.15) durch das Produkt von mittlerer Raumladungsdichte und Volumen ausgedrückt

$$\Delta Q = \rho\, \Delta V, \tag{2.7}$$

dann entspricht die x-gerichtete Stromdichte dem Produkt aus Raumladungsdichte und Geschwindigkeit

$$J_x \stackrel{(2.4)}{=} \frac{\Delta I}{\Delta A} \stackrel{(2.2)}{=} \frac{\Delta Q}{\Delta A\, \Delta t} \stackrel{(2.6)}{=} \frac{\Delta Q}{\Delta V} \frac{\Delta x}{\Delta t} \stackrel{(2.5, 2.7)}{=} \rho v_x. \tag{2.8}$$

Eine größere Stromdichte kann entweder durch eine größere Anzahl der am Ladungsträgertransport beteiligten Elementarladungen im Volumen oder durch eine höhere Geschwindigkeit zustande kommen.

Die Gleichung (2.8) beschreibt den Sonderfall einer allein x-gerichteten Bewegung. Im allgemeinen Fall wird die aus drei Komponenten bestehende Geschwindigkeit durch einen Vektor beschrieben, der in kartesischen Koordinaten z.B. die Form $\vec{v} = \vec{e}_x v_x + \vec{e}_y v_y + \vec{e}_z v_z$ annimmt. Damit muss auch die Stromdichte im allgemeinen Fall als Vektor dargestellt werden

$$\vec{J} = \rho \vec{v}. \tag{2.9}$$

Bei einer positiven Raumladung ($\rho > 0$) zeigen Stromdichte $\vec{J}$ und Geschwindigkeit $\vec{v}$ in die gleiche Richtung. Bei einer negativen Raumladung ($\rho < 0$) zeigt die Kraft auf die Ladungsträger in die entgegengesetzte Richtung, so dass sich die Bewegungsrichtung und damit auch das Vorzeichen von $\vec{v}$ ebenfalls umkehrt. Das Produkt $\vec{J} = \rho \vec{v} = (-\rho)(-\vec{v})$ ist also für beide Ladungsträgerarten gleich.

An dieser Stelle kehren wir noch einmal zur Abb. 2.3 zurück. Wir hatten dort zunächst den Sonderfall betrachtet, bei dem die Stromdichte überall senkrecht zur Hüllfläche A gerichtet war. Wir lassen diese Einschränkung jetzt fallen und betrachten eine bezogen auf die Richtung der Stromdichte beliebig geformte Hüllfläche (vgl. auch ▶ Abb. C.5). Mit der senkrecht auf der Fläche stehenden Flächennormalen $\vec{n}$ der Länge $|\vec{n}| = 1$ erweitern wir das skalare Flächenelement dA auf das vektorielle Flächenelement $d\vec{A} = \vec{n} dA$, das mit der an dem Ort des Flächenelementes vorliegenden Stromdichte $\vec{J}$ den Winkel α einschließt. Den elementaren Strom durch dA erhält man aus der Multiplikation von dA mit der senkrecht zu dA stehenden Komponente der Stromdichte $\vec{J}$ bzw. aus dem Skalarprodukt der beiden Vektoren

$$dI \stackrel{(2.4)}{=} |\vec{J}|\, dA \cos \alpha = \vec{J} \cdot d\vec{A}. \tag{2.10}$$

Zur Berechnung des Gesamtstromes durch eine Fläche A müssen die Beiträge (2.10) über die Fläche integriert werden

$$I = \iint_A \vec{J} \cdot d\vec{A}. \tag{2.11}$$

Für die Problemstellung der Abb. 2.3 findet man den gesamten von der Elektrode 1 zur Elektrode 2 fließenden (Konvektions-)Strom durch Integration über die geschlossene Hüllfläche

$$I = \oiint_A \vec{J} \cdot d\vec{A} \,. \tag{2.12}$$

2.3 Definition des stationären Strömungsfeldes

Der in dem Beispiel des vorangegangenen Kapitels betrachtete Ladungsausgleich zwischen den beiden Elektroden wird in Abhängigkeit von dem leitenden Material zwischen den Elektroden zwar eine bestimmte Zeit in Anspruch nehmen, irgendwann aber beendet sein. Soll der Strom zwischen den Elektroden jedoch unabhängig von der Zeit immer einen konstanten Wert aufweisen, dann müssen die von den Elektroden abfließenden Ladungsträger immer wieder nachgeliefert werden. Da die Ladungsträger weder erzeugt noch vernichtet werden können, ist im stationären Zustand die innerhalb eines umschlossenen Volumens, z.B. innerhalb der Hüllfläche der Abb. 2.3, vorhandene Summe der Ladungsträger zeitlich konstant. Diese Aussage ist gleichbedeutend mit der Forderung, dass das Hüllflächenintegral (2.12) verschwindet.

> **Merke**
>
> Beim stationären Strömungsfeld ist die ortsabhängige Stromdichte zeitlich konstant und ihr Integral über eine geschlossene Fläche verschwindet
>
> $$\oiint_A \vec{J} \cdot d\vec{A} = 0 \,. \tag{2.13}$$
>
> Der zeitlich konstante Strom wird als **Gleichstrom** bezeichnet.

2.4 Ladungsträgerbewegung im Leiter

Bei der Einführung des elektrischen Stromes haben wir stillschweigend vorausgesetzt, dass sich die Ladungsträger in dem Material zwischen den beiden Elektroden bewegen können.

Diesen Vorgang wollen wir uns nun etwas näher ansehen. Bei Metallen sind die Elektronen auf der äußeren Schale praktisch ungebunden. Sie können sich relativ frei innerhalb des Atomverbandes bewegen. Ein Material mit frei beweglichen Elektronen bezeichnet man als **Leiter**. Die positiven Ladungsträger (Protonen) sind dagegen ortsfest. In einem Metall bewegen sich die Elektronen ohne äußere Einflüsse ungeordnet zwischen den Atomen hin und her (▶Abb. 2.5). Da sie sich mit gleicher Wahrscheinlichkeit in jede Richtung bewegen können, verschwindet der über alle Elektronen gebildete Mittelwert ihrer Bewegungen. Ein Konvektionsstrom ist nach außen nicht feststellbar. Diese Situation ändert sich, wenn eine elektrische Feldstärke $\vec{E}$ vorhanden ist (▶Abb. 2.6). Die Elektronen erfahren als negative Ladungsträger nach dem Coulomb'schen Gesetz eine Kraft, die entgegengesetzt zur elektrischen Feldstärke gerichtet ist. Ihrer bisherigen stückweise geradlinigen Bewegung (nach dem vereinfachten Modell) ist eine permanente Beschleunigung in eine von der Feldstärke aufgeprägte Richtung überlagert. Diese beschleunigte Bewegung wird immer wieder unterbrochen durch Zusammenstöße, einerseits mit den ortsfesten Atomen im Gitter und andererseits infolge der Unregelmäßigkeiten im Gitteraufbau. Dabei werden die Elektronen an den Stoßstellen sowohl gestreut, d.h. ihre Bewegungsrichtung ändert sich, als auch abgebremst, wobei sie ihre kinetische Energie zum Teil verlieren. Die fortwährend erneute Beschleunigung verleiht den Elektronen im Mittel aber eine so genannte **Driftgeschwindigkeit** $\vec{v}_e$, die proportional zum Betrag der elektrischen Feldstärke ist. Den Proportionalitätsfaktor μ_e zwischen der Driftgeschwindigkeit und der Feldstärke bezeichnet man als Beweglichkeit

$$\vec{v}_e = -\mu_e \vec{E}. \qquad (2.14)$$

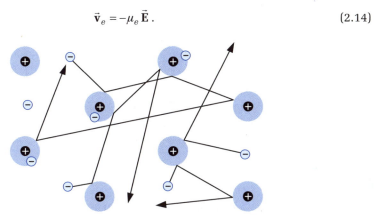

Abbildung 2.5: Ungeordnete Bewegung der Elektronen in einem Atomgitter

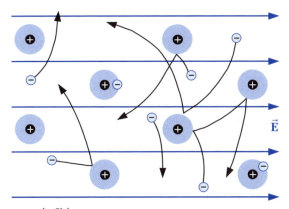

Abbildung 2.6: Driftbewegung der Elektronen

Das Minuszeichen bringt die unterschiedlichen Richtungen der beiden Vektoren, nämlich der Feldstärke und der ihr entgegengesetzt gerichteten Elektronenbewegung zum Ausdruck. Die Beweglichkeit μ_e ist also eine positive Größe.

Nehmen wir an, die elektrische Feldstärke in Abb. 2.6 sei x-gerichtet, dann legen die Elektronen in einem endlichen Zeitintervall Δt einen mittleren Weg Δs in negativer x-Richtung zurück. Verlässt ein Elektron sein Atom, dann entsteht ein als **Ion** bezeichnetes positiv geladenes Atom. Wird diese freigewordene Stelle von einem nachrückenden Elektron besetzt, dann haben sich nicht nur Elektronen entgegen der Feldstärkerichtung bewegt, sondern die frei werdenden Stellen (Löcher) bewegen sich in Richtung der Feldstärke. Die Richtung dieses Löcherstromes stimmt mit der festgelegten technischen Stromrichtung überein.

Beispiel 2.1: Driftgeschwindigkeit der Elektronen in Kupfer

Durch ein Kupferkabel mit einer Querschnittsfläche $A = 1\,\text{mm}^2$ fließt ein Strom $I = 5$ A. Zu bestimmen ist die Driftgeschwindigkeit der Elektronen.

Lösung:

Zur Bestimmung der gesuchten Größe nach Gl. (2.9) wird die Raumladungsdichte im Kupferdraht benötigt. Aus dem Beispiel 1.1 ist bekannt, dass $1\,\text{mm}^3$ Kupfer $8{,}5 \cdot 10^{19}$ Atome enthält. Da jeweils 1 Elektron pro Atom am Ladungstransport beteiligt ist, kann die Raumladungsdichte mit der Ladung eines Elektrons $-e = -1{,}602 \cdot 10^{-19}$ As folgendermaßen berechnet werden

$$\rho = \frac{Q}{V} = -1{,}602 \cdot 10^{-19}\,\text{As}\,\frac{8{,}5 \cdot 10^{19}}{\text{mm}^3} = -13{,}62\,\frac{\text{As}}{\text{mm}^3}\,. \qquad (2.15)$$

Mit der angenommenen Stromdichte liegt die Driftgeschwindigkeit

$$|v| \stackrel{(2.9)}{=} \left|\frac{J}{\rho}\right| = \frac{5\,\text{A}\,\text{mm}^3}{1\,\text{mm}^2 \cdot 13{,}62\,\text{As}} = 0{,}37\,\frac{\text{mm}}{\text{s}} \qquad (2.16)$$

betragsmäßig in einem Bereich unterhalb von 1 mm pro Sekunde!

Wird ein Stromkreis geschlossen, dann beginnt der Strom trotz der geringen Driftgeschwindigkeit an allen Stellen gleichzeitig zu fließen. Die Ursache ist die sich mit der Lichtgeschwindigkeit entlang des Drahtes ausbreitende elektrische Feldstärke, die die Elektronen längs des gesamten Drahtes praktisch gleichzeitig in Bewegung setzt.

2.5 Die spezifische Leitfähigkeit und der spezifische Widerstand

Mit den Gln. (2.9) und (2.14) können wir einen Zusammenhang zwischen der Stromdichte $\vec{J}$ und der elektrischen Feldstärke $\vec{E}$ angeben. Bezeichnen wir jetzt mit n die Ladungsträgerkonzentration, d.h. die Anzahl der freien Elektronen (Leitungselektronen) pro Volumen, dann gilt mit der Raumladungsdichte $\rho = -ne$ und der Driftgeschwindigkeit $\vec{v}_e$ der Elektronen die Beziehung

$$\vec{J} \stackrel{(2.9)}{=} (-ne)\vec{v}_e \stackrel{(2.14)}{=} ne\mu_e \vec{E} = \kappa \vec{E}. \qquad (2.17)$$

Die Abkürzung κ wird als **spezifische Leitfähigkeit** bezeichnet und hat die Dimension

$$[\kappa] = \frac{[J]}{[E]} = \frac{A/m^2}{V/m} = \frac{A}{Vm} = \frac{1}{\Omega m}. \qquad (2.18)$$

In vielen Fällen wird anstelle der spezifischen Leitfähigkeit deren Kehrwert verwendet. Diese als **spezifischer Widerstand** bezeichnete Materialeigenschaft

$$\rho_R = \frac{1}{\kappa} \qquad (2.19)$$

ist zusammen mit der spezifischen Leitfähigkeit in der Tabelle 2.1 für verschiedene Materialien angegeben. Der Index R (*resistivity*) wird hier verwendet, um Verwechslungen mit der mit gleichem Buchstaben bezeichneten Raumladungsdichte zu vermeiden. Aus technischen Gründen wird vielfach nicht die Einheit Ωm, sondern $\Omega mm^2/m$ verwendet (vgl. Anhang D.2.2).

Tabelle 2.1

Spezifische Leitfähigkeit κ, spezifischer Widerstand ρ_R und Temperaturkoeffizient α für verschiedene Materialien bei 20°C nach [16], [22]. Prozentuale Zusammensetzung: (1): 54 Cu, 45 Ni, 1 Mn, (2): 84 Cu, 4 Ni, 12 Mn

Leiter	$\kappa \cdot m^{-1}\Omega mm^2$	$\rho_R \cdot m\Omega^{-1} mm^{-2}$	$\alpha \cdot 10^3 \, °C$
Aluminium	35	0,0287	3,8
Chromnickel	0,91	1,1	0,2
Eisen	10	0,10	6,1
Gold	44	0,022	3,9
Grafit	0,125	8	−0,2
Konstantan(1)	2	0,5	0,0035
Kupfer	56	0,0178	3,9
Manganin(2)	2,3	0,43	0,02
Messing	12,5	0,08	1,5
Silber	62,5	0,016	3,8
Wolfram	18	0,055	4,1

In der Praxis lässt sich eine Abhängigkeit des spezifischen Widerstandes von der Temperatur feststellen. In den meisten technischen Anwendungen ist der auftretende Temperaturbereich soweit begrenzt, dass die Temperaturabhängigkeit $\rho_R(T)$ durch eine lineare Näherung hinreichend genau beschrieben werden kann. Mathematisch stellt man diesen Zusammenhang durch folgende Gleichung dar

$$\rho_R(T) = \rho_{R,20°C} \cdot \left[1 + \alpha(T - 20°C)\right] = \rho_{R,20°C} \cdot (1 + \alpha \Delta T). \qquad (2.20)$$

Darin beschreibt $\rho_{R,20°C}$ den auch in der Tabelle 2.1 angegebenen spezifischen Widerstand bei der Umgebungstemperatur $T_u = 20°C$ und der Temperaturkoeffizient α beschreibt den linearen Anstieg des spezifischen Widerstandes mit der Temperatur T. Der in der Tabelle 2.1 angegebene Zahlenwert entspricht der Zunahme des spezifischen Widerstandes $\rho_{R,20°C}$ in Promille bei einer Temperaturerhöhung um 1°C.

Eine noch bessere Beschreibung der Temperaturabhängigkeit lässt sich erreichen, wenn in der Beziehung (2.20) ein weiterer Korrekturfaktor hinzugefügt wird, der sich quadratisch mit der Temperatur ändert

$$\rho_R(T) = \rho_{R,20°C} \cdot \left[1 + \alpha \Delta T + \beta (\Delta T)^2\right] \qquad (2.21)$$

und die Abweichung des temperaturabhängigen spezifischen Widerstandes von dem linearen Verlauf beschreibt.

Die Temperaturabhängigkeit des spezifischen Widerstandes wird von verschiedenen Faktoren beeinflusst. Betrachten wir zunächst die Metalle mit ihrem relativ regelmäßigen Gitteraufbau. Man kann sich leicht vorstellen, dass die Beweglichkeit der freien Elektronen in Gl. (2.14) von der mittleren freien Weglänge zwischen zwei Zusammenstößen abhängt. Der Wert für die Beweglichkeit μ_e wird geringer mit abnehmender freier Weglänge. In Abhängigkeit von der Temperatur schwingen die Atome um ihre feste Gleichgewichtslage und zwar umso mehr, je höher die Temperatur wird. Dadurch nimmt die Wahrscheinlichkeit für Zusammenstöße mit steigender Temperatur zu, die mittlere freie Weglänge wird kürzer und der spezifische Widerstand steigt an. Der Temperaturkoeffizient α ist daher positiv und liegt bei allen reinen Metallen in ähnlicher Größenordnung. Bei Legierungen führt der unregelmäßige Gitteraufbau zu einer erhöhten Wahrscheinlichkeit für Zusammenstöße der Elektronen mit den Gitteratomen. Der spezifische Widerstand ist bei Legierungen daher wesentlich größer. Gleichzeitig spielt der Einfluss der thermischen Gitterschwingungen auf die Anzahl der Zusammenstöße nur noch eine untergeordnete Rolle, so dass der Temperaturkoeffizient deutlich geringer ist. Solche Legierungen werden bevorzugt benutzt zur Herstellung temperaturunabhängiger Präzisionswiderstände.

Aus der Tabelle ersieht man, dass es auch Materialien mit negativem Temperaturkoeffizienten gibt. Bei Halbleitern (vgl. Kap. 4) nimmt die Beweglichkeit μ_e der freien Ladungsträger mit steigender Temperatur zwar ebenfalls ab, ihre Zahl pro Volumen steigt aber an, so dass die Leitfähigkeit in Gl. (2.17) dennoch zunimmt und der Temperaturkoeffizient einen negativen Zahlenwert besitzt.

2.6 Das Ohm'sche Gesetz

Die bereits in Gl. (2.17) angegebene Beziehung

$$\vec{J} = \kappa \vec{E} \tag{2.22}$$

wird als Ohm'sches Gesetz (*in differentieller Form*) bezeichnet (nach Georg Simon Ohm, 1789 – 1854). Diese Gleichung beschreibt den Zusammenhang zwischen der im allgemeinen Fall dreidimensionalen Stromdichteverteilung und der zugehörigen Feldstärkeverteilung an jeder Stelle des Raumes.

> **Merke**
>
> Im Gegensatz zur Elektrostatik besitzt die elektrische Feldstärke im stromdurchflossenen Leiter einen nicht verschwindenden Wert.

Die Stromdichte kann sich aus drei vektoriellen Komponenten zusammensetzen, die ihrerseits wiederum von allen drei Koordinaten abhängen können. In manchen Fällen ist diese aufwändige Berechnung der Strömungsfelder unumgänglich, sehr häufig ist jedoch die Beschreibung und Lösung eines Problems mit integralen Größen ausreichend. Ähnlich wie in Kap. 1.17 wollen wir auch hier versuchen, die Beziehung (2.22) durch eine einfache skalare Gleichung zu ersetzen. Zu diesem Zweck betrachten wir die ▶Abb. 2.7. Ein zylindrischer Leiter der Länge l und der Querschnittsfläche A besteht aus einem homogenen Material der Leitfähigkeit κ. Die beiden Stirnseiten befinden sich auf den Potentialen φ_{e1} und $\varphi_{e2} < \varphi_{e1}$ und spielen die gleiche Rolle wie die beiden Elektroden in Abb. 2.3. Nehmen wir an, dass die beiden Elektroden außen an eine Quelle angeschlossen werden, die die abfließenden Ladungsträger immer wieder nachliefert, dann wird von der Elektrode höheren Potentials ein Gleichstrom I zu der Elektrode mit niedrigerem Potential fließen, der sich aus Symmetriegründen gleichmäßig über den Leiterquerschnitt verteilt. Damit gilt

$$\vec{J} = \vec{e}_x J_x \quad \text{mit} \quad J_x \stackrel{(2.4)}{=} \frac{I}{A}. \tag{2.23}$$

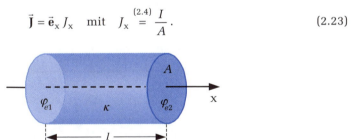

Abbildung 2.7: Widerstand eines zylindrischen Leiters

Die elektrische Feldstärke innerhalb des Leiters ist mit Gl. (2.22) ebenfalls bekannt

$$\vec{E} = \frac{1}{\kappa} \vec{J} = \vec{e}_x E_x \quad \text{mit} \quad E_x = \frac{I}{\kappa A}. \tag{2.24}$$

Drückt man die zwischen den Elektroden anliegende Spannung (2.1) nach Gl. (1.30) durch das Wegintegral der Feldstärke aus

$$U_{12} = \varphi_{e1} - \varphi_{e2} \stackrel{(1.30)}{=} \int_{x=0}^{l} \vec{e}_x E_x \cdot \vec{e}_x \mathrm{d}x = \int_{x=0}^{l} E_x \mathrm{d}x \stackrel{(2.24)}{=} \frac{I}{\kappa A} \int_{x=0}^{l} \mathrm{d}x = \frac{I l}{\kappa A}, \qquad (2.25)$$

dann erhält man einen Zusammenhang zwischen der anliegenden Spannung und dem insgesamt fließenden Strom

$$U_{12} = R I . \qquad (2.26)$$

Der Proportionalitätsfaktor R heißt **elektrischer Widerstand** und hat die Dimension V/A = Ω. Der Widerstand des betrachteten Zylinders ist durch die Beziehung

$$R = \frac{l}{\kappa A} = \frac{\rho_R l}{A} \qquad (2.27)$$

gegeben. Er hängt von der Geometrie der Anordnung und von den Materialeigenschaften ab. Die in Gl. (2.20) angegebene Beziehung für den spezifischen Widerstand ρ_R des Materials als Funktion der Temperatur gilt in gleicher Weise für den Widerstand (2.27)

$$R(T) = \rho_R(T) \frac{l}{A} = \rho_{R,20°C} \frac{l}{A} \cdot (1 + \alpha \Delta T) = R_{20°C} \cdot (1 + \alpha \Delta T) . \qquad (2.28)$$

In der Gl. (2.26) ist die Spannung noch mit den beiden Indizes 12 behaftet, die die Zählrichtung der Spannung von der Elektrode 1 mit höherem Potential zu der Elektrode 2 mit niedrigerem Potential zum Ausdruck bringen. Da der Strom aber in der gleichen Richtung positiv gezählt wird, kann auf die beiden Indizes verzichtet werden. Resultierend gilt die der Gl. (2.22) entsprechende Beziehung

$$U = R I \qquad (2.29)$$

für die beiden integralen Größen Strom und Spannung, die ebenfalls als Ohm'sches Gesetz (*in integraler Form*) bezeichnet wird. Zum Vergleich sind die Beziehungen zur Berechnung des Widerstandes mit den skalaren Größen und den Feldgrößen nochmals angegeben

$$I = \iint_A \vec{J} \cdot \mathrm{d}\vec{A} = \kappa \iint_A \vec{E} \cdot \mathrm{d}\vec{A}, \quad U = \int_s \vec{E} \cdot \mathrm{d}\vec{s}, \quad R = \frac{U}{I} = \frac{\int_s \vec{E} \cdot \mathrm{d}\vec{s}}{\kappa \iint_A \vec{E} \cdot \mathrm{d}\vec{A}} . \qquad (2.30)$$

> **Merke**
>
> Unter dem elektrischen Widerstand R versteht man das Verhältnis von der angelegten Spannung U zu dem Gesamtstrom I.

Während in dem früheren Kapitel von dem Kondensator (Bauelement) und der Kapazität (seiner Eigenschaft) die Rede war, wird der Begriff Widerstand gleichzeitig sowohl für das Bauelement als auch für dessen Eigenschaft verwendet.

Betrachten wir als einfaches Beispiel einen Kupferdraht, der bei 20°C einen Widerstand von 1 Ω besitzt. In dem in ▶Abb. 2.8 dargestellten Strom-Spannungs-Diagramm erhält man nach Gl. (2.29) eine Gerade, deren Steigung $\Delta I/\Delta U$ dem Kehrwert des Widerstandes entspricht. Ein größerer Widerstand bedeutet demnach eine geringere Steigung. Der gleiche Kupferdraht hat bei 100°C nach Gl. (2.28) einen Widerstand von

$$R(100°C) = R_{20°C} \cdot (1 + \alpha \Delta T) = 1\Omega \cdot \left(1 + \frac{3{,}9}{10^3 \, °C} 80\,°C\right) \approx 1{,}31\,\Omega\,. \tag{2.31}$$

Die zugehörige Widerstandsgerade im Strom-Spannungs-Diagramm hat jetzt einen flacheren Verlauf, d.h. bei gleichem Strom durch den Kupferdraht nimmt der Spannungsabfall entlang des Drahtes mit steigender Temperatur zu. Wird dagegen die an den Draht angelegte Spannung konstant gehalten, dann fließt bei niedriger Temperatur wegen des geringeren Widerstandes ein größerer Strom.

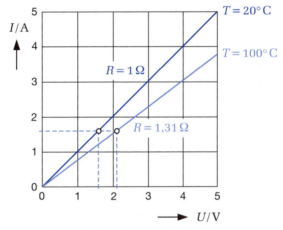

Abbildung 2.8: Widerstandsgerade eines Kupferdrahtes bei unterschiedlichen Temperaturen

In vielen Fällen wird die Berechnung von Schaltungen dadurch erleichtert, dass man nicht den Widerstand, sondern seinen Kehrwert

$$G = \frac{1}{R} \tag{2.32}$$

verwendet. G heißt **elektrischer Leitwert** und besitzt die Dimension $1/\Omega = A/V$. In Abb. 2.8 entspricht die Steigung der Geraden genau dem Leitwert.

Beispiel 2.2: Widerstand einer Hohlkugel

Die Berechnung des Widerstandes wollen wir an der gleichen, bereits bei der Kapazitätsberechnung zugrunde gelegten Geometrie in Abb. 1.32 üben. Allerdings befindet sich jetzt zwischen den beiden perfekt leitenden Kugelschalen (Elektroden) der Radien a und b ein Material der Leitfähigkeit κ.

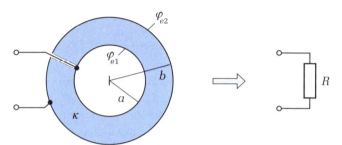

Abbildung 2.9: Widerstand einer Hohlkugel

Lösung:

Den Widerstand erhalten wir aus dem Verhältnis von der zwischen den Kugelelektroden anliegenden Spannung U zu dem insgesamt durch das leitfähige Material fließenden Strom I. Zur Berechnung nehmen wir an, dass die beiden Elektroden an eine äußere Spannungsquelle angeschlossen sind

$$U = \varphi_{e1} - \varphi_{e2} \,, \tag{2.33}$$

die die abfließenden Ladungsträger nachliefert und so dafür sorgt, dass die anliegende Spannung bzw. Potentialdifferenz erhalten bleibt. Unter der Voraussetzung, dass der von der Innenelektrode durch das leitfähige Material nach außen geführte isolierte Anschlussdraht keinen Einfluss auf das Ergebnis hat, wird die Stromdichte zwischen den Kugelflächen nur eine Komponente in radialer Richtung aufweisen, die aus Symmetriegründen auch nur von der Koordinate r und damit von der durchströmten Kugelfläche $4\pi r^2$ abhängt

$$\vec{J} = \vec{e}_r J(r) \stackrel{(2.12)}{=} \vec{e}_r \frac{I}{4\pi r^2} \,. \tag{2.34}$$

I bezeichnet den zunächst unbekannten Gleichstrom von der Elektrode 1 zur Elektrode 2. Mit dem Ohm'schen Gesetz (2.22) ist die elektrische Feldstärke in dem Zwischenraum

$$\vec{E} = \frac{1}{\kappa} \vec{J} = \vec{e}_r \frac{I}{4\pi \kappa r^2} \tag{2.35}$$

und damit auch der Zusammenhang zwischen Spannung und Strom

$$U \stackrel{(1.30)}{=} \int_a^b \vec{E}\cdot d\vec{s} = \int_a^b \vec{e}_r \frac{I}{4\pi\kappa r^2}\cdot \vec{e}_r\, dr = \frac{I}{4\pi\kappa}\frac{b-a}{ba} \quad \rightarrow \quad R = \frac{U}{I} = \frac{1}{4\pi\kappa}\frac{b-a}{ba} \qquad (2.36)$$

bekannt. Ein Vergleich der Beziehungen (1.80) und (2.36) zeigt, dass sich die Kapazität und der Leitwert der geometrisch gleich aufgebauten Anordnungen nur durch die Materialeigenschaften ε bzw. κ unterscheiden.

Zu der durchgeführten Rechnung sind noch einige Anmerkungen erforderlich:

- In der Aufgabenstellung wurden perfekt leitende Kugelschalen vorausgesetzt, d.h. für die Elektroden gilt $\kappa \to \infty$. Diese Annahme ist notwendig, damit die Kugelflächen konstante Potentiale φ_{e1} und φ_{e2} aufweisen.

- Betrachten wir die Gl. (2.35), dann müssen wir feststellen, dass im Gegensatz zu den früher behandelten elektrostatischen Problemen im leitenden Material eine elektrische Feldstärke auftritt. Stellen wir uns jetzt vor, dass die beiden Kugelschalen gemäß ▶Abb. 2.9 nur an einer punktförmigen Stelle mit einer Spannungsquelle verbunden sind, dann müssen sich die Ladungsträger innerhalb der Kugelschale zunächst so verteilen, dass sie mit überall gleicher Dichte in das die Kugelschale umgebende leitende Material eintreten können. Bei einer endlichen Leitfähigkeit der Elektrode entsteht nach Gl. (2.22) aber bereits innerhalb der Elektrode eine elektrische Feldstärke. Damit kann die Elektrode nicht mehr als Äquipotentialfläche angesehen werden. Für die Gültigkeit des Ergebnisses (2.36) ist es daher erforderlich, dass die Leitfähigkeit des Elektrodenmaterials wesentlich größer als die Leitfähigkeit des Materials zwischen den Elektroden ist. Nur in diesem Fall darf von einer kugelsymmetrischen Stromverteilung ausgegangen werden.

- Das vorliegende Beispiel zeigt, dass auch bei komplizierteren Anordnungen, bei denen sowohl die Richtung als auch der Betrag der Stromdichte ortsabhängig sind, ein Widerstand R gefunden werden kann, mit dessen Hilfe ein einfacher Zusammenhang zwischen der anliegenden Spannung und dem insgesamt fließenden Strom nach dem Ohm'schen Gesetz (2.29) angegeben werden kann. Im Hinblick auf eine Schaltungsanalyse kann die leitende Hohlkugel durch das Schaltsymbol des Widerstandes mit dem nach Gl. (2.36) geltenden Wert ersetzt werden.

In Analogie zu der Abb. 1.40 gibt es auch Situationen, bei denen sich mehrere Elektroden im umgebenden leitfähigen Material befinden. In diesem Fall erhält man eine Ersatzanordnung, bei der zwischen jeweils zwei Elektroden ein Teilwiderstand anzunehmen ist, der den Strom zwischen diesen Elektroden führt.

2.7 Praktische Ausführungsformen von Widerständen

Je nach Anwendungsfall gibt es sehr unterschiedliche Bauformen von Widerständen. Neben dem Widerstandswert sind insbesondere die Herstellungstoleranz, die Temperaturabhängigkeit des Widerstandes sowie die maximal zulässige Verlustleistung, eventuell unterschieden nach Kurzzeitbelastung oder Dauerbetrieb, von besonderer Bedeutung.

2.7.1 Festwiderstände

Die Festwiderstände haben eine lineare Widerstandscharakteristik und genügen dem Ohm'schen Gesetz. Die Abstufung der Widerstandswerte entspricht den in den Normen festgelegten E-Reihen, z.B. E6, E12, E24 usw. Die spezielle Kennzeichnung einer E-Reihe durch den betreffenden Zahlenwert gibt an, wie viele Werte innerhalb jeder Dekade liegen. In der Tabelle 2.2 sind die Widerstandswerte der genannten E-Reihen mit der jeweils zulässigen Toleranz für die Dekade $1 \leq R < 10$ angegeben.

Tabelle 2.2

Widerstandsreihen

Reihe	Toleranz	Widerstandswerte										
E 6	±20%	1,0		1,5		2,2		3,3		4,7		6,8	
E 12	±10%	1,0	1,2	1,5	1,8	2,2	2,7	3,3	3,9	4,7	5,6	6,8	8,2
E 24	±5%	1,0	1,2	1,5	1,8	2,2	2,7	3,3	3,9	4,7	5,6	6,8	8,2
		1,1	1,3	1,6	2,0	2,4	3,0	3,6	4,3	5,1	6,2	7,5	9,1

Man erkennt, dass die jeweils folgende Reihe alle Werte der vorhergehenden Reihe beinhaltet und dass zwischen jeweils zwei Werte der vorhergehenden Reihe ein zusätzlicher Wert eingefügt wird. Die zugehörigen Toleranzen sind so gewählt, dass zwischen den Bereichen von zwei benachbarten Widerstandswerten keine Lücken entstehen, d.h. alle produzierten Widerstände können einem Wert zugeordnet werden und es entsteht kein Ausschuss bei der Produktion.

Die Widerstandswerte sowie die Herstellungstoleranz sind üblicherweise als Zahlenwerte oder als Farbringe auf das Bauelement aufgedruckt. Die Tabelle 2.3 zeigt die Bedeutung der einzelnen Farbringe.

2.7 Praktische Ausführungsformen von Widerständen

Tabelle 2.3

Farbcode

Farbe	1. Ring (1. Ziffer)	2. Ring (2. Ziffer)	3. Ring (Faktor)	4. Ring (Toleranz)
Ohne Farbe				±20%
Silber			10^{-2}	±10%
Gold			10^{-1}	±5%
Schwarz		0	10^{0}	
Braun	1	1	10^{1}	±1%
Rot	2	2	10^{2}	±2%
Orange	3	3	10^{3}	
Gelb	4	4	10^{4}	
Grün	5	5	10^{5}	±0,5%
Blau	6	6	10^{6}	
Violett	7	7	10^{7}	
Grau	8	8	10^{8}	
Weiß	9	9	10^{9}	

Festwiderstände werden als Schicht-, Draht- oder Massewiderstände hergestellt. Bei den **Schichtwiderständen** wird eine dünne Widerstandsschicht, z.B. aus Kohle oder Metall, auf einen zylindrischen Träger aus Keramik oder Glas aufgebracht. An den Enden werden Kappen aufgepresst und mit den Anschlüssen versehen. Zum Schutz wird das Bauelement mit einer Schicht aus Lack oder Kunststoff überzogen. Zur Herstellung größerer Widerstandswerte wird die dünne Metall- oder Kohleschicht gewendelt ausgeführt (▶Abb. 2.10a).

Bei höheren Leistungen werden **Drahtwiderstände** (▶Abb. 2.10b) eingesetzt, bei denen der Träger mit einem Draht umwickelt wird. Kleine Widerstandswerte können auf diese Weise leicht hergestellt werden, bei größeren Werten wird spezieller Widerstandsdraht (ein Material mit geringer Leitfähigkeit) verwendet. Der Drahtquerschnitt begrenzt den maximal zulässigen Strom und die maximale Verlustleistung wird durch die Wärmeabfuhr, d.h. die Bauteilgröße und die Ausführung der Oberfläche (lackiert, kunststoffumhüllt oder unbehandelt) bestimmt. Zur Reduzierung der *parasitären* Induktivitäten (vgl. Kap. 5) werden die Wicklungen **bifilar** ausgeführt, d.h. es werden zwei Drähte so nebeneinander gewickelt, dass sie in entgegengesetzter Richtung vom

Strom durchflossen werden. Eine weitere Möglichkeit zur Reduzierung der parasitären Induktivitäten besteht darin, den Wickelsinn mehrfach umzukehren.

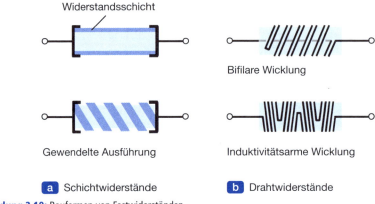

Abbildung 2.10: Bauformen von Festwiderständen

Die **Massewiderstände** besitzen keinen Träger, sondern bestehen insgesamt aus einem Widerstandsmaterial. Sie werden in verschiedenen Bauformen, z.B. als Stäbe oder Scheiben, hergestellt.

2.7.2 Einstellbare Widerstände

Bei einstellbaren Widerständen wird ein Schleifkontakt über das nicht isolierte Widerstandsmaterial bewegt. Bei einem **Schiebewiderstand** ist der Wickelkörper linear gestreckt, bei einem **Drehwiderstand** dagegen ringförmig ausgeführt. Üblicherweise spricht man bei diesen Bauelementen von **Potentiometern**, wenn sie im Betrieb immer wieder neu eingestellt werden, bzw. von **Trimmpotentiometern**, wenn sie nur einmal, z.B. zum Abgleich einer Schaltung, auf einen bestimmten Wert justiert werden.

2.7.3 Weitere Widerstände

Für besondere Aufgaben gibt es eine große Gruppe von nichtlinearen Widerständen, deren Verhalten von unterschiedlichen physikalischen Größen abhängen kann.

Zu der Gruppe der **temperaturabhängigen Widerstände** gehören die **Heißleiter**, deren Widerstand mit steigender Temperatur kleiner wird. Sie werden als **NTC** (*negative temperature coefficient*) bezeichnet. Diese Bauelemente besitzen bei Raumtemperatur einen großen Widerstand und begrenzen beim Einschalten eines elektronischen Gerätes dessen Einschaltstrom. Infolge der ohmschen Verluste werden sie stark aufgeheizt, wodurch ihr Widerstand sehr viel kleiner wird. Im Dauerbetrieb einer Schaltung verursachen sie dann lediglich geringe Verluste. Das temperaturabhängige Verhalten ist bei den als **PTC** (*positive temperature coefficient*) bezeichneten **Kaltleitern** genau umgekehrt. Ihr Widerstandswert wird mit steigender Temperatur größer.

Widerstände, deren Wert von der Spannung abhängt, werden als **VDR** (*voltage dependent resistor*) bezeichnet. Sie werden zur Spannungsstabilisierung oder zur Unterdrückung von kurzzeitigen Spannungsspitzen eingesetzt.

Eine weitere Gruppe sind die als **LDR** (*light dependent resistor*) bezeichneten lichtabhängigen Widerstände, die für Belichtungsmesser oder bei helligkeitsabhängigen Steuerungen verwendet werden.

2.8 Das Verhalten der Feldgrößen an Grenzflächen

In Analogie zu dem Kap. 1.16 untersuchen wir jetzt das Verhalten der beiden Feldgrößen $\vec{J}$ und $\vec{E}$ an Grenzflächen, auf denen die Leitfähigkeit κ einen Sprung von dem Wert κ_1 auf den Wert κ_2 erfährt. Dazu betrachten wir die Oberfläche A des in ▶Abb. 2.11 dargestellten quaderförmigen Körpers, der aus einem Material der Leitfähigkeit κ_1 besteht und sich im umgebenden Raum der Leitfähigkeit κ_2 befindet. Die Feldgrößen in den beiden Bereichen werden durch die gleichen Indizes gekennzeichnet wie die Leitfähigkeiten.

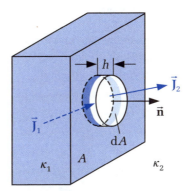

Abbildung 2.11: Grenzfläche mit Sprung der Leitfähigkeit

Im ersten Schritt betrachten wir das Verhalten der Normalkomponente (Index n) der Stromdichte. Zu diesem Zweck legen wir um die Trennfläche zwischen den beiden Materialien einen kleinen Flachzylinder der verschwindenden Höhe $h \rightarrow 0$. Beim stationären Strömungsfeld muss der insgesamt durch die Zylinderoberfläche hindurchtretende Strom nach Gl. (2.13) verschwinden. Wegen $h \rightarrow 0$ liefert der Zylindermantel keinen Beitrag, so dass der Strom durch das elementare Flächenelement dA auf beiden Seiten der Trennfläche gleich ist

$$J_{n1} \mathrm{d}A = J_{n2} \mathrm{d}A \quad \rightarrow \quad \boxed{J_{n1} = J_{n2}} \, . \tag{2.37}$$

Die Stetigkeit der Normalkomponente der Stromdichte erfordert aber wegen der auf beiden Seiten unterschiedlichen Leitfähigkeit nach Gl. (2.22) einen Sprung in der Normalkomponente der elektrischen Feldstärke

$$J_{n1} = \kappa_1 E_{n1} = J_{n2} = \kappa_2 E_{n2} \quad \rightarrow \quad \boxed{\kappa_1 E_{n1} = \kappa_2 E_{n2}} \, . \tag{2.38}$$

Zur Betrachtung der Tangentialkomponente (Index t) gehen wir von der elektrischen Feldstärke aus. Integrieren wir die Feldstärke $\vec{E}$ entlang des in ▶Abb. 2.12 dargestellten Rechtecks, dann liefern wegen der verschwindenden Abmessung $h \to 0$ nur die elementaren Seitenlängen ds einen Beitrag. Nach Gl. (1.22) muss aber dieses Umlaufintegral verschwinden, so dass die Tangentialkomponente der elektrischen Feldstärke auf beiden Seiten der Trennfläche den gleichen Wert aufweist

$$E_{t1}\,\mathrm{d}s - E_{t2}\,\mathrm{d}s = 0 \quad \to \quad \boxed{E_{t1} = E_{t2}} \; . \tag{2.39}$$

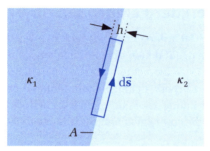

Abbildung 2.12: Grenzfläche mit Sprung der Leitfähigkeit

Die Stetigkeit der Tangentialkomponente der elektrischen Feldstärke erfordert aber wegen der auf beiden Seiten unterschiedlichen Leitfähigkeit nach Gl. (2.22) einen Sprung in der Tangentialkomponente der Stromdichte

$$E_{t1} = \frac{1}{\kappa_1} J_{t1} = E_{t2} = \frac{1}{\kappa_2} J_{t2} \quad \to \quad \boxed{\frac{J_{t1}}{J_{t2}} = \frac{\kappa_1}{\kappa_2}} \; . \tag{2.40}$$

Zusammengefasst gilt die Aussage:

> **Merke**
>
> Bei einer sprunghaften Änderung der Leitfähigkeit auf einer Fläche der Normalen $\vec{n}$ sind die Normalkomponente der Stromdichte J_n und die Tangentialkomponente der elektrischen Feldstärke E_t stetig. Die Forderungen für die beiden anderen Komponenten (2.38) und (2.40) ergeben sich aus dem Ohm'schen Gesetz $\vec{J} = \kappa \vec{E}$.

Diese Zusammenhänge sind in ▶Abb. 2.13 nochmals dargestellt. Aus den Beziehungen

$$\frac{\tan \alpha_1}{\tan \alpha_2} = \frac{E_{t1}}{E_{n1}} \frac{E_{n2}}{E_{t2}} \stackrel{(2.39)}{=} \frac{E_{n2}}{E_{n1}} \quad \text{bzw.} \quad \frac{\tan \alpha_1}{\tan \alpha_2} = \frac{J_{t1}}{J_{n1}} \frac{J_{n2}}{J_{t2}} \stackrel{(2.37)}{=} \frac{J_{t1}}{J_{t2}} \tag{2.41}$$

folgt für beide Feldvektoren das gleiche Brechungsgesetz

$$\frac{\tan \alpha_1}{\tan \alpha_2} = \frac{E_{n2}}{E_{n1}} = \frac{J_{t1}}{J_{t2}} = \frac{\kappa_1}{\kappa_2} \; . \tag{2.42}$$

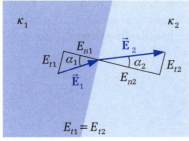 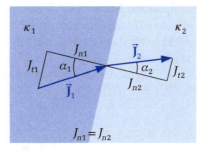

Abbildung 2.13: Zum Brechungsgesetz

2.8.1 Verschwindende Leitfähigkeit in einem Teilbereich

Im Gegensatz zu den Randbedingungen in der Elektrostatik kann hier auch der Fall eintreten, dass die Leitfähigkeit in einem der beiden Teilräume verschwindet. Gilt z.B. $\kappa_2 = 0$, dann kann in diesem nicht leitenden Bereich keine Stromdichte existieren, so dass wegen $\vec{J}_2 = \vec{0}$ die Normalkomponente der Stromdichte $\vec{J}_1$ nach Gl. (2.37) an der Trennebene verschwindet. Diese Aussage ist trivial und besagt lediglich, dass kein Strom aus dem Leiter in den umgebenden nicht leitenden Bereich austreten kann. Nach dem Ohm'schen Gesetz (2.22) gilt die gleiche Aussage für die elektrische Feldstärke $\vec{E}_1$, so dass an einer Trennfläche A zum nicht leitenden Bereich die folgenden Randbedingungen gelten

$$J_{n1}\big|_A = E_{n1}\big|_A = 0. \tag{2.43}$$

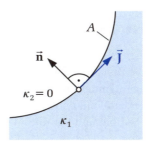

Abbildung 2.14: Grenzfläche zwischen leitendem und nicht leitendem Bereich

2.8.2 Perfekte Leitfähigkeit in einem Teilbereich

Bei manchen Anordnungen bestehen Trennflächen zwischen Bereichen, deren Leitfähigkeiten sich um Größenordnungen unterscheiden. Ein solches Beispiel wäre ein metallischer Leiter (Blitzableiter) im Erdboden. Wir betrachten direkt den Grenzfall, indem wir die Leitfähigkeit κ_2 nach unendlich gehen lassen. Bei einer endlichen Stromdichte in dem Bereich 2 verschwindet die elektrische Feldstärke $\vec{E}_2 = \vec{0}$ nach Gl. (2.22). Wegen der Stetigkeit der Tangentialkomponente nach Gl. (2.39) muss die elektrische

Feldstärke $\vec{E}_1$ senkrecht auf der Trennebene stehen. Nach dem Ohm'schen Gesetz (2.22) gilt die gleiche Aussage für die Stromdichte $\vec{J}_1$, so dass an einer Trennfläche A zu einem perfekt leitfähigen Bereich die folgenden Randbedingungen gelten

$$J_{t1}\big|_A = E_{t1}\big|_A = 0. \tag{2.44}$$

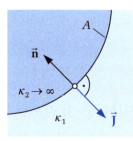

Abbildung 2.15: Grenzfläche zu einem perfekt leitenden Bereich

Zusammengefasst gilt die Aussage:

> **Merke**
>
> An einer Trennebene zu einem nicht leitenden Bereich verlaufen Stromdichte und elektrische Feldstärke tangential. Aus einem perfekt leitenden Bereich treten elektrische Feldstärke und Stromdichte senkrecht aus.

2.9 Energie und Leistung

Bei dem Stromleitungsmechanismus nach Abb. 2.6 werden die Elektronen durch das anliegende Feld beschleunigt. Die Zunahme der kinetischen Energie wird dem Energieinhalt des elektrischen Feldes entnommen. Bezeichnet man mit ΔQ die transportierte elementare Ladung, dann ist die dem Feld entnommene elementare Energie ΔW_e nach Gl. (1.23) aus dem Produkt der Ladung und der durchlaufenen Potentialdifferenz gegeben. Damit gilt der Zusammenhang

$$\Delta W_e \stackrel{(1.23)}{=} (\varphi_{e1} - \varphi_{e2}) \Delta Q \stackrel{(1.30)}{=} U \Delta Q \stackrel{(2.2)}{=} U I \Delta t. \tag{2.45}$$

Die dem Feld entnommene Energie nimmt einen positiven Wert an, wenn z.B. eine positive Ladung ΔQ von einem höheren Potential φ_{e1} zu einem niedrigeren Potential φ_{e2} bewegt wird. Das Verhältnis aus geleisteter Arbeit ΔW_e und dazu benötigter Zeit Δt wird allgemein als **Leistung** bezeichnet und mit P (*power*) abgekürzt

$$P = \frac{\Delta W_e}{\Delta t} = U I. \tag{2.46}$$

2.9 Energie und Leistung

Bei den zeitlich konstanten Größen Gleichspannung U und Gleichstrom I ist auch die Leistung P zeitlich konstant und somit unabhängig von der Wahl des elementaren Zeitabschnitts Δt. Sind dagegen Strom und Spannung zeitlich veränderliche Größen, dann beschreibt die Gl. (2.46) lediglich den Mittelwert der Leistung in dem betrachteten Zeitintervall. Interessiert man sich bei einem zeitabhängigen Vorgang für den augenblicklichen Wert der Leistung in einem bestimmten Zeitpunkt t, dann muss man den Zeitabschnitt Δt gegen Null gehen lassen und zwar so, dass der Zeitpunkt t immer innerhalb von Δt verbleibt. Die Leistung in dem betrachteten Zeitpunkt lässt sich dann als Differentialquotient in der Form

$$P(t) = \lim_{\Delta t \to 0} \frac{\Delta W_e}{\Delta t} = \frac{dW_e}{dt} \qquad (2.47)$$

schreiben. Die Leistung hat die Dimension VA = W (nach James Watt, 1736 – 1819). Umgekehrt kann die elektrische Arbeit durch Integration der Leistung über die Zeit berechnet werden

$$W_e = \int_t P \, dt \ . \qquad (2.48)$$

Sie wird in Ws oder vielfach auch in kWh angegeben.

Die in Gl. (2.46) berechnete Leistung wird an dem Widerstand in Wärme umgewandelt. Mit dem Ohm'schen Gesetz (2.29) kann die Leistung an einem Widerstand R auch in der Form

$$P = UI = I^2 R = U^2/R \qquad (2.49)$$

geschrieben werden. Da in dieser Gleichung sowohl der Strom als auch die Spannung quadratisch auftreten, spielt ihre Zählrichtung keine Rolle. Der Wert von P beschreibt die an einem Widerstand R entstehende **Verlustleistung**.

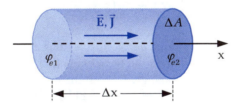

Abbildung 2.16: Zur Berechnung der Verlustleistungsdichte

Bei vielen Problemstellungen ist man nicht nur an den insgesamt entstehenden Verlusten P interessiert, sondern es stellt sich die Frage nach der örtlichen Verteilung der in einem Volumen entstehenden Verluste. Zur Beantwortung dieser Frage betrachten wir das elementare Volumenelement $\Delta V = \Delta A \Delta x$ in der ▶Abb. 2.16. Die Querschnittsfläche ΔA sei hinreichend klein gewählt, so dass die in der Abbildung eingetragene x-gerichtete Stromdichte als homogen über den Querschnitt verteilt angesehen werden kann. Zusätzlich sei die Länge Δx so klein, dass sich die Spannung linear über die Länge verteilt, d.h. die elektrische Feldstärke ist, genauso wie die Stromdichte, innerhalb des Volumens x-gerichtet und ortsunabhängig. Ersetzt man also in Gl. (2.49) die Spannung durch das Produkt aus Feldstärke und elementarer Länge gemäß Gl. (1.30) und den Strom durch das Produkt aus Stromdichte und Querschnittsfläche nach Gl. (2.4), dann erhält man für die in dem elementaren Volumen entstehende elementare Verlustleistung die Beziehung

$$\Delta P = E\,\Delta x\; J\,\Delta A = (\vec{e}_x E)\,\Delta x \cdot (\vec{e}_x J)\,\Delta A = \vec{E}\cdot\vec{J}\,\Delta V\;, \qquad (2.50)$$

in der die beiden gleich gerichteten Größen $\vec{E}$ und $\vec{J}$ auch als Vektoren geschrieben werden können. Das Verhältnis aus Verlustleistung ΔP und Volumenelement ΔV bezeichnet man als **Verlustleistungsdichte** p_v. Der Ausdruck

$$p_v = \frac{\Delta P}{\Delta V} = \vec{E}\cdot\vec{J} \qquad (2.51)$$

beschreibt die mittlere Verlustleistungsdichte im elementaren Volumen ΔV, die in dem betrachteten homogenen Feld unabhängig von der Wahl des Volumenelementes ist. Für den allgemeinen Fall eines nicht homogenen Feldes kann die Verlustleistungsdichte p_v in einem beliebigen Punkt P angegeben werden, wenn man das Volumenelement gegen Null gehen lässt, und zwar so, dass sich der Punkt P immer innerhalb von ΔV befindet. Die Verlustleistungsdichte wird dann als Differentialquotient

$$p_v(\mathrm{P}) = \lim_{\Delta V \to 0} \frac{\Delta P}{\Delta V} = \frac{\mathrm{d}P}{\mathrm{d}V} \qquad (2.52)$$

geschrieben und kann aus dem Produkt von elektrischer Feldstärke $\vec{E}(\mathrm{P})$ und Stromdichte $\vec{J}(\mathrm{P})$ berechnet werden. Ist im umgekehrten Fall die ortsabhängige Verlustleistungsdichte im gesamten Volumen bekannt, dann können die Gesamtverluste durch Integration über das Volumen berechnet werden

$$P = \iiint\limits_V p_v\,\mathrm{d}V = \iiint\limits_V \vec{E}\cdot\vec{J}\,\mathrm{d}V\;. \qquad (2.53)$$

Während die Gl. (2.49) die Berechnung der Verlustleistung aus den integralen Größen Strom und Spannung gestattet, können die Beziehungen (2.51) und (2.53) auch dann verwendet werden, wenn die ortsabhängige Verteilung der Verluste bestimmt werden soll. Dazu ist dann allerdings die Kenntnis der ortsabhängigen Feldgrößen erforderlich.

ZUSAMMENFASSUNG

- Die gerichtete Bewegung von Ladungsträgern im leitfähigen Material wird durch die **Stromdichte** beschrieben. Sie entspricht dem Produkt aus der Raumladungsdichte und der Geschwindigkeit. Das Integral der Stromdichte über eine Fläche bezeichnen wir als Stromstärke (oft vereinfachend als elektrischen Strom).

- Im leitfähigen Material ist die Stromdichte proportional zur elektrischen Feldstärke. Der Proportionalitätsfaktor ist eine materialabhängige Eigenschaft und wird **elektrische Leitfähigkeit** genannt. Der Stromdichtevektor steht genauso wie die elektrische Feldstärke senkrecht auf den Äquipotentialflächen.

- Im stationären Strömungsfeld verschwindet das Integral der Stromdichte über eine geschlossene Hüllfläche, d.h. die im Volumen eingeschlossene Ladungsmenge ist zeitlich konstant. Die Stromstärke ist ebenfalls zeitlich konstant, wir sprechen vom **Gleichstrom**.

- An einer Materialsprungstelle mit unterschiedlichen Leitfähigkeiten sind die Normalkomponente der Stromdichte und die Tangentialkomponente der elektrischen Feldstärke stetig. Auf der Oberfläche zu einem perfekt leitfähigen Material (Leitfähigkeit als unendlich groß angenommen) steht die Stromdichte senkrecht.

- Ein Bauelement aus leitfähigem Material mit zwei Anschlüssen bezeichnen wir als Widerstand. Seine Eigenschaft, ebenfalls als Widerstand bezeichnet, ist das Verhältnis aus der Potentialdifferenz (Spannung) zwischen den beiden Anschlüssen und dem Strom (Stromstärke) durch das Bauelement.

- Das Produkt aus **Stromstärke** und **Spannung** ist die **elektrische Leistung**. Ihr Integral über die Zeit entspricht der am Widerstand in Wärme umgewandelten elektrischen Energie.

2 Das stationäre elektrische Strömungsfeld

Übungsaufgaben

Aufgabe 2.1 Parallelschaltung von temperaturabhängigen Widerständen

Ein Kupferrunddraht hat den Radius $a = 0{,}6$ mm. Er ist von einer Silberschicht der Dicke $b = 0{,}2$ mm umgeben. Die Leitfähigkeiten und Temperaturkoeffizienten für die beiden Materialien sind in Tab. 2.1 angegeben.

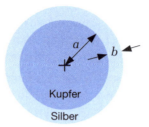

Abbildung 2.17: Querschnitt durch den Draht

1. Welchen Gleichstromwiderstand hat dieser Draht bei 20°C, wenn er eine Länge von 1 m besitzt?
2. Wie ändert sich der Gleichstromwiderstand bei einer Temperaturerhöhung auf 100°C?

Aufgabe 2.2 Widerstands- und Leistungsberechnung

In einem Koaxialkabel ist der Bereich zwischen Innen- und Außenleiter mit leitfähigem Material gefüllt. Der Bereich $0 \leq \varphi < \alpha$ besteht aus einem Material der Leitfähigkeit κ_1, der Bereich $\alpha \leq \varphi < 2\pi$ aus einem Material der Leitfähigkeit κ_2. Innenleiter und Außenleiter sind ideal leitfähig.

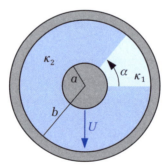

Abbildung 2.18: Koaxialkabel

1. Ermitteln Sie den Widerstand zwischen Innen- und Außenleiter für ein Leiterstück der Länge l.
2. Welche Gesamtleistung P wird verbraucht, wenn auf einer Länge l ein Gesamtstrom I vom Innen- zum Außenleiter fließt? Wie teilt sich hierbei die Leistung auf die beiden Materialbereiche auf?

Aufgabe 2.3 Schrittspannung

Ein Blitzableiter ist in Form eines halbkugelförmigen Erders in den Boden eingelassen worden.

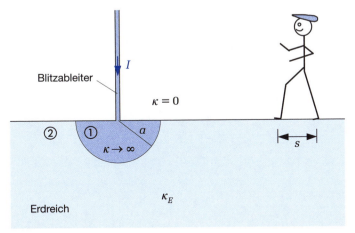

Abbildung 2.19: Halbkugelerder

Berechnen Sie die als **Schrittspannung** bezeichnete Potentialdifferenz, die sich in Abhängigkeit von dem Abstand zum Erder bei einer Schrittweite s ausbildet.

Einfache elektrische Netzwerke

3

3.1	**Zählpfeile**	111
3.2	**Spannungs- und Stromquellen**	113
3.3	**Zählpfeilsysteme**	115
3.4	**Die Kirchhoff'schen Gleichungen**	115
3.5	**Einfache Widerstandsnetzwerke**	119
3.6	**Reale Spannungs- und Stromquellen**	133
3.7	**Wechselwirkungen zwischen Quelle und Verbraucher**	135
3.8	**Das Überlagerungsprinzip**	141
3.9	**Analyse umfangreicher Netzwerke**	143

ÜBERBLICK

3 Einfache elektrische Netzwerke

Einführung

>> Bei der Analyse elektronischer Schaltungen geht man in der Regel so vor, dass in einem ersten Schritt die realen Bauelemente durch einfache Ersatzschaltbilder (Modelle) ersetzt werden. Die Ableitung der Modellparameter haben wir bereits für einfache geometrische Anordnungen, z.B. bei der Berechnung der Kapazität eines Vielschichtkondensators kennen gelernt. Mithilfe von geeigneten Rechenverfahren und unter Zuhilfenahme vereinfachender Annahmen werden die im allgemeinen Fall komplizierten dreidimensionalen Feldverteilungen zurückgeführt auf die integralen Größen wie z.B. R und C. Diese Modellierung der Komponenten ist im Wesentlichen Aufgabe der Bauelementehersteller, die die benötigten Informationen in Datenblättern zur Verfügung stellen. Die Aufgabe für den Schaltungsentwickler besteht darin, aus den bekannten Komponenten gezielt Netzwerke für bestimmte Zwecke zusammenzubauen. Die Berechnung von Netzwerken spielt daher in der Elektrotechnik eine zentrale Rolle. <<

LERNZIELE

Nach Durcharbeiten dieses Kapitels und dem Lösen der Übungsaufgaben werden Sie in der Lage sein,

- die Kirchhoff'schen Gleichungen anzuwenden,
- komplizierte Widerstandsnetzwerke zu vereinfachen,
- prinzipielle Fehlerquellen bei Widerstandsmessungen zu berücksichtigen,
- Spannungs- und Stromquellen ineinander umzurechnen,
- die Verbraucherleistung bei vorgegebener Quelle zu maximieren,
- Wirkungsgradberechnungen durchzuführen sowie
- umfangreiche Gleichstromnetzwerke mit unterschiedlichen Methoden zu analysieren.

Bevor wir uns mit dem einfachsten Fall der Gleichstromnetzwerke beschäftigen, sollen einige immer wiederkehrende Begriffe definiert werden.

Zweipole:

Unter einem Zweipol versteht man ein Bauelement mit zwei Anschlussklemmen. Für die Behandlung von Zweipolen in den Netzwerken ist nur noch ihr **Klemmenverhalten** (gemeint ist der Zusammenhang zwischen den Größen Strom und Spannung an dem betreffenden Bauelement) von Interesse, die praktische Realisierung durch eine dreidimensionale Anordnung und die ortsabhängige Verteilung der Feldgrößen spielen keine Rolle mehr. Die Beschreibung erfolgt durch einfache skalare Beziehungen zwischen den an den Klemmen zugänglichen Größen Strom und Spannung. Als Beispiel sei an den Kugelkondensator in Abb. 1.32 erinnert, der lediglich durch seine Kapazität (1.80) charakterisiert wird.

Schaltkreise:

Durch die Zusammenschaltung von Bauelementen entstehen elektrische Netzwerke (Schaltkreise). Zur vollständigen Beschreibung eines Netzwerks muss neben dem Klemmenverhalten aller Komponenten auch die Verknüpfung der Bauelemente untereinander bekannt sein. Die Zusammenschaltung bezeichnet man als **Topologie** bzw. **Schaltungstopologie**.

Schaltbilder:

Die grafische Darstellung von Netzwerken bezeichnet man als Schaltbilder. Zur Darstellung der Bauelemente werden die Schaltsymbole verwendet. Die leitende Verbindung zwischen den Bauelementen (in der Praxis z.B. durch dünne leitende Drähte realisiert) wird als idealer (widerstandsloser) Leiter angesehen und spielt bei der Schaltungsanalyse keine Rolle. Die einzelnen Verbindungen sollten möglichst geradlinig, kreuzungsfrei und ohne Richtungsänderungen dargestellt werden. Gleichzeitig sollte die Wirkungsrichtung bzw. die Signalflussrichtung den Normen entsprechend von links nach rechts oder von oben nach unten verlaufen.

3.1 Zählpfeile

Erinnern wir uns noch einmal an die Definition der elektrischen Spannung nach Gl. (1.30) als das Wegintegral der elektrischen Feldstärke

$$U_{12} = \varphi_e(P_1) - \varphi_e(P_2) = \int_{P_1}^{P_2} \vec{E} \cdot d\vec{s} \,. \tag{3.1}$$

Die beiden Indizes bei der Spannung verdeutlichen die Richtung, in der die Feldstärke integriert wird. Wenden wir diese Beziehung auf die zylindrische Anordnung in Abb. 2.16 an, dann wird die Feldstärke von einem in der Äquipotentialfläche φ_{e1} liegenden Punkt P_1 bis zu einem in der Äquipotentialfläche φ_{e2} liegenden Punkt P_2, d.h. in Richtung der x-Koordinate integriert. Die Spannung wird dann ebenfalls in der gleichen Richtung positiv gezählt und in einem Schaltbild mit einem Zählpfeil versehen. Eine spezielle Kennzeichnung der beiden Anschlussklemmen mit den Zahlen 1 und 2 ist dann nicht mehr notwendig. Ist der Wert der Spannung auf der rechten Seite der ▶Abb. 3.1 positiv, dann stimmt die Richtung des elektrischen Feldes mit der Integrationsrichtung und damit auch mit der Zählrichtung für die Spannung überein, der Pfeil zeigt von positiven zu negativen Ladungen.

Abbildung 3.1: Kennzeichnung der Spannung durch Zählpfeile

Auf ähnliche Weise wird ein Zählpfeil für den Strom vereinbart. In Kap. 2.2 hatten wir bereits die Richtung der Stromdichte durch die Bewegungsrichtung der positiven Ladungsträger in Gl. (2.9) definiert. Den Strom erhält man nach Gl. (2.11), indem man das Skalarprodukt aus der gerichteten Stromdichte mit dem vektoriellen Flächenelement über die zu betrachtende Fläche integriert. Je nach Orientierung der vektoriellen Fläche ergeben sich unterschiedliche Vorzeichen für den Strom. Betrachten wir auch hier wieder die in Abb. 2.16 dargestellte Anordnung. Nach Festlegung der Richtung von $d\vec{A}$ kann dem Strom eindeutig ein Zählpfeil in diese Richtung zugeordnet werden (▶Abb. 3.2). Besitzt der Strom I auf der rechten Seite des Bildes einen positiven Wert, dann bewegen sich die positiven Ladungsträger in Richtung des vektoriellen Flächenelementes. Entsprechend bedeutet ein negativer Wert von I, dass sich die positiven Ladungsträger entgegen der Flächenorientierung bewegen.

Abbildung 3.2: Kennzeichnung des Stromes durch Zählpfeile

> **Merke**
>
> - Strom und Spannung sind skalare Größen. Dennoch werden ihnen in Schaltungen Pfeile zugeordnet. Diese Pfeile dienen der Zählweise und dürfen nicht mit Vektoren verwechselt werden.
>
> - Ein Spannungspfeil in Richtung der elektrischen Feldstärke zeigt positive Spannungen an. Ein Strompfeil in Bewegungsrichtung der positiven Ladungsträger zeigt positive Ströme an.

3.2 Spannungs- und Stromquellen

Zur Aufrechterhaltung eines Gleichstromes in einer Schaltung müssen Quellen vorhanden sein, die die von den Elektroden abfließenden Ladungsträger immer wieder nachliefern. Betrachten wir zunächst die ▶Abb. 3.3, bei der sich auf den Platten eines Kondensators die Ladungen $\pm Q$ befinden. An den Kondensator wird ein Verbraucher, symbolisiert durch einen Widerstand, angeschlossen, an den die im Kondensator gespeicherte Energie abgegeben werden soll. Da die auf der negativ geladenen Platte befindlichen Elektronen durch die angeschlossenen Drähte und den Widerstand zur positiv geladenen Platte fließen können, wird die anfänglich vorhandene Kondensatorspannung stetig abnehmen. Die aus dem Kondensator entnommene Energie wird im Widerstand in Wärme umgewandelt[1].

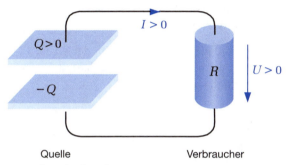

Abbildung 3.3: Spannungsquelle und Verbraucher

Der Kondensator in der vorliegenden Anordnung ist nur bedingt als Spannungsquelle einsetzbar. Einerseits nimmt seine Spannung zeitlich ab und andererseits kann er nur für einen begrenzten Zeitabschnitt Leistung abgeben, da lediglich die zuvor im elektrischen Feld zwischen den Kondensatorplatten gespeicherte Energie zur Verfügung steht. Der üblicherweise verwendete Begriff Quelle ist etwas irreführend, da keine Energieerzeugung, sondern immer nur Energieumwandlung stattfindet. In einem Akkumulator wird beispielsweise chemische Energie in elektrische Energie umgewandelt, im betrachteten Beispiel wird die elektrische Energie des Kondensators in Wärmeenergie am Widerstand umgewandelt.

Von einer idealen Gleichspannungsquelle wird jedoch erwartet, dass sie die Spannung unabhängig von dem Belastungswiderstand zeitlich konstant hält. Eine Batterie bzw. ein Akkumulator[2] mit hinreichend großer Energiereserve kommt dieser Situation

---

[1] Strenggenommen wird bei diesem zeitabhängigen Vorgang auch ein geringer Teil der Energie durch Wellenausbreitung in den freien Raum abgestrahlt. Dieser Anteil tritt aber bei den im Folgenden behandelten Gleichstromnetzwerken nicht auf und wird daher auch nicht weiter betrachtet.

[2] Ein Akkumulator wird genauso wie ein Kondensator durch seine Kapazität gekennzeichnet. Allerdings hat dieser Begriff beim Akkumulator eine etwas andere Bedeutung. Er bezeichnet nicht das Verhältnis von aufgenommener Ladung zu angelegter Spannung [As/V] entsprechend Gl. (1.74), sondern den über einen Zeitraum zur Verfügung stehenden Entladestrom. Die Kapazität des Akkumulators wird daher in Ah oder mAh angegeben. Die Bezeichnung h steht als Abkürzung für Stunde (*hour*).

3 Einfache elektrische Netzwerke

schon sehr nahe. Mit elektronischen Schaltungen, die die vom 230V-Netz angebotene Energie in eine Gleichspannung umwandeln, lassen sich nahezu ideale Spannungsquellen realisieren.

Für eine solche ideale Spannungsquelle gilt:

- die Ausgangsspannung ist unabhängig von dem angeschlossenen Netzwerk,
- der Strom hängt von dem angeschlossenen Netzwerk ab und stellt sich z.B. im Falle eines ohmschen Widerstandes entsprechend der Beziehung $I = U/R$ ein.

Ein völlig anderes Verhalten zeigen die Stromquellen, die ebenfalls mithilfe elektronischer Schaltungen realisiert werden können. Für eine ideale Stromquelle gilt:

- der Ausgangsstrom ist unabhängig von dem angeschlossenen Netzwerk,
- die Ausgangsspannung hängt von dem angeschlossenen Netzwerk ab und stellt sich im Falle eines ohmschen Widerstandes entsprechend der Beziehung $U = RI$ ein.

Für die Spannungs- und Stromquellen werden die in der ▶Abb. 3.4 dargestellten Symbole verwendet. Dabei sind auch bereits die Fälle dargestellt, bei denen Strom und Spannung zeitlich veränderlich sind[3].

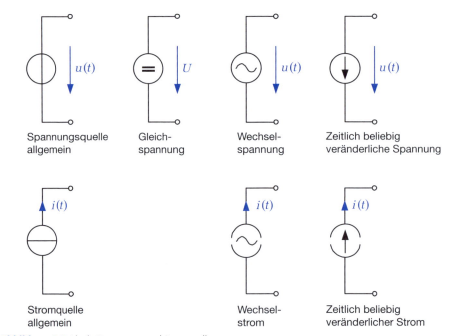

Abbildung 3.4: Ideale Spannungs- und Stromquellen

---

3 Die beiden Schaltzeichen *Spannungsquelle allgemein* und *Stromquelle allgemein* in Abb. 3.4 sind in Übereinstimmung mit den Normen. Die zusätzlichen ebenfalls oft in der Literatur verwendeten Schaltzeichen sind aussagekräftiger in Hinblick auf die Spannungs- bzw. Stromform und werden daher in den folgenden Kapiteln vor allem aus didaktischen Gründen verwendet.

3.3 Zählpfeilsysteme

In Abschnitt 3.1 haben wir bereits ein Zählpfeilsystem am ohmschen Widerstand (**Verbraucherzählpfeilsystem**) kennen gelernt (rechte Seite der ▶Abb. 3.5), bei dem Strom und Spannung gleich gerichtet sind. Für $U > 0$ wird der in die positive Anschlussklemme hineinfließende Strom positiv gezählt. Für die Quellen verwendet man üblicherweise das **Generatorzählpfeilsystem**, bei dem Spannung und Strom entgegengesetzt gerichtet sind. Der aus der positiven Anschlussklemme herausfließende Strom wird positiv gezählt. Diese Festlegung ist angepasst an den physikalischen Hintergrund, dass der Generator (Quelle) die Energie liefert, während der Verbraucher die Energie aufnimmt.

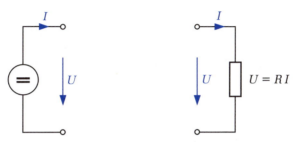

Generatorzählpfeilsystem Verbraucherzählpfeilsystem

Abbildung 3.5: Generator- und Verbraucherzählpfeilsystem

3.4 Die Kirchhoff'schen Gleichungen

Eine der Hauptaufgaben der Netzwerkanalyse besteht darin, die Ströme und Spannungen an den einzelnen Zweipolen auszurechnen, sofern die verwendeten Netzwerkelemente (Widerstände, Kondensatoren usw.), ihre Verknüpfungen untereinander sowie die Quellen innerhalb des Netzwerks bekannt sind. Betrachten wir das an eine Spannungsquelle angeschlossene, allein aus ohmschen Widerständen aufgebaute Netzwerk in ▶Abb. 3.6, dann wird deutlich, dass zur Berechnung der gesuchten Größen das Ohm'sche Gesetz allein nicht ausreicht.[4] Zwar kann mit diesem an jedem Widerstand der Strom durch die Spannung oder die Spannung durch den Strom ausgedrückt werden, dennoch bleibt an jedem Zweipol eine Größe unbestimmt. Dies gilt auch für den Zweipol mit der Spannungsquelle, in dem der Strom zunächst unbekannt ist.

---

[4] **Vereinbarung:** Die schwarz ausgefüllten Markierungspunkte (*Knoten*) in dem Netzwerk zeigen an, dass die Leitungen an dieser Stelle elektrisch leitend miteinander verbunden sind, z.B. durch Zusammenschrauben oder Verlöten. Die Kreisringe markieren diejenigen Punkte im Netzwerk, zwischen denen die eingezeichnete Spannung gemessen wird.

3 Einfache elektrische Netzwerke

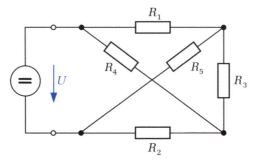

Abbildung 3.6: Einfaches Netzwerk

Zur allgemeinen Netzwerkanalyse werden offenbar weitere Bestimmungsgleichungen benötigt. Einen ersten Zusammenhang erhalten wir aus der Bedingung (1.22). Diese besagt, dass das Umlaufintegral der elektrischen Feldstärke entlang eines geschlossenen Weges verschwinden muss. Zur Verdeutlichung dieses Zusammenhangs betrachten wir eine beliebige **Masche** aus dem in Abb. 3.6 dargestellten Netzwerk. Nummeriert man die Verbindungspunkte in der in ▶Abb. 3.7 angegebenen Weise, dann kann die Gl. (1.22) mit den Feldstärken folgendermaßen geschrieben werden

$$\oint_C \vec{E} \cdot d\vec{s} = \int_{P_1}^{P_2} \vec{E} \cdot d\vec{s} + \int_{P_2}^{P_3} \vec{E} \cdot d\vec{s} + \int_{P_3}^{P_1} \vec{E} \cdot d\vec{s} = 0 \ . \tag{3.2}$$

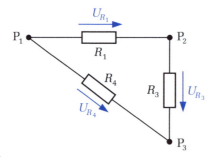

Abbildung 3.7: Maschenregel

Diese Gleichung lässt sich mit den in der Abb. 3.7 eingetragenen Spannungen und den ihnen willkürlich zugeordneten Zählpfeilen folgendermaßen schreiben

$$U_{R_1} + U_{R_3} - U_{R_4} = 0 \ . \tag{3.3}$$

Verläuft der Integrationsweg $d\vec{s}$ entgegen der willkürlich angenommenen Zählrichtung bei der Spannung, dann ist diese mit negativem Vorzeichen einzusetzen. Dieser hier an einem Beispiel gezeigte Zusammenhang wird als **Maschenregel** bezeichnet und lässt sich für jede geschlossene Masche in der allgemeinen Form

$$\sum_{Masche} U = 0 \tag{3.4}$$

darstellen. Damit gilt die Aussage:

Merke

Die Summe aller Spannungen beim Umlauf in einer geschlossenen Masche ist Null. Spannungen, deren Zählpfeil in Umlaufrichtung (entgegen der Umlaufrichtung) verläuft, werden mit positivem (negativem) Vorzeichen eingesetzt.

Einen weiteren Zusammenhang erhalten wir aus dem Hüllflächenintegral der Stromdichte, das im stationären Strömungsfeld nach Gl. (2.13) verschwindet

$$\oiint_A \vec{J} \cdot d\vec{A} = 0. \qquad (3.5)$$

Zur Verdeutlichung dieses Zusammenhangs betrachten wir den in ▶Abb. 3.8 dargestellten **Knoten** aus dem Netzwerk der Abb. 3.6. Die Gl. (3.5) besagt, dass im stationären Zustand die Zahl der Ladungsträger innerhalb des markierten Bereiches zeitlich konstant sein muss, d.h. die Summe der zu dem Knoten hinfließenden Ladungsträger muss gleich sein zu der Summe der vom Knoten wegfließenden Ladungsträger.

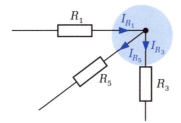

Abbildung 3.8: Knotenregel

Dieser Sachverhalt lässt sich mit den Strömen gemäß Abb. 3.8 und den ihnen zugeordneten Zählpfeilen folgendermaßen schreiben

$$I_{R_1} - I_{R_3} - I_{R_5} = 0. \qquad (3.6)$$

Die Zählrichtung für die Ströme durch die Widerstände R_1 und R_3 ist nicht mehr frei wählbar. Sie muss in Übereinstimmung mit den bereits festgelegten Zählpfeilen für die Spannungen in Abb. 3.7 entsprechend dem Verbraucherzählpfeilsystem festgelegt werden.

Der hier an einem Beispiel gezeigte Zusammenhang wird als **Knotenregel** bezeichnet und lässt sich für jeden Knoten in der allgemeinen Form

$$\sum_{Knoten} I = 0 \qquad (3.7)$$

schreiben. Damit gilt die Aussage:

Merke

Die Summe aller zu einem Knoten hinfließenden Ströme ist gleich der Summe aller von dem Knoten wegfließenden Ströme.

Die beiden Gleichungen (3.4) und (3.7) werden als **Kirchhoff'sche Gleichungen** bezeichnet (nach Gustav Robert Kirchhoff, 1824 – 1887).

Der Begriff Knoten gilt nicht nur für die bisher betrachtete leitende Verbindung zwischen den Drähten entsprechend der Abb. 3.8, sondern er schließt, wie in ▶Abb. 3.9 dargestellt, die Möglichkeit ein, einzelne Netzwerkelemente oder auch größere Teile einer Schaltung als Bestandteile des Knotens anzusehen.

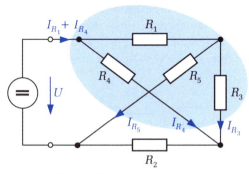

Abbildung 3.9: Zur Verallgemeinerung des Begriffs Knoten

Die Knotenregel bezieht sich auch in diesem Fall auf alle durch die Hüllfläche in den Knoten hinein- bzw. aus dem Knoten herausfließenden Ströme. Mit den in Abb. 3.9 definierten Strömen erhält man z.B. die zur Gl. (3.6) identische Beziehung

$$I_{R_1} + I_{R_4} = I_{R_3} + I_{R_4} + I_{R_5} \, . \tag{3.8}$$

Wir betrachten jetzt noch einmal die Abb. 3.5, wobei wir aber Generator und Verbraucher entsprechend ▶Abb. 3.10 zusammenschalten.

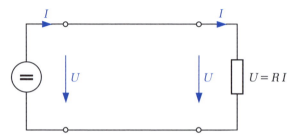

Abbildung 3.10: Zusammenspiel von Zählpfeilsystemen und Kirchhoff'schen Gleichungen

Der Maschenumlauf (3.4) liefert das richtige Ergebnis $U - U = 0$ und der Strom hat in der gesamten Masche die gleiche Zählrichtung, d.h. jeder beliebige grau hinterlegte und als Knoten deklarierte Bereich liefert entsprechend Gl. (3.7) das Ergebnis $I - I = 0$.

3.5 Einfache Widerstandsnetzwerke

In vielen Fällen kann die Netzwerkanalyse dadurch vereinfacht werden, dass einzelne Teile eines Netzwerks vorab zusammengefasst werden. Dabei muss lediglich darauf geachtet werden, dass sich das Klemmenverhalten des neuen vereinfachten Netzwerks gegenüber dem ursprünglichen Netzwerk nicht ändert, d.h. beim Anlegen der gleichen Spannung an die Klemmen muss in beiden Fällen der gleiche Strom fließen. Ähnlich wie bei der Zusammenschaltung von Kondensatoren in Kap. 1.18 wollen wir an dieser Stelle die beiden Möglichkeiten der Reihenschaltung (*Serienschaltung*) und Parallelschaltung von Widerständen untersuchen.

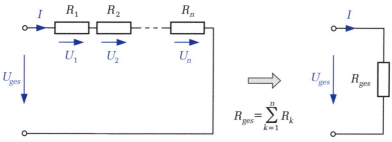

Abbildung 3.11: Reihenschaltung von Widerständen

Bei der in ▶Abb. 3.11 dargestellten **Reihenschaltung** werden nach Gl. (3.7) alle Widerstände von dem gleichen Strom durchflossen. Entsprechend dem Maschenumlauf nach Gl. (3.4) setzt sich die gesamte an den Eingangsanschlüssen anliegende Spannung aus den Teilspannungen an den einzelnen Widerständen zusammen

$$U_{ges} \stackrel{(3.4)}{=} \sum_{k=1}^{n} U_k \stackrel{(2.29)}{=} \sum_{k=1}^{n} R_k I = R_{ges} I. \qquad (3.9)$$

Der Vergleich mit dem Netzwerk mit nur einem Gesamtwiderstand liefert unmittelbar das Ergebnis

$$R_{ges} = \sum_{k=1}^{n} R_k. \qquad (3.10)$$

Bei der **Parallelschaltung** ist die Spannung an allen Widerständen gleich groß und der gesamte Eingangsstrom setzt sich nach Gl. (3.7) aus den Strömen durch die einzelnen Widerstände zusammen

$$I_{ges} \stackrel{(3.7)}{=} \sum_{k=1}^{n} I_k \stackrel{(2.29)}{=} \sum_{k=1}^{n} \frac{U}{R_k} = U \sum_{k=1}^{n} \frac{1}{R_k} = \frac{U}{R_{ges}}. \qquad (3.11)$$

3 Einfache elektrische Netzwerke

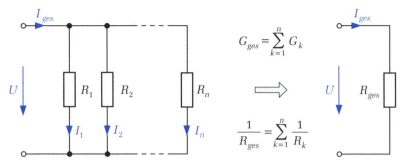

Abbildung 3.12: Parallelschaltung von Widerständen

In diesem Fall liefert der Vergleich mit dem Ersatznetzwerk das Ergebnis

$$\frac{1}{R_{ges}} = \sum_{k=1}^{n} \frac{1}{R_k} \ . \tag{3.12}$$

Für den Sonderfall mit nur zwei parallel geschalteten Widerständen gilt dann

$$R_{ges} = \frac{R_1 R_2}{R_1 + R_2} \ . \tag{3.13}$$

Ein weiterer Sonderfall ist die Parallelschaltung von n gleichen Widerständen. Der resultierende Gesamtwiderstand nimmt in diesem Fall den Wert

$$R_{ges} = \frac{R}{n} \tag{3.14}$$

an. Bei der Parallelschaltung ist die Verwendung der Leitwerte (2.32) sinnvoll, für die der Zusammenhang direkt aus Gl. (3.12) abgelesen werden kann

$$G_{ges} = \sum_{k=1}^{n} G_k \ . \tag{3.15}$$

> **Merke**
>
> Bei der Reihenschaltung von Widerständen addieren sich die Werte der einzelnen Widerstände, bei der Parallelschaltung berechnet sich der gesamte Leitwert aus der Summe der einzelnen Leitwerte.

In einem elektrischen Netzwerk können also in Reihe liegende Widerstände durch den nach Gl. (3.10) berechneten und parallel liegende Widerstände durch den nach Gl. (3.12) berechneten resultierenden Gesamtwiderstand ersetzt werden. Während bei der Reihenschaltung der Gesamtwiderstand stets größer als der größte Einzelwiderstand ist, gilt für die Parallelschaltung, dass der Gesamtwiderstand stets kleiner als der kleinste Einzelwiderstand ist.

Beispiel 3.1: Reihen- und Parallelschaltung

Wie groß ist der an den Eingangsklemmen gemessene Widerstand für die nachstehenden Netzwerke?

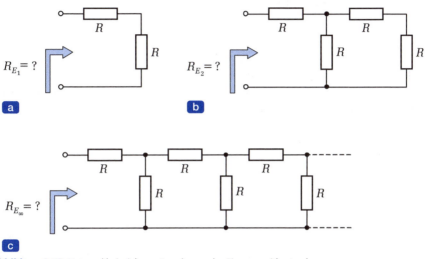

Abbildung 3.13: Netzwerkbeispiele zur Berechnung des Eingangswiderstandes

Lösung:

Für das Netzwerk a gilt mit Gl. (3.10) unmittelbar $R_{E_1} = 2R$. Beim Netzwerk b kann zunächst die Parallelschaltung aus R und $2R$ zusammengefasst und anschließend zu R in Reihe geschaltet, d.h. addiert werden:[5]

$$R_{E_2} = R + \left(R \| 2R\right) \stackrel{(3.13)}{=} R + \frac{2R \cdot R}{2R + R} = R + \frac{2}{3}R. \quad (3.16)$$

Das Netzwerk c besteht aus unendlich vielen identisch aufgebauten Stufen. Im Prinzip kann es analog zur Vorgehensweise beim Netzwerk b berechnet werden. Dabei wird man feststellen, dass der Eingangswiderstand beim Hinzufügen immer weiterer Stufen gegen einen Grenzwert konvergiert. Dieser lässt sich auf einfache Weise so wie in ▶Abb. 3.14 veranschaulicht berechnen.

---

[5] **Bemerkung:** Die Schreibweise $R \| 2R$ kennzeichnet die Parallelschaltung von einem Widerstand R mit einem Widerstand $2R$. Sie ist zwar leicht verständlich, jedoch nicht allgemein gebräuchlich.

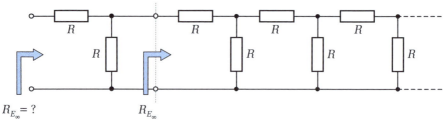

Abbildung 3.14: Zum Einfluss weiterer Stufen

Das Hinzufügen einer weiteren Stufe zu bereits unendlich vielen Stufen beeinflusst den Eingangswiderstand nicht mehr, d.h. die beiden gekennzeichneten Eingangswiderstände R_{E_∞} in Abb. 3.14 müssen identisch sein.

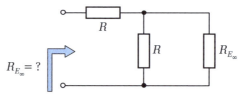

Abbildung 3.15: Resultierendes Netzwerk

Wir können dieses Netzwerk somit durch die vereinfachte Schaltung in ▶Abb. 3.15 ersetzen, für die wir den Eingangswiderstand aus der Beziehung

$$R_{E_\infty} = R + \left(R \| R_{E_\infty}\right) = R + \frac{R_{E_\infty} \cdot R}{R_{E_\infty} + R} \tag{3.17}$$

durch Auflösen nach R_{E_∞} erhalten

$$R_{E_\infty} = \frac{R}{2} + \sqrt{\frac{R^2}{4} + R^2} = \frac{R}{2}\left(1 + \sqrt{5}\right). \tag{3.18}$$

Die Methode der Widerstandsberechnung durch geeignete Zusammenfassung von Einzelwiderständen lässt sich auch an völlig anders gearteten Anordnungen anwenden. Wir betrachten dazu das folgende Beispiel.

Beispiel 3.2: Widerstand einer Hohlkugel

In Kap. 2.6 haben wir den exakten Widerstand einer Hohlkugel mithilfe der Feldverteilung innerhalb der Hohlkugel berechnet. In diesem Beispiel betrachten wir eine alternative Möglichkeit zur Berechnung des gleichen Ergebnisses. Da der Strom nach Voraussetzung radialsymmetrisch von der inneren zur äußeren Kugelschale fließt, können wir uns die gesamte Hohlkugel aufgebaut denken aus einer Reihenschaltung von übereinanderliegenden dünnen Hohlkugeln.

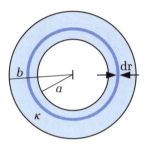

Abbildung 3.16: Widerstand einer Hohlkugel

Lösung:

Betrachten wir die markierte Kugelschale in ▶Abb. 3.16 mit der elementaren Dicke dr und der Querschnittsfläche $4\pi r^2$, dann besitzt diese nach Gl. (2.27) den elementaren Widerstand

$$dR = \frac{dr}{\kappa\, 4\pi\, r^2}\,. \tag{3.19}$$

Die Krümmung spielt wegen der kleinen Dicke keine Rolle mehr. Gemäß der Reihenschaltung der übereinanderliegenden dünnen Hohlkugeln müssen deren Widerstände nach Gl. (3.10) addiert bzw. im Grenzübergang dr → 0 von r = a bis r = b integriert werden. Diese Rechnung liefert das mit Gl. (2.36) übereinstimmende Ergebnis

$$R = \int_a^b dR = \frac{1}{4\pi\kappa}\int_a^b \frac{dr}{r^2} = \frac{1}{4\pi\kappa}\frac{b-a}{ba}\,. \tag{3.20}$$

3.5.1 Der Spannungsteiler

Die Reihenschaltung von Widerständen kann benutzt werden, um eine gegebene Spannung U mit hoher Genauigkeit in kleinere Teilspannungen umzuwandeln. Für den fest eingestellten Spannungsteiler in ▶Abb. 3.17 wollen wir das Spannungsverhältnis U_1/U_2 sowie das Verhältnis von Ausgangsspannung zu Eingangsspannung U_2/U bestimmen.

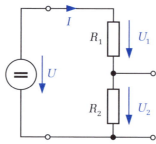

Abbildung 3.17: Schaltung zur Spannungsteilung

Die Schaltung besteht aus einer einzigen Masche, in der überall der gleiche Strom I fließt. Aus dem Ohm'schen Gesetz (2.29) und mit der Maschenregel (3.4) erhält man die Beziehungen

$$U_1 = R_1 I, \quad U_2 = R_2 I \quad \text{und} \quad U = U_1 + U_2 = (R_1 + R_2) I, \quad (3.21)$$

mit deren Hilfe die gesuchten Spannungsverhältnisse durch Quotientenbildung direkt angegeben werden können

$$\frac{U_1}{U_2} = \frac{R_1}{R_2} \quad \text{und} \quad \frac{U_2}{U} = \frac{R_2}{R_1 + R_2}. \quad (3.22)$$

Aus der Gl. (3.22) lässt sich die Schlussfolgerung ziehen:

> **Merke**
>
> Fließt der gleiche Strom durch mehrere in Reihe geschaltete Widerstände, dann stehen die Teilspannungen im gleichen Verhältnis wie die Teilwiderstände, an denen sie abfallen.

Die an den Widerständen in Wärme umgewandelte Leistung berechnet sich nach Gl. (2.49) aus dem Produkt von Strom und Spannung. Infolge des gleichen Stromes stehen die Leistungen an den Widerständen im gleichen Verhältnis zueinander wie die Spannungen und nach Gl. (3.22) auch wie die Widerstände.

Die an einem Widerstand entstehende Teilspannung wird als **Spannungsabfall** bezeichnet. Dieser Begriff lässt sich mithilfe der ▶Abb. 3.18 leicht veranschaulichen. Definiert man das Potential am Minusanschluss der Spannungsquelle in Abb. 3.17 als Bezugswert $\varphi_e = 0$, dann besitzt das Potential am positiven Anschluss den Wert $\varphi_e = U$. Mit einem ortsunabhängigen Feldstärkeverlauf innerhalb der Widerstände nimmt das Potential linear ab und man erhält entlang der Reihenschaltung den in Abb. 3.18 für ein angenommenes Widerstandsverhältnis dargestellten Potentialverlauf.

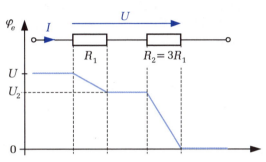

Abbildung 3.18: Potentialverlauf an einer Reihenschaltung

Beispiel 3.3: Brückenschaltung

Unter welchen Bedingungen darf im folgenden Netzwerk zwischen den Punkten P_1 und P_2 ein Kurzschluss eingebaut werden, ohne dass sich das Verhalten des Netzwerks ändert[6] ?

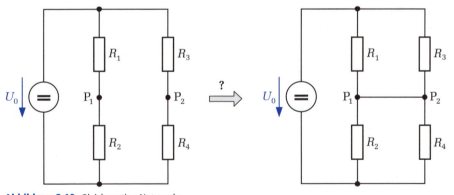

Abbildung 3.19: Gleichwertige Netzwerke

---

[6] **Bemerkung:** Nicht verändertes Netzwerkverhalten bedeutet hier, dass alle Ströme und Spannungen im Netzwerk in beiden Situationen gleich sind.

Lösung:

Da im Ausgangsnetzwerk links kein Strom zwischen den Punkten P_1 und P_2 fließt, darf auch im rechten Netzwerk kein Strom durch den Kurzschlusspfad fließen (Ein Leiter, der nicht von einem Strom durchflossen wird, kann auch wieder entfernt werden.). Das lässt sich aber nur gewährleisten, wenn bereits im linken Netzwerk keine Potentialdifferenz (Spannung) zwischen den Punkten P_1 und P_2 besteht. Gleiches Potential an den beiden Punkten bedeutet, dass die Quellenspannung von beiden Spannungsteilern R_1, R_2 und R_3, R_4 in dem gleichen Verhältnis geteilt wird. Mit Gl. (3.22) gilt damit

$$\frac{R_2}{R_1+R_2} = \frac{R_4}{R_3+R_4} \quad \text{oder} \quad \frac{R_1}{R_1+R_2} = \frac{R_3}{R_3+R_4} \quad \text{oder} \quad \frac{R_1}{R_2} = \frac{R_3}{R_4}. \tag{3.23}$$

Diese Bedingungen sind alle gleichwertig, wie sich durch einfaches Umstellen leicht überprüfen lässt.

Schlussfolgerung:

Der Verbindungszweig zwischen P_1 und P_2 ist stromlos, wenn das Produkt der beiden jeweils diagonal gegenüberliegenden Widerstände gleich ist. Diese Abgleichbedingung lässt sich durch Ändern von mindestens einem der Widerstände einstellen. In der Praxis wird diese unter der Bezeichnung **Wheatstone-Brücke** bekannte Schaltung zur Messung von Widerständen eingesetzt (nach Charles Wheatstone, 1802-1875). Nehmen wir an, der Wert des unbekannten Widerstandes R_3 soll bestimmt werden. Dann genügt es, die Werte R_1 und R_4 zu kennen und den Widerstand R_2 z.B. mithilfe einer Widerstandsdekade so einzustellen, dass ein zwischen den Punkten P_1 und P_2 angeschlossenes Messgerät die Spannung Null anzeigt. Mit dem an der Dekade ablesbaren Wert R_2 kann der gesuchte Wert R_3 mit Gl. (3.23) berechnet werden.

3.5.2 Der belastete Spannungsteiler

Die Spannung an dem Schleifkontakt eines Potentiometers soll gemäß ▶Abb. 3.20 mit einem realen Spannungsmessgerät (**Voltmeter**) gemessen werden. Dabei ist zu beachten, dass fast alle Spannungsmessgeräte von einem kleinen Strom durchflossen werden, der die in Gl. (3.22) berechnete Spannungsteilung beeinflusst und das Messergebnis verfälscht. Diesen Einfluss können wir erfassen, indem wir das reale Messgerät durch ein ideales Messgerät mit unendlich großem Innenwiderstand und zusätzlich durch einen parallel geschalteten Widerstand R_V ersetzen.

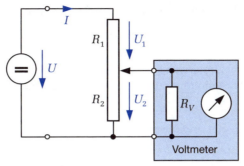

Abbildung 3.20: Belasteter Spannungsteiler

Die Berechnung der resultierenden Spannung U_2 wird wesentlich vereinfacht, wenn wir die Parallelschaltung der beiden Widerstände R_2 und R_V durch einen neuen Widerstand R_{par} ersetzen und die Spannung U_2 aus der Reihenschaltung von R_1 und R_{par} bestimmen

$$R_{par} \stackrel{(3.13)}{=} \frac{R_2 R_V}{R_2 + R_V} \quad \rightarrow \quad \frac{U_2}{U} \stackrel{(3.22)}{=} \frac{R_{par}}{R_1 + R_{par}} = \frac{R_2 R_V}{R_1(R_2 + R_V) + R_2 R_V}. \quad (3.24)$$

Zur Darstellung dieses Ergebnisses werten wir ein Zahlenbeispiel aus. Der Gesamtwiderstand des Potentiometers soll $R_1 + R_2 = 10$ kΩ betragen. In Abhängigkeit von der Position des Schleifkontaktes durchläuft der Widerstand R_2 den Wertebereich $0 \leq R_2 \leq 10$ kΩ. Die ▶Abb. 3.21 zeigt das Spannungsverhältnis (3.24) als Funktion des Widerstandes R_2. Die Gerade entspricht der Gl. (3.22), d.h. dem Sonderfall $R_V \to \infty$. Mit kleiner werdendem Widerstand R_V geht die Linearität zwischen der Position des Schleifkontaktes und der Ausgangsspannung U_2 mehr und mehr verloren. Ideal wäre also ein Voltmeter mit einem unendlich großen Innenwiderstand.

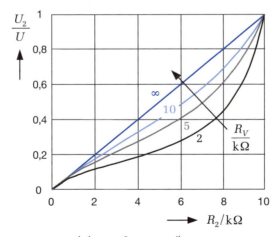

Abbildung 3.21: Ausgangsspannung am belasteten Spannungsteiler

3.5.3 Messbereichserweiterung eines Spannungsmessgerätes

Ein Anwendungsbeispiel für den Spannungsteiler ist die Messbereichserweiterung eines Voltmeters. Soll mit dem Messgerät in ▶Abb. 3.22 eine Spannung U gemessen werden, die die maximal zulässige Spannung am Voltmeter U_{max} überschreitet, dann kann die zu messende Spannung mit einem in Serie geschalteten Vorwiderstand R_S heruntergeteilt werden.

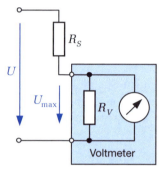

Abbildung 3.22: Voltmeter mit Vorwiderstand

Der Wert des Vorwiderstandes kann mithilfe der Gl. (3.22) berechnet werden

$$\frac{U_{max}}{U} = \frac{R_V}{R_S + R_V} \quad \rightarrow \quad R_S = \left(\frac{U}{U_{max}} - 1\right) R_V \ . \tag{3.25}$$

Beispiel 3.4: Zahlenbeispiel

Ein Voltmeter mit einem Innenwiderstand $R_V = 10\,\text{k}\Omega$ hat einen Messbereich von maximal 10 V. Welcher Serienwiderstand R_S ist erforderlich, um Spannungen bis 200 V messen zu können?

Lösung:

Aus der Gl. (3.25) folgt unmittelbar das Ergebnis

$$R_S = \left(\frac{200}{10} - 1\right) 10\,\text{k}\Omega = 190\,\text{k}\Omega \ . \tag{3.26}$$

3.5.4 Der Stromteiler

Zur Aufteilung eines Gesamtstromes in mehrere Teilströme werden Widerstände parallel geschaltet. Für die Schaltung in ▶Abb. 3.23 wollen wir das Verhältnis I_1/I_2 sowie das Verhältnis von Ausgangsstrom zu Quellenstrom I_2/I bestimmen.

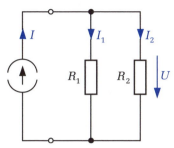

Abbildung 3.23: Schaltung zur Stromteilung

Mit der gleichen Spannung an den beiden parallel liegenden Widerständen gelten nach dem Ohm'schen Gesetz (2.29) die Beziehungen

$$I_1 = \frac{U}{R_1} \quad \text{und} \quad I_2 = \frac{U}{R_2}. \tag{3.27}$$

Mit der Knotenregel (3.7)

$$I = I_1 + I_2 = U\left(\frac{1}{R_1} + \frac{1}{R_2}\right) = U\frac{R_1 + R_2}{R_1 R_2} \tag{3.28}$$

erhält man die gesuchten Verhältnisse durch Quotientenbildung

$$\frac{I_1}{I_2} = \frac{R_2}{R_1} = \frac{G_1}{G_2} \quad \text{und} \quad \frac{I_2}{I} = \frac{R_1}{R_1 + R_2} = \frac{G_2}{G_1 + G_2}. \tag{3.29}$$

> **Merke**
>
> Liegt die gleiche Spannung an mehreren parallel geschalteten Widerständen, dann stehen die Ströme im gleichen Verhältnis wie die Leitwerte, die sie durchfließen.

Die Leistungen an den Widerständen verhalten sich wegen der gleichen Spannung wie die Ströme durch die Widerstände und stehen nach Gl. (3.29) im gleichen Verhältnis wie die Leitwerte.

3.5.5 Messbereichserweiterung eines Strommessgerätes

Zur Messung eines Stromes wird das Messgerät (**Ampèremeter**) in den Strompfad geschaltet, sein Innenwiderstand R_A sollte daher möglichst gering sein, um das Messergebnis nur wenig zu beeinflussen. Soll ein Strom gemessen werden, der den maximal zulässigen Bereich des Ampèremeters I_{max} überschreitet, dann kann der Gesamtstrom I durch einen parallel geschalteten Widerstand (*shunt*) heruntergeteilt werden.

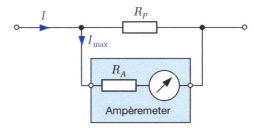

Abbildung 3.24: Ampèremeter mit Parallelwiderstand

Der Wert des Parallelwiderstandes kann mithilfe der Gl. (3.29) berechnet werden

$$\frac{I_{max}}{I} = \frac{R_P}{R_P + R_A} \quad \rightarrow \quad R_P = \frac{I_{max}}{I - I_{max}} R_A. \tag{3.30}$$

> **Beispiel 3.5: Zahlenbeispiel**
>
> Ein Ampèremeter mit einem Innenwiderstand von $R_A = 1\,\Omega$ hat einen Messbereich von maximal 100 mA. Welcher Parallelwiderstand R_P ist erforderlich, um Ströme bis 1 A messen zu können?
>
> **Lösung:**
>
> Aus der Gl. (3.30) folgt unmittelbar $R_P = R_A/9 \approx 0{,}11\,\Omega$.

3.5.6 Widerstandsmessung

Wir stellen uns jetzt die Aufgabe, den ohmschen Widerstand R eines Bauteils durch gleichzeitige Strom- und Spannungsmessung und mithilfe des Ohm'schen Gesetzes zu bestimmen. Da das Ampèremeter den Strom durch den Widerstand messen soll, muss es in Reihe zum Widerstand geschaltet werden. Zur Erfassung der Spannung am Widerstand muss das Voltmeter aber parallel zum Widerstand angeschlossen werden. Dadurch ergeben sich prinzipiell die beiden in den Abbildungen 3.25 und 3.26 dargestellten Möglichkeiten.

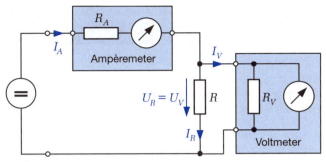

Abbildung 3.25: Korrekte Spannungsmessung

Bei der Schaltung in ▶Abb. 3.25 wird die Spannung am Widerstand richtig erfasst, das Ampèremeter misst allerdings nicht nur den Strom I_R durch den Widerstand, sondern zusätzlich auch noch den Strom I_V durch das Voltmeter. Für den Widerstandswert R erhalten wir das Ergebnis

$$R = \frac{U_R}{I_R} = \frac{U_V}{I_A - I_V} = \frac{U_V}{I_A - U_V/R_V} = \frac{U_V R_V}{I_A R_V - U_V}. \tag{3.31}$$

Der Innenwiderstand des Ampèremeters spielt bei dieser Messanordnung keine Rolle. Im Falle eines idealen Voltmeters $R_V \to \infty$ vereinfacht sich die Gl. (3.31) auf den Zusammenhang $R = U_V/I_A$, d.h. der Wert R kann direkt aus den beiden Messwerten berechnet werden.

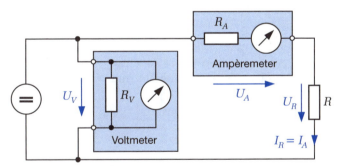

Abbildung 3.26: Korrekte Strommessung

Bei der alternativen Messanordnung in ▶Abb. 3.26 wird der Strom durch den Widerstand richtig gemessen, allerdings wird jetzt der Spannungsabfall U_A am Innenwiderstand des Ampèremeters bei der Spannungsmessung miterfasst. Den Widerstandswert erhalten wir aus der Beziehung

$$R = \frac{U_R}{I_R} = \frac{U_V - U_A}{I_A} = \frac{U_V - R_A I_A}{I_A}. \tag{3.32}$$

In diesem Fall spielt der Innenwiderstand des Voltmeters keine Rolle. Im Falle eines idealen Ampèremeters $R_A \to 0$ vereinfacht sich die Gl. (3.32) auf den Zusammenhang $R = U_V/I_A$, d.h. der Wert R kann wieder direkt aus den beiden Messwerten berechnet werden.

Beispiel 3.6: Zahlenbeispiel

Mit einem Ampèremeter mit Innenwiderstand $R_A = 1\,\Omega$ und einem Voltmeter mit Innenwiderstand $R_V = 50\,\text{k}\Omega$ soll der Nennwert eines Widerstandes von $R = 1\,\text{k}\Omega$ nachgemessen werden. In beiden Messschaltungen soll eine Spannungsquelle mit 100 V verwendet werden.

Welche Strom- und Spannungswerte werden gemessen und welche Abweichungen ergeben sich, wenn der Widerstandswert direkt aus den Messwerten bestimmt wird?

Lösung:

Die Messschaltung 3.25 liefert

$$I_A = \frac{100\,\text{V}}{R_A + (R \| R_V)} = 0{,}1019\,\text{A} \quad \text{und} \quad U_V = I_A \cdot (R \| R_V) = 99{,}898\,\text{V}\,. \tag{3.33}$$

Der direkt berechnete Widerstand

$$R = \frac{U_V}{I_A} = 980{,}39\,\Omega \tag{3.34}$$

ist um 1,96 % zu klein.

Die Messschaltung 3.26 liefert

$$I_R = I_A = \frac{100\,\text{V}}{R_A + R} = 0{,}0999\,\text{A} \quad \text{und} \quad U_V = 100\,\text{V} \tag{3.35}$$

und für den direkt aus den Messwerten berechneten Widerstandswert

$$R = \frac{U_V}{I_A} = 1001{,}0\,\Omega \tag{3.36}$$

einen um 0,1 % zu großen Wert.

Aus dem Beispiel können wir zwei Erkenntnisse ziehen:

- Die Fehler sind relativ gering, d.h. die direkte Berechnung von R aus den Messwerten ist in der Regel hinreichend genau.
- Die zweite Messschaltung erreicht bei dem Zahlenbeispiel eine wesentlich größere Genauigkeit. Der Fehler entsteht bei der Spannungsmessung infolge des Widerstandes R_A. Die hohe Genauigkeit ist also eine unmittelbare Folge des kleinen Verhältnisses $R_A/R = 1/1000$. Die Schaltung 3.26 wird daher vorzugsweise zur Messung großer Widerstände eingesetzt, wobei der Wert R_A gegenüber R vernachlässigt werden kann. Umgekehrt eignet sich die Schaltung 3.25 besonders zur Messung kleiner Widerstände, da hier der parallel liegende große Wert R_V ebenfalls vernachlässigbar ist.

3.6 Reale Spannungs- und Stromquellen

In der Abb. 3.4 haben wir die Schaltzeichen für *ideale* Spannungs- und Stromquellen definiert. Man kann sich jedoch leicht vorstellen, dass *reale* Quellen durch die alleinige Angabe des Spannungs- oder Stromwertes nach Abb. 3.4 nicht vollständig beschrieben werden können. Wird eine Spannungsquelle durch einen Verbraucher belastet, dann ruft der Strom innerhalb der Quelle, z.B. an den internen Anschlussleitungen, einen Spannungsabfall und damit Verluste hervor. Dieser Einfluss wird durch einen zur idealen **Quellenspannung** U_0 in Reihe liegenden **Innenwiderstand** R_i erfasst. In der Praxis kann die Beschreibung des Quellenverhaltens durch Ersatznetzwerke noch wesentlich komplizierter werden, insbesondere wenn zeitabhängige Ströme und Spannungen betrachtet werden, dies soll uns aber hier nicht weiter beschäftigen.

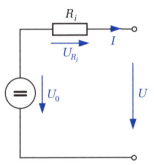

Abbildung 3.27: Spannungsquelle mit Innenwiderstand

Die Berücksichtigung der Verlustmechanismen führt auf das in ▶Abb. 3.27 dargestellte einfache Ersatzschaltbild (Modell) einer **Spannungsquelle**. Wird kein Verbraucher angeschlossen, dann fließt kein Strom und die an den Anschlussklemmen vorliegende Spannung $U = U_L = U_0$ wird als **Leerlaufspannung** U_L (= Quellenspannung) bezeichnet.

Verbindet man die beiden Anschlussklemmen miteinander (**Kurzschluss**), dann wird der **Kurzschlussstrom**

$$I_K = U_0 / R_i \qquad (3.37)$$

nur durch den Innenwiderstand begrenzt. Die gesamte von der Quelle abgegebene Energie wird in diesem Fall am Innenwiderstand in Wärme umgewandelt, d.h. Spannungsquellen sollten nicht im Kurzschluss betrieben werden.

Die Spannungsquelle in Abb. 3.27 wird durch Angabe von Leerlaufspannung $U_L = U_0$ und Innenwiderstand R_i oder durch Angabe von Leerlaufspannung $U_L = U_0$ und Kurzschlussstrom I_K eindeutig beschrieben.

Ein geladener Kondensator, der seine Energie gemäß Abb. 3.3 an einen Widerstand abgibt, verhält sich prinzipiell wie eine Spannungsquelle (vgl. Kap. 3.2). Der Wert der Spannung ist nach Gl. (1.94) durch die im Kondensator gespeicherte *elektrische* Energie gegeben und der Strom durch einen angeschlossenen Widerstand stellt sich in Abhängigkeit von dem Wert des Widerstandes ein.

3 Einfache elektrische Netzwerke

Im Gegensatz dazu werden wir in Kap. 5 als weiteres Bauelement die Spule kennen lernen, deren Verhalten dem einer Stromquelle vergleichbar ist. In diesem Fall wird der Strom durch die *magnetische* Energie in der Spule bestimmt und die Spannung stellt sich in Abhängigkeit von dem Wert eines angeschlossenen Widerstandes entsprechend dem Ohm'schen Gesetz ein.

Die ▶Abb. 3.28 zeigt eine **Stromquelle** mit dem **Quellenstrom** I_0 und dem Innenwiderstand R_i. Da der Strom vorgegeben ist, muss immer ein geschlossener Strompfad vorhanden sein. Bei geöffneten Anschlussklemmen fließt der gesamte Strom I_0 durch den parallel zur Quelle liegenden Innenwiderstand und die von der Quelle abgegebene Energie wird an R_i in Wärme umgewandelt, d.h. Stromquellen sollten nicht im Leerlauf betrieben werden.

Der an den Anschlussklemmen im Kurzschlussbetrieb zur Verfügung stehende Strom $I = I_K = I_0$ wird als **Kurzschlussstrom** I_K (= Quellenstrom) bezeichnet.

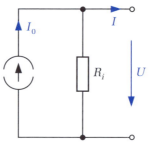

Abbildung 3.28: Stromquelle mit Innenwiderstand

Für die Leerlaufspannung gilt

$$U_L = I_0 R_i. \tag{3.38}$$

Bezüglich ihres Klemmenverhaltens können Spannungs- und Stromquelle ineinander umgerechnet werden. Dazu muss sichergestellt werden, dass beide Quellen die gleiche Leerlaufspannung und den gleichen Kurzschlussstrom aufweisen. Beide Forderungen werden erfüllt, wenn der Zusammenhang

$$U_0 = I_0 R_i \tag{3.39}$$

zwischen Quellenstrom und Quellenspannung gilt. Unter dieser Voraussetzung verhalten sich beide Quellen bezüglich ihrer Anschlussklemmen gleich und der Strom I durch einen beliebigen Verbraucher R hat in beiden Fällen den gleichen Wert $I = U_0/(R + R_i)$. Das Ergebnis lässt sich mit den beiden äquivalenten Schaltungen in ▶Abb. 3.29 leicht bestätigen.

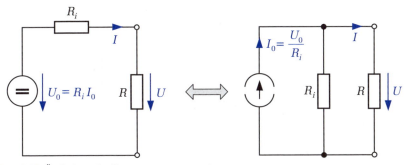

Abbildung 3.29: Äquivalente Quellen

An dieser Stelle ist noch ein Hinweis in Bezug auf die beiden Quellen angebracht. Obwohl an einen beliebigen Widerstand R in beiden Fällen die gleiche Leistung abgegeben wird, ist das interne Verhalten der Quellen unterschiedlich. Die Ursache liegt an der unterschiedlichen Verlustleistung an dem jeweiligen Innenwiderstand R_i. Im Leerlauffall wird der Spannungsquelle keine Leistung entnommen, während die Stromquelle die Leistung $U_0 I_0$ an R_i abgibt. Im Kurzschlussfall ist die Situation genau umgekehrt.

3.7 Wechselwirkungen zwischen Quelle und Verbraucher

Die Zusammenschaltung von Quellen und Verbrauchern wirft naturgemäß einige Fragen auf. In den folgenden Abschnitten werden die Besonderheiten bei der Verwendung mehrerer Quellen betrachtet und die Fragen nach der maximal von einer Quelle zur Verfügung gestellten Leistung sowie nach dem Wirkungsgrad beantwortet.

3.7.1 Zusammenschaltung von Spannungsquellen

In vielen Anwendungen findet man Reihenschaltungen von Spannungsquellen zur Erhöhung der Gesamtspannung oder auch Parallelschaltungen zur Erhöhung des verfügbaren Stromes oder zur Erhöhung der Kapazität, z.B. um einen Verbraucher über einen längeren Zeitraum mit Energie versorgen zu können.

Die damit zusammenhängenden Probleme wollen wir an einem einfachen Beispiel diskutieren. Wir betrachten zwei Spannungsquellen mit den gleichen Innenwiderständen R_i, aber mit unterschiedlichem Ladezustand. Aus den beiden parallel geschalteten Quellen mit den Leerlaufspannungen U_{10} und U_{20} soll ein Verbraucher R mit Energie versorgt werden (▶Abb. 3.30).

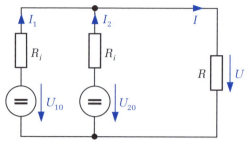

Abbildung 3.30: Parallel geschaltete Spannungsquellen

Aus den Kirchhoff'schen Gleichungen folgen unmittelbar die Zusammenhänge

$$U = RI \stackrel{(3.7)}{=} R(I_1 + I_2) \stackrel{(3.4)}{=} U_{10} - R_i I_1 \stackrel{(3.4)}{=} U_{20} - R_i I_2, \tag{3.40}$$

aus denen die beiden Ströme

$$I_1 = \frac{1}{R_i^2 + 2RR_i}\left[(R_i + R) U_{10} - R U_{20}\right] \quad \text{und} \quad I_2 = \frac{1}{R_i^2 + 2RR_i}\left[(R_i + R) U_{20} - R U_{10}\right] \tag{3.41}$$

berechnet werden können. Die Richtigkeit dieser Ergebnisse kann durch Einsetzen der Gln. (3.41) in (3.40) leicht bestätigt werden. Setzen wir als Beispiel die Zahlenwerte $U_{10} = 12{,}8$ V, $U_{20} = 11{,}8$ V, $R_i = 1\,\Omega$ und $R = 20\,\Omega$ ein, dann nehmen die beiden Ströme die Werte $I_1 = 0{,}8$ A und $I_2 = -0{,}2$ A an. Infolge der unterschiedlichen Leerlaufspannungen wird in dem betrachteten Netzwerk die Quelle 2 zum Verbraucher. Die aus der Spannungsquelle U_{10} entnommene Energie wird teilweise an den Widerstand R abgegeben und teilweise zum Nachladen der zweiten Spannungsquelle U_{20} verwendet. Eine gleichmäßig aufgeteilte Energieabgabe ist nur möglich bei identischen Quellen.

Fassen wir die Ergebnisse zusammen:

- Die Leistungsabgabe von parallel geschalteten Spannungsquellen ist unterschiedlich, wenn die Leerlaufspannungen oder die Innenwiderstände unterschiedlich sind.
- In einem Netzwerk mit mehreren Quellen kann ein Teil der Quellen als Verbraucher wirken, wenn sie nämlich die von anderen Quellen abgegebene Energie aufnehmen. Dieser Zustand ist gewollt beim Nachladen einer Batterie.

3.7.2 Leistungsanpassung

Eine weitere wichtige Frage im Zusammenwirken von Quelle und Verbraucher ist die Frage nach der maximal von einer Quelle zur Verfügung gestellten Leistung. Ausgehend von der Schaltung in ▶Abb. 3.31, in der ein Verbraucher (Lastwiderstand) R_L an eine durch die Leerlaufspannung U_0 und den Innenwiderstand R_i charakterisierte Spannungsquelle angeschlossen ist, soll die Bedingung für maximale Leistungsabgabe an den Verbraucher abgeleitet werden.

3.7 Wechselwirkungen zwischen Quelle und Verbraucher

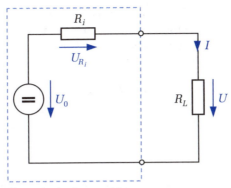

Abbildung 3.31: Berechnung der maximalen Ausgangsleistung

Gesucht ist also derjenige Wert für R_L, für den die Leistung P_L an diesem Verbraucher den Maximalwert erreicht. Für die Leistung gilt mit Gl. (2.49)

$$P_L = I^2 R_L = \left(\frac{U_0}{R_i + R_L}\right)^2 R_L \,. \tag{3.42}$$

Die maximale Leistung in Abhängigkeit von dem Wert R_L erhält man aus der Forderung nach dem Verschwinden der ersten Ableitung

$$\frac{dP_L}{dR_L} = U_0^2 \frac{d}{dR_L} \frac{R_L}{(R_i + R_L)^2} = U_0^2 \frac{R_i - R_L}{(R_i + R_L)^3} \stackrel{!}{=} 0 \,. \tag{3.43}$$

Daraus folgt unmittelbar

$$R_L = R_i \,. \tag{3.44}$$

> **Merke**
>
> Eine Gleichspannungsquelle gibt die maximale Leistung bei Widerstandsanpassung $R_L = R_i$ ab.

Die maximale Ausgangsleistung (**verfügbare Leistung**) beträgt dann mit Gl. (3.42)

$$P_{L\,\max} = \frac{U_0^2}{4R_i} \,. \tag{3.45}$$

Das Verhältnis aus der an den Widerstand R_L abgegebenen Leistung (3.42) zu der verfügbaren Leistung (3.45)

$$\frac{P_L}{P_{L\,\max}} = \frac{4R_i R_L}{(R_i + R_L)^2} = \frac{4R_L/R_i}{(1 + R_L/R_i)^2} \tag{3.46}$$

ist für den gesamten Wertebereich zwischen Kurzschluss und Leerlauf $0 \leq R_L \leq \infty$ in ▶Abb. 3.32 dargestellt.

Zur besseren Übersicht wird auf der Abszisse aber nicht der Wertebereich von R_L zwischen Null und Unendlich aufgetragen. Das Ergebnis lässt sich nämlich anschaulicher darstellen, wenn der von der Quelle abgegebene Strom

$$I = \frac{U_0}{R_i + R_L} \qquad (3.47)$$

für die Achseneinteilung verwendet wird. Dieser Strom nimmt seinen Maximalwert

$$I_{max} = \frac{U_0}{R_i} \qquad (3.48)$$

im Kurzschlussfall, d.h. bei $R_L = 0$ an. Das Verhältnis der beiden Ströme

$$\frac{I}{I_{max}} = \frac{R_i}{R_i + R_L} = \frac{1}{1 + R_L / R_i} \qquad (3.49)$$

ändert sich also von 0 auf 1, wenn sich der Lastwiderstand von Leerlauf ($R_L = \infty$) auf Kurzschluss ($R_L = 0$) reduziert.

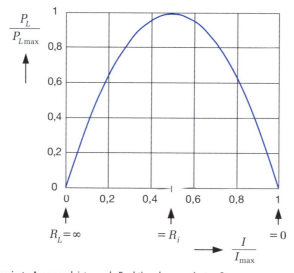

Abbildung 3.32: Normierte Ausgangsleistung als Funktion des normierten Stromes

Die Kurve in Abb. 3.32 lässt sich leicht berechnen, indem für verschiedene Zahlenverhältnisse R_L/R_i mit Gl. (3.49) der Abszissenwert und mit Gl. (3.46) der jeweils zugehörige Ordinatenwert berechnet wird. Alternativ kann auch die Gl. (3.49) nach dem Widerstandsverhältnis R_L/R_i aufgelöst und das Ergebnis in Gl. (3.46) eingesetzt werden. Damit erhält man direkt den gesuchten Zusammenhang

$$\frac{P_L}{P_{L\,max}} = \frac{4I}{I_{max}} \left(1 - \frac{I}{I_{max}} \right). \qquad (3.50)$$

Die drei interessantesten Zustände, nämlich Leerlauf, Widerstandsanpassung und Kurzschluss sind in der Abbildung besonders gekennzeichnet. Bei Widerstandsanpassung $R_L = R_i$ nimmt die Ausgangsleistung ihren Maximalwert $P_L = P_{L\max}$ an. Weicht der Widerstand R_L von dem Wert R_i ab, dann wird weniger Leistung von der Quelle an den Verbraucher abgegeben. An den beiden Grenzen Leerlauf und Kurzschluss verschwinden entweder Strom oder Spannung am Verbraucher, so dass die Leistung $P_L = UI$ ebenfalls in beiden Fällen verschwindet.

3.7.3 Wirkungsgrad

Mit kleiner werdendem Lastwiderstand in Abb. 3.31 steigt der Strom kontinuierlich an. Obwohl die von der Quelle gelieferte Leistung

$$P_{ges} = U_0 I \stackrel{(3.45),(3.48)}{=} 4\frac{P_{L\max}}{I_{\max}} I \quad \rightarrow \quad \frac{P_{ges}}{P_{L\max}} = 4\frac{I}{I_{\max}} \quad (3.51)$$

damit ebenfalls ansteigt, nimmt die Leistung am Verbraucher in dem Bereich $R_L < R_i$ nach Abb. 3.32 kontinuierlich ab. In ▶Abb. 3.33 sind sowohl die Verbraucherleistung P_L als auch die von der Quelle abgegebene Leistung P_{ges} mit dem gleichen Bezugswert $P_{L\max}$ dargestellt. Die Differenz zwischen den beiden Kurven entspricht der an dem Innenwiderstand der Quelle entstehenden Verlustleistung.

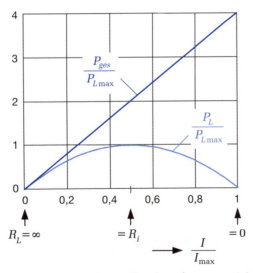

Abbildung 3.33: Von der Quelle abgegebene und vom Verbraucher aufgenommene Leistung

In diesem Zusammenhang stellt sich die Frage nach dem **Wirkungsgrad** η. Darunter versteht man das Verhältnis von der an dem Lastwiderstand verbrauchten Leistung (*Nutzleistung*) zu der gesamten von der Quelle abgegebenen Leistung

$$\eta = \frac{P_L}{P_{ges}} \cdot 100\% \stackrel{(2.49)}{=} \frac{I^2 R_L}{I^2(R_i + R_L)} \cdot 100\% = \frac{R_L/R_i}{1 + R_L/R_i} \cdot 100\%. \quad (3.52)$$

Setzt man die nach dem Widerstandsverhältnis R_L/R_i aufgelöste Beziehung (3.49) in Gl. (3.52) ein, dann kann der Wirkungsgrad als Funktion des Stromverhältnisses angegeben werden

$$\eta = \left(1 - \frac{I}{I_{max}}\right) \cdot 100\% \, . \tag{3.53}$$

Diese linear abfallende Funktion ist in ▶Abb. 3.34 dargestellt. Man erkennt, dass der Wirkungsgrad mit zunehmendem Strom aus der Quelle geringer wird. Bei Widerstandsanpassung beträgt der Wirkungsgrad nur 50 %, d.h. am Innenwiderstand der Quelle wird genau so viel Leistung verbraucht wie am Lastwiderstand (vgl. auch Abb. 3.33).

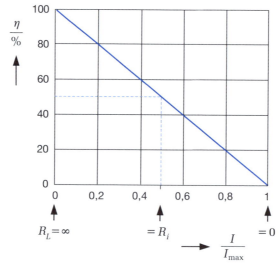

Abbildung 3.34: Wirkungsgrad

Die Wirkungsgradfrage ist von besonderem Interesse bei Energieübertragungssystemen. Die im Kraftwerk erzeugte Energie soll möglichst verlustarm zum Verbraucher transportiert werden. Bei vorgegebener Verbraucherleistung $P_L = UI$ und ebenfalls vorgegebenem Innenwiderstand R_i (dazu gehört nicht nur der Innenwiderstand des Generators, sondern auch der gesamte Widerstand der Übertragungsleitungen) lässt sich der Wirkungsgrad steigern, wenn der Strom möglichst klein und als Konsequenz die Spannung entsprechend groß wird. In der Praxis erfolgt die Energieübertragung auf Hochspannungsleitungen mit Spannungen im Bereich von einigen hundert kV.

3.8 Das Überlagerungsprinzip

Enthält eine Schaltung mehrere Quellen, dann können die Ströme und Spannungen in den einzelnen Zweigen des Netzwerks durch die Überlagerung von Teillösungen berechnet werden. Voraussetzung dafür ist, dass an den einzelnen Netzwerkelementen *lineare* Beziehungen zwischen Strom und Spannung gelten. Zur Berechnung einer Teillösung wird nur eine einzige Quelle betrachtet, die anderen Quellen werden *zu Null gesetzt*. Für diese Quelle wird dann die Netzwerkanalyse durchgeführt, d.h. es werden die Ströme und Spannungen in den interessierenden Zweigen berechnet.

Bei dieser Vorgehensweise muss sichergestellt werden, dass nach der Überlagerung der Teillösungen in jedem Zweig, der eine Stromquelle enthält, genau der vorgegebene Quellenstrom fließt und dass in jedem Zweig mit einer Spannungsquelle genau die vorgegebene Spannung vorliegt. Bei der Überlagerung dürfen keine zusätzlichen Ströme zu einer Stromquelle und keine zusätzlichen Spannungen zu einer Spannungsquelle addiert werden. Nullsetzen der Quellen bedeutet also, dass eine Spannungsquelle durch einen Kurzschluss (keine Spannung in dem Zweig, d.h. $U=0$) und eine Stromquelle durch einen Leerlauf (kein Strom in dem Zweig, d.h. $I=0$) ersetzt wird (vgl. die normgerechten Schaltsymbole in Abb. 3.4).

Ist die Netzwerkanalyse in dieser Weise für jede Quelle einzeln durchgeführt, dann ist der gesamte Strom in einem Zweig des Netzwerks bei Vorhandensein aller Quellen gleich der Summe aller vorher berechneten Teilströme in diesem Zweig.

Zur Veranschaulichung der Vorgehensweise betrachten wir das Netzwerk in ▶Abb. 3.35 mit jeweils einer Strom- und einer Spannungsquelle. Wir wollen mit der beschriebenen Methode den Strom I_2 durch den Widerstand R_2 berechnen. (Zum Vergleich kann das Netzwerk auch durch Aufstellung von Maschen- und Knotengleichungen direkt gelöst werden.)

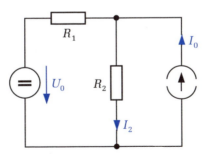

Abbildung 3.35: Überlagerung von Quellen

In der ersten Teillösung soll der Beitrag der Spannungsquelle U_0 zum gesuchten Strom berechnet werden. Wird die Stromquelle durch einen Leerlauf ersetzt, dann vereinfacht sich das Netzwerk, wie in ▶Abb. 3.36a dargestellt. Der Strom I_{2a} durch den Widerstand R_2 kann für diese Teillösung mit dem Ohm'schen Gesetz unmittelbar angegeben werden

$$I_{2a} = \frac{U_0}{R_1 + R_2} . \qquad (3.54)$$

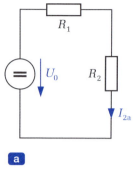 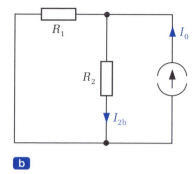

Abbildung 3.36: Netzwerke für die beiden Teillösungen

In der zweiten Teillösung wird nur die Stromquelle I_0 betrachtet, wobei die Spannungsquelle durch einen Kurzschluss ersetzt werden muss. Das resultierende Netzwerk in ▶Abb. 3.36b ist aber identisch zu dem Stromteiler in Abb. 3.23, so dass der Strom durch R_2 mit Gl. (3.29) ebenfalls direkt angegeben werden kann

$$I_{2b} = \frac{R_1 I_0}{R_1 + R_2}. \tag{3.55}$$

Damit ist der Gesamtstrom für das Ausgangsnetzwerk in Abb. 3.35 bekannt

$$I_2 = I_{2a} + I_{2b} = \frac{U_0 + R_1 I_0}{R_1 + R_2}. \tag{3.56}$$

Am Anfang dieses Abschnitts haben wir als Voraussetzung für die Überlagerung einen linearen Zusammenhang zwischen Strom und Spannung an den Komponenten gefordert. Als Gegenbeispiel betrachten wir die Gleichung für die Leistung an dem Widerstand R_2, in der der Strom nicht mehr linear, sondern quadratisch vorkommt

$$P_2 \stackrel{(2.49)}{=} I_2^2 R_2 = (I_{2a} + I_{2b})^2 R_2 = \left(I_{2a}^2 + 2 I_{2a} I_{2b} + I_{2b}^2\right) R_2. \tag{3.57}$$

Bei linearer Überlagerung der einzelnen Beiträge fällt das gemischte Glied weg

$$P_{2a} + P_{2b} = I_{2a}^2 R_2 + I_{2b}^2 R_2 \stackrel{(3.57)}{=} P_2 - 2 I_{2a} I_{2b} R_2 \stackrel{!}{\neq} P_2 \tag{3.58}$$

und man erhält ein falsches Ergebnis.

> **Vorsicht**
>
> Wegen des nichtlinearen Zusammenhangs zwischen Strom und Leistung darf die Leistung an einem Widerstand nicht durch Summation der Teilleistungen infolge der Teilströme berechnet werden.

3.9 Analyse umfangreicher Netzwerke

Nachdem wir uns in den bisherigen Kapiteln ausschließlich mit sehr einfachen Netzwerken beschäftigt haben, wollen wir uns jetzt den Fragen im Zusammenhang mit der Analyse umfangreicher Netzwerke zuwenden. Diese können Spannungsquellen, Stromquellen und Widerstände enthalten. Wir werden den folgenden Betrachtungen lineare Netzwerke zugrunde legen, d.h. an allen im Netzwerk vorhandenen Widerständen sind Spannung und Strom proportional zueinander. Die Gleichungen zur Beschreibung der Netzwerke sind dann ebenfalls linear. Unabhängig von dieser Einschränkung gelten die folgenden Überlegungen allgemein auch für nichtlineare Netzwerke. Der Unterschied besteht lediglich in dem erhöhten mathematischen Aufwand bei der Auflösung der sich ergebenden nichtlinearen Gleichungssysteme.

Ausgangspunkt für die weiteren Betrachtungen ist die Schaltung in Abb. 3.6. Wir haben bereits in Kap. 3.4 festgestellt, dass wir mithilfe des Ohm'schen Gesetzes die Anzahl der Unbekannten auf die Anzahl der Zweipole reduzieren können. An jedem Widerstand bleibt entweder Spannung oder Strom unbestimmt, an einer Spannungsquelle ist der Strom unbekannt und an einer Stromquelle die Spannung. In ▶Abb. 3.37 sind einige Beispiele für zusammengesetzte Zweipole dargestellt. Auch in diesen Fällen verbleibt immer genau eine Unbekannte. Ist beispielsweise der Strom im mittleren Zweipol bekannt, dann lässt sich daraus die Spannung am Widerstand berechnen.

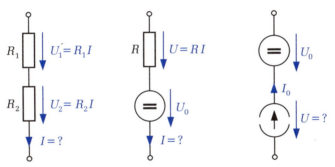

Abbildung 3.37: Zweipolnetzwerke

Unabhängig von dem Aufbau der Zweipole können wir feststellen, dass ihre Anzahl in einem Netzwerk identisch ist mit der Anzahl der unbekannten Größen. In der Netzwerktheorie spricht man allgemein von **Zweigen** und meint damit die beliebig zusammengesetzten Zweipole, die zwischen zwei Knoten des Netzwerks liegen. Fassen wir die bisherigen Ergebnisse noch einmal zusammen:

- Unter Zuhilfenahme der an den Komponenten geltenden Beziehungen zwischen Strom und Spannung[7] kann die Anzahl der unbekannten Ströme und Spannungen für jeden Zweig auf eine Unbekannte reduziert werden.

---

7 Bisher verwenden wir nur das Ohm'sche Gesetz am Widerstand, später kommen entsprechende Beziehungen an anderen Komponenten wie z.B. am Kondensator hinzu.

- Setzt sich ein Netzwerk aus z Zweigen zusammen, dann werden genau z linear unabhängige Gleichungen zur Bestimmung der verbleibenden Unbekannten benötigt.
- Zur Aufstellung der Gleichungen stehen uns die Kirchhoff'schen Sätze, nämlich die Maschenregel (3.4) und die Knotenregel (3.7) zur Verfügung.

Die vor uns liegende Aufgabe besteht offenbar darin, mithilfe einer systematischen Vorgehensweise genau z linear unabhängige Gleichungen aufzustellen. Eine Gleichung ist allgemein *linear unabhängig* von anderen Gleichungen, wenn sie sich nicht durch lineare Überlagerung wie Addition oder Subtraktion aus den anderen Gleichungen herleiten lässt. Am einfachsten lässt sich diese Eigenschaft erkennen, wenn eine Gleichung eine Größe enthält, die in den anderen Gleichungen nicht vorkommt.

Die schematisierte Vorgehensweise bei der Netzwerkanalyse erfolgt in mehreren Teilschritten, die wir am Beispiel der ausgewählten Schaltung nach Abb. 3.6 nacheinander betrachten wollen.

1. Schritt: Darstellung des Netzwerkgraphen

Das Netzwerk wird ohne die Komponenten nochmals dargestellt. In dieser als **Netzwerkgraph** bezeichneten Darstellung in ▶Abb. 3.38 ist die Struktur des Netzwerks, d.h. welche Zweige an welchen Knoten miteinander verbunden sind, besonders gut zu erkennen.

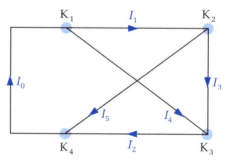

Abbildung 3.38: Netzwerkgraph

2. Schritt: Festlegung der Zählrichtungen

Für jeden Zweig ohne Quelle wird vereinbart, in welcher Richtung der Strom positiv gezählt werden soll. Diese Festlegung ist willkürlich und hat keinen Einfluss auf das Ergebnis, sie muss aber für die gesamte Analyse konsequent beibehalten werden. Die tatsächliche Stromrichtung ist erst nach Auflösung des Gleichungssystems bekannt. Hat der Strom einen positiven Wert, dann stimmt seine tatsächliche Richtung mit der gewählten Richtung überein, hat er dagegen einen negativen Wert, dann fließt er entgegengesetzt zur gewählten Richtung. Die Zählrichtung für die Spannung wird am Verbraucher in Richtung des Stromes gewählt.

Bei Spannungsquellen wird die Spannung, bei Stromquellen der Strom in der von der Quelle vorgegebenen Richtung gezählt. Die Richtung des Stromes bei einer Spannungsquelle und die Richtung der Spannung bei einer Stromquelle können frei gewählt werden. Befindet sich nur eine Quelle in einem Zweig, dann empfiehlt sich die Verwendung des Generatorzählpfeilsystems.

3. Schritt: Aufstellung der Knotengleichungen

Zur Vermeidung linear abhängiger Gleichungen betrachtet man üblicherweise nur Knoten entsprechend Abb. 3.8, in denen keine Komponenten enthalten sind. Wir haben nämlich bereits in den Abbildungen 3.8 und 3.9 festgestellt, dass scheinbar unterschiedliche Knoten auf identische und damit linear abhängige Gleichungen führen. Unter Berücksichtigung dieser Einschränkung besitzt das zu betrachtende Netzwerk in Abb. 3.38 die eingezeichneten vier Knoten. Da die Summe aller Ströme in allen Knoten immer Null ergibt, ist eine der Knotengleichungen linear von den anderen drei abhängig. Allgemein gilt: Besitzt ein Netzwerk k Knoten, dann können immer $k-1$ linear unabhängige Knotengleichungen aufgestellt werden. Die Auswahl des nicht zu berücksichtigenden Knotens hat keinen Einfluss auf das Ergebnis. Für das betrachtete Beispiel gilt

$$\begin{aligned} K_1: &\quad I_0 - I_1 \quad\quad -I_4 \quad\quad = 0 \\ K_2: &\quad\quad I_1 \quad -I_3 \quad\quad -I_5 = 0 \\ K_3: &\quad\quad -I_2 + I_3 + I_4 \quad\quad = 0 \; . \end{aligned} \quad (3.59)$$

Die lineare Unabhängigkeit dieser Gleichungen erkennt man unmittelbar daran, dass in jeder Gleichung ein Strom enthalten ist, der in den anderen Gleichungen nicht auftritt. Auf der anderen Seite ist die lineare Abhängigkeit der Gleichung am Knoten K_4 leicht zu überprüfen, da diese Gleichung identisch ist zur Summe der bereits angegebenen Gleichungen.

4. Schritt: Aufstellung der Maschengleichungen

Die Anzahl m der noch benötigten Maschengleichungen beträgt $m = z - (k-1)$. Im betrachteten Beispiel müssen somit $m = 6 - 3$ unabhängige Maschengleichungen aufgestellt werden. Während die Aufstellung der $k-1$ Knotengleichungen völlig unproblematisch ist, müssen bei der Auswahl der Maschen bestimmte Vorgehensweisen eingehalten werden. Es gibt verschiedene Möglichkeiten, die Maschen so auszuwählen, dass die resultierenden Gleichungen zwangsläufig linear unabhängig sind. Die unterschiedlichen Methoden laufen im Prinzip darauf hinaus, sicherzustellen, dass in jeder Masche ein Zweig enthalten ist, der in keiner anderen Masche vorkommt. Im Folgenden werden zwei unterschiedliche Methoden vorgestellt.

Die erste Methode wird als **vollständiger Baum** bezeichnet. Zunächst werden alle k Netzwerkknoten entlang der Zweige so miteinander verbunden, dass keine geschlossene Masche entsteht. Bei k Knoten werden genau $k-1$ Zweige für die Verbindungen benötigt. Die ▶Abb. 3.39 zeigt nur zwei der Möglichkeiten, für das gegebene Netzwerk einen vollständigen Baum zu konstruieren.

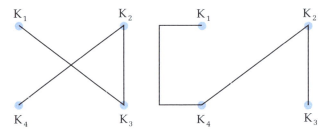

Abbildung 3.39: Vollständiger Baum

Von den insgesamt z Zweigen des Netzwerks gehören damit $k-1$ Zweige zu dem vollständigen Baum und $z-(k-1)=m$ Zweige, die so genannten **Verbindungszweige**, sind unabhängig von dem vollständigen Baum. Da die Anzahl der Verbindungszweige identisch ist zu der noch benötigten Anzahl unabhängiger Maschengleichungen, werden die Maschen jetzt so gewählt, dass jeder Verbindungszweig in genau einer Masche enthalten ist. Dazu muss jeder Verbindungszweig über den vollständigen Baum zu einer Masche geschlossen werden. Die Vorgehensweise wird am rechten Beispiel der Abb. 3.39 demonstriert.

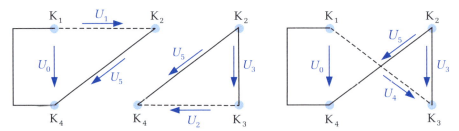

Abbildung 3.40: Aufstellung der Maschengleichungen beim vollständigen Baum

Die drei in der ▶Abb. 3.40 dargestellten Maschen führen auf die Gleichungen

$$\begin{aligned} M_1: & \quad U_1 + U_5 = U_0 \\ M_2: & \quad U_2 + U_3 - U_5 = 0 \\ M_3: & \quad -U_3 + U_4 + U_5 = U_0 \end{aligned} \quad (3.60)$$

Zusammen mit den Ohm'schen Beziehungen an den fünf Widerständen liegen jetzt elf Gleichungen zur Bestimmung aller unbekannten Ströme und Spannungen in dem

Netzwerk vor[8]. Zur Reduzierung des Gleichungssystems können die Zweigspannungen in Gl. (3.60) mithilfe des Ohm'schen Gesetzes durch die Zweigströme ersetzt werden

$$\begin{aligned} M_1: \quad & R_1 I_1 & & & + R_5 I_5 &= U_0 \\ M_2: \quad & & R_2 I_2 + R_3 I_3 & & - R_5 I_5 &= 0 \\ M_3: \quad & & - R_3 I_3 & + R_4 I_4 & + R_5 I_5 &= U_0 \end{aligned} \quad (3.61)$$

Mit den Gleichungen (3.59) und (3.61) liegen jetzt genau $z = 6$ Bestimmungsgleichungen vor, aus denen alle Zweigströme $I_0 \ldots I_5$ eindeutig berechnet werden können. Mit den Strömen sind auch alle Zweigspannungen bekannt und das Problem ist vollständig gelöst.

Wir wollen noch eine zweite Methode zur Aufstellung der Maschengleichungen vorstellen, die als **Auftrennung der Maschen** bezeichnet wird. Die Vorgehensweise ist relativ einfach. Man wählt einen beliebigen Maschenumlauf und stellt die zugehörige Gleichung auf. Diese Masche wird jetzt an einem beliebigen Zweig aufgetrennt, der in den folgenden Maschen nicht mehr verwendet werden darf.

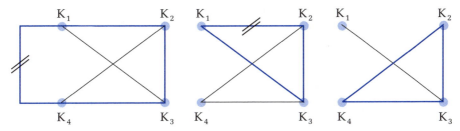

Abbildung 3.41: Auftrennung der Maschen

Ausgehend von dem verbleibenden Netzwerk stellt man wieder eine Maschengleichung auf und trennt diese Masche ebenfalls auf. Die fortgesetzte Anwendung dieser Methode liefert ebenfalls die benötigten $m = z - (k - 1)$ Gleichungen. Die lineare Unabhängigkeit dieser Gleichungen ist leicht einzusehen. Beginnt man die Überprüfung bei der zuletzt aufgestellten Beziehung, dann erkennt man unmittelbar, dass die jeweils zuvor aufgestellte Gleichung einen weiteren Zweig enthält, der nachher nicht mehr verwendet wurde, d.h. jede Gleichung ist infolge der Maschenauftrennung zwangsläufig linear unabhängig von den nachfolgend aufgestellten Gleichungen.

---

8 Bei z Zweigen liegen normalerweise $2z$ Unbekannte vor (z Ströme und z Spannungen). Da aber in dem betrachteten Beispiel ein Zweig nur eine Quelle mit bereits bekannter Spannung enthält, reduziert sich die Anzahl der Unbekannten um 1.

3 Einfache elektrische Netzwerke

ZUSAMMENFASSUNG

- Zur Analyse **elektrischer Netzwerke** werden den Strömen und Spannungen Zählpfeile zugeordnet (nicht zu verwechseln mit Vektoren). Eine positive Spannung in Richtung des Zählpfeils zeigt in Richtung der elektrischen Feldstärke. Ein positiver Strom in Richtung des Zählpfeils zeigt in Richtung der Bewegung positiver Ladungsträger (entgegengesetzt zur Elektronenbewegung).

- Die Analyse elektrischer Netzwerke erfolgt mithilfe der **Kirchhoff'schen Gleichungen**. Das Verschwinden des Umlaufintegrals der elektrischen Feldstärke im zeitlich nicht veränderlichen Feld führt auf die Maschenregel: *Die Summe aller Spannungen beim Umlauf in einer geschlossenen Masche ist Null*.

- Das Verschwinden des Integrals der Stromdichte über eine geschlossene Hüllfläche führt auf die **Knotenregel**: *Die Summe aller zu einem Knoten hinfließenden Ströme ist gleich der Summe aller von dem Knoten wegfließenden Ströme.*

- **Kondensatoren** verhalten sich ähnlich **wie Spannungsquellen**, **Spulen** dagegen **wie Stromquellen**. Strom- und Spannungsquellen können ineinander umgerechnet werden und verhalten sich dann im Hinblick auf einen angeschlossenen Verbraucher gleich.

- Maximale Leistung an einem Verbraucher stellt sich ein, wenn Verbraucherwiderstand und Innenwiderstand der Quelle gleich sind. Der Wirkungsgrad beträgt in diesem Fall 50 %.

- Bei linearen Netzwerken darf das **Überlagerungsprinzip** angewendet werden, d.h. das Netzwerk wird für jede Quelle separat berechnet und die Ströme und Spannungen in den Zweigen werden anschließend addiert. Die jeweils nicht berücksichtigten Quellen werden zu Null gesetzt (Spannung gleich Null bedeutet Kurzschluss, Strom gleich Null bedeutet Leerlauf).

- Bei k Knoten im Netzwerk können $k - 1$ linear unabhängige Knotengleichungen aufgestellt werden. Bei der Aufstellung der fehlenden linear unabhängigen Maschengleichungen kann auf standardisierte Verfahren (vollständiger Baum, Auftrennung der Maschen) zurückgegriffen werden.

Übungsaufgaben

Lösungen

Aufgabe 3.1 Netzwerkberechnung

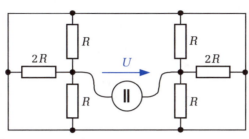

Abbildung 3.42: Gleichspannungsnetzwerk

1. Bestimmen Sie den von der Quelle abgegebenen Strom I in Abhängigkeit von U und R.
2. Berechnen Sie die von der Quelle abgegebene Gesamtleistung für $U = 100$ V und $R = 125\,\Omega$.
3. Wie teilt sich diese Leistung auf die einzelnen Widerstände auf?

Aufgabe 3.2 Brückenschaltung

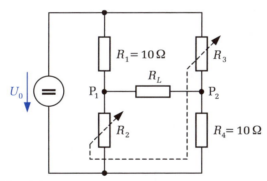

Abbildung 3.43: Brückenschaltung

In dem gegebenen Netzwerk können die beiden Widerstände R_2 und R_3 synchron in dem Wertebereich 0 ... 50 Ω eingestellt werden. Die Quellenspannung beträgt $U_0 = 30$ V.

1. Welchen Wert müsste R_L aufweisen, damit er bei der Einstellung $R_2 = R_3 = 30\,\Omega$ maximale Leistung aufnimmt?
2. Wie groß ist in diesem Fall der Wirkungsgrad (Verhältnis der Leistung an R_L zur gesamten von der Quelle abgegebenen Leistung)?
3. Stellen Sie die Leistung an R_L für den in 1. ermittelten Wert in Abhängigkeit von $R_2 = R_3$ dar.

Aufgabe 3.3 Netzwerkberechnung

Ein Potentiometer mit Widerstand R liegt an einer Gleichspannung $U = 100$ V. Am Spannungsabgriff liegt im unbelasteten Zustand eine Spannung von 50 V.

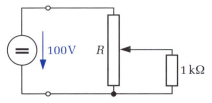

Abbildung 3.44: Belasteter Spannungsteiler

Wie groß muss der Spannungsteilerwiderstand R gewählt werden, damit sich die Spannung bei der Belastung mit 1 kΩ um maximal 1 % verringert?

Aufgabe 3.4 Überlagerungsprinzip und Leistungsbilanz

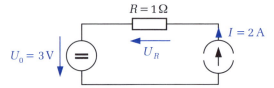

Abbildung 3.45: Netzwerk mit mehreren Quellen

1. Berechnen Sie die Spannungen in dem Netzwerk mithilfe des Überlagerungsprinzips.
2. Stellen Sie eine Leistungsbilanz auf, indem Sie die aufgenommenen bzw. abgegebenen Leistungen des Verbrauchers und der Quellen berechnen.

Aufgabe 3.5 Netzwerkberechnung

Gegeben ist das folgende RC-Netzwerk mit einer Gleichspannungsquelle U.

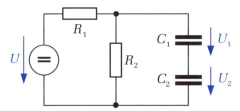

Abbildung 3.46: Gleichspannungsnetzwerk

1. Berechnen Sie die Spannungen U_1 und U_2 in Abhängigkeit von U.
2. Welche Energien W_1 und W_2 sind in den beiden Kondensatoren gespeichert?
3. Welche Leistung gibt die Quelle an die Widerstände ab?

Stromleitungsmechanismen

4.1 Stromleitung im Vakuum 153
4.2 Stromleitung in Gasen 157
4.3 Stromleitung in Flüssigkeiten 158
4.4 Ladungstransport in Halbleitern 162

4 Stromleitungsmechanismen

Einführung

>> In Kapitel 2.4 haben wir uns bereits mit der Ladungsträgerbewegung im metallischen Leiter beschäftigt. Das Ergebnis war der als Ohm'sches Gesetz bezeichnete lineare Zusammenhang zwischen Stromdichte und Feldstärke bzw. zwischen Strom und Spannung. In den folgenden Abschnitten sollen die Bewegungen der Ladungsträger im Vakuum – ein praktisches Beispiel ist die Ablenkung eines Elektronenstrahls in der Bildröhre – und in Gasen etwas genauer betrachtet werden. Der Stromdurchgang durch einen Elektrolyten, eine Flüssigkeit, in der bewegliche Ionen vorhanden sind, ist mit chemischen Veränderungen verbunden. Dieser als Elektrolyse bezeichnete Vorgang wird z.B. zur Metallgewinnung oder zum Galvanisieren eingesetzt. Einen weiteren wichtigen Abschnitt bildet der Ladungstransport in Halbleitern. <<

LERNZIELE

Nach Durcharbeiten dieses Kapitels und dem Lösen der Übungsaufgaben werden Sie in der Lage sein,

- die Beschleunigung von Ladungsträgern im Vakuum durch elektrische Felder zu berechnen,
- mithilfe der Faraday'schen Gesetze die Stromleitungsmechanismen in Flüssigkeiten zu untersuchen,
- den Ladungstransport in Halbleitern und das Verhalten an einem *pn*-Übergang zu verstehen sowie
- die Strom-Spannungs.-Kennlinie einer Diode zu erklären.

4.1 Stromleitung im Vakuum

Als einfachsten Sonderfall untersuchen wir die Bewegung von Elektronen im homogenen elektrischen Feld. Zur Erzeugung des homogenen Feldes verwenden wir den Plattenkondensator aus Abb. 1.20, bei dem das Streufeld am Rand wieder vernachlässigt werden soll. Die beiden Platten werden an eine äußere Spannungsquelle angeschlossen, die die abfließenden Ladungsträger nachliefert und die Spannung zwischen den Platten konstant hält. Weiterhin nehmen wir zwischen den Platten Vakuum an oder zumindest eine derart geringe Anzahl von Restatomen bei der Herstellung des Vakuums, dass die Ladungsträgerbewegung nicht durch Zusammenstöße mit Atomen beeinflusst wird.

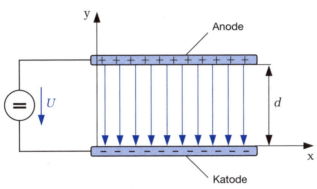

Abbildung 4.1: Elektronenbewegung im homogenen Feld

Für die homogene Feldstärke zwischen den Platten gilt nach ▶Abb. 4.1

$$\vec{E} = -\vec{e}_y \frac{U}{d}. \tag{4.1}$$

Ein Elektron der Elementarladung $-e$ und der Ruhemasse m_0, das sich zum Zeitpunkt $t = 0$ an der Stelle $y = 0$, d.h. unmittelbar oberhalb der negativ geladenen Elektrode (**Katode**) befindet, erfährt nach dem Coulomb'schen Gesetz eine Kraft in Richtung auf die positiv geladene Elektrode (**Anode**)

$$\vec{F} \stackrel{(1.3)}{=} -e\vec{E} \stackrel{(4.1)}{=} \vec{e}_y \frac{eU}{d} = \vec{e}_y F. \tag{4.2}$$

Mit der Bezeichnung a für die Beschleunigung kann diese Kraft nach den Gesetzen der Mechanik auch in der Form

$$F = m_0 a = \frac{eU}{d} \quad \rightarrow \quad a = \frac{eU}{m_0 d} \tag{4.3}$$

geschrieben werden, aus der sich unmittelbar ein konstanter Wert für die Beschleunigung ergibt. Die Geschwindigkeit v des Elektrons steigt linear mit der Zeit an

$$a = \frac{dv}{dt} \quad \rightarrow \quad v = \frac{eU}{m_0 d} t \tag{4.4}$$

4 Stromleitungsmechanismen

und für den in der Zeit t zurückgelegten Weg findet man das Ergebnis

$$v = \frac{dy}{dt} \quad \rightarrow \quad y = \int_0^t v\, dt = \frac{1}{2}\frac{eU}{m_0 d} t^2 . \tag{4.5}$$

Aus der Gl. (4.5) kann die Position des Teilchens y zu jedem Zeitpunkt t bestimmt werden. Um die von der Koordinate y abhängige Geschwindigkeit $v(y)$ zu ermitteln, muss die nach der Zeit t aufgelöste Gl. (4.5) in die Beziehung für die Geschwindigkeit (4.4) eingesetzt werden

$$v(y) = \sqrt{2U\frac{e}{m_0}\frac{y}{d}} . \tag{4.6}$$

An der Anode $y = d$, d.h. nach Durchlaufen der Gesamtspannung U, erreicht das Elektron seine maximale Geschwindigkeit

$$v = \sqrt{2U\frac{e}{m_0}} . \tag{4.7}$$

Wird ein Elektron aus der Ruhelage mit $v_0 = 0$ auf die Geschwindigkeit v beschleunigt, dann beträgt der Zuwachs an kinetischer Energie

$$W = \frac{1}{2}m_0 v^2 \stackrel{(4.7)}{=} eU . \tag{4.8}$$

Merke

Durchläuft ein Teilchen mit der Elementarladung e eine Potentialdifferenz von 1 V, dann erfährt es einen Energiezuwachs von 1 eV (= 1 Elektronenvolt).

Beispiel 4.1: Zahlenbeispiel

Welche Spannung muss ein Elektron der Ruhemasse $m_0 = 0{,}91 \cdot 10^{-30}$ kg durchlaufen, wenn es aus der Ruhelage auf eine Endgeschwindigkeit von 3 000 km/s ($\approx 1\,\%$ der Lichtgeschwindigkeit) beschleunigt werden soll?

Lösung:

Nach Gl. (4.8) und mit den Umrechnungen nach Tab. D.2 gilt

$$U = \frac{1}{2}v^2\frac{m_0}{e} = \frac{1}{2} 9 \cdot 10^{12}\,\frac{\text{m}^2}{\text{s}^2}\,\frac{0{,}91 \cdot 10^{-30}\,\text{kg}}{1{,}602 \cdot 10^{-19}\,\text{As}} = 25{,}56\,\text{V} . \tag{4.9}$$

Das Ergebnis aus dem Beispiel zeigt, dass die Geschwindigkeit der Elektronen im Vakuum um viele Größenordnungen über der Driftgeschwindigkeit in einem Leiter liegt (vgl. Beispiel 2.1). Da außerdem schon bei kleinen durchlaufenen Spannungen extrem hohe Geschwindigkeiten erreicht werden, muss unter Umständen die Massenzunahme nach der Relativitätstheorie berücksichtigt werden. Mit der Ruhemasse m_0 und der Lichtgeschwindigkeit c gilt für die geschwindigkeitsabhängige Masse

$$m = m_0 \Big/ \sqrt{1 - (v/c)^2} \; . \tag{4.10}$$

Die beiden Fälle, Rechnung nach der klassischen Theorie und Rechnung unter Berücksichtigung der Massenzunahme, sind in ▶Abb. 4.2 für ein Elektron gegenübergestellt. Bei Beschleunigungsspannungen unterhalb 30 kV sind die Unterschiede zwischen beiden Berechnungen zu vernachlässigen.

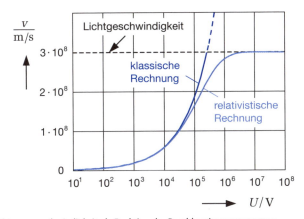

Abbildung 4.2: Elektronengeschwindigkeit als Funktion der Beschleunigungsspannung

Bei der bisherigen Ableitung der Gleichungen wurde der Sonderfall behandelt, dass sich nur einzelne Elektronen zwischen den geladenen Platten bewegen. Wir erweitern jetzt die Problemstellung und betrachten den Fall, dass sich viele Ladungsträger in Form einer Raumladungsverteilung in dem elektrischen Feld bewegen. Im Gegensatz zu bisher müssen nun die gegenseitigen Wechselwirkungen der Ladungen aufeinander berücksichtigt werden.

Befinden sich viele Elektronen in dem Raum zwischen Anode und Katode, dann werden die von der Anode ausgehenden Feldlinien zum großen Teil auf den Elektronen und nicht mehr auf der Katode enden, d.h. die Feldstärke wird sich jetzt in Abhängigkeit von der Koordinate y ändern $E = E(y)$. Ebenso wird die Raumladungsverteilung $\rho = \rho(y)$ eine Abhängigkeit von der Koordinate y aufweisen. Da der Strom und damit auch die Stromdichte $J = \rho v$ nach Gl. (2.9) unabhängig von der Koordinate y ist, muss sich in der Nähe der Katode eine große Raumladungsdichte einstellen, da die Geschwindigkeit der Elektronen hier noch sehr klein ist. Bei geringen Spannungen werden sich diese Elektronen länger vor der Katode befinden und den Austritt weiterer Elektronen aus dem Atomverband infolge der gegenseitigen Abstoßung behindern. Mit zunehmenden Spannungen werden die Elektronen stärker beschleunigt, so dass diese Raumladungswolke vor der Katode abgebaut wird. Eine ausführliche Rechnung [28] liefert den als **Raumladungsgesetz** bezeichneten nichtlinearen Zusammenhang

$$I = \frac{4}{9} \frac{\varepsilon_0 A}{d^2} \sqrt{\frac{2e}{m_0}} \, U^{3/2} \tag{4.11}$$

zwischen Strom und Spannung.

Um überhaupt frei bewegliche Elektronen für den Ladungstransport zur Verfügung zu haben, müssen die Elektronen aus der Katode austreten, d.h. es muss eine von dem Katodenmaterial abhängige Arbeit (**Austrittsarbeit**) geleistet werden, damit die Elektronen den Anziehungskräften des Atomverbandes entkommen können.

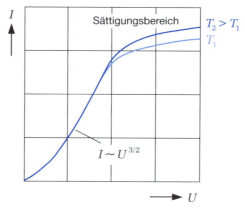

Abbildung 4.3: Kennlinie einer Vakuumdiode (qualitativer Verlauf)

Dies kann in der Praxis auf verschiedene Art und Weise realisiert werden, z.B. durch Bestrahlung mit kurzwelligem Licht (**Fotoemission**), durch hohe elektrische Feldstärken (**Feldemission**), durch den Aufprall anderer Teilchen auf die Leiteroberfläche (**Sekundäremission**) oder durch Temperaturerhöhung (**Glühemission**). Im Fall der Temperaturerhöhung muss die Katode so weit aufgeheizt werden, dass die Geschwindigkeit der Elektronen ausreicht, den Atomverband zu verlassen. Ihre Austrittsgeschwindigkeit ist dabei nahezu Null. Eine weitere Erwärmung führt zu einer größeren Anzahl frei werdender Elektronen und damit zu einem größeren maximal verfügbaren Strom. Da die zwischen Anode und Katode anliegende Spannung die Zahl der austretenden Elektronen praktisch nicht beeinflusst, kann der Strom einen von der Katodentemperatur T vorgegebenen Maximalwert (**Sättigungsstrom**) nicht überschreiten. Die ▶Abb. 4.3 zeigt den qualitativen Verlauf der Strom-Spannungs-Kennlinie einer Vakuumdiode. Bei kleinen Spannungen zeigt sich die Abhängigkeit entsprechend der Beziehung (4.11) und bei steigenden Spannungen tritt der beschriebene Sättigungseffekt ein, wobei der Sättigungsstrom mit steigender Temperatur zunimmt.

Wird die Spannung in der umgekehrten Richtung angelegt, d.h. die aufgeheizte Elektrode wird zur Anode, dann ist kein Strom zwischen den Elektroden beobachtbar. Es können also lediglich Elektronen, aber keine Ionen aus dem Atomgitter austreten. Die betrachtete Anordnung besitzt Ventileigenschaften und wird als **Gleichrichter** bezeichnet (vgl. Kap. 4.4.2).

Eine praktische Anwendung dieser Stromleitung im Vakuum stellt die Braun'sche Röhre dar (nach K. F. Braun, 1850 – 1918), die über einen langen Zeitraum in Oszilloskopen, in Fernsehgeräten und in Monitoren eingesetzt wurde.

4.2   Stromleitung in Gasen

Wird der Raum zwischen den Elektroden mit einem Gas gefüllt, dann ändert sich die Situation grundlegend. Einerseits ist die freie Beweglichkeit der Elektronen stark behindert, andererseits tritt aber ein zusätzlicher Stromleitungsmechanismus auf, da ionisierte Gasmoleküle ebenfalls am Ladungstransport teilnehmen können. Im natürlichen Zustand verhalten sich Gase wie gute Isolatoren, da sie aus neutralen Atomen oder Molekülen bestehen. Die benötigten Ladungsträger in Form von **Ionen** oder freien Elektronen müssen dem Gas von außen zugefügt (*Ladungsträgerinjektion*) oder in dem Gas selbst erzeugt werden.

Fließt bei angelegter Spannung von selbst ein Strom durch das Gas, dann spricht man von einer *selbstständigen Leitung*. In diesem Fall werden die Ladungsträger durch den Entladungsvorgang selbst erzeugt. Die kinetische Energie vorhandener Ionen reicht aus, um andere Moleküle bei einem Zusammenstoß zu ionisieren, d.h. diese Moleküle können Elektronen verlieren oder sie spalten sich auf. Diese neuen Ionen können dann ihrerseits weitere Moleküle ionisieren. Dieses lawinenartige Anwachsen der Ladungsträgerzahl ist bei einer Funkenentladung zu beobachten. In technischen Anwendungen wird der maximale Strom durch geeignete Maßnahmen wie z.B. einen Vorwiderstand begrenzt.

Werden durch äußere Maßnahmen zusätzliche Ladungsträger in Form von Ionen oder freien Elektronen im Gas erzeugt, dann spricht man von einer *unselbstständigen Leitung*. Zur Erzeugung dieser Ladungsträger stehen verschiedene Mechanismen zur Verfügung. Eine Möglichkeit besteht darin, die Temperatur so weit zu erhöhen, dass die Moleküle bei den Zusammenstößen infolge der zunehmenden Wärmebewegung ionisiert werden. Eine andere Möglichkeit ist die radioaktive Bestrahlung des Gases.

Verliert ein Molekül durch Ionisation ein Elektron (es ist dann positiv geladen und wird **Kation** genannt) oder lagert sich ein freies Elektron an (es ist dann negativ geladen und wird **Anion** genannt), dann wird es sich unter dem Einfluss der äußeren Feldstärke in Richtung auf die Katode bzw. Anode zubewegen. An dem Ladungstransport sind also Elektronen, positive Ionen und negative Ionen beteiligt. Da die ausgeübte Kraft dem Produkt aus Teilchenmasse und Beschleunigung gleich ist, kann die

Beschleunigung und damit auch die Geschwindigkeit der gegenüber den Elektronen um den Faktor 10^4 schwereren Ionen nur vergleichsweise geringe Werte annehmen.

Da die Kraft auf die Ladungsträger proportional zur elektrischen Feldstärke ist, gilt auch bei der Stromleitung in Gasen in weiten Bereichen das Ohm'sche Gesetz. Bei größeren Stromstärken wird sich jedoch auch hier ein Sättigungseffekt einstellen, da die pro Zeiteinheit erzeugte Anzahl der Ladungsträger begrenzt ist. Der sich auf diese Weise einstellende Sättigungsstrom bietet beispielsweise die Möglichkeit, bei radioaktiver Bestrahlung einen Zusammenhang zwischen Strom und Radioaktivität herzustellen.

Es können allerdings auch andere Situationen eintreten, bei denen das Ohm'sche Gesetz seine Gültigkeit verliert. Dieser Fall liegt nach Gl. (2.17) vor, wenn sich die Ladungsträgerkonzentration n oder die Beweglichkeit der Ladungsträger, d.h. ihre mittlere freie Weglänge zwischen zwei Zusammenstößen, in Abhängigkeit von der elektrischen Feldstärke ändert. Werden die Ladungsträger zwischen zwei Zusammenstößen so weit beschleunigt, dass diese Geschwindigkeit gegenüber der durch die Wärmebewegung verursachten Geschwindigkeit nicht mehr vernachlässigbar ist, dann tritt ein ähnlicher Effekt ein wie bei der Widerstandszunahme im metallischen Leiter infolge der Temperaturerhöhung. Die Wahrscheinlichkeit für Zusammenstöße nimmt zu und die Leitfähigkeit ist dann abhängig von der elektrischen Feldstärke, d.h. Strom und Spannung sind nicht mehr linear miteinander verknüpft.

Eine noch größere Abweichung findet statt, wenn die vom Feld beschleunigten Ladungsträger bei den Zusammenstößen andere Atome oder Moleküle ionisieren. Die unselbstständige Leitung geht dann in eine selbstständige Leitung über und die lawinenartig anwachsende Ladungsträgerkonzentration führt zu einer Strom-Spannungs-Kennlinie, die keine Gemeinsamkeiten mehr mit dem Ohm'schen Gesetz aufweist.

4.3 Stromleitung in Flüssigkeiten

Füllt man den Behälter in ▶Abb. 4.4 mit reinstem Wasser, dann fließt beim Anlegen einer Spannung zwischen den beiden Elektroden nur ein extrem kleiner Strom. Die sehr geringe Leitfähigkeit von reinem Wasser wird dadurch verursacht, dass einige der H_2O-Moleküle in H^+- und OH^--Ionen zerfallen sind. Reines Wasser kann als Nichtleiter angesehen werden. Bei verunreinigtem Wasser nimmt die Leitfähigkeit bereits deutlich zu. Werden jedoch Salze, Säuren oder Laugen dem Wasser beigemischt, dann ändert sich die Leitfähigkeit um mehrere Größenordnungen. Die Ionenverbindung, z.B. Kochsalz (NaCl), wird im Wasser aufgespalten in positive (Na^+) und negative (Cl^-) Ionen. Bei Schwefelsäure (H_2SO_4) erfolgt eine Aufspaltung in zwei H^+-Ionen (Protonen) und in das *zweiwertige* Molekül-Ion SO_4^{--}. Diese Aufspaltung wird als elektrolytische **Dissoziation** bezeichnet, die leitende Flüssigkeit als **Elektrolyt**. Die **Wertigkeit** z eines Ions entspricht der Anzahl seiner am Ladungstransport beteiligten Elementarladungen.

Infolge der Dissoziation sind bereits freie Ladungsträger vorhanden, die bei einer von außen angelegten elektrischen Feldstärke eine Kraft in Richtung auf die entsprechende Elektrode erfahren (Abb. 4.4). Die als Kationen bezeichneten positiven Na$^+$-Ionen wandern zur Katode, die als Anionen bezeichneten negativen Cl$^-$-Ionen wandern zur Anode. Die Bewegung der Ionen zu den Elektroden bedeutet einen Stofftransport. Mit diesem als **Elektrolyse** bezeichneten Vorgang können Metalle gewonnen werden. Da die Metallmenge, die sich an der Katode niederschlägt, sehr genau gemessen werden kann, wurde früher die Einheit für die Stromstärke 1 A durch die Silbermenge bestimmt, die aus einer wässrigen Lösung mit Silbernitrat in einer Sekunde ausgeschieden wird (vgl. Beispiel 4.2).

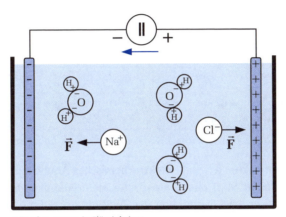

Abbildung 4.4: Ladungsträgerbewegung in Flüssigkeiten

Die Elektrolyse wird z.B. angewendet, um Metalle mit einer dünnen Schicht eines anderen Metalls zu überziehen (**Galvanisieren**). Durch diese Veränderung der Oberflächeneigenschaften kann eine Erhöhung der mechanischen oder chemischen Widerstandsfähigkeit oder eine Verbesserung der elektrischen Leitfähigkeit erreicht werden. Eine weitere Anwendung ist die in großtechnischem Maßstab durchgeführte Metallgewinnung. Bei der *Schmelzfluss-Elektrolyse* werden Metallgemische in den flüssigen Zustand gebracht, aus dem die Metalle auf elektrolytischem Wege abgeschieden werden.

Die formelmäßigen Zusammenhänge zwischen der an den Elektroden abgeschiedenen Masse m eines Stoffes und der transportierten Ladungsmenge Q wurden erstmals von Michael Faraday (1791 – 1867) untersucht und sind als die beiden Faraday'schen Gesetze der Elektrolyse bekannt.

Die Masse m des an den Elektroden abgeschiedenen Stoffes ist das Produkt aus der Anzahl der dort eintreffenden Ionen N und der Masse des einzelnen Ions m_A. Handelt es sich bei dem Ion um ein einfaches ionisiertes Atom, dann ist seine Masse aus dem Produkt von relativer Atommasse A_r und atomarer Masse-Einheit $1u = 1{,}66057 \cdot 10^{-27}$ kg (vgl. Anhang D.1) gegeben

$$m = N A_r u. \tag{4.12}$$

Setzt sich das Ion aus mehreren Atomen zusammen, dann ist für A_r die Summe der einzelnen Atommassen in Gl. (4.12) einzusetzen.

Da jedes Ion entsprechend seiner Wertigkeit z betragsmäßig die Ladung $z \cdot e$ (Wertigkeit z mal Elementarladung e) transportiert, ist die gesamte transportierte Ladungsmenge Q bei N transportierten Ionen durch das Produkt

$$Q = N\,z e \qquad (4.13)$$

gegeben. Die Zusammenfassung der beiden Gleichungen liefert das **1. Faraday'sche Gesetz**

$$m = \frac{A_r u}{z e} Q = \frac{A_r u}{z e} I t = \frac{A_r\, I t}{z \cdot 96{,}47}\, \frac{\text{mg}}{\text{As}} \quad . \qquad (4.14)$$

> **Merke**
>
> Die beim Stromdurchgang durch einen Elektrolyten abgeschiedene Masse ist proportional zu dem Produkt aus Stromstärke und Zeit.

Der Proportionalitätsfaktor wird als **elektrochemisches Äquivalent** bezeichnet und ist eine für den jeweiligen Stoff charakteristische Materialkonstante. Er ist unabhängig von der Konzentration der Lösung, von der Temperatur und auch von der Form und Größe der Elektroden. Das mit Gl. (4.14) gefundene Ergebnis lässt sich auf einfache Weise zusammenfassen:

> **Merke**
>
> Um die Masse $m = (A_r/z)$ kg eines Stoffes aus einem Elektrolyten abzuscheiden, ist eine Elektrizitätsmenge von $96{,}47 \cdot 10^6$ As erforderlich.

Beispiel 4.2: Elektrochemisches Äquivalent von Silber

Welche Menge Silber wird in 1 s von einem Strom $I = 1$ A aus einer AgNO$_3$-Lösung abgeschieden? (Atomgewicht von Silber: $A_r = 107{,}88$, Wertigkeit: $z = 1$)

Lösung:

Mit Gl (4.14) gilt

$$m = \frac{A_r}{z \cdot 96{,}47}\, \text{mg} = 1{,}118\,\text{mg}\,. \qquad (4.15)$$

Das **2. Faraday'sche Gesetz** der Elektrolyse lässt sich unmittelbar aus der Gl. (4.14) ableiten. Bei gleichen transportierten Ladungsmengen Q stehen die abgeschiedenen Massen unterschiedlicher Stoffe im gleichen Verhältnis zueinander wie ihre elektrochemischen Äquivalente

$$\frac{m_1}{A_{r1}/z_1} = \frac{m_2}{A_{r2}/z_2} = \ldots \quad . \tag{4.16}$$

Wir wollen jetzt den Zusammenhang zwischen Stromstärke und angelegter Spannung untersuchen. Die freie Weglänge für die Ionen ist in den Flüssigkeiten sehr gering, es kommt fortwährend zu neuen Zusammenstößen. Da die erneute Beschleunigung der Ionen proportional zu der von außen angelegten elektrischen Feldstärke ist, gilt innerhalb eines bestimmten Spannungsbereiches mit guter Näherung das Ohm'sche Gesetz. Zur Berechnung des ohmschen Widerstandes betrachten wir eine kleine Stromröhre (ähnlich Abb. 2.4), deren Stirnseiten A senkrecht von den Ladungsträgern durchströmt werden (die Situation ist identisch zu der Ableitung in Anhang C.2). Bezeichnen wir die Anzahl der Kationen pro Volumeneinheit mit η, dann ist die Ladung pro Volumeneinheit (Raumladungsdichte) bei Kationen der Wertigkeit z durch das Produkt $\eta z e$ gegeben. Mit der Geschwindigkeit der positiven Ladungsträger v_+ beträgt der mit I_+ bezeichnete Beitrag der Kationen zum Gesamtstrom

$$I_+ \stackrel{(2.11)}{=} J_+ A \stackrel{(2.9)}{=} \eta z e v_+ A \, . \tag{4.17}$$

Bei den Anionen muss das Produkt aus Anzahl und Wertigkeit genauso groß sein wie bei den Kationen. Mit der Geschwindigkeit v_- der Anionen ergibt sich der Beitrag

$$I_- \stackrel{(2.11)}{=} J_- A \stackrel{(2.9)}{=} \eta z e v_- A \, . \tag{4.18}$$

Da sich bei den Anionen sowohl die Ladung als auch die Bewegungsrichtung im Vorzeichen gegenüber den Kationen unterscheidet, addieren sich beide Teilströme zum Gesamtstrom

$$I = \eta z e A \left(|v_+| + |v_-| \right) . \tag{4.19}$$

Der Proportionalitätsfaktor zwischen der Geschwindigkeit und der elektrischen Feldstärke wird analog zur Gl. (2.14) als Ionenbeweglichkeit μ_+ bzw. μ_- bezeichnet. Damit lässt sich der ohmsche Widerstand einer Stromröhre mit Länge l und Querschnittsfläche A folgendermaßen darstellen

$$R = \frac{U}{I} = \frac{El}{I} \stackrel{(2.14)}{=} \frac{l}{\eta z e \left(\mu_+ + \mu_- \right) A} \, . \tag{4.20}$$

Für die Leitfähigkeit der Flüssigkeit folgt aus einem Vergleich der Beziehungen (2.27) und (4.20) der Ausdruck

$$\kappa = \eta z e \left(\mu_+ + \mu_- \right) . \tag{4.21}$$

Diese Leitfähigkeit hängt sowohl von der Anzahl, d.h. von der Konzentration der verfügbaren Ladungsträger als auch von deren Beweglichkeit ab. Man kann davon ausgehen, dass im stationären Zustand nicht alle Moleküle in Ionen dissoziiert sind. Zwischen der ständigen Aufspaltung von Molekülen und der Wiedervereinigung von Anionen und Kationen wird sich im Mittel ein Gleichgewichtszustand einstellen. Der *Dissoziationsgrad*, der das Verhältnis von aufgespaltenen Molekülen zur Gesamtzahl der verfügbaren Moleküle angibt, hängt von der Konzentration und insbesondere von der Temperatur ab. Mit steigender Temperatur nimmt die Wärmebewegung und damit die Aufspaltung, d.h. die Anzahl der Ladungsträger zu. Gleichzeitig reduziert sich die Zähigkeit der Flüssigkeit, d.h. die Beweglichkeit wird mit zunehmender Temperatur größer. Beide Effekte verursachen eine zunehmende Leitfähigkeit. Im Gegensatz zu den Metallen ist der Temperaturkoeffizient des spezifischen Widerstandes daher negativ.

4.4 Ladungstransport in Halbleitern

Von den Beispielen der Stromleitung in Festkörpern haben wir bisher nur den Sonderfall der Leiter (Metalle) behandelt. Es gibt jedoch zwei weitere Gruppen von Materialien, die in diesem Zusammenhang bedeutungsvoll sind, zum einen die Nichtleiter (Isolatoren) und zum anderen die Halbleiter. Der wesentliche Unterschied zwischen den einzelnen Gruppen besteht in dem spezifischen Widerstand, der bei den Isolatoren um viele Zehnerpotenzen größer ist als bei den Leitern (▶Abb. 4.5).

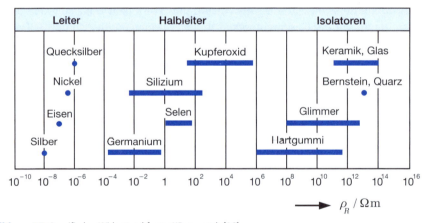

Abbildung 4.5: Spezifischer Widerstand fester Körper nach [16]

In diesem Kapitel wollen wir uns mit dem interessanteren Fall der Halbleiter beschäftigen. Um deren Verhalten verstehen zu können, betrachten wir noch einmal den Atomaufbau in Abb. 1.1. Dort haben wir gesehen, dass sich die Elektronenhülle aus mehreren Schalen aufbaut. Die Elektronen der äußeren Schale sind verantwortlich für die chemischen Verbindungen und auch für den Zusammenhalt der Materie. Da sie die chemische Wertigkeit (**Valenz**) des Elements bestimmen, werden sie **Valenzelektronen** genannt. Wichtige Halbleitermaterialien sind Germanium und Silizium, beide besitzen vier Valenzelektronen. In einem aus reinem Silizium bestehenden Material sind die Atome im dreidimensionalen Aufbau so angeordnet, dass sie ein regelmäßiges Gitter (**Kristallgitter**) bilden. Jedes Siliziumatom ist mit seinen vier Nachbaratomen dadurch verbunden, dass es eines seiner Valenzelektronen mit je einem Valenzelektron des jeweiligen Nachbaratoms gemeinsam besitzt. Man kann sich das so vorstellen, dass zwei derartige Valenzelektronen die beiden Atomkerne, zu denen sie gehören, gemeinsam umkreisen. Die ▶Abb. 4.6 zeigt eine zweidimensionale Darstellung mit den jeweils vier Valenzelektronen und den wegen der Ladungsneutralität vierfach positiven Atomrümpfen.

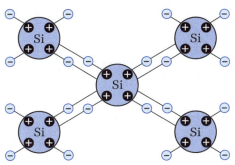

Abbildung 4.6: Atomare Struktur (zweidimensionale Darstellung)

Die Elektronen, die auf verschiedenen Schalen den Kern umkreisen, besitzen aufgrund ihrer unterschiedlichen Geschwindigkeiten (kinetische Energie) und ihres unterschiedlichen Abstands zum Kern (potentielle Energie) unterschiedliche Gesamtenergien, wobei die Elektronen auf den äußeren Schalen höhere Energien aufweisen. Valenzelektronen mit den höchsten Energieinhalten umkreisen in Paaren jeweils zwei Atomkerne und beeinflussen sich dabei gegenseitig. Als Konsequenz weist der Energieinhalt eines Valenzelektrons eine gewisse Schwankungsbreite auf, man spricht hier vom **Valenzband**. Dieser mögliche Energiebereich besitzt eine scharfe obere Grenze (▶Abb. 4.7). Man stellt diesen Sachverhalt in einem zweidimensionalen Diagramm dar, wobei aber die horizontale Achse praktisch bedeutungslos ist. Man könnte sie als einen Querschnitt durch den Kristall, d.h. als eine geometrische Abmessung interpretieren. Die vertikale Achse stellt den Energieinhalt der Elektronen dar. Die Valenzelektronen befinden sich alle in dem Valenzband, höhere Energieinhalte als die obere Grenze sind für diese Elektronen nicht möglich. Unter dem Valenzband befinden sich weitere gegeneinander abgegrenzte Energiebänder (in Abb. 4.7 nicht dargestellt), in denen sich die Elektronen der jeweils weiter innen liegenden Schalen befinden. Diese Elektronen sind aber fest an den Kern gebunden und tragen nicht zur Stromleitung bei.

Im Gegensatz dazu besitzen die freien Elektronen eine höhere Energie, sie befinden sich im **Leitungsband**. Für diese Elektronen existiert eine scharfe untere Grenze, die sie nicht unterschreiten können, ohne in das Valenzband zurückzufallen. Der Zwischenbereich wird als **verbotenes Band** bezeichnet. Die Breite des Bandabstandes zwischen der oberen Grenze des Valenzbandes und der unteren Grenze des Leitungsbandes ist maßgebend für die Leitfähigkeit des Materials. In elektrischen Leitern fehlt dieses verbotene Band und es existieren stets freie Elektronen in dem Kristallgitter. In Halbleitern ist dieses verbotene Band schmal. Schon bei der Umgebungstemperatur werden viele Elektronen infolge der thermischen Bewegung der Atome derart beschleunigt, dass sie sich im Leitungsband befinden. Bei Nichtleitern dagegen ist der Abstand zwischen Valenz- und Leitungsband wesentlich größer und nur wenigen Elektronen gelingt es, bei der Umgebungstemperatur bereits ins Leitungsband zu gelangen.

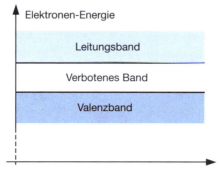

Abbildung 4.7: Bändermodell

Die Zuordnung von Materialien zu einer der drei Gruppen in Abb. 4.5 mithilfe des spezifischen Widerstandes ist in gewisser Weise willkürlich. Eine bessere Abgrenzung zwischen den Metallen und den Halbleitern gestattet das Temperaturverhalten des spezifischen Widerstandes. Metalle werden mit abnehmender Temperatur immer besser leitfähig. Bei einigen Materialien verschwindet der Widerstand unterhalb einer bestimmten Temperatur sprungartig. Man spricht in diesem Zusammenhang von **Supraleitung**. Die Sprungtemperatur liegt in der Nähe des absoluten Nullpunkts, bei Aluminium z.B. bei 1,18 K, bei Zink bei 0,85 K. Allerdings sind inzwischen auch aus Metalloxiden hergestellte Keramikwerkstoffe bekannt, bei denen die Sprungtemperatur in der Nähe von 92 K liegt, man spricht dann von Hochtemperatur-Supraleitung.

Bei den Halbleitern ist die Temperaturabhängigkeit des spezifischen Widerstandes im Vergleich zu den Leitern umgekehrt. Bei einer Temperatur nahe dem absoluten Nullpunkt verhalten sich die Halbleiter wie sehr gute Isolatoren. Mit steigender Temperatur nehmen die Schwingbewegungen der Atome zu und es kommt in steigendem Maße zu Trennungen in den gegenseitigen Bindungen zwischen den Atomen. Eine Stelle, an der ein Elektron frei wird und daher anschließend fehlt, bezeichnet man als **Elektronenfehlstelle**, **Defekt-Elektron** oder **Loch**. Dieses Loch (= fehlende negative Elementarladung) ist gleichbedeutend mit einer positiven Elementarladung, das Atom mit dem Defekt-Elektron ist ein positiv geladenes Ion. Nicht nur die Elektronen, auch die Löcher nehmen an der Bewegung der Ladungsträger teil, man spricht hier vom **Löcherstrom**. Dabei muss man jedoch beachten, dass die Ionen ortsgebunden sind und sich im Gegensatz zu den Elektronen nicht durch das Gitter bewegen können. Der Löcherstrom kommt dadurch zustande, dass ein Loch durch ein Valenzelektron aus einem Nachbaratom aufgefüllt wird, wobei dieses Valenzelektron ein Loch an einer anderen Stelle hinterlässt. Der Löcherstrom ist gleichbedeutend mit dem Weiterwandern der positiven Ionisierung von einem Atom zum nächsten.

Beim Aufbrechen der Verbindung zwischen zwei Atomen entsteht ein Ladungsträgerpaar, also gleichzeitig ein freies Elektron und ein Loch. Wird im umgekehrten Fall ein Loch von einem freien Elektron besetzt, dann bezeichnet man diesen Vorgang als **Rekombination**. Im stationären Zustand befinden sich Paarbildung und Rekombination zahlenmäßig im Gleichgewicht. Mit steigender Temperatur nimmt die Anzahl der Paarbildungen und Rekombinationen zu, die Anzahl der permanent vorhandenen freien Ladungsträger ist größer. Diese Eigenschaft wird ausgenutzt in stark temperaturabhängigen Widerständen wie z.B. den Heißleitern.

Wird an einen Halbleiter eine elektrische Spannung angelegt, dann bewegen sich die Ladungsträger unter dem Einfluss des äußeren Feldes, die Elektronen bewegen sich genauso wie im Metall in Gegenrichtung zur elektrischen Feldstärke, d.h. zum Pluspol der Spannungsquelle, und die Löcher in Richtung der elektrischen Feldstärke, d.h. zum Minuspol der Spannungsquelle. Diese im reinen Halbleitermaterial vorhandene temperaturabhängige Leitfähigkeit bezeichnet man als **Eigenleitfähigkeit**. Die Dichte der Leitungselektronen n, d.h. ihre Anzahl pro Volumen, ist bei der Eigenleitung genauso groß wie die Dichte der Löcher p. Bei der Umgebungstemperatur gilt für die Ladungsträgerdichte im Germanium $n = p \approx 2{,}5 \cdot 10^{13}$ cm^{-3} und im Silizium $n = p \approx 1{,}5 \cdot 10^{10}$ cm^{-3}. Das entspricht einem Verhältnis von Ladungsträgerpaaren zu Atomen von etwa $1/10^9$ bei Germanium und $1/10^{12}$ bei Silizium, d.h. lediglich ein Ladungsträgerpaar bei 10^{12} Si-Atomen ist getrennt. Die geringere Leitfähigkeit der Halbleiter gegenüber den Metallen beruht also vor allem auf der wesentlich geringeren Anzahl freier Ladungsträger, da bei den Metallen praktisch jedes Atom ein Leitungselektron zur Verfügung stellt.

Zur Steigerung der Leitfähigkeit von Halbleitermaterialien werden gezielt Fremdatome in das Kristallgitter eingebaut. Diesen Vorgang bezeichnet man als **Dotierung**, die Leitung bezeichnet man im Gegensatz zur Eigenleitung jetzt als **Störleitung**. Für diese Dotierung werden Atome verwendet, die entweder fünf Valenzelektronen wie z.B. Arsen, Antimon und Phosphor oder aber drei haben wie z.B. Gallium, Indium und Aluminium. Im ersten Fall nennt man die Fremdatome **Donatoren**, im zweiten Fall **Akzeptoren**. Die ▶Abb. 4.8 zeigt den Fall, dass ein Atom mit fünf Valenzelektronen in ein Silizium-Gitter eingebaut ist. An der Gitterstörstelle können nur vier Valenzelektronen von den benachbarten Siliziumatomen fest gebunden werden, während das fünfte Elektron ungebunden bleibt. Es genügt schon eine sehr kleine Energiezufuhr, z.B. durch thermische Schwingungen des Atoms, um dieses Elektron aus dem Atomverband zu lösen. Damit steht ein weiteres Leitungselektron zur Verfügung, das sich unter dem Einfluss eines von außen angelegten elektrischen Feldes bewegen kann. Die Anzahl der Leitungselektronen wird mit diesen Donatoren über die Zahl der bei der Eigenleitfähigkeit vorhandenen freien Elektronen hinaus erhöht. In der Praxis werden prozentual nur sehr wenige Fremdatome eingebaut. Ist das Verhältnis der Fremdatome zu den ursprünglichen Si-Atomen $1/10^9$ und nimmt man an, dass bereits bei Umgebungstemperatur alle Donatoratome ionisiert sind, dann steigt die Zahl der Leitungselektronen um einen Faktor in der Größenordnung 10^3 an. Als Folge dieses Elektronenüberschusses werden gleichzeitig mehr Löcher aufgefüllt und die Anzahl der an der Ladungsträgerbewegung beteiligten Löcher geht um etwa den gleichen Faktor zurück. Die Stromleitung erfolgt fast ausschließlich durch Elektronen, da die Anzahl der frei verfügbaren Ladungsträger der Anzahl der Fremdatome entspricht. Der Leiter wird dann als *n*-**Leiter** bezeichnet, die Elektronen heißen **Majoritätsträger**, die Löcher **Minoritätsträger**.

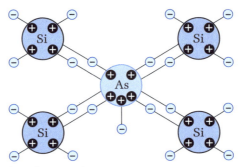

Abbildung 4.8: Atomare Struktur mit Donator-Atom

Wird ein Atom mit lediglich drei Valenzelektronen in das Kristallgitter eingefügt, dann entsteht an der Störstelle ein Defekt-Elektron, d.h. ein zusätzliches Loch. Wird auf diese Weise die Zahl der Löcher stark erhöht und damit gleichzeitig infolge der Rekombinationen die Zahl der freien Leitungselektronen reduziert, dann spricht man von einem *p*-**Leiter**. In diesem Fall sind die Löcher die Majoritätsträger, die Elektronen dagegen die Minoritätsträger.

4.4.1 Der *pn*-Übergang

Wir betrachten jetzt ein Halbleitermaterial, das auf der einen Seite *p*-dotiert, auf der anderen Seite *n*-dotiert ist (▶Abb. 4.9). Man beachte, dass in diesem Zustand beide Seiten noch immer elektrisch neutral sind. An der als *pn*-Übergang bezeichneten Stoßstelle zwischen den beiden Bereichen besteht ein starkes Konzentrationsgefälle für die freien Ladungsträger. In der *n*-Zone sind sehr viele Elektronen frei verfügbar, in der *p*-Zone sehr viele Löcher. Infolge der thermischen Bewegungen werden die freien Elektronen aus der *n*-Schicht in die elektronenarme *p*-Schicht **diffundieren**. Entsprechend diffundieren die Löcher in der umgekehrten Richtung aus der *p*-Schicht in die *n*-Schicht. Diese thermisch bedingte Diffusion der Majoritätsträger an der Grenzschicht nennt man **Diffusionsstrom**, im Gegensatz zu dem von einer äußeren elektrischen Feldstärke verursachten Driftstrom nach Abb. 2.6.

4.4 Ladungstransport in Halbleitern

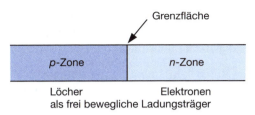

Abbildung 4.9: pn-Übergang

Auf beiden Seiten der Grenzfläche entsteht gegenüber dem vorher neutralen Ausgangszustand ein Raumladungsbereich. In der p-Zone stellt sich wegen der Löcherabwanderung und der gleichzeitig stattfindenden Elektronenzuwanderung eine negative Raumladung ein, während in der n-Zone eine positive Raumladung auftritt. Als Folge davon entsteht eine von der n-Zone zur p-Zone zeigende elektrische Feldstärke bzw. Spannung, die der Ladungsträgerdiffusion entgegenwirkt und so einen Gleichgewichtszustand hervorruft. Im stationären Zustand fließt kein Strom durch den pn-Übergang.

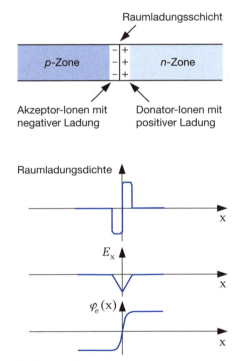

Abbildung 4.10: Verhalten an der Sperrschicht

Das Abwandern der negativen Ladungsträger aus der n-Zone führt dazu, dass hier die nunmehr positiv geladenen Donator-Ionen verbleiben, während in der p-Zone die negativ geladenen Akzeptor-Ionen verbleiben. Die dünne Raumladungsschicht enthält infolge der Diffusion keine frei beweglichen Ladungsträger mehr. Die sich einstellende Raumladungsdichte wird also durch die Zahl der Fremdatome (Dotierung) festgelegt

4 Stromleitungsmechanismen

und ist daher innerhalb der Raumladungsschicht nahezu konstant. Die in ▶Abb. 4.10 dargestellten Kurvenverläufe gelten für gleiche Dotierungsgrade, d.h. für homogene, einander entgegengesetzt gleiche Dotierungen in den beiden Zonen.

Mit der willkürlich gewählten x-Richtung ist die zugehörige x-gerichtete Feldstärke negativ. Sie zeigt von der n-Zone in Richtung p-Zone. Außerhalb der Raumladungszone ist die elektrische Feldstärke praktisch Null und in der Mitte zwischen den beiden Zonen weist sie ihren Maximalwert auf.

Die Potentialverteilung kann mithilfe der Gl. (1.30) berechnet werden. Legt man den Punkt P_1 auf die Grenzfläche x = 0, an der das Bezugspotential den willkürlich gewählten Wert $\varphi_e(0) = 0$ annehmen soll, dann erhält man für das von der Koordinate x abhängige Potential den bereits in Abb. 4.10 dargestellten Verlauf

$$\varphi_e(x) \stackrel{(1.30)}{=} -\int_0^x E_x \, dx \,. \tag{4.22}$$

Diese Kurve kann auch interpretiert werden als Verlauf der Spannung $U(x)$ gegenüber der Grenzfläche. Im Bereich der n-Zone hat die Spannung einen positiven Wert, im Bereich der p-Zone einen negativen Wert.

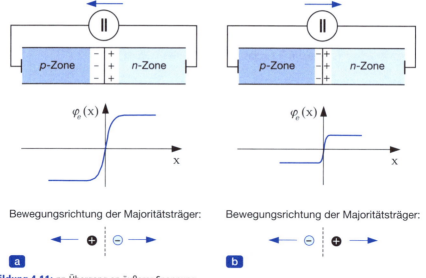

Abbildung 4.11: pn-Übergang an äußerer Spannung

Im nun folgenden Schritt soll das Halbleitermaterial mit den beiden unterschiedlich dotierten Bereichen entsprechend ▶Abb. 4.11 an eine äußere Spannungsquelle angeschlossen werden. Betrachten wir zunächst das Teilbild Abb. 4.11a, in dem die n-Zone an die Klemme mit dem höheren Potential angeschlossen wird. Die von außen angelegte Spannung hat die gleiche Richtung wie die Spannung, die sich vorher an der Sperrschicht aufgebaut hat. Die Elektronen der n-Zone werden von dem Pluspol der Spannungsquelle angezogen und die Löcher aus der p-Zone entsprechend von dem

Minuspol, d.h. die Überlagerung der äußeren Spannung führt zu einer Verbreiterung der Raumladungszone. Der Bereich, in dem sich keine freien Ladungsträger befinden, vergrößert sich also und ein weiterer Ladungsträgeraustausch kann nicht stattfinden. Die Raumladungszone verhindert einen kontinuierlichen Majoritätsträgerstrom und wird daher als **Sperrschicht** bezeichnet. Auf die vergleichsweise geringe Anzahl von Minoritätsträgern hat die Sperrschicht keinen Einfluss.

In Teilbild Abb. 4.11b ist die Polarität der Spannungsquelle umgekehrt. Die in die p-Zone diffundierten Elektronen werden vom Pluspol der Spannungsquelle angezogen, so dass die Sperrschicht abgebaut wird. Gleichzeitig werden vom Minuspol der Quelle neue Elektronen in die n-Zone nachgeliefert. Der Diffusionsvorgang wird von der von außen angelegten Spannung unterstützt. Je höher der Wert der angelegten Spannung, desto kleiner wird die verbleibende Sperrschicht. In Abhängigkeit von dem Wert der Quellenspannung stellt sich bei dieser Spannungsrichtung ein Majoritätsträgerstrom ein. Der pn-Übergang ist in **Durchlassrichtung** gepolt.

4.4.2 Die Diode

Aus den beiden Situationen der Abb. 4.11 ist zu erkennen, dass der pn-Übergang unterschiedliches Verhalten zeigt, je nachdem, in welcher Richtung die äußere Spannung gepolt ist. Diese Ventileigenschaften werden z.B. bei den Halbleiterdioden ausgenutzt. Das in ▶Abb. 4.12 eingetragene Schaltsymbol für eine Diode zeigt die Durchlassrichtung des Stromes an und zwar von der als Anode bezeichneten p-Zone zu der als Katode bezeichneten n-Zone.

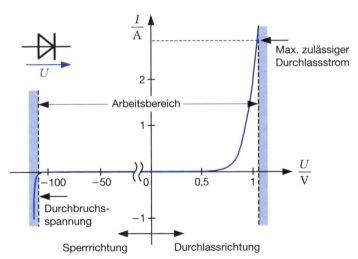

Abbildung 4.12: Diodenkennlinie

Die Abb. 4.12 zeigt außerdem eine typische Kennlinie (Strom-Spannungs-Diagramm) für eine Diode mit nominal 100 V Sperrspannung. Man beachte, dass sich die Skalierung der Spannungsachse in den beiden Bereichen $U > 0$ V bzw. $U < 0$ V um den Faktor 100 unterscheidet.

Stromleitungsmechanismen

Liegt die Spannung in Durchlassrichtung an der Diode, dann fließt mit steigender Spannung ein zunehmend größerer Strom. Bei Silizium ist dieser Strom für Spannungen im Bereich $U < 0{,}7$ V noch sehr gering. Erst bei zunehmenden Spannungen wird die von der Raumladungsverteilung verursachte entgegengerichtete Feldstärke vollständig kompensiert und der Strom steigt näherungsweise exponentiell mit der Spannung entsprechend der Beziehung

$$I = I_0 \left(e^{\frac{U}{nU_T}} - 1 \right) \tag{4.23}$$

an. Die im Exponenten auftretende Temperaturspannung U_T berechnet sich aus der Beziehung

$$U_T = \frac{kT}{e} \tag{4.24}$$

mit der Boltzmann-Konstante $k = 1{,}38 \cdot 10^{-23}$ Ws/K (nach Ludwig Eduard Boltzmann, 1841 – 1906), der Elementarladung e und der absoluten Temperatur in K. Bei der Umgebungstemperatur $T = 20°C = (273 + 20)$ K gilt näherungsweise $U_T \approx 25{,}2$ mV und bei 100°C gilt $U_T \approx 32{,}1$ mV. Der Emissionskoeffizient n liegt im Bereich zwischen 1 und 2. Für Werte $U > 3U_T$, also für Spannungen oberhalb von 100 mV, kann der Wert 1 in der runden Klammer von Gl. (4.23) vernachlässigt werden. Der Diodenstrom hat die Form einer Exponentialfunktion, die wegen Gl. (4.24) von der Temperatur abhängt. Er hat einen maximal zulässigen Wert, der durch die in der Diode entstehenden Verluste $P = UI$ begrenzt wird.

Liegt die Spannung dagegen in Sperrrichtung, dann fließt zunächst nur ein sehr kleiner Sperrstrom (Minoritätsträgerstrom). Dieser ist bei gleicher Achseneinteilung für Durchlass- und Sperrstrom in Abb. 4.12 praktisch nicht zu erkennen. Überschreitet die Sperrspannung einen von dem Bauelement vorgegebenen Grenzwert (**Durchbruchsspannung**), dann fließt ein wachsender Strom entgegen der Sperrrichtung der Diode. Ein Betrieb in diesem Bereich führt im Allgemeinen zur Zerstörung der Diode. Allerdings wird der Durchbruch bei einigen Bauelementen wie z.B. Z-Dioden (Zener-Dioden) ausgenutzt, um eine vom Strom unabhängige, definierte Spannung zu erzeugen.

ZUSAMMENFASSUNG

- Im Vakuum können Elektronen bereits mit kleinen Spannungen auf extrem hohe Geschwindigkeiten beschleunigt werden. Unter einem **Elektronenvolt** versteht man die Energieänderung, die ein Teilchen mit der Elementarladung e beim Durchlaufen einer Spannung von 1 V hinzugewinnt. Bei Beschleunigungsspannungen oberhalb von 30 kV gewinnen die relativistischen Effekte an Bedeutung.

- Die Stromleitung in Gasen kann wegen der Proportionalität zwischen der Kraft auf die Ladungsträger und der elektrischen Feldstärke in weiten Bereichen durch das Ohm'sche Gesetz beschrieben werden.

- Die Stromleitung in Flüssigkeiten entspricht einer Bewegung von Ionen zu den Elektroden. Dieser als **Elektrolyse** bezeichnete Stofftransport kann zur Abscheidung von Metallen ausgenutzt werden. Die abgeschiedene Masse ist proportional zu dem Produkt aus Stromstärke und Zeit.

- Die Leitfähigkeiten von Leitern und von Isolatoren können sich um bis zu 20 Größenordnungen unterscheiden. Dazwischen liegen die so genannten **Halbleiter**, die sich vor allem durch eine andere Temperaturabhängigkeit ihrer Leitfähigkeit von den anderen Gruppen unterscheiden. Bei tiefen Temperaturen verhalten sie sich wie **Isolatoren**, mit zunehmender Temperatur steigt ihre Leitfähigkeit.

- Die Leitfähigkeit von Halbleitern wird durch den Einbau von Fremdatomen in das Kristallgitter (Dotierung) stark beeinflusst. Die Grenzschicht zwischen einem **p-dotierten** und einem **n-dotierten** Bereich zeigt je nach Richtung der von außen angelegten Spannung stark unterschiedliches Verhalten. Diese Ventileigenschaften werden bei **Halbleiterdioden** ausgenutzt.

4 Stromleitungsmechanismen

Übungsaufgaben

Aufgabe 4.1 Stromleitung im Vakuum

Zur Ablenkung des Elektronenstrahls in einer Bildröhre wird die Kraftwirkung des elektrischen Feldes ausgenutzt. Wir betrachten ein einzelnes Elektron der Elementarladung $-e$ und der Ruhemasse m_0, das mit der Anfangsgeschwindigkeit $\vec{v} = \vec{e}_x v_0$ in den Bereich zwischen den beiden Platten eintritt. Die Platten befinden sich im Abstand d und liegen an einer Gleichspannung U.

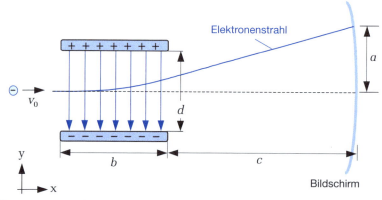

Abbildung 4.13: Prinzipielle Anordnung zur Ablenkung eines Elektronenstrahls

Bestimmen Sie die Auslenkung a des Elektronenstrahls in Abhängigkeit von der Spannung U, der Anfangsgeschwindigkeit v_0 und den in der Abbildung angegebenen Abmessungen. Die leichte Bildschirmkrümmung soll dabei vernachlässigt werden.

Aufgabe 4.2 Stromleitung in Flüssigkeiten

Eine quaderförmige nichtleitende Wanne ist bis zur Höhe h mit einem Elektrolyt gefüllt. An den Stirnflächen sind ideal leitende Elektroden angebracht. Die Ladungsträgerkonzentration (Anzahl der Ladungen pro Volumen) der jeweils einfach geladenen Anionen und Kationen des Elektrolyts sei jeweils gleich η. Die Beweglichkeit der Anionen sei μ_A, die der Kationen μ_K. Zwischen den Elektroden wird eine Gleichspannungsquelle angeschlossen.

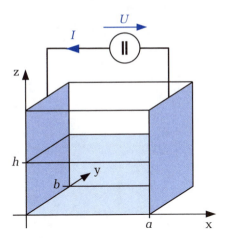

Abbildung 4.14: Betrachtete Anordnung

1. Wie groß ist die Stromdichte $\vec{J}$, wenn der Strom I zunächst als bekannt angenommen wird?
2. Ermitteln Sie den Strom I in Abhängigkeit von den geometrischen Größen und von η, μ_A, μ_K sowie von der Elementarladung e und der Spannung U. Überlagern Sie dabei die Stromanteile der positiven und negativen Ladungsträger.
3. Wie groß sind die Stromdichte $\vec{J}'$ und der Strom I', wenn der Behälter mit destilliertem Wasser bis zur Höhe $2h$ weiter aufgefüllt und die Flüssigkeit gleichmäßig durchmischt wird?

Aufgabe 4.3 Elektrolyse

Durch Elektrolyse sollen pro Tag 100 kg Aluminium gewonnen werden. Welcher Strom wird benötigt? (Atomgewicht von Aluminium: $A_r = 26{,}27$, Wertigkeit: $z = 3$)

Das stationäre Magnetfeld

5.1 Magnete 177
5.2 Kraft auf stromdurchflossene dünne Leiter 179
5.3 Kraft auf geladene Teilchen 183
5.4 Definition der Stromstärke 183
5.5 Die magnetische Feldstärke 186
5.6 Das Oersted'sche Gesetz 187
5.7 Die magnetische Feldstärke einfacher Leiteranordnungen 189
5.8 Die magnetische Spannung 194
5.9 Der magnetische Fluss 195
5.10 Die magnetische Polarisation 195
5.11 Das Verhalten der Feldgrößen an Grenzflächen .. 204
5.12 Die Analogie zwischen elektrischem und magnetischem Kreis 206
5.13 Die Induktivität 210
5.14 Der magnetische Kreis mit Luftspalt und der A_L-Wert 217
5.15 Praktische Ausführungsformen von Induktivitäten 223

5 Das stationäre Magnetfeld

Einführung

» Das nun folgende Kapitel hat eine ähnlich grundlegende Bedeutung wie das Kapitel Elektrostatik. Während uns die Kraft zwischen ruhenden elektrischen Ladungen auf den Begriff des elektrischen Feldes führte, so führt uns nun die Kraft zwischen bewegten Ladungen, d.h. zwischen Strömen, auf den Begriff des magnetischen Feldes. Diese Kraftwirkung wird in vielen Bereichen der Elektrotechnik ausgenutzt wie z.B. bei den Motoren. Wir werden feststellen, dass sich auch die von Magneten ausgeübten Kräfte durch die Bewegung von Ladungsträgern erklären lassen.

Die Begriffe Dipol und Polarisation werden uns wieder erlauben, das Verhalten der Materie im Magnetfeld zu beschreiben. Beim magnetischen Dipol handelt es sich um eine kleine Stromschleife; die Polarisation beschreibt wieder die Auswirkungen der Dipolausrichtung im Magnetfeld.

Die Analogie zwischen dem elektrischen und dem magnetischen Feld führt zu gleichen Vorgehensweisen bei der Analyse von elektrischen und magnetischen Kreisen. Der Speicherung elektrischer Energie in Kondensatoren (die Eigenschaft des Bauelements nennen wir Kapazität) steht jetzt die Speicherung magnetischer Energie in Spulen (die Eigenschaft des Bauelements nennen wir Induktivität) gegenüber. «

LERNZIELE

Nach Durcharbeiten dieses Kapitels und dem Lösen der Übungsaufgaben werden Sie in der Lage sein,

- Kräfte auf dünne stromdurchflossene Leiter im Magnetfeld zu berechnen,
- die magnetische Feldstärke einfacher Leiteranordnungen zu berechnen,
- die gleichartigen Feldverteilungen von Stabmagneten und Zylinderspulen zu erklären,
- das Verhalten der Materie im Magnetfeld zu verstehen,
- das Verhalten der Feldgrößen an Sprungstellen der Materialeigenschaften zu bestimmen,
- die Analogie zwischen elektrischem und magnetischem Kreis zu verstehen und magnetische Kreise zu berechnen,
- die Induktivität einfacher Anordnungen zu berechnen sowie
- die verschiedenen Auswirkungen eines Luftspalts im magnetischen Kreis zu untersuchen.

5.1 Magnete

Das Kapitel 1 haben wir mit der beobachteten Kraftwirkung zwischen Glas- und Kunststoffstäben begonnen, die mit einem Wolltuch gerieben wurden. Schon lange bevor man zum ersten Mal diese elektrostatischen Kräfte beobachtete (die ersten Versuche wurden mit geriebenem Bernstein durchgeführt), waren die magnetischen Kraftwirkungen bestimmter Eisenerze bekannt. Durch einfache Versuche stellt man fest, dass ein aus diesem Material hergestellter Stabmagnet in seiner unmittelbaren Umgebung Kräfte ausübt, z.B. auf Eisenfeilspäne oder auch auf andere Magnete. Diese Kraftwirkungen sind auch im Vakuum zu beobachten. Offenbar versetzt auch der Magnet den umgebenden Raum in einen Zustand, (ähnlich wie die Ladungen in Kap. 1.3), der dazu führt, dass Kräfte auf andere Körper ausgeübt werden ohne direkten Kontakt und ohne ein stoffliches Medium, das die Kraftwirkung überträgt.

Man verwendet auch hier wieder den Begriff des Feldes und spricht in diesem Fall von einem **Magnetfeld**. Durch Versuche mit zwei Stabmagneten stellt man fest, dass sich die Enden der beiden Stabmagnete entweder anziehen oder abstoßen, je nachdem, welche Enden sich gegenüberstehen ▶Abb. 5.1. Zur Unterscheidung bezeichnet man die beiden Enden der Stabmagnete als Nordpol und Südpol. Die Versuche zeigen:

> **Merke**
>
> Ungleichnamige Pole ziehen sich an. Gleichnamige Pole stoßen sich ab.

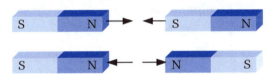

Abbildung 5.1: Kraftwirkungen zwischen Stabmagneten

Den Verlauf der Feldlinien in der Nähe eines Stabmagneten kann man mithilfe von Eisenfeilspänen sichtbar machen. Diese werden in dem magnetischen Feld selbst zu Magneten, man spricht in Analogie zu den Vorgängen in der Elektrostatik von **magnetischer Influenz**. Die Eisenfeilspäne verhalten sich wie magnetische Dipole, die sich analog zu den elektrischen Dipolen tangential zu den Feldlinien ausrichten. Den gleichen Vorgang beobachtet man bei einer Kompassnadel, die sich im Magnetfeld der Erde entlang den Feldlinien ausrichtet. Derjenige Pol der Kompassnadel, der zum geografischen Nordpol der Erde zeigt, wird auch als Nordpol bezeichnet. Da sich ungleichnamige Pole anziehen, ist der geografische Nordpol der Erde somit ein magnetischer Südpol.

Die magnetische Feldstärke ist genauso wie die elektrische Feldstärke ein Vektor. Es wird vereinbart, dass die magnetischen Feldlinien am Nordpol des Magneten austreten und am Südpol wieder eintreten. Das Feld verläuft also außerhalb des Magneten vom Nord- zum Südpol, innerhalb des Magneten vom Süd- zum Nordpol (▶Abb. 5.2)[1].

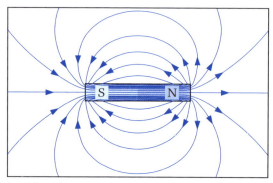

Abbildung 5.2: Verlauf der Feldlinien bei einem Stabmagneten

Einfache Versuche zeigen, dass Magnetpole nicht getrennt werden können. Ein in der Mitte aufgetrennter Stabmagnet ergibt wieder zwei vollständige Magnete mit Nord- und Südpol. Diese Situation ändert sich auch nicht bei kontinuierlich fortgesetzter Aufteilung. Offenbar kann man sich den Magneten aufgebaut denken aus sehr kleinen **Elementarmagneten**. Diese verhalten sich wie magnetische Dipole (vgl. Kap. 5.10), die aber im Gegensatz zu den elektrischen Dipolen nicht aufgetrennt werden können.

> **Merke**
>
> Es gibt keine magnetischen Einzelladungen.

Stahl und Weicheisen werden durch Streichen mit einem Magneten selbst magnetisch. Bei diesem **Magnetisierungsvorgang** werden die einzelnen Elementarmagnete geordnet, d.h. so ausgerichtet, dass sie mehrheitlich in die gleiche Richtung zeigen. Dieser Vorgang ist vergleichbar der Polarisation eines Dielektrikums im elektrischen Feld.

Wir haben gesehen, dass man elektrische Ladungen trennen und durch Berührung von einem Körper auf einen anderen übertragen kann. Als wesentlicher Unterschied dazu wird bei dem Magnetisierungsvorgang keine magnetische Ladung übertragen, sondern es werden lediglich die magnetischen Dipole geordnet.

> **Merke**
>
> Zu der Leitung von elektrischen Ladungsträgern gibt es keinen entsprechenden magnetischen Leitungsvorgang.

---

1 Der Feldlinienverlauf innerhalb des Stabmagneten ist eine idealisierte Darstellung. Er zeigt das gemäß einer makroskopischen Betrachtungsweise über eine große Anzahl von Atomen räumlich gemittelte Feld (vgl. Kap. 5.10).

5.2 Kraft auf stromdurchflossene dünne Leiter

Zur quantitativen Beschreibung des Magnetfeldes kann man wieder ähnlich wie beim elektrischen Feld von den messbaren Kraftwirkungen ausgehen. Wir werden diese Untersuchungen aber nicht am Beispiel der Kraftwirkung zweier Magnete aufeinander durchführen. Seit den Versuchen von Hans Christian Oersted (1777 – 1851) ist bekannt, dass stromdurchflossene Leiter in ihrer Umgebung ebenfalls ein Magnetfeld besitzen. Bei einem geraden stromdurchflossenen Draht stellt man mithilfe von Eisenfeilspänen fest, dass die Feldlinien konzentrische Kreise mit dem Leiter als Mittelpunkt bilden. Die Richtung der Feldlinien lässt sich mit einer kleinen Kompassnadel ermitteln. Feldlinienrichtung und Stromrichtung sind im Sinne einer Rechtsschraube einander zugeordnet (▶Abb. 5.3).

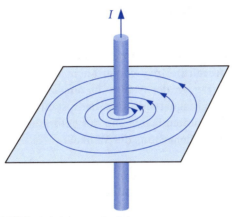

Abbildung 5.3: Verlauf der Feldlinien bei einem geraden Leiter

Dieser stromdurchflossene Leiter erzeugt nicht nur ein eigenes Magnetfeld, er erfährt auch eine Kraftwirkung in einem externen Magnetfeld, das von anderen stromführenden Leitern oder von Magneten hervorgerufen wird. Diese Tatsache werden wir nun verwenden, um die Stärke eines Magnetfeldes zu charakterisieren. Zu diesem Zweck bringen wir einen von dem Strom I durchflossenen Leiter in ein homogenes Magnetfeld.

Zur besseren Veranschaulichung betrachten wir die ▶Abb. 5.4. Das von dem Hufeisenmagnet erzeugte Feld sei homogen in dem Bereich des betrachteten Leiterstückes der Länge s. Verläuft der Strom senkrecht zu der Richtung der Magnetfeldlinien ($\alpha = \pi/2$), dann stellt man fest, dass die Kraft senkrecht auf der von dem stromführenden Leiter und den Feldlinien aufgespannten Ebene steht und proportional zur Leiterlänge s und zum Wert des Stromes I ist

$$F \sim I s \quad \rightarrow \quad F = B I s \,. \tag{5.1}$$

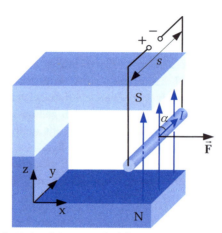

Abbildung 5.4: Bestimmung der Kraft auf einen stromdurchflossenen Leiter

Der Proportionalitätsfaktor B beschreibt die Wirkung des magnetischen Feldes und wird als **magnetische Flussdichte** (manchmal auch noch als **magnetische Induktion**) bezeichnet[2]. Ändert man den in der Abbildung eingezeichneten Winkel α zwischen der Stromrichtung und den Magnetfeldlinien, dann steht die Richtung der Kraft noch immer senkrecht auf der von dem Leiter und der Feldrichtung aufgespannten Ebene, ihr Wert ändert sich aber mit dem Sinus des Winkels

$$F = BIs\sin\alpha . \tag{5.2}$$

Verlaufen also Magnetfeld und Stromrichtung parallel zueinander, dann verschwindet die Kraft.

Da die magnetischen Feldlinien eine Richtung haben, muss auch die das Feld beschreibende Größe B gerichtet sein. Der Vektor $\vec{B}$ zeigt, wie bereits vereinbart, vom Nord- zum Südpol und ist entsprechend der Festlegung des Koordinatensystems in der Abb. 5.4 z-gerichtet.

Wir haben eingangs von der Richtung des Stromes I gesprochen. Der Strom ist aber nach Gl. (2.11) nur eine skalare Größe. Streng genommen müssten wir die Richtung der Stromdichte $\vec{J}$ verwenden. Unter der Voraussetzung, dass es sich bei dem Leiter um einen dünnen Draht handelt, in dem die Stromdichte nur eine Komponente in Richtung des Drahtes aufweist, können wir die Richtung der Stromdichte auch dem Verlauf des Drahtes zuordnen. Mit der Querschnittsfläche A des stromdurchflossenen Leiters und mit der y-gerichteten Stromdichte in Abb. 5.4 lässt sich der Zusammenhang

$$\vec{J}As \stackrel{(2.11)}{=} \vec{e}_y Is = I\vec{s} \tag{5.3}$$

---

[2] Die Dimension ist mit Gl. (5.1) bereits festgelegt $[B] = N/Am = Vs/m^2 = T$ und wird mit T (nach Nicola Tesla, 1856 – 1943) abgekürzt.

angeben. In der Gl. (5.2) ist dann die skalare Größe Is durch die vektorielle Größe $\vec{e}_y Is = I\vec{s}$ zu ersetzen. Betrachtet man zunächst nur die Beträge der Vektoren, dann kann die Gl. (5.2) in der Form

$$F = |\vec{F}| = BIs\sin\alpha = |\vec{B}||I\vec{s}|\sin\alpha = |\vec{B}\times I\vec{s}| \quad (5.4)$$

geschrieben werden. Bildet man das Kreuzprodukt $\vec{B}\times I\vec{s}$ mit den in Abb. 5.4 eingetragenen Richtungen für $\vec{B}$ und $I\vec{s}$, dann entspricht zwar der Betrag dem in Gl. (5.4) angegebenen Ausdruck $BIs\sin\alpha$, die Richtung zeigt aber entgegen der bei der Anordnung festgestellten Kraftrichtung, so dass die Reihenfolge der Vektoren beim Kreuzprodukt nach Gl. (A.9) vertauscht werden muss. Resultierend erhält man die vektorielle Gleichung

$$\vec{F} = I\vec{s}\times\vec{B}, \quad (5.5)$$

die die Kraft auf ein vom Strom I durchflossenes geradliniges Leiterstück der gerichteten Länge $\vec{s}$ in einem homogenen (ortsunabhängigen) Magnetfeld der Flussdichte $\vec{B}$ beschreibt.

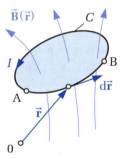

Abbildung 5.5: Leiterschleife im inhomogenen Magnetfeld

Zur Verallgemeinerung betrachten wir die ▶Abb. 5.5. Befindet sich der vom Strom I durchflossene dünne Leiter der Kontur C in einem Magnetfeld der ortsabhängigen Flussdichte $\vec{B}(\vec{r})$, dann ist die Kraft auf das zwischen den Punkten A und B gelegene Leiterstück durch die Integration der Beiträge entsprechend der Gl. (5.5) gegeben. Die vektorielle Strecke $\vec{s}$ wird jetzt durch das vektorielle Wegelement $d\vec{r}$ ersetzt, das die Änderung des Ortsvektors $\vec{r}$ entlang der Kontur C beschreibt und jeweils tangential zur Leiterschleife gerichtet ist

$$\vec{F}_{AB} = I\int_A^B \left[d\vec{r}\times\vec{B}(\vec{r})\right]. \quad (5.6)$$

Zur Berechnung der auf die Leiterschleife wirkenden Gesamtkraft ist eine Integration über die geschlossene Leiterschleife durchzuführen

$$\vec{F} = I\oint_C \left[d\vec{r}\times\vec{B}(\vec{r})\right]. \quad (5.7)$$

Beispiel 5.1: Kraft auf stromdurchflossene kreisförmige Leiterschleife

Eine in der Ebene $z = \text{const}$ gelegene, vom Gleichstrom I durchflossene kreisförmige Leiterschleife des Radius a befindet sich im homogenen z-gerichteten Magnetfeld der Flussdichte $\vec{B} = \vec{e}_z B_0$. Zu bestimmen ist die Kraft auf die Leiterschleife.

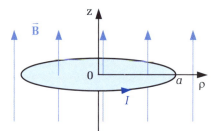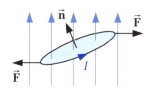

Abbildung 5.6: Leiterschleife im homogenen Feld

Lösung:

Die Berechnung erfolgt in Zylinderkoordinaten, wobei die Integration in der Gl. (5.7) über die Koordinate φ in den Grenzen von 0 bis 2π durchzuführen ist

$$\vec{F} = I \int_0^{2\pi} \left(\underbrace{\vec{e}_\varphi a \, d\varphi}_{d\vec{r}} \times \vec{e}_z B_0 \right) = IaB_0 \int_0^{2\pi} \underbrace{\vec{e}_\varphi \times \vec{e}_z}_{\vec{e}_\rho} d\varphi = IaB_0 \int_0^{2\pi} \left(\vec{e}_x \cos\varphi + \vec{e}_y \sin\varphi \right) d\varphi = \vec{0}. \quad (5.8)$$

Bei der Ausführung der Integration ist zu beachten, dass der Einheitsvektor $\vec{e}_\rho$ von der Koordinate φ, d.h. von der Integrationsvariablen abhängt und somit bezüglich der Integration keine Konstante ist.

Berechnet man die Kraft auf ein Teilstück der Leiterschleife nach Gl. (5.6), dann stellt man eine ρ-gerichtete Kraftkomponente fest. Die Kraft wirkt an jeder Stelle des kreisförmigen Leiters radial nach außen. Betrachtet man dagegen die gesamte auf die geschlossene Leiterschleife wirkende Kraft, dann muss diese aus Symmetriegründen gemäß Gl. (5.8) verschwinden.

Legen wir die Stromschleife nicht in eine Ebene $z = \text{const}$, so wie z.B. auf der rechten Seite der Abbildung angedeutet, dann stehen die Feldlinien nicht mehr senkrecht auf der von der Schleife aufgespannten Fläche. In diesem Fall erhalten wir eine Situation vergleichbar der Darstellung in Abb. 1.26. Die Zerlegung der entlang der Leiterschleife auftretenden Kräfte liefert eine Teilkraft, die in der Schleifenebene liegt und versucht, die Schleife auseinanderzudrücken, sowie eine weitere Teilkraft, die ein Drehmoment ausübt und versucht, die Schleifenfläche senkrecht zu den Feldlinien zu positionieren, d.h. die Flächennormale $\vec{n}$ wird in Richtung der Feldlinien ausgerichtet.

5.3 Kraft auf geladene Teilchen

An dieser Stelle kehren wir noch einmal zu der Beziehung (5.3) zurück. Drückt man in dieser Gleichung die Stromdichte durch das Produkt aus Raumladungsdichte ρ und Geschwindigkeit der Ladungsträger $\vec{v}$ nach Gl. (2.9) aus, dann gilt der Zusammenhang

$$I\vec{s} \stackrel{(5.3)}{=} \vec{J}As \stackrel{(2.9)}{=} \rho As\vec{v} = \rho V\vec{v} = Q\vec{v}, \tag{5.9}$$

in dem Q die gesamte in dem betrachteten Leiterstück der Länge s, d.h. in dem Volumen $V = As$ enthaltene bewegte Ladungsmenge bezeichnet. Die Kraft auf einen stromdurchflossenen Leiter nach Gl. (5.5) ist sowohl proportional zur bewegten Ladungsmenge Q als auch zur Geschwindigkeit $\vec{v}$, mit der sich die Ladungsträger bewegen. Durch Einsetzen der Gl. (5.9) in die Gl. (5.5) erhält man die Kraft auf eine Ladungsmenge Q, die sich mit der Geschwindigkeit $\vec{v}$ in einem Magnetfeld der Flussdichte $\vec{B}$ bewegt

$$\vec{F} = Q\vec{v} \times \vec{B}. \tag{5.10}$$

Diese Kraft wird als **Lorentz-Kraft** bezeichnet. Die Kraft auf die bewegten Ladungen innerhalb eines Leiters überträgt sich auf den metallischen Leiter, d.h. die Kraft auf einen stromdurchflossenen Leiter entspricht der Summe aller Kräfte auf die bewegten Einzelladungen. Existiert neben dem Magnetfeld $\vec{B}$ gleichzeitig ein elektrisches Feld der Feldstärke $\vec{E}$, dann wirkt auf die Ladung Q mit Gl. (1.3) die Gesamtkraft

$$\vec{F} = Q\left(\vec{E} + \vec{v} \times \vec{B}\right). \tag{5.11}$$

Beobachtet man eine Kraftwirkung $\vec{F}$ auf ein bewegtes geladenes Teilchen Q, dann lässt sich nicht eindeutig feststellen, ob die Kraftwirkung von einem elektrischen Feld oder von der Bewegung in einem magnetischen Feld verursacht wird. Beide Felder können entsprechend der Gl. (5.11) mithilfe der Geschwindigkeit ineinander umgerechnet werden.

5.4 Definition der Stromstärke

Betrachten wir nun die ▶Abb. 5.7, in der zwei unendlich lange, geradlinige, parallel verlaufende Leiter die Ströme I_1 bzw. I_2 führen. Da sich jeder stromdurchflossene Leiter im Magnetfeld des anderen Leiters befindet, üben die beiden Ströme nach Gl. (5.7) Kräfte aufeinander aus, die entgegengesetzt gleich sind. Wir werden bei dieser **ebenen**[3] Anordnung die Kraft auf den Leiter 2 infolge des im Leiter 1 fließenden

---

3 **Vereinbarung:** Unter einer ebenen Anordnung (Problemstellung) soll verstanden werden, dass sie in Richtung einer kartesischen Koordinate (üblicherweise die z-Koordinate) unendlich ausgedehnt und von dieser selbst unabhängig ist. Die Berechnungen erfolgen in der zweidimensionalen Schnittebene z = const. Die Ergebnisse (z.B. Kräfte) werden pro Längeneinheit der Koordinate z angegeben.

Stromes I_1 berechnen. Dieser Strom ruft den bereits in Abb. 5.3 dargestellten Feldverlauf hervor[4].

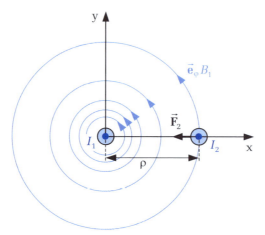

Abbildung 5.7: Kraft auf Linienstrom I_2 infolge des Linienstromes I_1

Die magnetische Flussdichte ist φ-gerichtet und kann aus Symmetriegründen nicht von der Koordinate φ abhängen. Zur Berechnung der Kraft auf den Leiter 2 kann von der Gl. (5.6) ausgegangen werden. Die Integration entlang der z-Koordinate über ein Leiterstück der Länge l führt auf die Beziehung

$$\vec{F}_2 \stackrel{(5.6)}{=} I_2 \int_0^l (\vec{e}_z dz \times \vec{e}_\varphi B_1) = I_2 B_1 \int_0^l \left(-\vec{e}_\rho\right) dz = -\vec{e}_\rho I_2 B_1 l \ . \tag{5.12}$$

Um diese Kraft in Abhängigkeit von dem verursachenden Strom I_1 angeben zu können, fehlt noch ein quantitativer Zusammenhang zwischen der Flussdichte B_1 an der Stelle des Leiters 2 und dem Strom I_1. Durch Messungen lässt sich leicht zeigen, dass die Kraft (5.12) proportional zu dem Strom I_1 und umgekehrt proportional zu dem Abstand zwischen den beiden Leitern ist, d.h. es muss gelten

$$B_1 \sim \frac{I_1}{\rho} \quad \rightarrow \quad B_1 = \frac{\mu_0}{2\pi} \frac{I_1}{\rho} \ . \tag{5.13}$$

Die Proportionalitätskonstante wird in der angegebenen Form zu $\mu_0/2\pi$ festgelegt. Der Faktor μ_0 wird als **magnetische Feldkonstante** bzw. als **Permeabilität des Vakuums** bezeichnet. Sein Wert ergibt sich im Zusammenhang mit der Festlegung der Strom-

---

[4] **Vereinbarung:** Die Richtung des Stromes wird durch einen Punkt markiert (Pfeilspitze), wenn der Strom senkrecht aus der Zeichenebene austritt, und durch ein Kreuz (Pfeilende), wenn der Strom in die Zeichenebene hineinfließt.

stärke. Setzt man die Gl. (5.13) in die Gl. (5.12) ein, dann gilt für die Kraft pro Längeneinheit der Koordinate z

$$\frac{\vec{F}_2}{l} = -\vec{e}_\rho \frac{\mu_0}{2\pi} \frac{I_1 I_2}{\rho} \ . \tag{5.14}$$

Die Einheit der Stromstärke ist nun folgendermaßen festgelegt (DIN-Normen 1357, Einheiten elektrischer Größen, 1967):

Festlegung

Zwei unendlich lange, parallele, gerade Leiter von vernachlässigbar kleinem Querschnitt sind im Vakuum im Abstand von 1 m voneinander angeordnet; sie werden von einem Gleichstrom durchflossen. Dieser hat die Stromstärke 1 A, wenn die elektrodynamisch verursachte Kraft zwischen beiden Leitern $2 \cdot 10^{-7}$ N für jeden Abschnitt der Anordnung beträgt, der aus einander gegenüberstehenden Leiterteilen von 1 m Länge besteht.

Mit dieser Definition ist auch die Permeabilität des Vakuums nach Gl. (5.14) eindeutig festgelegt

$$\frac{2 \cdot 10^{-7}\,\mathrm{N}}{1\,\mathrm{m}} = \frac{\mu_0}{2\pi} \frac{1\,\mathrm{A} \cdot 1\,\mathrm{A}}{1\,\mathrm{m}} \quad \rightarrow \quad \mu_0 = 4\pi \cdot 10^{-7} \frac{\mathrm{Vs}}{\mathrm{Am}} \ . \tag{5.15}$$

Hinweis

Die elektrische und die magnetische Feldkonstante ε_0 und μ_0 sind in der Form $c^2 = 1/(\mu_0 \varepsilon_0)$ über die Ausbreitungsgeschwindigkeit der elektromagnetischen Wellen im Vakuum (Lichtgeschwindigkeit c) miteinander verknüpft. Durch Festlegung von μ_0 in Gl. (5.15) und Messung von c ist ε_0 eindeutig bestimmt. Der sich so ergebende Wert wurde bereits in Kap. 1.2 angegeben.

Sind die beiden Ströme in Abb. 5.7 gleich gerichtet, dann wirkt die Kraft auf den Leiter 2 nach Gl. (5.14) in Richtung $-\vec{e}_\rho$, d.h. in Richtung auf den Leiter 1.

Merke

Gleich gerichtete Ströme ziehen sich an, entgegengesetzt gerichtete Ströme stoßen einander ab.

5.5 Die magnetische Feldstärke

In der Elektrostatik haben wir zwei vektorielle Größen eingeführt, zum einen die elektrische Feldstärke $\vec{E}$ als Intensitätsgröße, die sich durch Kraftwirkungen auf Ladungen bemerkbar macht. Die analoge Feldgröße bei den Magnetfeldern ist die Flussdichte $\vec{B}$, auch sie ist eine Intensitätsgröße und macht sich durch Kraftwirkungen auf bewegte Ladungen bzw. auf Ströme bemerkbar. Zum anderen haben wir die elektrische Flussdichte (Erregung) $\vec{D} = \varepsilon \vec{E}$ als Quantitätsgröße eingeführt, die ein Maß für die vorhandene Ladungsmenge, also für die Ursache des Raumzustandes (Feldes) ist. In Analogie dazu führen wir auch bei den Magnetfeldern eine Quantitätsgröße $\vec{H}$ ein, die ein Maß für die erregenden Ströme, also wiederum für die Ursache des Raumzustandes (Feldes) ist. Der formelmäßige Zusammenhang zwischen der Quantitätsgröße $\vec{H}$ und dem Strom wird im folgenden Kapitel beschrieben. In der Gleichung

$$\vec{B} = \mu_0 \vec{H} \tag{5.16}$$

bezeichnen wir $\vec{H}$ als **magnetische Feldstärke** (**magnetische Erregung**)[5]. Mit den bekannten Dimensionen von $\vec{B}$ und μ_0 ist die Dimension der magnetischen Feldstärke ebenfalls bekannt: $[H] = A/m$. Die beiden Feldvektoren haben im Vakuum die gleiche Richtung. Die Gl. (5.16) gilt auch mit sehr hoher Genauigkeit in Luft. Das Verhalten der Feldgrößen in anderen Werkstoffen wird in Kap. 5.10 detaillierter untersucht. Die Tabelle 5.1 gibt nochmals einen Überblick über die genannten Zusammenhänge.

Tabelle 5.1

Zusammenstellung der Feldgrößen

	Elektrisches Feld	Magnetisches Feld
Intensitätsgröße Beschreibt die Wirkung (Kraft)	$\vec{E}$, $[\vec{E}] = \dfrac{V}{m}$ elektrische Feldstärke	$\vec{B} = \mu_0 \vec{H}$, $[\vec{B}] = \dfrac{Vs}{m^2}$ magnetische Flussdichte
Quantitätsgröße Beschreibt die Ursache (Quelle)	$\vec{D} = \varepsilon_0 \vec{E}$, $[\vec{D}] = \dfrac{As}{m^2}$ elektrische Flussdichte, elektrische Erregung	$\vec{H}$, $[\vec{H}] = \dfrac{A}{m}$ magnetische Feldstärke, magnetische Erregung
Feldkonstante	$\varepsilon_0 = 8{,}854 \cdot 10^{-12} \dfrac{As}{Vm}$ im Vakuum $\varepsilon = \varepsilon_r \varepsilon_0$ im Material	$\mu_0 = 4\pi \cdot 10^{-7} \dfrac{Vs}{Am}$ im Vakuum $\mu = \mu_r \mu_0$ im Material

---

[5] Aus historischen Gründen wird anders als beim elektrischen Feld nicht die die Kraft verursachende Intensitätsgröße $\vec{B}$ als magnetische **Feldstärke** bezeichnet, sondern die Quantitätsgröße $\vec{H}$.

5.6 Das Oersted'sche Gesetz

Legt man den unendlich langen Linienleiter in Abb. 5.3 auf die z-Achse des Zylinderkoordinatensystems, dann ist die von dem Strom I hervorgerufene magnetische Feldstärke durch die Beziehung

$$\vec{H} \overset{(5.16)}{=} \frac{1}{\mu_0} \vec{B} \overset{(5.13)}{=} \vec{e}_\varphi \frac{I}{2\pi\rho} \qquad (5.17)$$

gegeben. Man erkennt, dass die Feldstärke in einem Abstand ρ von dem Linienleiter dem Verhältnis von dem erregenden Strom I zu dem Umfang des Kreises $2\pi\rho$ entspricht, auf dem die Feldstärke berechnet wird.

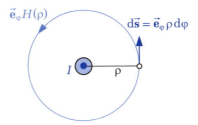

Abbildung 5.8: Zum vektoriellen Linienintegral

Multipliziert man umgekehrt den entlang des Kreises konstanten Wert der magnetischen Feldstärke mit dem Kreisumfang (▶Abb. 5.8), dann erhält man den von dem Kreis umfassten Strom. Dieser Zusammenhang kann auch als vektorielles Linienintegral geschrieben werden

$$\oint_{Kreis} \vec{H} \cdot d\vec{s} \overset{(5.17)}{=} \int_0^{2\pi} \vec{e}_\varphi \frac{I}{2\pi\rho} \cdot \vec{e}_\varphi \rho\, d\varphi = \frac{I}{2\pi} \int_0^{2\pi} d\varphi = I \,. \qquad (5.18)$$

Man beachte, dass die Richtung des vektoriellen Wegelementes d$\vec{s}$ (Integrationsrichtung) und die Stromrichtung (z-gerichteter Strom in dem Beispiel) im Sinne einer Rechtsschraube einander zugeordnet sind. Die Erfahrung zeigt nun, dass die Beziehung (5.18) verallgemeinert werden darf. Unter Beachtung der Zuordnung von Integrationsrichtung und Stromrichtung liefert das Wegintegral der magnetischen Feldstärke $\vec{H}$ längs eines beliebigen geschlossenen Weges der Kontur C mit dem gerichteten Wegelement d$\vec{s}$ immer den Gesamtstrom, der die von dem Integrationsweg umschlossene Fläche durchsetzt

$$\oint_C \vec{H} \cdot d\vec{s} = I \,. \qquad (5.19)$$

Diese Beziehung wird als **Oersted'sches Gesetz** (nach Hans Christian Oersted, 1777 – 1851) bezeichnet. Zur Veranschaulichung zeigt die ▶Abb. 5.9 nochmals den Fall mit mehreren Strömen. Mit der vorgegebenen Integrationsrichtung werden alle Ströme positiv bzw. negativ gezählt, wenn sie die Fläche A nach oben bzw. nach unten durchsetzen. Resultierend gilt das Ergebnis

$$\oint_C \vec{H} \cdot d\vec{s} = \sum_k I_k = I_1 + I_2 - I_3 \,. \tag{5.20}$$

Schließt man die einzelnen in der Abb. 5.9 nur abschnittsweise dargestellten Stromkreise, dann greift der geschlossene Integrationsweg mit jedem geschlossenen Stromkreis wie die Glieder einer Kette ineinander. Man spricht daher bei der Gl. (5.20) davon, dass das Umlaufintegral der magnetischen Feldstärke mit dem die Fläche durchsetzenden Strom **verkettet** ist.

Abbildung 5.9: Zum Oersted'schen Gesetz

Da die Summe der Ströme auf der rechten Seite der Gl. (5.20) die Fläche durchflutet, bezeichnet man diesen Ausdruck als **Durchflutung** und verwendet dafür die folgende Abkürzung

$$\Theta = \sum_k I_k \quad \rightarrow \quad \oint_C \vec{H} \cdot d\vec{s} = \Theta \,. \tag{5.21}$$

Während das Umlaufintegral der elektrischen Feldstärke beim elektrostatischen Feld nach Gl. (1.22) immer verschwindet, gilt dies beim magnetostatischen Feld nur für den Sonderfall, dass die Durchflutung verschwindet.

Das elektrostatische Feld haben wir in Kap. 1.8 als **Quellenfeld** bezeichnet. Da die magnetischen Feldlinien die Ströme umschließen, spricht man in diesem Fall von einem **Wirbelfeld**.

Im Oersted'schen Gesetz (5.19) ist keine Einschränkung hinsichtlich der räumlichen Verteilung des Stromes enthalten. Fließt der Strom insbesondere mit einer ortsabhängigen Dichte durch einen endlichen Leiterquerschnitt, dann muss der mit dem Umlaufintegral verkettete Strom nach Gl. (2.11) durch Integration der Stromdichte über die Querschnittsfläche berechnet werden

$$\oint_C \vec{H} \cdot d\vec{s} = \Theta = \iint_A \vec{J} \cdot d\vec{A} \,. \tag{5.22}$$

Diese verallgemeinerte Formulierung des Oersted'schen Gesetzes wird als **Durchflutungsgesetz** bezeichnet. Es gilt in dieser Form nur unter der bisherigen Voraussetzung zeitunabhängiger Felder. Unterschiedliche magnetische Materialeigenschaften entlang des Integrationsweges haben keinen Einfluss auf die Gültigkeit dieser Beziehung.

5.7 Die magnetische Feldstärke einfacher Leiteranordnungen

Das Oersted'sche Gesetz kann im Allgemeinen nicht zur Bestimmung der magnetischen Feldstärke verwendet werden, da aus der bekannten Durchflutung nur eine Aussage über das Umlaufintegral von $\vec{H}$, nicht aber über die ortsabhängige Verteilung der Feldstärke gemacht werden kann. Allerdings gibt es einige Ausnahmen, bei denen unter Ausnutzung von Symmetrieüberlegungen eine Bestimmung der magnetischen Feldstärke möglich ist. Einige Beispiele werden im folgenden Kapitel vorgestellt.

5.7.1 Unendlich langer kreisförmiger Linienleiter

Die magnetische Feldstärke $\vec{H}$ eines unendlich langen Linienleiters nimmt nach Gl. (5.17) mit dem reziproken Abstand vom Leiter ab. Umgekehrt wächst die Feldstärke bei Annäherung an den Leiter im Grenzfall $\rho \to 0$ über alle Grenzen. Dieses Problem entsteht jedoch nur bei dem physikalisch nicht durchführbaren Versuch, einen endlichen Strom I durch einen unendlich dünnen Querschnitt fließen zu lassen. Um den Einfluss der endlichen Leiterabmessung zu untersuchen, betrachten wir den in ▶Abb. 5.10 dargestellten Fall eines kreisförmigen Leiters mit endlichem Radius a. Zur Berechnung der magnetischen Feldstärke wird der Leiter in das zylindrische Koordinatensystem verlegt, wobei sein Mittelpunkt mit der z-Achse zusammenfallen soll.

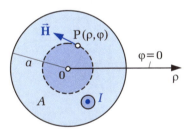

Abbildung 5.10: Magnetische Feldstärke bei kreisförmigem Drahtquerschnitt

Der z-gerichtete Gesamtstrom I sei homogen über die Querschnittsfläche $A = \pi a^2$ verteilt, so dass für die Stromdichte die Beziehung

$$\vec{J} = \begin{cases} \vec{e}_z I/\pi a^2 & \\ \vec{0} & \end{cases} \quad \text{für} \quad \begin{matrix} \rho \leq a \\ \rho > a \end{matrix} \quad (5.23)$$

gilt. Die Stromrichtung ist durch die innerhalb des Leiterquerschnitts eingezeichnete Pfeilspitze markiert. Aus Symmetriegründen kann es nur eine φ-gerichtete, allein von der Koordinate ρ abhängige Feldstärke $\vec{H} = \vec{e}_\varphi H(\rho)$ geben. Wir berechnen zunächst die Feldstärkeverteilung innerhalb des Leiters. Bildet man das Umlaufintegral der magnetischen Feldstärke entlang des in Abb. 5.10 gestrichelt eingezeichneten Kreises vom Radius $\rho < a$, dann muss dies nach dem Oersted'schen Gesetz dem von dem Umlaufintegral eingeschlossenen Strom entsprechen. Mit Gl. (5.22) gilt die Beziehung

$$\int_0^{2\pi} \underbrace{\vec{e}_\varphi H(\rho)}_{\vec{H}} \cdot \underbrace{\vec{e}_\varphi \rho d\varphi}_{d\vec{s}} = 2\pi \rho H(\rho) \stackrel{(5.22)}{=} \int_0^{2\pi}\int_0^\rho \underbrace{\vec{e}_z \frac{I}{\pi a^2}}_{\vec{J}} \cdot \underbrace{\vec{e}_z \rho d\rho d\varphi}_{d\vec{A}} = \frac{\rho^2}{a^2} I, \qquad (5.24)$$

aus der die magnetische Feldstärke innerhalb des Leiters unmittelbar bestimmt werden kann. Wendet man das Durchflutungsgesetz für den Bereich außerhalb des Leiters $\rho > a$ an, dann ist der gesamte Strom I mit dem Umlauf verkettet, so dass auf der rechten Seite der Gl. (5.24) der Wert I steht. Resultierend erhält man den Feldstärkeverlauf

$$\vec{H} = \vec{e}_\varphi \frac{I}{2\pi a} \begin{cases} \rho/a \\ a/\rho \end{cases} \quad \text{für} \quad \begin{array}{l} \rho \leq a \\ \rho \geq a \end{array}. \qquad (5.25)$$

Die magnetische Feldstärke steigt innerhalb des Leiters linear bis auf den Maximalwert $I/2\pi a$ an der Leiteroberfläche an und fällt außerhalb des Leiters mit dem reziproken Abstand vom Leitermittelpunkt ab. Auf der Oberfläche des Leiters $\rho = a$ ist die magnetische Feldstärke stetig, so dass hier beide Beziehungen (5.25) gültig sind. Die Ortsabhängigkeit der Feldstärke lässt sich leicht veranschaulichen, wenn man sie in den Ebenen $\varphi = 0$ und $\varphi = \pi$, d.h. auf der positiven und der negativen x-Achse darstellt. Wegen $\vec{e}_\varphi = -\vec{e}_x \sin\varphi + \vec{e}_y \cos\varphi = \pm\vec{e}_y$, wobei das positive (negative) Vorzeichen für den Bereich $x > 0$ ($x < 0$) gilt, erhält man hier nur eine y-Komponente mit dem in ▶Abb. 5.11 dargestellten Verlauf.

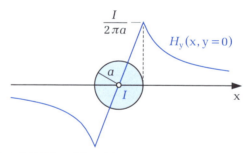

Abbildung 5.11: Magnetische Feldstärke auf der x-Achse

5.7.2 Toroidspule

Als zweites Beispiel soll das Feld in einem Ringkern berechnet werden, der gleichmäßig und dicht mit dünnem Draht bewickelt ist. Ein solches Bauelement bezeichnet man als Toroidspule. Die Feldstärke in dem Kern ist φ-gerichtet und aus Symmetriegründen von der Koordinate φ unabhängig.[6]

---

[6] In der Realität ist der Strom nicht gleichmäßig über die Oberfläche verteilt, sondern er fließt konzentriert in den Leitern. Zwischen den Leitern verschwindet die Stromdichte. Unter der Voraussetzung einer sehr dichten gleichmäßigen Bewicklung können wir den Strom als homogen verteilten *Strombelag* auf der Oberfläche auffassen und den Einfluss der bei *mikroskopischer* Betrachtungsweise ortsabhängigen Stromverteilung auf das Ergebnis vernachlässigen.

Die Querschnittsfläche des Toroids kann kreisförmig oder auch rechteckig sein (vgl. Abb. 5.28). Innerhalb des Toroids ist die magnetische Feldstärke nur von dem Achsabstand, d.h. von der in ▶Abb. 5.12 eingetragenen Koordinate ρ abhängig, so dass wir die Berechnung in den Koordinaten des Kreiszylinders durchführen.

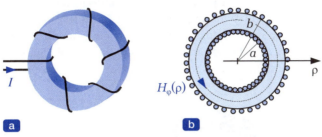

Abbildung 5.12: Toroidspule, a) prinzipieller Wickelaufbau b) Querschnitt durch dicht bewickelte Spule

Das Umlaufintegral der magnetischen Feldstärke innerhalb des Toroids umschließt nach Abb. 5.12b alle N Windungen. Der gewählte Umlaufsinn ist mit der Richtung des Stromes nach Abb. 5.12a bereits rechtshändig verknüpft, so dass mit der Durchflutung NI die Beziehung

$$NI = \Theta \stackrel{(5.21)}{=} \int_0^{2\pi} \vec{e}_\varphi H_\varphi(\rho) \cdot \vec{e}_\varphi \rho \, d\varphi = 2\pi \rho H_\varphi(\rho) \quad \rightarrow \quad \vec{H} = \vec{e}_\varphi \frac{NI}{2\pi \rho} \qquad (5.26)$$

für die magnetische Feldstärke innerhalb des Toroids gilt. Ist die Querschnittsfläche des Toroids klein gegenüber seinen sonstigen Abmessungen, d.h. Innen- und Außendurchmesser $2a$ und $2b$ unterscheiden sich nur unwesentlich, dann ist die magnetische Feldstärke im Inneren des Toroids praktisch konstant.

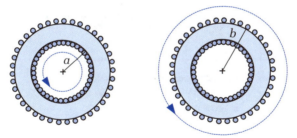

Abbildung 5.13: Zur Feldberechnung außerhalb des Toroids

Wählt man entsprechend ▶Abb. 5.13 den Integrationsweg außerhalb des Toroids, dann verschwindet die Durchflutung in allen Fällen

$$\Theta = 0 = \oint_C \vec{H} \cdot d\vec{s} = \oint_C \vec{e}_\varphi H_\varphi(\rho) \cdot \vec{e}_\varphi \rho \, d\varphi = 2\pi \rho H_\varphi(\rho). \qquad (5.27)$$

Wegen der φ-gerichteten, nur von der Koordinate ρ abhängigen Feldstärke $H_\varphi(\rho)$ verschwindet das Ergebnis auf der rechten Seite der Gleichung aber nur, wenn die Feldstärke verschwindet, d.h. der Raum außerhalb des Toroids ist feldfrei.

Bei einer genaueren Analyse stellt man allerdings fest, dass diese Aussage nur eingeschränkt gilt. Infolge der fortlaufenden Wicklung besitzen die nebeneinanderliegenden Windungen eine Steigungshöhe in Richtung der Zylinderkoordinate φ. Besonders deutlich ist diese Situation in der Abb. 5.12a zu erkennen. Bei einer einlagigen, über den gesamten Umfang verteilten Wicklung mit N Windungen nach ▶Abb. 5.14 beträgt die Steigungshöhe für jede Windung $2\pi/N$. Zur näherungsweisen Berechnung des Magnetfeldes außerhalb des Toroids kann man eine einzelne Stromschleife längs des Toroids, wie in Abb. 5.14 auf der rechten Seite dargestellt, annehmen. Das von dieser Schleife hervorgerufene unerwünschte *Streufeld* werden wir im Folgenden vernachlässigen.

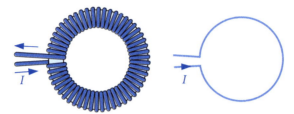

Abbildung 5.14: Einlagige Toroidspule

5.7.3 Lang gestreckte Zylinderspule

Als letztes Beispiel betrachten wir noch eine lang gestreckte Zylinderspule, die gleichmäßig und dicht mit dünnem Draht bewickelt ist. Diese üblicherweise als **Solenoid** bezeichnete Anordnung kann als Sonderfall einer Toroidspule mit unendlich großem Radius $a \to \infty$ angesehen werden.

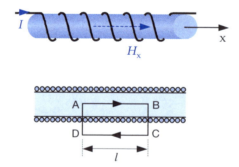

Abbildung 5.15: Lang gestreckte Zylinderspule

Zunächst sei der Fall einer in x-Richtung unendlich lang ausgedehnten Zylinderspule betrachtet. Die magnetische Feldstärke ist dann x-gerichtet und von der Koordinate x unabhängig. Da die Feldstärke außerhalb der Spule verschwindet (bzw. vernachlässigt wird), liefert das Umlaufintegral der magnetischen Feldstärke entlang des eingezeichneten Rechtecks nur zwischen den Punkten A und B einen nicht verschwindenden

Beitrag. Bezeichnen wir mit N die Anzahl der auf der Länge l vorhandenen Windungen, dann folgt aus dem Durchflutungsgesetz die homogene Feldstärkeverteilung

$$\vec{H} = \vec{e}_x \frac{NI}{l} \tag{5.28}$$

innerhalb der Spule. Für eine *endlich* lange Spule, bei der die Gesamtlänge noch immer sehr groß ist gegenüber dem Spulendurchmesser, erhält man den in ▶Abb. 5.16 dargestellten Feldverlauf.

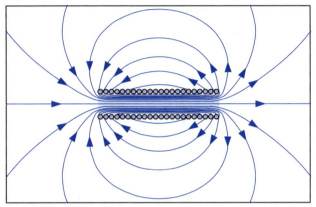

Abbildung 5.16: Lang gestreckte Zylinderspule

Im Spuleninneren ist die Feldstärke noch immer relativ homogen. An den Spulenenden tritt sie aus und schließt sich über den Außenraum. Der Betrag der Feldstärke ist im Außenraum erheblich kleiner als im Inneren der Spule. Das Feldbild der Spule ist identisch zu dem des Stabmagneten in Abb. 5.2, so dass man zu der folgenden Aussage gelangt:

> **Merke**
>
> Eine gleichstromdurchflossene Spule besitzt die gleichen magnetischen Eigenschaften wie ein Stabmagnet.

Diese Tatsache hat schon sehr früh Anlass zu der Vermutung gegeben, dass alle magnetischen Erscheinungen auf bewegte Ladungen zurückzuführen sind. Das Verhalten der Magnete lässt sich durch Kreisströme in den Atomen erklären. Die Elektronen umkreisen den Kern und besitzen zusätzlich eine Eigendrehung (Spin). Die gleich gerichtete Ausrichtung der Atome führt zu einer gleichsinnigen Überlagerung dieser Effekte und zu dem nach außen wirksamen Verhalten.

Die ▶Abb. 5.17 zeigt die beiden Situationen, in denen sich gleichnamige bzw. ungleichnamige Pole von Stabmagneten gegenüberstehen. Da die Feldlinien definitionsgemäß am Nordpol austreten und am Südpol wieder in den Magneten eintreten, müssen die im Inneren anzunehmenden Ströme die in der Abbildung dargestellten

Richtungen aufweisen. Man erkennt, dass die Ströme im Fall der beiden sich gegenüberstehenden ungleichnamigen Pole die gleiche Orientierung haben. Da sich nach den Aussagen in Kap. 5.4 gleich gerichtete Ströme anziehen, entgegengesetzt gerichtete Ströme aber abstoßen, lassen sich die beiden dargestellten Situationen durch die Annahme der atomaren Ströme unmittelbar erklären.

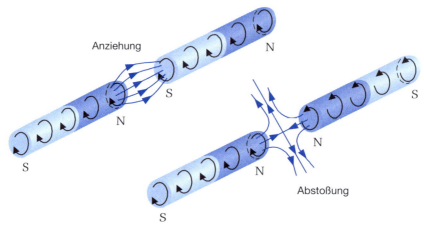

Abbildung 5.17: Kraftwirkungen zwischen Stabmagneten

5.8 Die magnetische Spannung

In Analogie zur elektrischen Spannung (1.30) wird die magnetische Spannung V_m der Dimension A zwischen zwei Punkten P_1 und P_2 als das Linienintegral der magnetischen Feldstärke definiert

$$V_{m12} = \int_{P_1}^{P_2} \vec{H} \cdot d\vec{s}. \quad (5.29)$$

Während das Umlaufintegral der elektrischen Feldstärke über einen geschlossenen Weg nach Gl. (1.22) verschwindet und damit die Summe aller Spannungen in einer Masche nach Gl. (3.4) ebenfalls Null wird, verschwindet das Umlaufintegral der magnetischen Spannung über eine geschlossene Kurve (man spricht von der magnetischen Umlaufspannung) nur dann, wenn der mit der eingeschlossenen Fläche verkettete Strom nach Gl. (5.22) ebenfalls verschwindet. Im anderen Fall erhält man aus dem Ringintegral die Durchflutung.

Für den Sonderfall, dass jedes Umlaufintegral in einem bestimmten Gebiet verschwindet, also kein resultierender Gesamtstrom mit einem Umlauf verkettet ist, folgt analog zum elektrostatischen Fall, dass die magnetische Spannung V_{m12} zwischen zwei Punkten P_1 und P_2 unabhängig vom Integrationsweg immer den gleichen Wert annimmt. Damit kann wiederum jedem Punkt eindeutig ein skalarer Wert zugeordnet werden, der als **magnetisches Skalarpotential** bezeichnet wird. Der Bezugspunkt ist wieder beliebig.

5.9 Der magnetische Fluss

In den vorangegangenen Kapiteln haben wir gesehen, dass aus der Kenntnis der magnetischen Flussdichte $\vec{B}$ Kräfte auf stromdurchflossene Leiter berechnet werden können. Es gibt aber noch weitere beobachtbare Wirkungen im Magnetfeld (vgl. Kap. 6), bei denen es z.B. darauf ankommt, wie viel Flussdichte die von einer Windung eingeschlossene Fläche durchsetzt.

In Analogie zur Elektrostatik bezeichnet man das Integral der Flussdichte $\vec{B}$ über eine Fläche A mit dem gerichteten Flächenelement $\vec{n}dA = d\vec{A}$ nach ▶Abb. 5.18 als den **magnetischen Fluss** Φ der Dimension Vs, der die Fläche A in Richtung der Flächennormalen $\vec{n}$ durchsetzt

$$\Phi = \iint_A \vec{B} \cdot d\vec{A} \ . \tag{5.30}$$

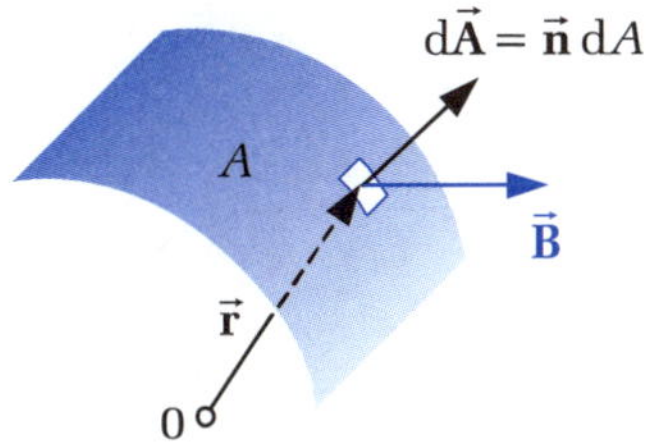

Abbildung 5.18: Magnetischer Fluss Φ durch die Fläche A

Das Integral der elektrischen Flussdichte über eine geschlossene Hüllfläche gibt die innerhalb des Volumens eingeschlossene Ladung an. Da es erfahrungsgemäß keine magnetischen Einzelladungen gibt, verschwindet das über eine geschlossene Hüllfläche berechnete Integral der magnetischen Flussdichte

$$\oiint_A \vec{B} \cdot d\vec{A} = 0 \ . \tag{5.31}$$

5.10 Die magnetische Polarisation

In Kap. 1.14 haben wir die Wirkung eines elektrostatischen Feldes auf nichtleitende Materie untersucht und festgestellt, dass die auf die einzelnen Ladungen wirkenden Coulomb'schen Kräfte zur Ausbildung von elektrischen Dipolen, d.h. zu einer Polarisation des dielektrischen Materials führen. Wir haben unterschieden zwischen der Elektronenpolarisation, die nur als Folge eines externen elektrischen Feldes auftritt und der Orientierungspolarisation, bei der die Moleküle bereits polarisiert sind, ihre statistische Verteilung infolge der Wärmebewegung aber keine nach außen feststellbare Wirkung hervorruft. Erst durch ein externes elektrisches Feld erfahren die Dipole ein Drehmoment und ihre mehrheitliche Orientierung in Richtung des Feldes führt auch makroskopisch gesehen zu einer messbaren Polarisation.

5 Das stationäre Magnetfeld

Betrachten wir nun die Situation im magnetostatischen Feld. In den Kapiteln 5.2 und 5.3 haben wir die Kraft auf stromdurchflossene Leiter bzw. auf bewegte Ladungen untersucht. Nach dem in Abb. 1.1 dargestellten vereinfachten Atommodell bewegen sich die Elektronen auf Kreisbahnen um den Kern. Diese Ladungsträgerbewegungen im atomaren Bereich können als elementare Stromschleifchen (Ampère'sche Kreisströme) aufgefasst werden. Zusätzlich besitzen die Elektronen eine als Spin bezeichnete Eigendrehung, die zu einem ähnlichen Verhalten führt wie die Bewegung auf der Umlaufbahn. Die Stromschleifchen erzeugen ein eigenes Magnetfeld und sie erfahren in einem externen magnetischen Feld Kräfte bzw. Drehmomente. Es muss jedoch darauf hingewiesen werden, dass die hier zugrunde gelegten Modelle nur eine grobe Vorstellung von dem Verhalten der Materie geben können, ein tiefer gehendes Verständnis ist nur im Rahmen der Quantenmechanik möglich.

An dieser Stelle führen wir zunächst den Begriff des **magnetischen Dipols** ein. Darunter versteht man eine kleine vom Strom I durchflossene Schleife, die eine ebene Fläche A umschließt (▶Abb. 5.19).

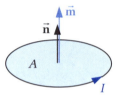

Abbildung 5.19: Magnetischer Dipol

Das Produkt aus Strom I und vektorieller Fläche $\vec{A}$ heißt **magnetisches Moment**

$$\vec{m} = \vec{n}\, I\, A = I\, \vec{A} \,. \tag{5.32}$$

Die Flächennormale $\vec{n}$ und der Umlaufsinn des Stromes sind rechtshändig miteinander verknüpft. In vielen Fällen wird die Größe

$$\vec{j} = \mu_0 \vec{m} = \mu_0 I\, \vec{A} \tag{5.33}$$

verwendet, die als **magnetisches Dipolmoment** bezeichnet wird. Befinden sich N magnetische Dipole in einem Volumen V, dann bezeichnet man die auf das Volumen bezogene vektorielle Summe der Momente als **Magnetisierung** $\vec{M}$

$$\vec{M} = \frac{1}{V} \sum_{n=1}^{N} \vec{m}_n \tag{5.34}$$

und in Analogie zur Elektrostatik heißt

$$\vec{J} = \frac{1}{V} \sum_{n=1}^{N} \vec{j}_n = \mu_0 \vec{M} \tag{5.35}$$

magnetische Polarisation[7].

---

[7] **Vorsicht:** Die magnetische Polarisation $\vec{J}$ der Dimension Vs/m² darf nicht mit der Stromdichte $\vec{J}$ der Dimension A/m² verwechselt werden.

In den Atomen tragen sowohl die Eigendrehung der Elektronen als auch ihre Bewegung auf der Umlaufbahn zu dem magnetischen Dipolmoment bei. Ein zusätzlicher Beitrag der Nukleonen ist im Allgemeinen zu vernachlässigen. Unter dem Einfluss eines äußeren Magnetfeldes werden sich die Dipole nach Möglichkeit so ausrichten, dass sie keine weitere Krafteinwirkung mehr erfahren. Nach Beispiel 5.1 tritt dieser Fall ein, wenn die Richtung des Dipols mit der Feldrichtung übereinstimmt.

Analog zur Gl. (1.65) in der Elektrostatik kann das makroskopisch betrachtete magnetische Verhalten des jeweiligen Materials durch eine Erweiterung der Beziehung (5.16) formelmäßig erfasst werden

$$\vec{B} = \mu_r \mu_0 \vec{H} = \mu \vec{H} \quad \text{mit} \quad \mu = \mu_r \mu_0 = \text{Permeabilität}. \tag{5.36}$$

Die Wirkung der im Einzelnen nicht zugänglichen molekularen Ströme wird so auf einfache Weise durch eine Materialkonstante μ_r beschrieben.

Bei gleicher magnetischer Feldstärke $\vec{H}$ wird sich die Flussdichte $\vec{B}$ umso stärker ändern, je mehr Dipole sich gleichsinnig orientieren. Der als **Permeabilitätszahl** bezeichnete reine Zahlenfaktor μ_r beschreibt das Verhältnis der magnetischen Flussdichte $\vec{B}$ im Material zu der Flussdichte im Vakuum bei gleicher magnetischer Feldstärke $\vec{H}$. In Luft gilt mit sehr hoher Genauigkeit $\mu_r = 1$. In der folgenden Tabelle ist die Permeabilitätszahl für verschiedene Materialien angegeben.

Tabelle 5.2

Permeabilitätszahl μ_r für verschiedene Materialien nach [16]

Diamagnetische Stoffe	μ_r	
Aluminiumoxid	0,999 986 4	
Kupfer	0,999 990 4	
Wasser	0,999 990 97	
Paramagnetische Stoffe	μ_r	
Aluminium	1,000 020 8	
Eisen 800°C	1,149	
Eisen 1200°C	1,002 59	
Sauerstoff	1,000 001 86	
Ferromagnetische Stoffe	Anfangswert $\mu_{r\,a}$ ($H=0$)	Maximalwert $\mu_{r\,\max}$
Baustahl	100	800 – 2 000
Permalloy 78,5 Ni, 3 Mo	6 000	70 000

Der Zusammenhang zwischen den beiden Feldvektoren $\vec{B}$ und $\vec{H}$ kann formelmäßig auch auf andere Weise erfasst werden. Ausgehend von der mikroskopischen Betrachtungsweise kann man sich die magnetische Flussdichte im Material nach Gl. (5.36) zusammengesetzt denken aus der Flussdichte $\vec{B} = \mu_0 \vec{H}$, die bereits im Vakuum vorliegt, und dem zusätzlich durch die Polarisation der elementaren Stromschleifen im Werkstoff verursachten Anteil $\vec{J}$

$$\vec{B} \stackrel{(5.36)}{=} \mu \vec{H} = \mu_0 \vec{H} + (\mu - \mu_0) \vec{H} = \mu_0 \vec{H} + \vec{J}. \tag{5.37}$$

Die Auflösung der Gl. (5.37) nach $\vec{J}$ liefert

$$\vec{J} = (\mu - \mu_0) \vec{H} = \mu_0 (\mu_r - 1) \vec{H} = \mu_0 \chi \vec{H}. \tag{5.38}$$

Die Differenz χ zwischen der Permeabilitätszahl $\mu_r = \mu/\mu_0$ der Materie und dem Wert 1 des Vakuums wird **magnetische Suszeptibilität** genannt. Die beiden Gleichungen (5.37) und (5.38) entsprechen in ihrem Aufbau völlig den Beziehungen (1.66) und (1.67).

Da in der Technik oft die Magnetisierung $\vec{M}$ anstelle der Polarisation $\vec{J}$ verwendet wird, sollen die entsprechenden Gleichungen auch für die Magnetisierung angegeben werden. Durch Einsetzen der Gl. (5.35) in die Gl. (5.37) folgt unmittelbar

$$\vec{B} = \mu_0 (\vec{H} + \vec{M}) \quad \text{und} \quad \vec{M} = \chi \vec{H}. \tag{5.39}$$

> **Merke**
>
> - Die magnetische Polarisation $\vec{J}$ beschreibt den Zuwachs der magnetischen Flussdichte im Material gegenüber Vakuum $\vec{J} = \vec{B} - \mu_0 \vec{H}$ bei gleicher magnetischer Feldstärke.
>
> - Die Magnetisierung $\vec{M}$ beschreibt die Abnahme der magnetischen Feldstärke im Material gegenüber Vakuum
>
> $$\vec{M} = \frac{1}{\mu_0} \vec{B} - \vec{H}$$
>
> bei gleicher Flussdichte.

Ähnlich wie bei der elektrischen Polarisation gibt es auch im magnetischen Feld mehrere Mechanismen, die zu einer Polarisation führen. Entsprechend der unterschiedlichen Auswirkungen auf das Materialverhalten werden die Werkstoffe in verschiedene Gruppen eingeteilt:

- Materialien mit $\mu_r < 1$, die das B-Feld geringfügig schwächen, bezeichnet man als **diamagnetisch**.
- Materialien mit $\mu_r > 1$, die das B-Feld geringfügig stärken, nennt man **paramagnetisch**.
- Im Gegensatz zu den beiden erstgenannten Gruppen gibt es Stoffe, insbesondere Eisen, Nickel und Kobalt, bei denen die Permeabilitätszahl sehr stark von 1 abweicht. Solche Materialien mit $\mu_r \gg 1$ heißen **ferromagnetisch**.

5.10.1 Diamagnetismus

Das unterschiedliche magnetische Verhalten der Werkstoffe in einem äußeren Magnetfeld hängt wesentlich von den atomaren magnetischen Dipolen ab. Stoffe, bei denen Dipolmomente nur infolge eines äußeren Magnetfeldes entstehen, werden als diamagnetisch bezeichnet. Bei diesen Stoffen kompensieren sich Spinmomente und Bahnmomente der Elektronen in einem Atom ohne äußeres Feld vollständig. Nach außen hin ist kein resultierendes magnetisches Moment erkennbar. Durch die Einwirkung eines äußeren Feldes wird die Elektronenbewegung beeinflusst. Infolge ihrer Drehbewegungen reagieren diese ähnlich einem Kreisel, auf den eine Kraft ausgeübt wird, mit einer Präzessionsbewegung. Das dadurch entstehende Moment ist nach der Lenz'schen Regel (nach H. F. E. Lenz, 1804 – 1865) dem verursachenden äußeren Feld entgegengerichtet, das Feld wird geschwächt. Bringt man einen diamagnetischen Körper in ein sehr starkes inhomogenes Magnetfeld, dann wird der Körper aus dem Feld herausgedrängt, d.h. im Gegensatz zum elektrostatischen Fall, bei dem ausschließlich Anziehungskräfte auf Dielektrika entstehen, können bei der magnetischen Polarisation auch Abstoßungskräfte auftreten.

Wegen der Feldschwächung bei den diamagnetischen Stoffen gilt $\mu_r < 1$ und die magnetische Suszeptibilität ist negativ. Für den Diamagnetismus gelten ähnliche Aussagen wie für die Elektronenpolarisation. Beide Effekte sind genau dann vorhanden, wenn sich die Atome in einem äußeren Magnetfeld bzw. in einem äußeren elektrischen Feld befinden. Diese Materialeigenschaft wird nicht von den thermischen Bewegungen der Atome beeinflusst, d.h. μ_r ist von der Temperatur unabhängig.

5.10.2 Paramagnetismus

Ein zur Orientierungspolarisation im elektrostatischen Feld ähnliches Verhalten zeigen die paramagnetischen Stoffe. Bei diesen Stoffen kompensieren sich Spinmomente und Bahnmomente in einem Atom auch bei nicht vorhandenem äußerem Feld nicht vollständig, d.h. ein einzelnes Atom verhält sich bereits wie ein magnetischer Dipol. Dieser Fall tritt bei Atomen mit einer ungeraden Anzahl von Elektronen auf. Wegen der zufälligen Verteilung der einzelnen Momente innerhalb eines Materials ist keine Gesamtwirkung nach außen feststellbar. Erst unter dem Einfluss eines äußeren Feldes werden die atomaren Dipole im statistischen Mittel in Richtung des Feldes ausgerichtet, wodurch das Magnetfeld verstärkt wird. Die in diesem Fall ebenfalls auftretenden diamagnetischen Effekte sind jedoch gegenüber den paramagnetischen Effekten zu vernachlässigen. Da die thermischen Bewegungen die Dipolausrichtung behindern, wird der paramagnetische Effekt nur bei entsprechend großen äußeren Magnetfeldern oder bei entsprechend niedriger Temperatur spürbar. Mit den technisch realisierbaren Magnetfeldstärken gelingt es nicht, alle Dipole entgegen der Wärmebewegung in Feldrichtung auszurichten, d.h. eine Sättigung wie bei den ferromagnetischen Stoffen tritt nicht auf. Wegen der Feldverstärkung gilt $\mu_r > 1$. Die magnetische Suszeptibilität ist bei den paramagnetischen Stoffen positiv und proportional zum Kehrwert der Temperatur $\chi \sim 1/T$. Wird das äußere Feld entfernt, dann gehen die Dipole infolge der thermischen Bewegungen wieder in den ungeordneten Zustand über.

Sowohl bei den diamagnetischen als auch bei den paramagnetischen Stoffen ist die Abweichung der Permeabilitätszahl von dem Wert 1 nur sehr gering. Daher werden diese Stoffe häufig als nicht magnetisch bezeichnet.

5.10.3 Ferromagnetismus

Auch bei dem für die technischen Anwendungen wichtigen Fall des Ferromagnetismus kompensieren sich die Beiträge von Spinmoment und Bahnmoment nicht vollständig. Im Unterschied zu den paramagnetischen Stoffen gibt es jedoch größere Bereiche (Größenordnungen im μm-Bereich), in denen die Dipole bereits parallel zueinander ausgerichtet sind (▶Abb. 5.20a). Diese so genannten **Weiß'schen Bezirke** (nach P. E. Weiß, 1865 – 1940) sind jedoch wiederum statistisch verteilt, so dass ohne ein äußeres Magnetfeld noch kein resultierendes Dipolmoment nach außen erkennbar ist. Die Übergangsbereiche zwischen den Weiß'schen Bezirken sind dünne Schichten, so genannte **Blochwände**, in denen sich die Orientierung der Dipole kontinuierlich von der Orientierung des einen Bereichs bis zur Orientierung des benachbarten Bereichs ändert.

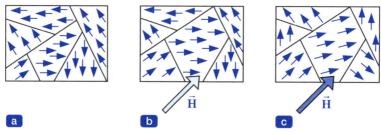

Abbildung 5.20: Weiß'sche Bezirke: a) ohne äußeres Magnetfeld, b) schwaches äußeres Magnetfeld, c) starkes äußeres Magnetfeld

Wird dieses Material in ein äußeres Magnetfeld gebracht, dessen Wert sich langsam von Null erhöht, dann dehnen sich die Weiß'schen Bezirke, deren Dipole näherungsweise in Richtung des äußeren Feldes zeigen, auf Kosten der anderen Bezirke aus (Abb. 5.20b). Dieser als Blochwandverschiebung bezeichnete Vorgang ist reversibel, d.h. der Zustand verschwindet, wenn das äußere Feld verschwindet. Zum leichteren Verständnis betrachten wir gleichzeitig die **Hysteresekurve** in ▶Abb. 5.21. In dieser Kurve ist die Flussdichte als Funktion der Feldstärke aufgetragen. Beim ersten Anlegen eines Feldes bewegt man sich ausgehend vom unmagnetischen Zustand ($H = 0$, $B = 0$) entlang der so genannten **Neukurve**. Der soeben beschriebene Vorgang befindet sich zwischen den Punkten 0 und 1 auf der Neukurve.

Bei weiter ansteigender äußerer Feldstärke erfolgen sprungartige Blochwandverschiebungen. Die einzelnen Bezirke klappen ihre Magnetisierungsrichtung derart um, dass die Dipole näherungsweise in Richtung des äußeren Feldes zeigen (Abb. 5.20c). Dieser

Vorgang ist irreversibel. Bei verschwindendem äußerem Feld behalten diese Bezirke zum Teil ihre neue Magnetisierungsrichtung bei. Dieser Vorgang spielt sich zwischen den Punkten 1 und 2 der Neukurve ab (steiler Kurvenverlauf). In der Praxis stellen die nummerierten Punkte auf der Hysteresekurve keine scharfe Abgrenzung zwischen den einzelnen Abschnitten dar, die Übergänge sind vielmehr fließend.

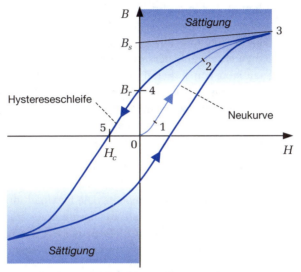

Abbildung 5.21: Magnetisierungskurve eines ferromagnetischen Materials

Wird die Feldstärke noch weiter erhöht, dann sind alle Bezirke umgeklappt und können nur noch möglichst genau in Feldrichtung gedreht werden. In dem Bereich zwischen den Punkten 2 und 3 geht die Magnetisierung in **Sättigung**. Bei Abnahme der äußeren Feldstärke ist diese Drehung wieder reversibel. Auch in dem Sättigungsbereich steigt die Flussdichte mit zunehmender magnetischer Feldstärke weiter an, allerdings spielt das Material dann keine Rolle mehr und die verbleibende geringe Steigung $\Delta B/\Delta H$ ist lediglich durch die Permeabilität des Vakuums μ_0 gegeben.

Bei einer anschließenden Reduzierung der äußeren Feldstärke auf den Wert Null wird der Kurvenbereich 3 – 4 durchlaufen. Interessanterweise reduziert sich die Flussdichte nicht ebenfalls auf den Wert Null, sondern es bleibt eine als **Remanenz** bezeichnete Restmagnetisierung B_r erhalten. Die Mehrheit der umgeklappten Bereiche bleibt noch in die gleiche Richtung orientiert. Erst mit einer Gegenfeldstärke von außen wird infolge der Umklappvorgänge in die Gegenrichtung die Remanenzinduktion nach und nach abgebaut. Bei der Gegenfeldstärke H_c (**Koerzitivfeldstärke**) heben sich die Orientierungen im Mittel wieder auf (Punkt 5). Bei weiter steigender Gegenfeldstärke bildet sich eine mehrheitliche Ausrichtung der Dipole in der neuen Feldrichtung aus. Dieser Vorgang führt bei den von außen angelegten wechselnden Magnetfeldern zu der in Abb. 5.21 dargestellten Hysteresekurve.

Materialien mit einer großen Koerzitivfeldstärke H_c, bei denen eine vollständige Entmagnetisierung nur mit einer entsprechend großen Gegenfeldstärke möglich ist, werden als magnetisch hart, Materialien mit einem kleinen Wert H_c als magnetisch weich bezeichnet.

Aus der Hystereseschleife ist zu erkennen, dass der Zusammenhang zwischen $\vec{B}$ und $\vec{H}$ bei den ferromagnetischen Stoffen nichtlinear ist. Die Permeabilität in der Beziehung (5.36) ist einerseits von dem verwendeten Material, andererseits von der äußeren Feldstärke, aber auch von der Temperatur und sogar von der Vorgeschichte abhängig. Das erkennt man daran, dass zu einem Feldstärkewert unterschiedliche Flussdichten gehören, je nachdem, ob man sich von höheren oder niedrigeren Feldstärkewerten dem augenblicklichen Zustand genähert hat. Die lineare Beziehung (5.36) kann daher nur als eine grobe Näherung angesehen werden, die aber umso genauer gilt, je enger die materialabhängige Hystereseschleife oder je kleiner die Aussteuerung, d.h. die Differenz zwischen Maximal- und Minimalwert der auftretenden magnetischen Feldstärke ist[8].

Zur quantitativen Beschreibung der Sättigung verwendet man die Sättigungsinduktion B_S. Diese erhält man als Schnittpunkt der Ordinate $H = 0$ mit der im Bereich der Sättigung an die Hystereseschleife gezeichneten Tangente. Die maximal im Material erreichbare Flussdichte kann nicht größer werden als die Summe aus der Flussdichte im Vakuum $\vec{B} = \mu_0 \vec{H}$ und der Sättigungsinduktion B_S. Genauso wie die Permeabilitätszahl ist auch die Sättigungsinduktion stark von der Temperatur abhängig.

Oberhalb einer bestimmten materialabhängigen Temperatur verlieren die Stoffe ihre ferromagnetischen Eigenschaften. Die Ursache liegt in den starken thermischen Bewegungen der einzelnen Atome, die dazu führt, dass die gemeinsame Orientierung in eine Richtung wieder verloren geht. Die Temperatur, bei der dieser Übergang stattfindet, wird **Curie-Temperatur** genannt (nach Marie Curie, 1867 – 1934) und liegt bei Eisen etwa bei 770°C.

5.10.4 Dauermagnete

Vor diesem Hintergrund lassen sich auch die Eigenschaften der **Dauermagnete** leicht verstehen. Hierbei handelt es sich z.B. um magnetisiertes Eisen, das sich noch im Remanenzzustand (Punkt 4 in Abb. 5.21) befindet. Der vorausgegangene Magnetisierungsvorgang kann entweder durch die Magnetfelder von Spulen oder durch das Bestreichen mit einem anderen Magneten erfolgt sein. Am besten geeignet für Dauermagnete sind Materialien mit einer möglichst hohen Remanenz (Stärke des Magneten) und einer hohen Koerzitivfeldstärke H_c (Dauerhaftigkeit des Magnetisierungszustandes), da diese nicht so leicht entmagnetisiert werden können.

---

[8] Bei der Berechnung der magnetischen Feldstärke einer Anordnung, die aus mehreren Einzelleitern besteht, werden die Beiträge der einzelnen Leiter an jedem Ort des Raumes vektoriell, d.h. nach Größe und Richtung, addiert. Diese Vorgehensweise ist nicht mehr zulässig, wenn der Zusammenhang zwischen Feldstärke und Flussdichte wie z.B. bei ferromagnetischen Stoffen nichtlinear ist.

An dieser Stelle kehren wir noch einmal zur Analogie bei den Feldverläufen von einem Stabmagneten nach Abb. 5.2 und einer Zylinderspule nach Abb. 5.16 zurück. Aus dem gleichen Feldverlauf im Außenbereich der beiden Komponenten haben wir in Abb. 5.17 die Anziehung bzw. Abstoßung zwischen den Magnetpolen durch die Kräfte zwischen den gleichsinnig oder gegensinnig fließenden Strömen in den Windungen *auf der Oberfläche* der Zylinderspule erklärt. Wie aber ist es zu verstehen, dass sich ein massiver Stabmagnet genauso verhält wie eine Anordnung, bei der die Ströme ausschließlich auf der Oberfläche fließen? Betrachten wir dazu die ▶Abb. 5.22. Da sich das Eisen noch im Remanenzzustand befindet, können wir die Dipole zur Vereinfachung als gleichsinnig orientiert ansehen. Natürlich ist die Situation im mikroskopischen Bereich, ähnlich wie bei der elektrischen Polarisation, äußerst kompliziert. Die atomaren Kreisströme sind von Punkt zu Punkt sehr unterschiedlich, d.h. die in Gl. (5.34) definierte Magnetisierung gilt nicht für einen beliebigen Punkt innerhalb des Materials, sondern lediglich als Mittelwert über einen Bereich, dessen Ausdehnung wesentlich größer als die Abmessungen der Atome sein muss.

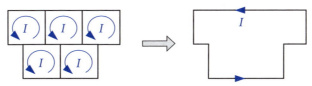

Abbildung 5.22: Homogene Verteilung magnetischer Dipole

Vom Standpunkt einer makroskopischen Betrachtungsweise aus können wir aber das mittlere magnetische Dipolmoment über eine hinreichend große Anzahl von Atomen durch eine kleine Stromschleife beschreiben, die wir zum leichteren Verständnis quadratisch darstellen. Die Orientierung der Dipolmomente ist in der Abb. 5.22 senkrecht zur Zeichenebene angenommen. Unter der Voraussetzung einer homogenen Magnetisierung werden alle elementaren Stromschleifen vom gleichen Strom I durchflossen. An den Stoßstellen jeweils zweier benachbarter Schleifen sind die Ströme immer entgegengesetzt gerichtet, d.h. ihre Wirkungen heben sich innerhalb des Materials gegenseitig auf. Lediglich auf der äußeren Berandung gibt es keine gegensinnig gerichteten Ströme, so dass die auf der linken Seite der Abb. 5.22 dargestellten elementaren Stromschleifen in ihrer Wirkung durch die Gesamtschleife auf der rechten Seite der Abbildung ersetzt werden können (vgl. dazu auch Abb. 1.27). Einen Beitrag zum Magnetfeld erhält man somit nur von dem resultierenden Strom auf der äußeren Berandung der Anordnung. Damit wird auch deutlich, warum sich der zylinderförmige, in Richtung der Achse magnetisierte Stabmagnet genauso verhält wie die Zylinderspule.

5.11 Das Verhalten der Feldgrößen an Grenzflächen

In diesem Abschnitt werden wir das Verhalten der beiden Feldgrößen $\vec{B}$ und $\vec{H}$ an den Sprungstellen der Materialeigenschaften etwas genauer untersuchen.

Dazu betrachten wir die Oberfläche A des in der ▶Abb. 5.23 dargestellten quaderförmigen Körpers, der aus einem Material der Permeabilität μ_1 besteht und sich im umgebenden Raum der Permeabilität μ_2 befindet. Die Feldgrößen in den beiden Bereichen werden durch die gleichen Indizes gekennzeichnet wie die Permeabilitäten.

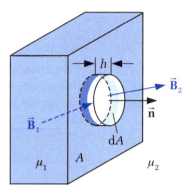

Abbildung 5.23: Grenzfläche mit Sprung der Permeabilität

Im ersten Schritt wollen wir das Verhalten der Normalkomponenten (Index n) untersuchen. Zu diesem Zweck legen wir um die Trennfläche zwischen den beiden Materialien einen kleinen Flachzylinder der verschwindenden Höhe $h \to 0$. Da das Hüllflächenintegral der Flussdichte nach Gl. (5.31) verschwindet und der Zylindermantel wegen $h \to 0$ keinen Beitrag liefert, muss der Fluss durch das elementare Flächenelement dA auf beiden Seiten der Trennfläche gleich sein

$$B_{n1} dA = B_{n2} dA \quad \to \quad B_{n1} = B_{n2} \ . \tag{5.40}$$

Die Stetigkeit der Normalkomponente der Flussdichte erfordert aber wegen der auf beiden Seiten unterschiedlichen Permeabilität einen Sprung in der Normalkomponente der magnetischen Feldstärke

$$B_{n1} = \mu_1 H_{n1} = B_{n2} = \mu_2 H_{n2} \quad \to \quad \mu_1 H_{n1} = \mu_2 H_{n2} \ . \tag{5.41}$$

Im zweiten Schritt soll das Verhalten der Tangentialkomponenten (Index t) untersucht werden. Zu diesem Zweck betrachten wir das in ▶Abb. 5.24 um die Trennfläche gelegte Rechteck mit der elementaren Seitenlänge ds und der wiederum verschwindenden Abmessung $h \to 0$. Da mit dem Umlaufintegral der magnetischen Feldstärke entlang dieses Rechtecks kein Strom verkettet ist, muss es nach Gl. (5.22) verschwinden. Wegen $h \to 0$ liefern nur die Seiten ds einen Beitrag, so dass die Tangentialkomponente der magnetischen Feldstärke auf beiden Seiten der Trennfläche den gleichen Wert aufweist

$$H_{t1} ds - H_{t2} ds = 0 \quad \to \quad H_{t1} = H_{t2} \ . \tag{5.42}$$

5.11 Das Verhalten der Feldgrößen an Grenzflächen

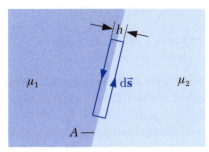

Abbildung 5.24: Grenzfläche mit Sprung der Permeabilität

Die Stetigkeit der Tangentialkomponente der magnetischen Feldstärke erfordert aber wegen der auf beiden Seiten unterschiedlichen Permeabilität einen Sprung in der Tangentialkomponente der Flussdichte

$$H_{t1} = \frac{1}{\mu_1} B_{t1} = H_{t2} = \frac{1}{\mu_2} B_{t2} \quad \rightarrow \quad \boxed{\frac{B_{t1}}{B_{t2}} = \frac{\mu_1}{\mu_2}} . \tag{5.43}$$

Zusammengefasst gilt die Aussage:

> **Merke**
>
> Bei einer sprunghaften Änderung der Permeabilität auf einer Fläche der Normalen $\vec{n}$ sind die Normalkomponente der magnetischen Flussdichte B_n und die Tangentialkomponente der magnetischen Feldstärke H_t stetig. Die Forderungen für die beiden anderen Komponenten B_t und H_n ergeben sich aus den Beziehungen $\vec{B}_1 = \mu_1 \vec{H}_1$ und $\vec{B}_2 = \mu_2 \vec{H}_2$.

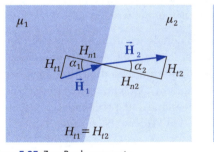 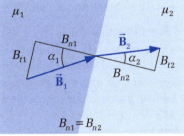

Abbildung 5.25: Zum Brechungsgesetz

Diese Zusammenhänge sind in ▶Abb. 5.25 nochmals dargestellt. Aus den Beziehungen

$$\frac{\tan\alpha_1}{\tan\alpha_2} = \frac{H_{t1}}{H_{n1}} \frac{H_{n2}}{H_{t2}} \stackrel{(5.42)}{=} \frac{H_{n2}}{H_{n1}} \quad \text{bzw.} \quad \frac{\tan\alpha_1}{\tan\alpha_2} = \frac{B_{t1}}{B_{n1}} \frac{B_{n2}}{B_{t2}} \stackrel{(5.40)}{=} \frac{B_{t1}}{B_{t2}} \tag{5.44}$$

folgt für beide Feldvektoren das gleiche Brechungsgesetz

$$\frac{\tan \alpha_1}{\tan \alpha_2} = \frac{H_{n2}}{H_{n1}} = \frac{B_{t1}}{B_{t2}} = \frac{\mu_1}{\mu_2}. \tag{5.45}$$

Wir betrachten noch den Sonderfall, dass einer der Teilräume aus ferromagnetischem, d.h. hochpermeablem Material besteht. Lässt man die Permeabilität des Teilraumes 1 gegen unendlich gehen $\mu_1 \to \infty$, dann bleibt die Flussdichte $\vec{B}_1$ endlich und die Feldstärke muss wegen Gl. (5.36) im hochpermeablen Material verschwinden. Weiterhin folgt aus Gl. (5.42) unmittelbar, dass $H_{t2} = 0$ und mit Gl. (5.36) auch $B_{t2} = 0$ gelten muss. Die Tangentialkomponenten von Flussdichte und Feldstärke verschwinden auf der Oberfläche des hochpermeablen Raumes. Wir haben hier ein ähnliches Verhalten wie bei der elektrischen Feldstärke an leitenden Oberflächen.

> **Merke**
>
> Magnetische Feldstärke und Flussdichte stehen senkrecht auf der Oberfläche eines hochpermeablen Körpers. Innerhalb desselben gilt $\vec{H} = \vec{0}$.

5.12 Die Analogie zwischen elektrischem und magnetischem Kreis

Wir haben bereits gesehen, dass es viele Größen beim elektrischen und beim magnetischen Feld gibt, die einander entsprechen. In diesem Kapitel wollen wir den zum elektrischen Stromkreis analogen magnetischen Kreis betrachten. Die ▶Abb. 5.26 zeigt auf der linken Seite einen aus einem Material der Leitfähigkeit κ bestehenden Körper, der sich aus vier Schenkeln mit rechteckigem Querschnitt zusammensetzt. Wird an der eingezeichneten Trennstelle mithilfe zweier Elektroden eine Spannung U_0 angelegt, dann stellt sich ein Strom I ein, der nun berechnet werden soll.

Der erste Schritt besteht darin, die dreidimensionale Anordnung durch ein möglichst einfaches Ersatzschaltbild zu ersetzen. Wir nehmen an, dass der Strom homogen über den jeweiligen Schenkelquerschnitt verteilt fließt und dass die Leiterlänge der gestrichelt eingezeichneten mittleren Weglänge entspricht[9]. Unter dieser Voraussetzung kann jeder Schenkel durch einen ohmschen Widerstand entsprechend Gl. (2.27) ersetzt werden. Mit dem Zählindex $i = 1 \ldots 5$ gilt für den Widerstand im i-ten Leiterabschnitt der Ausdruck

$$R_i \stackrel{(2.27)}{=} \frac{l_i}{\kappa A_i}, \tag{5.46}$$

---

[9] In der Praxis wird sich der Strom insbesondere in den Ecken nicht mehr homogen verteilen, d.h. die hier durchgeführte Rechnung liefert eine Näherungslösung, die aber umso genauer ist, je größer die Schenkellängen gegenüber den Querschnittsabmessungen sind.

5.12 Die Analogie zwischen elektrischem und magnetischem Kreis

in dem l_i die eingezeichnete mittlere Schenkellänge und A_i die Querschnittsfläche des i-ten Schenkels bedeuten. Mithilfe des Ohm'schen Gesetzes kann der gesuchte Strom I aus dem zugehörigen Ersatzschaltbild berechnet werden

$$\oint_C \vec{E} \cdot d\vec{s} = 0 \overset{(3.4)}{=} -U_0 + I\sum_{i=1}^{5} R_i \quad \rightarrow \quad I = \frac{U_0}{R_1 + R_2 + R_3 + R_4 + R_5}. \qquad (5.47)$$

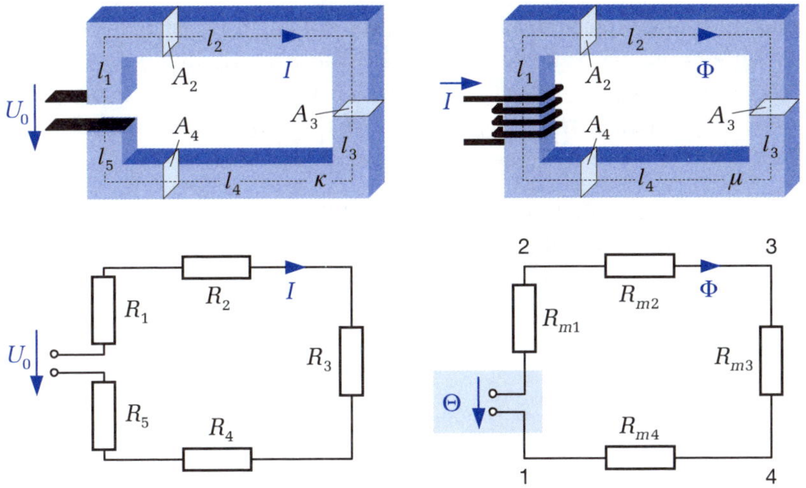

Abbildung 5.26: Elektrischer und magnetischer Kreis

Betrachten wir nun den magnetischen Kreis auf der rechten Seite der Abb. 5.26. Dabei soll angenommen werden, dass der Körper aus ferromagnetischem Material mit $\mu_r \gg 1$ besteht. Innerhalb des hochpermeablen Materials ist die tangential zur Oberfläche gerichtete Flussdichtekomponente entsprechend der Randbedingung (5.43) um den Faktor μ_r größer als in dem umgebenden Raum, d.h. der Fluss wird in dem hochpermeablen Material geführt und darf im umgebenden Raum vernachlässigt werden. Lassen wir auch in diesem Fall den besonderen Flussverlauf in den Ecken unberücksichtigt, dann darf eine homogene Feldverteilung über den Querschnitt des jeweiligen Schenkels angenommen werden. Der magnetische Fluss ist ebenso wie der Strom eine skalare Größe. Es wurde vereinbart, den Strom positiv zu zählen, wenn die Stromdichte die betrachtete Querschnittsfläche in Richtung der Flächennormalen durchsetzt (vgl. Kap. 3.1). Analog dazu wird der magnetische Fluss positiv gezählt, wenn die Flussdichte $\vec{B}$ die Querschnittsfläche in Richtung der Flächennormalen durchsetzt. Für den Schenkel 1 gilt mit Gl. (5.30)

$$\Phi_1 \overset{(5.30)}{=} B_1 A_1 \overset{(5.36)}{=} \mu_r \mu_0 H_1 A_1 = \mu H_1 A_1. \qquad (5.48)$$

Wie aus dem verschwindenden Hüllflächenintegral der Stromdichte (3.5) die Kirchhoff'sche Knotenregel (3.7) folgte, so folgt jetzt aus dem verschwindenden Hüllflächenintegral der Flussdichte (5.31) die Forderung, dass die Summe aller zu einem Knoten hinfließenden Flüsse gleich sein muss zu der Summe aller von dem Knoten wegfließenden Flüsse. Der Begriff Knoten bezieht sich jetzt allgemein auf eine Verzweigung mehrerer Schenkel. In dem hier vorliegenden Sonderfall existiert keine Verzweigung, so dass der magnetische Fluss in allen Schenkeln gleich groß ist (analog zu dem überall gleichen Strom in einem Stromkreis mit nur einer einzigen Masche). Resultierend muss gelten

$$\Phi_1 = \Phi_2 = \Phi_3 = \Phi_4 = \Phi \quad \rightarrow \quad H_1 A_1 = H_2 A_2 = H_3 A_3 = H_4 A_4 \,. \tag{5.49}$$

Das Umlaufintegral der magnetischen Feldstärke entlang des gestrichelt eingezeichneten Weges auf der rechten Seite der Abb. 5.26 liefert nach Gl. (5.22) die Durchflutung

$$\oint_C \vec{H} \cdot d\vec{s} = \underbrace{H_1 l_1}_{V_{m12}} + \underbrace{H_2 l_2}_{V_{m23}} + \underbrace{H_3 l_3}_{V_{m34}} + \underbrace{H_4 l_4}_{V_{m41}} \stackrel{(5.22)}{=} \Theta = NI \tag{5.50}$$

mit $N=4$ gemäß dem Beispiel in der Abbildung. Mithilfe der Gl. (5.29) kann die Durchflutung als Summe der magnetischen Spannungen in den Schenkeln dargestellt werden. Die Indizes bei V_m korrespondieren mit den Bezeichnungen an den Ecken des Ersatzschaltbildes. Aus den Beziehungen (5.48) bis (5.50) erhält man für jeden Schenkel eine Gleichung, z.B.

$$V_{m23} \stackrel{(5.50)}{=} H_2 l_2 \stackrel{(5.48)}{=} \frac{l_2}{\mu A_2} \Phi = R_{m2} \Phi \quad \text{mit} \quad R_m = \frac{l}{\mu A} \,, \tag{5.51}$$

die völlig analog zum Ohm'schen Gesetz $U = RI$ im elektrischen Stromkreis aufgebaut ist. Der magnetische Widerstand R_m, der auch als **Reluktanz** bezeichnet wird, ist genauso wie der elektrische Widerstand proportional zur Länge l und umgekehrt proportional zur Materialeigenschaft (Permeabilität) und zum Querschnitt A. Trotz des gleichen Aufbaus der Beziehungen ergibt sich bei der Berechnung der magnetischen Netzwerke in der Praxis jedoch eine zusätzliche Schwierigkeit. Während die elektrische Leitfähigkeit κ eine vom Strom unabhängige Materialkonstante ist, hängt die Permeabilität μ entsprechend der Hysteresekurve vom magnetischen Fluss ab.

Die Beziehung

$$V_m = R_m \Phi \tag{5.52}$$

heißt **Ohm'sches Gesetz des magnetischen Kreises**. Entsprechend der Gl. (2.32) definiert man auch den **magnetischen Leitwert** der Dimension Vs/A

$$\Lambda_m = \frac{1}{R_m} = \frac{\mu A}{l} \tag{5.53}$$

als den Kehrwert des magnetischen Widerstandes. Denkt man sich die Durchflutung als erregende Quelle ebenfalls in das Ersatzschaltbild eingetragen, wie z.B. in Abb. 5.26 angedeutet[10], dann kann mit diesem magnetischen Kreis in der gleichen Weise wie mit einem elektrischen Netzwerk gerechnet werden. Man beachte die Beziehung

---

10 Die Differenz aus dem Umlaufintegral der magnetischen Feldstärke und der Durchflutung liefert immer den Wert Null.

5.12 Die Analogie zwischen elektrischem und magnetischem Kreis

zwischen der Zählrichtung der Durchflutung (Generatorzählpfeilsystem) und dem den Fluss verursachenden Strom auf der rechten Seite der Abb. 5.26. Mit dem Ersatzschaltbild gelten dann insbesondere die den Kirchhoff'schen Gleichungen analogen Beziehungen. Die der Maschenregel des elektrischen Kreises (5.47) entsprechende Beziehung lautet jetzt

$$\oint_C \vec{H} \cdot d\vec{s} - \Theta \stackrel{(5.21)}{=} 0 = \Phi \sum_i R_{mi} - \Theta \quad \rightarrow \quad \boxed{\Theta = \sum_{Masche} R_m \Phi = \sum_{Masche} V_m} \, . \quad (5.54)$$

Für den Stromknoten gilt analog zu (3.7) die Beziehung

$$\sum_{Knoten} \Phi = 0 \, . \quad (5.55)$$

Diese Gleichungen werden in späteren Kapiteln bei der Berechnung von Induktivitäten und deren Kopplungen benötigt. In der folgenden Tabelle sind noch einmal die Beziehungen für den elektrischen und den magnetischen Kreis gegenübergestellt.

Tabelle 5.3

Gegenüberstellung der Beziehungen für elektrisches und magnetisches Netzwerk

Bezeichnung	Elektrisches Netzwerk	Magnetisches Netzwerk
Leitfähigkeit	κ	μ
Widerstand	$R = \dfrac{l}{\kappa A}$	$R_m = \dfrac{l}{\mu A}$
Leitwert	$G = \dfrac{1}{R}$	$\Lambda_m = \dfrac{1}{R_m}$
Spannung	$U_{12} = \int_{P_1}^{P_2} \vec{E} \cdot d\vec{s}$	$V_{m12} = \int_{P_1}^{P_2} \vec{H} \cdot d\vec{s}$
Strom bzw. Fluss	$I = \iint_A \vec{J} \cdot d\vec{A} = \kappa \iint_A \vec{E} \cdot d\vec{A}$	$\Phi = \iint_A \vec{B} \cdot d\vec{A} = \mu \iint_A \vec{H} \cdot d\vec{A}$
Ohm'sches Gesetz	$U = RI$	$V_m = R_m \Phi$
Maschengleichung (Abb. 5.26)	$U_0 = \sum_{Masche} RI$	$\Theta = \sum_{Masche} R_m \Phi$
Knotengleichung	$\sum_{Knoten} I = 0$	$\sum_{Knoten} \Phi = 0$

5.13 Die Induktivität

In Kap. 1.17 haben wir den Kondensator als ein Bauelement kennen gelernt, in dem elektrische Energie gespeichert werden kann. Diese Fähigkeit haben wir als Kapazität bezeichnet. Sie ist eine das Bauelement charakterisierende Eigenschaft und stellt in dem formelmäßigen Zusammenhang $Q = CU$ die Proportionalitätskonstante zwischen der Ladung bzw. dem nach Gl. (1.36) insgesamt von einer Kondensatorplatte ausgehenden elektrischen Fluss und der angelegten Spannung dar.

Die Fähigkeit, magnetische Energie zu speichern, wird als **Induktivität** bezeichnet. Die Bauelemente mit dieser Eigenschaft werden **Spule**, Drossel oder auch selbst Induktivität genannt. Zum besseren Verständnis betrachten wir die in ▶Abb. 5.27 dargestellte Stromschleife. Der Strom erzeugt ein magnetisches Feld, das proportional zu dem Wert des Stromes ist. Die Richtung eines positiven Stromes und die Richtung des Magnetfeldes sind im Sinne einer Rechtsschraube einander zugeordnet.

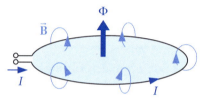

Abbildung 5.27: Stromschleife mit angedeutetem Verlauf des Magnetfeldes

In völliger Analogie zum Kondensator wird das Verhältnis aus dem gesamten magnetischen Fluss zu dem ihn verursachenden Strom als Induktivität L bezeichnet

$$\Phi = LI \ . \tag{5.56}$$

Bleibt die Frage zu beantworten, wie der gesamte von der Stromschleife erzeugte magnetische Fluss berechnet werden kann. Beim Kondensator haben wir eine geschlossene Hüllfläche um die Kondensatorplatte mit der positiven Ladung gelegt und die elektrische Flussdichte nach außen über diese Hüllfläche integriert. Das Ergebnis war identisch zu der Ladung auf der eingeschlossenen Kondensatorplatte.

Bei der Stromschleife muss ebenfalls die gesamte von dem Strom erzeugte Flussdichte integriert werden. Bei der in Abb. 5.27 dargestellten Anordnung wird die magnetische Feldstärke bzw. die zu ihr proportionale Flussdichte die von der Schleife nach innen aufgespannte Fläche in der angegebenen Richtung durchsetzen. Da jeder Stromkreis in sich geschlossen ist, definiert der *dünne* stromführende Leiter eindeutig eine Kurve im Raum, die die Berandung für eine ansonsten beliebig geformte Fläche festlegt. Über diese Fläche ist die Flussdichte zu integrieren. Die Form der Fläche spielt für das Ergebnis wegen Gl. (5.31) keine Rolle, solange ihre Berandung mit der Stromschleife identisch ist.

Zählt man bei der Berechnung des Flusses die eingezeichnete Richtung als positiv, d.h. Flächennormale und Zählrichtung des Stromes sind im Sinne einer Rechtsschraube einander zugeordnet, dann ergeben sich automatisch positive Werte für die Induktivität.

5.13 Die Induktivität

Die Induktivität hat die gleiche Dimension Vs/A wie der magnetische Leitwert. Wegen der großen Bedeutung wird eine eigene Bezeichnung Henry (nach Joseph Henry, 1797 – 1878) für die Dimension der Induktivität eingeführt 1 H = 1 Vs/A (vgl. Tabelle D.2).

> **Merke**
>
> Unter der Induktivität L versteht man das Verhältnis aus dem gesamten die Stromschleife durchsetzenden magnetischen Fluss zu dem den Fluss verursachenden Strom. Sie ist ein Maß für die Fähigkeit einer Anordnung, magnetische Energie zu speichern.

Die exakte Berechnung der Induktivität für eine vorgegebene Leiteranordnung ist nur in wenigen Ausnahmefällen leicht durchführbar. Ein Problem besteht darin, dass sich die Integration des Flusses über eine Fläche erstreckt, die von dem Strom berandet wird. Wir haben aber bereits in Kap. 5.7.1 gesehen, dass der endliche Leiterquerschnitt bei der Berechnung der magnetischen Feldstärke berücksichtigt werden muss. Wegen der unterschiedlichen Gleichungen zur Beschreibung der magnetischen Flussdichte müssen die Bereiche innerhalb und außerhalb des Leiters getrennt betrachtet werden. Wir kommen auf diese Besonderheit in Kap. 5.13.2 zurück.

5.13.1 Induktivität der Ringkernspule

Die dicht bewickelte Ringkernspule (Toroidspule) gehört zu den Anordnungen, bei denen eine sehr genaue Berechnung der Induktivität mit relativ geringem Aufwand möglich ist. Wir betrachten einen aus einem Material der Permeabilität $\mu \gg \mu_0$ bestehenden Ringkern mit den in ▶Abb. 5.28 angegebenen Abmessungen.

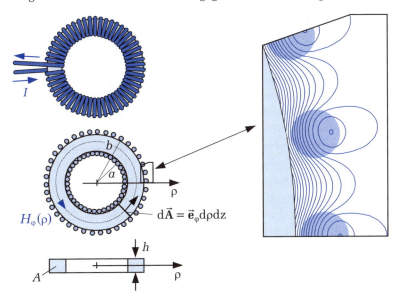

Abbildung 5.28: Ringkernspule mit Feldverteilung im Bereich der Leiter

Zur Berechnung der Induktivität wird ein Strom durch die Spule angenommen, der sich später wegen der Proportionalität von Fluss und Strom aus der Beziehung (5.56) wieder wegkürzt. Bezeichnet N die Anzahl der Windungen, dann ist die magnetische Feldstärke innerhalb des Ringkerns durch die Beziehung (5.26) gegeben. Da wir jetzt sowohl den Fluss durch die Querschnittsfläche A des Ringkerns als auch den Fluss durch die von der Leiterschleife aufgespannte Fläche benötigen, wird zur besseren Unterscheidung der magnetische Fluss Φ_A durch die im Bild dargestellte Querschnittsfläche $A = (b-a)h$ mit einem Index A gekennzeichnet. Diesen Fluss findet man mit Gl. (5.30) zu

$$\Phi_A \stackrel{(5.30)}{=} \iint_A \vec{B} \cdot d\vec{A} \stackrel{(5.36)}{=} \mu \iint_A \vec{H} \cdot d\vec{A} \stackrel{(5.26)}{=} \frac{\mu N I}{2\pi} \int_{z=0}^{h} \int_{\rho=a}^{b} \vec{e}_\varphi \frac{1}{\rho} \cdot \vec{e}_\varphi d\rho\, dz = \frac{\mu N I h}{2\pi} \ln \frac{b}{a}. \qquad (5.57)$$

Zur Berechnung der Induktivität nach Gl. (5.56) muss aber der Fluss Φ durch die gesamte von der Leiterschleife aufgespannte Fläche, man spricht von dem insgesamt *mit der Spule verketteten Fluss*, berechnet werden. Die Leiterschleife setzt sich aus der Summe aller von den einzelnen Windungen aufgespannten Teilflächen zusammen. Jede einzelne Windung umschließt den Kern genau einmal und wird daher von dem Fluss Φ_A in Gl. (5.57) durchsetzt. Bei der vorliegenden Anordnung sind alle Windungen gleich aufgebaut und werden auch von dem gleichen Fluss durchströmt. Der mit der Spule verkettete Fluss kann unter dieser Voraussetzung durch einfache Multiplikation der Windungszahl N mit dem Fluss durch den Kernquerschnitt Φ_A berechnet werden

$$\Phi = N \Phi_A . \qquad (5.58)$$

Für die Induktivität der Toroidspule gilt dann die Beziehung

$$L \stackrel{(5.56)}{=} \frac{\Phi}{I} = \frac{N \Phi_A}{I} = N^2 \frac{\mu h}{2\pi} \ln \frac{b}{a} . \qquad (5.59)$$

Zu diesem Ergebnis sind einige zusätzliche Anmerkungen erforderlich:

- Bei der Berechnung des Flusses wurde nur die innerhalb des permeablen Ringkerns liegende Querschnittsfläche berücksichtigt. In der Praxis werden derartige Kerne aus hochpermeablem Material mit $\mu_r \gg 1$ hergestellt. Aus diesem Grund kann auf die exakte Berechnung der Flussverteilung außerhalb des Kerns in unmittelbarer Umgebung der Windungen (hier gilt $\mu = \mu_0$) verzichtet werden, da dieser Beitrag zur Induktivität zu vernachlässigen ist. Um zumindest einen Eindruck von dem komplizierten Feldlinienverlauf im Bereich der Windungen zu erhalten, zeigt Abb. 5.28 für einen kleinen Ausschnitt das Feldbild in diesem Bereich.

- Genauso wie die Kapazität hängt auch die Induktivität prinzipiell nur von der Geometrie der Anordnung (Abmessungen und Windungszahl) sowie von der Materialeigenschaft μ ab. Während aber die dielektrischen Materialeigenschaften ε relativ unabhängig von den verschiedenen physikalischen Einflussgrößen sind, muss bei den Induktivitäten die Abhängigkeit der Permeabilität von der Temperatur, von der Frequenz, von der Materialaussteuerung, d.h. von dem Strom sowie von der Vorgeschichte entsprechend der Hysteresekurve in Abb. 5.21 berücksichtigt werden.

- Die Induktivität L ist proportional zu dem *Quadrat* der Windungszahl N, d.h. große Induktivitätswerte lassen sich nicht nur mit großen Permeabilitäten, sondern auch mit großen Windungszahlen erreichen. Es ist allerdings zu beachten, dass dieses Ergebnis auf einigen Näherungen beruht, die in vielen praktischen Fällen nur noch eingeschränkt gelten. Im vorliegenden Beispiel kommt der quadratische Zusammenhang dadurch zustande, dass jede Windung nach Gl. (5.57) den gleichen Beitrag zum Fluss Φ_A im Kern liefert und dass nach Gl. (5.58) alle Windungen gleichermaßen von diesem Fluss Φ_A durchströmt werden.

An dieser Stelle soll zunächst noch eine Näherungslösung für die Induktivität der Ringkernspule in Abb. 5.28 angegeben werden, auf die wir später noch einmal zurückgreifen. Wir nehmen vereinfachend an, dass die magnetische Feldstärke in dem Ringkern überall den gleichen Wert aufweist. Diese Annahme ist umso besser erfüllt, je kleiner die Dicke des Ringkerns $b - a$ ist. Unter dieser Voraussetzung kann der Kreisumfang $2\pi\rho$ in Gl. (5.26) durch eine mittlere Weglänge $l_m = 2\pi(a + b)/2$ ersetzt werden. Für die Feldstärke gilt dann näherungsweise

$$\vec{H} \stackrel{(5.26)}{=} \vec{e}_\varphi \frac{NI}{l_m} = \vec{e}_\varphi \frac{NI}{\pi(a+b)}. \tag{5.60}$$

Den Fluss durch den Kern (5.57) erhält man dann durch einfache Multiplikation der überall gleichen Flussdichte μH mit dem Kernquerschnitt $A = (b - a)h$

$$\Phi_A = \mu H A = \mu \frac{NI}{l_m} A \tag{5.61}$$

und anstelle der exakten Induktivität (5.59) gilt die Näherungsbeziehung

$$L = \frac{N\Phi_A}{I} = N^2 \frac{\mu A}{l_m} = N^2 \frac{\mu h}{\pi} \frac{b-a}{b+a}, \tag{5.62}$$

die für $b - a \ll a$ (Dicke des Ringes klein gegenüber dem Radius, d.h. homogenes Feld im Kern) wegen $\ln(b/a) = \ln(1 + (b - a)/a) \approx (b - a)/a$ auch unmittelbar aus der exakten Gl. (5.59) hergeleitet werden kann.

5.13.2 Induktivität einer Doppelleitung

Als weiteres Beispiel, bei dem jetzt aber die Flussdichte innerhalb des Drahtes nicht mehr vernachlässigt werden kann, soll die Induktivität einer Doppelleitung berechnet werden. Zur Vereinfachung betrachten wir die Anordnung hinsichtlich der Koordinate z (senkrecht zur Zeichenebene) als eben, d.h. die Doppelleitung wird als unendlich lang angenommen und die Induktivität wird pro Längeneinheit der Koordinate z berechnet. Die Abmessungen sind in ▶Abb. 5.29 angegeben.

Zur Berechnung der Induktivität nach Gl. (5.56) wird ein Strom $\pm I$ in der Doppelleitung angenommen und der zugehörige Fluss berechnet. Die Abb. 5.29 zeigt die von den Leitern hervorgerufene y-gerichtete magnetische Feldstärke in der Ebene y = 0 (vgl. Abb. 5.11). Der Fluss durch die von den beiden Leitern aufgespannte Querschnittsfläche setzt sich aus den Beiträgen der beiden Leiter zusammen, die als Integral der Flussdichte über die Fläche aus Symmetriegründen gleich groß sein müssen.

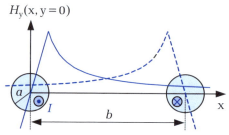

Abbildung 5.29: Unendlich lange Doppelleitung

Es genügt also, den Fluss nach ▶Abb. 5.30 infolge des linken Leiters zu berechnen und das Ergebnis später mit dem Faktor 2 zu multiplizieren.

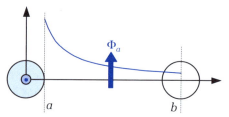

Abbildung 5.30: Zur Berechnung des äußeren Flusses Φ_a

Die Feldstärke infolge des linken Leiters ist nach Gl. (5.25) bekannt. In der Halbebene $y = 0$, $x > 0$ gilt wegen $\vec{e}_\varphi = \vec{e}_y$ die Beziehung

$$H_y \stackrel{(5.25)}{=} \frac{I}{2\pi a} \cdot \begin{cases} x/a & \text{für} \quad x \leq a \\ a/x & \quad\quad\, x \geq a \end{cases}. \tag{5.63}$$

Bei dieser Anordnung ist zu beachten, dass die Feldstärke innerhalb des Leiters eine andere Abhängigkeit von der x-Koordinate aufweist als außerhalb und dass die Feldlinien innerhalb des linken Leiters nur einen Teil des Stromes I umfassen, d.h. die Durchflutung ist bei einem derartigen Umlauf kleiner als I. Die Berechnung des Flusses nach Gl. (5.30) wird daher in zwei Anteile aufgeteilt, einerseits in die Berechnung des *äußeren* Flusses durch die Querschnittsfläche $a \leq x \leq b$, d.h. von der Oberfläche des linken Leiters bis zum Mittelpunkt des rechten Leiters, und andererseits in die Berechnung des *inneren* Flusses im Bereich $0 \leq x \leq a$, d.h. innerhalb des linken Leiters. Entsprechend dieser Flussaufteilung setzt sich auch die nach Gl. (5.56) zu berechnende Induktivität aus zwei Beiträgen zusammen, die als **äußere** bzw. **innere Induktivität** bezeichnet werden.

Dem nach Gl. (5.30) berechneten äußeren Fluss

$$\Phi_a \stackrel{(5.30)}{=} \int_{z=0}^{l}\int_{x=a}^{b} \underbrace{\vec{e}_y \mu_0 H_y}_{\vec{B}} \cdot \underbrace{\vec{e}_y \, dx\, dz}_{d\vec{A}} \stackrel{(5.63)}{=} \mu_0 \frac{Il}{2\pi} \int_{x=a}^{b} \frac{1}{x} dx = \frac{\mu_0 Il}{2\pi} \ln \frac{b}{a} \tag{5.64}$$

wird gemäß Gl. (5.56) die äußere Induktivität zugeordnet

$$L_a \stackrel{(5.56)}{=} \frac{\Phi_a}{I} = \frac{\mu_0 l}{2\pi} \ln\frac{b}{a}. \qquad (5.65)$$

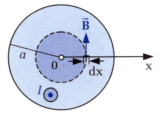

Abbildung 5.31: Zur Berechnung des inneren Flusses Φ_i

Zur Berechnung des inneren Flusses betrachten wir die ▶Abb. 5.31. An der Stelle $x < a$ innerhalb des Leiters liefert die Flussdichte mit Gl. (5.63) den Beitrag

$$d\Phi_i = B_y dx\, dz = \frac{\mu_0 I\, x}{2\pi a^2} dx\, dz \qquad (5.66)$$

zum Fluss. Jetzt ist aber zu beachten, dass die im Bild gestrichelt eingezeichnete zugehörige Feldlinie nur den Anteil des Stromes umfasst, der sich innerhalb der Feldlinie befindet. Dieser Strom ist aber im Verhältnis der beiden Kreisflächen, d.h. um den Faktor $(x/a)^2$ kleiner als der als Bezugswert I verwendete Gesamtstrom in Gl. (5.56). Das bedeutet aber, dass der mit dem Fluss nach Gl. (5.66) berechnete Induktivitätsbeitrag um genau diesen Faktor zu groß wird. Zur Korrektur wird der differentielle Fluss (5.66) mit dem gleichen Faktor multipliziert (gewichtet). Mit anderen Worten bedeutet das, dass der Fluss, der nur einen Teil des Stromes umschließt, auch nur anteilsmäßig zur Gesamtinduktivität beiträgt[11]. Die anschließende Integration über den Leiterradius liefert als Ergebnis den inneren Fluss, dem die innere Induktivität zugeordnet ist

$$L_i \stackrel{(5.66)}{=} \frac{1}{I}\int_{z=0}^{l}\int_{x=0}^{a}\frac{x^2}{a^2}B_y dx\, dz = \frac{\mu_0 l}{2\pi a^4}\int_0^a x^3 dx = \frac{\mu_0 l}{8\pi}. \qquad (5.67)$$

Interessanterweise ist das Ergebnis (5.67) unabhängig von dem Leiterradius a. Die Gesamtinduktivität der Doppelleitung (pro Längeneinheit) setzt sich wegen der Beiträge von Hin- und Rückleiter aus dem doppelten Wert der bisher berechneten inneren und äußeren Induktivität zusammen

$$\frac{L}{l} = \frac{2(L_i + L_a)}{l} = \frac{\mu_0}{\pi}\left(\frac{1}{4} + \ln\frac{b}{a}\right). \qquad (5.68)$$

Dieses Ergebnis ist als Funktion des Leiterabstandes b in ▶Abb. 5.32 für verschiedene Leiterradien a dargestellt. Mit wachsendem Leiterabstand nimmt der Fluss Φ_a in Abb. 5.30 durch die größer werdende Querschnittsfläche zu und in gleichem Maße steigt

---

11 Dass die Einbeziehung des Gewichtsfaktors in das Integral (5.67) zum richtigen Ergebnis führt, werden wir im Beispiel 6.4 nochmals zeigen, in dem die innere Induktivität aus der im Draht gespeicherten magnetischen Energie berechnet wird.

dann auch die Induktivität der Doppelleitung. Aus der Abb. 5.30 ist ebenfalls zu erkennen, dass auch eine Reduzierung des Leiterradius a eine Zunahme von Φ_a, d.h. von der äußeren Induktivität bedeutet. Wegen der von a unabhängigen inneren Induktivität steigt die Gesamtinduktivität auch mit kleiner werdendem Leiterradius an.

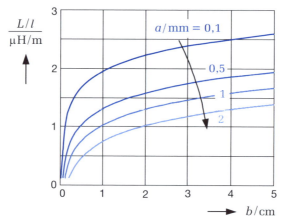

Abbildung 5.32: Induktivität der Doppelleitung pro Längeneinheit

Für die spätere Praxis kann man sich den Wert $L/l = 1$ µH/m für eine Doppelleitung mit Drahtradius $a = 1$ mm und Leiterabstand $b = 1$ cm gut merken.

An dieser Stelle ist noch eine ergänzende Bemerkung zur Aufteilung der Induktivität in die beiden Anteile L_i und L_a erforderlich. In dem bisherigen Beispiel mit zwei unendlich langen Drähten wurde die Fläche zur Berechnung des äußeren Flusses in Abb. 5.30 durch die Oberfläche des ersten *stromführenden* Leiters und die Mitte des zweiten *stromlosen* Leiters begrenzt. Diese Situation ist perspektivisch in ▶Abb. 5.33a dargestellt.

Die Induktivität einer Leiterschleife lässt sich aber auch aus der im Magnetfeld gespeicherten Energie (vgl. Kap. 6.5) berechnen. Damit lässt sich zeigen, dass die aus der bisherigen Aufteilung in den Beitrag des Hinleiters und anschließende Multiplikation mit dem Faktor 2 erhaltene Induktivität (5.68) nicht nur für den Sonderfall $b \gg a$ gilt, sondern auch dann noch richtig ist, wenn sich der Drahtradius a dem halben Leiterabstand b annähert.

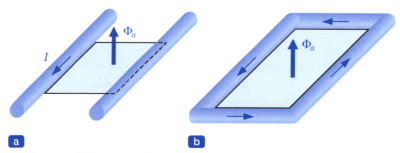

Abbildung 5.33: a) Unendlich lange Doppelleitung, b) Endliche Leiterschleife

Bei einer *endlichen* Leiterschleife gemäß Abb. 5.33b ist diese Aufteilung nicht durchführbar, d.h. für die Berechnung führt die gesamte Schleife gleichzeitig Strom und die Fläche zur Integration der Flussdichte verläuft dann zwangsläufig mit ihrem gesamten Rand entlang der Oberfläche der Leiterschleife.

Übertragen auf das vorliegende Beispiel der Doppelleitung hätte sich die Querschnittsfläche in Abb. 5.30 also nur noch über den Bereich $a \leq x \leq b - a$ erstreckt. Dadurch entsteht ein prinzipieller Fehler, so dass die Aufteilung in eine innere und eine äußere Induktivität bei einer Flächenberandung gemäß Abb. 5.33b als Näherungslösung anzusehen ist. Für eine allgemeine Leiterkontur ist das Ergebnis umso ungenauer, je größer der Drahtdurchmesser im Vergleich zur Schleifenabmessung ist. In den vielen praktischen Fällen mit den aus „dünnen" Drähten bestehenden Leiterschleifen ist der dadurch entstehende Fehler im Ergebnis jedoch zu vernachlässigen.

5.14 Der magnetische Kreis mit Luftspalt und der A_L-Wert

Im Zusammenhang mit der Induktivität der Toroidspule nach Gl. (5.59) haben wir bereits die Probleme mit den nichtlinearen Eigenschaften der Permeabilität diskutiert. Mit wachsenden Durchflutungen NI steigt die magnetische Feldstärke nach Gl. (5.26) entsprechend an. Wird das Kernmaterial dabei bis in den Bereich der Sättigung ausgesteuert (Abb. 5.21), dann reduziert sich die Permeabilität (diese entspricht nach Gl. (5.36) der Steigung der *B-H* Kurve) und in gleichem Maße reduziert sich der Wert der Induktivität. Dieses Problem lässt sich dadurch vermeiden, dass in den Kern ein Luftspalt eingebaut wird (▶Abb. 5.34).

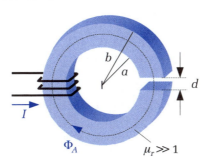

Abbildung 5.34: Ringkernspule mit Luftspalt

Dieser magnetische Kreis kann nach Kap. 5.12 genauso behandelt werden wie ein elektrischer Stromkreis. Die Durchflutung $\Theta = NI$ können wir in Abb. 5.34 als bekannt voraussetzen. Der gesamte magnetische Widerstand besteht aus der Reihenschaltung des magnetischen Widerstandes des Ringkerns R_{mK} und des magnetischen Widerstandes des Luftspalts R_{mL}.

Aus der Maschenregel (5.54) folgt für die in ▶Abb. 5.35 dargestellte Ersatzanordnung der Zusammenhang

$$\Theta = \left(R_{mK} + R_{mL}\right) \Phi_A = R_m \Phi_A . \tag{5.69}$$

5 Das stationäre Magnetfeld

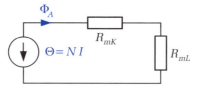

Abbildung 5.35: Ersatzschaltung

Zur besseren Unterscheidung zwischen dem magnetischen Fluss Φ_A durch die Querschnittsfläche A des Kerns und dem später benötigten mit den N Windungen der Spule verketteten Gesamtfluss verwenden wir wieder den Index A.

Die Bestimmung der beiden Widerstände erfolgt mithilfe der Gl. (5.51). Mit der mittleren Länge $l_m \approx \pi(a+b) - d$ des Ringkerns und dessen Querschnittsfläche $A = (b-a)h$ ist der magnetische Widerstand des Kerns durch

$$R_{mK} \stackrel{(5.51)}{=} \frac{l_m}{\mu A} = \frac{l_m}{\mu_r \mu_0 A} \tag{5.70}$$

gegeben. Die Berechnung des magnetischen Widerstandes R_{mL} ist nur in Sonderfällen leicht durchführbar. Im allgemeinen Fall wird sich das Magnetfeld in den umgebenden Luftraum ausdehnen (▶Abb. 5.36), so dass die wirksame Querschnittsfläche im Luftspalt größer ist als im Kern.

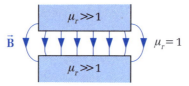

Abbildung 5.36: Magnetfeld in der Umgebung des Luftspalts

Wir setzen daher voraus, dass die Luftspaltlänge d klein ist gegenüber den Querschnittsabmessungen. In diesem Fall darf angenommen werden, dass das Feld homogen im Luftspalt verteilt ist und das Feld außerhalb des Luftspalts nur wenig zum Gesamtfluss beiträgt und daher vernachlässigt werden kann. Der magnetische Widerstand des Luftspalts beträgt dann

$$R_{mL} = \frac{d}{\mu_0 A}. \tag{5.71}$$

Nach Zusammenfassung der Gleichungen (5.69) bis (5.71)

$$\Theta \stackrel{(5.21)}{=} NI = \left(\frac{l_m}{\mu_r \mu_0 A} + \frac{d}{\mu_0 A}\right)\Phi_A = \frac{1}{\mu_r \mu_0 A}(l_m + d\,\mu_r)\Phi_A \tag{5.72}$$

kann der magnetische Fluss im Kern angegeben werden

$$\Phi_A \stackrel{(5.69)}{=} \frac{\Theta}{R_m} \stackrel{(5.72)}{=} NI \frac{\mu_r \mu_0 A}{l_m + d\,\mu_r}. \tag{5.73}$$

Zur Berechnung der Induktivität kann wieder davon ausgegangen werden, dass alle Windungen von dem gleichen Fluss Φ_A durchströmt werden. Für die Induktivität der Anordnung 5.34 gilt dann die Beziehung

$$L = \frac{N\Phi_A}{I} \stackrel{(5.73)}{=} N^2 \frac{\mu_r \mu_0 A}{l_m + d\mu_r}, \qquad (5.74)$$

die sich für $d = 0$, d.h. bei nicht vorhandenem Luftspalt, unmittelbar in die Gl. (5.62) überführen lässt.

An dieser Gleichung ist ein weiterer Vorteil des Luftspalts zu erkennen. Durch einen Feinabgleich mithilfe der Luftspaltlänge d kann die Induktivität sehr genau auf einen gewünschten Wert eingestellt werden.

Zur Berechnung der Induktivität (5.74) wird wieder das Quadrat der Windungszahl mit einem Faktor multipliziert, in dem ausschließlich Abmessungen und Materialeigenschaften enthalten sind. Da dieser Ausdruck für jeden beliebigen Kern ermittelt werden kann, wird von den Herstellern in den Datenblättern für jeden Kern mit zugehörigem Material und zugehöriger Luftspaltgröße ein so genannter A_L-**Wert** der Dimension nH angegeben, mit dessen Hilfe die Induktivität ebenfalls in nH nach der einfachen Beziehung

$$\boxed{L = N^2 A_L} \qquad (5.75)$$

berechnet werden kann. Die Dimensionierung einer Spule wird dadurch wesentlich vereinfacht.

Aus den bereits weiter oben angegebenen Gleichungen findet man, dass der A_L-Wert dem magnetischen Leitwert des Kerns bzw. dem Kehrwert des magnetischen Widerstandes entspricht

$$L \stackrel{(5.74)}{=} \frac{N\Phi_A}{I} \stackrel{(5.73)}{=} \frac{N\Theta}{I R_m} \stackrel{(5.21)}{=} \frac{N^2}{R_m} \stackrel{(5.53)}{=} N^2 \Lambda_m \quad \rightarrow \quad \boxed{A_L = \Lambda_m = \frac{1}{R_m}}. \qquad (5.76)$$

5.14.1 Zusammenhang von Luftspaltlänge und Windungszahl

Ein Vergleich der Beziehungen (5.70) und (5.71) zeigt, dass bereits ein sehr kleiner Luftspalt den magnetischen Widerstand des Kreises deutlich erhöht. Nach Gl. (5.74) kann die zu realisierende Induktivität L mit unterschiedlichen Kombinationen von Windungszahl N und Luftspaltlänge d realisiert werden. Für einen größeren Luftspalt, d.h. für einen größeren magnetischen Widerstand, werden entsprechend mehr Windungen benötigt.

Mit der Querschnittsfläche $A = (b-a)h$ und der mittleren Länge $l_m \approx \pi(a+b) - d$ des Ringkerns lässt sich die erforderliche Windungszahl durch Umstellen der Gl. (5.74) angeben

$$N = \sqrt{L \frac{l_m + d\mu_r}{\mu_r \mu_0 A}} = \sqrt{L \frac{\pi(a+b) + d(\mu_r - 1)}{\mu_r \mu_0 (b-a) h}}. \qquad (5.77)$$

Um den Luftspalteinfluss besser einschätzen zu können, wollen wir ein konkretes Zahlenbeispiel untersuchen.

Beispiel 5.2: Zahlenbeispiel

Gegeben sei ein aus Ferritmaterial der Permeabilität $\mu = \mu_r\mu_0$ mit $\mu_r = 2\,000$ bestehender Ringkern mit Innenradius $a = 1,5$ cm und Außenradius $b = 2,5$ cm nach Abb. 5.34 und mit der Höhe $h = 1$ cm. Der Ringkern kann mit einem Luftspalt der Länge d in dem Bereich $0 \leq d \leq 2$ mm hergestellt werden. Die Windungszahl N ist in Abhängigkeit von der Luftspaltlänge so zu wählen, dass die Spule eine Induktivität $L = 0,5$ mH besitzt. Zur Vereinfachung soll das Feld im Bereich des Luftspalts bei allen Rechnungen als homogen angenommen werden.

Lösung:

Die Auswertung der Gl. (5.77) liefert mit den angegebenen Daten den in ▶Abb. 5.37 dargestellten Zusammenhang. Da der magnetische Widerstand des Luftspalts wegen $\mu_r = 1$ sehr viel größer ist als der magnetische Widerstand des Kerns mit $\mu_r = 2\,000$, hat bereits ein sehr kleiner Luftspalt einen beträchtlichen Einfluss auf die Windungszahl. Bei einer mittleren Kernlänge von $l_m \approx 125$ mm erzwingt ein Luftspalt von lediglich 2 mm eine Erhöhung der Windungszahl von $N = 16$ auf $N = 90$ zur Realisierung der gleichen Induktivität.

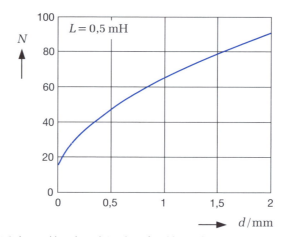

Abbildung 5.37: Windungszahl N als Funktion der Luftspaltlänge d

Die Frage nach der optimalen Kombination von N und d muss aufgrund anderer Kriterien, z.B. durch die entstehenden Verluste oder durch die Sättigung des Kernmaterials, entschieden werden.

5.14.2 Zusammenhang von Luftspaltlänge und Flussdichte

In diesem Abschnitt wollen wir die Vermeidung der Sättigung des Kernmaterials mithilfe eines Luftspalts untersuchen. Die Hysteresekurve in Abb. 5.21 wird bei großen Aussteuerungen immer flacher, die Steigung der Kurve $\Delta B/\Delta H = \mu_r \mu_0$ fällt im Extremfall bis auf den Wert $\Delta B/\Delta H = \mu_0$ ab, d.h. die Permeabilitätszahl fällt von $\mu_r > 1\,000$ um mehrere Zehnerpotenzen auf $\mu_r = 1$ ab. Bei nicht vorhandenem Luftspalt $d = 0$ ist aber die Induktivität nach Gl. (5.74) direkt proportional zu μ_r. Als Konsequenz ist die Induktivität eines derartigen Bauelements sehr stark von der Aussteuerung des Kernmaterials, d.h. von dem Strom durch das Bauelement abhängig. Diese Nachteile lassen sich vermeiden, wenn die Flussdichte auch bei dem maximal auftretenden Spulenstrom wesentlich kleiner als die Sättigungsinduktion B_s bleibt. In diesem Fall kann μ_r nur noch einen eingeschränkten Wertebereich als Folge eines sich ändernden Stromes durchlaufen.

Wir berechnen zunächst allgemein die Flussdichte im Kern für eine Windungszahl N

$$B \stackrel{(5.30)}{=} \frac{\Phi_A}{A} \stackrel{(5.62)}{=} \frac{LI}{NA} \tag{5.78}$$

und erhalten dann unter Einbeziehung der Gl. (5.77) einen Zusammenhang

$$B = \frac{LI}{NA} \stackrel{(5.77)}{=} I\sqrt{\frac{L}{A} \cdot \frac{\mu_r \mu_0}{l_m + d\,\mu_r}}, \tag{5.79}$$

der die Flussdichte in Abhängigkeit von der Luftspaltlänge für den Sonderfall des Ringkerns darstellt.

Beispiel 5.3: Zahlenbeispiel

Für die Daten aus Beispiel 5.2 soll die Flussdichte im Kern als Funktion der Luftspaltlänge berechnet werden. Die Auswertung soll für einen Strom $I = 1$ A und unter der vereinfachenden Annahme durchgeführt werden, dass die Permeabilitätszahl $\mu_r = 2000$ von der Flussdichte B unabhängig sei[12].

Lösung:

Nach Auswertung der Gl. (5.79) erhalten wir das in ▶Abb. 5.38 dargestellte Ergebnis.

---

[12] Streng genommen müssten wir μ_r in Gl. (5.79) entsprechend der Hysteresekurve als Funktion von B ansehen, was die Auswertung zwar deutlich erschwert, den prinzipiellen Zusammenhang in Abb. 5.38 aber nicht beeinflusst.

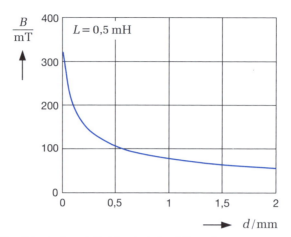

Abbildung 5.38: Flussdichte im Kern als Funktion der Luftspaltlänge d

Bei Ferritkernen liegt die Sättigungsinduktion abhängig vom Material und von der Temperatur im Bereich 300 – 450 mT. Aus der Abb. 5.38 ist zu erkennen, dass die maximale Flussdichte bereits mit kleinen Luftspalten, z.B. $d = 1$ mm, erheblich reduziert werden kann, im vorliegenden Beispiel fast auf ein Viertel des Wertes bei fehlendem Luftspalt.

Fassen wir die wesentlichen Ergebnisse aus diesem Kapitel noch einmal zusammen:

Merke

Die Eigenschaften einer mit einem hochpermeablen Kern hergestellten Induktivität werden durch Einfügen eines kleinen Luftspalts stark beeinflusst:

- Zur Realisierung eines vorgegebenen Induktivitätswertes wird eine wesentlich höhere Anzahl von Windungen benötigt.

- Die Flussdichte im Kern nimmt stark ab, d.h. die Sättigung des Kernmaterials kann vermieden werden.

- Die Abhängigkeit der Induktivität L von den nichtlinearen Eigenschaften des Kernmaterials, z.B. von der Temperatur oder von der Aussteuerung, d.h. von dem Spulenstrom, wird wesentlich geringer.

5.15 Praktische Ausführungsformen von Induktivitäten

Ähnlich wie bei den Kondensatoren und Widerständen gibt es auch bei den Spulen je nach Anwendungsfall sehr unterschiedliche Bauformen. Allerdings ist die Verfügbarkeit vorgefertigter induktiver Komponenten auf standardisierte Anwendungen begrenzt. In der überwiegenden Zahl der Fälle werden Spulen und auch die in Kap. 6.7 zu behandelnden Transformatoren wegen der Vielfalt unterschiedlicher Anforderungen an das Bauelement für die jeweilige Applikation speziell dimensioniert. Zu diesem Zweck stehen die unterschiedlichsten Bauformen von Kernen aus unterschiedlichen hochpermeablen Materialien mit zugehörigen Wickelkörpern sowie eine große Vielfalt von lackisolierten Kupferdrähten als Volldraht, als Litzedraht oder auch als Kupfer- oder Aluminiumflachband zur Verfügung. Einige häufig verwendete Bauformen werden in den folgenden Abschnitten betrachtet.

5.15.1 Drahtgewickelte Luftspulen

Eine sehr einfache Bauform besitzen die Luftspulen. Auf einen meist zylindrischen Wickelkörper aus Kunststoff werden mehrere Windungen eines Kupferrunddrahtes neben- bzw. übereinander gewickelt. Die ▶Abb. 5.39 zeigt den Querschnitt durch verschiedene Luftspulen mit unterschiedlichen Wickelanordnungen.

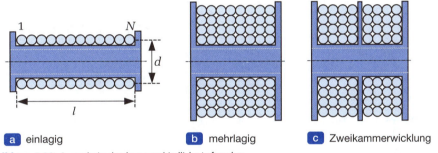

a einlagig   **b** mehrlagig   **c** Zweikammerwicklung

Abbildung 5.39: Querschnitt durch unterschiedliche Luftspulen

Die einlagige Spule nach Abb. 5.39a entspricht in ihrem Aufbau der lang gestreckten Zylinderspule in Abb. 5.15. Sind N Windungen auf einer Länge l gleichmäßig verteilt, dann ist die Feldstärke im Spuleninneren bei einem angenommenen Spulenstrom I durch die Beziehung (5.28) gegeben. Mit dem Spulenquerschnitt $A = \pi d^2 / 4$ kann die Induktivität näherungsweise berechnet werden

$$L \stackrel{(5.62)}{=} \frac{N \Phi_A}{I} \stackrel{(5.30)}{=} \frac{N \mu_0 H A}{I} \stackrel{(5.28)}{=} N^2 \frac{\mu_0 A}{l}. \tag{5.80}$$

Die hierbei gemachten Voraussetzungen, nämlich homogene Feldverteilung im Spuleninneren und Feldfreiheit außerhalb der Spule, sind nach Abb. 5.16 umso besser erfüllt, je größer die Spulenlänge l gegenüber dem Durchmesser d ist. Wesentlich genauere

Ergebnisse für Abmessungsverhältnisse $l/d > 0{,}3$, also auch für kurze Spulen, liefert die in [20] angegebene Beziehung

$$L \approx N^2 \frac{\mu_0 A}{l + d/2{,}2} \quad \text{bzw.} \quad \frac{L}{\text{nH}} \approx N^2 \frac{22}{1 + 2{,}2 l/d} \cdot \frac{d}{\text{cm}}. \tag{5.81}$$

Betrachten wir ein konkretes Zahlenbeispiel: Eine einlagige Luftspule mit dem Durchmesser $d = 1$ cm wird mit einem Kupferrunddraht des Durchmessers 0,1 mm gewickelt. Die Induktivität soll als Funktion der Windungszahl $50 \leq N \leq 400$ berechnet werden. Bei dem gegebenen Drahtdurchmesser variiert die Spulenlänge in dem Bereich $0{,}5$ cm $\leq l \leq 4$ cm. Die Auswertung ist als die unterste Kurve in ▶Abb. 5.40 dargestellt. Da der Nenner in der Gl. (5.81) für $l > d$ fast linear mit l und damit auch mit der Windungszahl N ansteigt, wächst die Induktivität praktisch nur noch linear mit der Windungszahl.

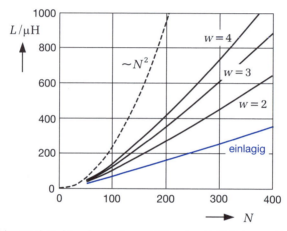

Abbildung 5.40: Induktivität als Funktion der Windungszahl für unterschiedliche Lagenzahlen

Eine prinzipielle Möglichkeit zur Erhöhung der Induktivität bei einer vorgegebenen Windungszahl N besteht darin, die Windungen, so wie in Abb. 5.39b gezeigt, nicht komplett nebeneinander, sondern auf mehrere Lagen verteilt übereinanderzuwickeln, wobei jede Lage N/w Windungen enthält (w kennzeichnet die Anzahl der Lagen). Infolge der besseren Kopplung zwischen den Windungen steigt die Gesamtinduktivität deutlich an[13]. Das Ergebnis einer exakten Berechnung ist für die gleichen Windungszahlen $50 \leq N \leq 400$, jetzt aber verteilt auf $w = 2$, 3 oder 4 Lagen, ebenfalls in Abb. 5.40 dargestellt. Zum Vergleich ist die zum Quadrat der Windungszahl proportionale Induktivität in die Abbildung eingetragen. Dieser theoretische Verlauf ist aber

---

13 Die Kopplung wird in Kap. 6.4 behandelt. Einfach ausgedrückt bedeutet es bei diesem Beispiel, dass der mittlere Abstand zwischen den Windungen geringer wird und dass deshalb der von einer Windung erzeugte magnetische Fluss zu einem größeren Teil die anderen Windungen durchsetzt.

bei den Luftspulen wegen der geringen Kopplung in der Praxis nicht erreichbar, im Gegensatz zu den Spulen mit hochpermeablen Kernen, in denen der Fluss geführt wird (vgl. Kap. 5.13.1).

Zur Berechnung der mehrlagigen Spule wird zunächst die Induktivität einer einlagigen Spule mit N/w Windungen und der reduzierten Länge l/w nach Gl. (5.81) ermittelt. Solange die Anzahl der Lagen klein ist gegenüber der Anzahl der Windungen in einer Lage, ist die Kopplung zwischen den Lagen sehr gut und das Ergebnis einer Lage kann mit dem Quadrat der Lagenzahl multipliziert werden. Der formelmäßige Zusammenhang unterscheidet sich nur wenig von der Gl. (5.81)

$$L \approx \left[(N/w)^2 \frac{\mu_0 A}{l/w + d/2{,}2} \right] \cdot w^2 = N^2 \frac{\mu_0 A}{l/w + d/2{,}2} \ . \tag{5.82}$$

Ein großes Problem bei der Realisierung möglichst idealer Induktivitäten sind die parasitären, d.h. unerwünschten Eigenschaften der induktiven Bauelemente in Form von Verlustmechanismen und **Wicklungskapazitäten**. Da im Betrieb zwischen den Anschlussklemmen eine Spannung liegt, die sich über die einzelnen Windungen aufteilt, besteht zwischen den benachbarten Windungen ein Potentialunterschied und damit ein elektrisches Feld. Zwischen den einzelnen Windungen existieren also Teilkapazitäten, die sich in einem Ersatzschaltbild als eine zwischen den Anschlussklemmen, d.h. parallel zur Spule liegende Gesamtkapazität bemerkbar machen. Die ▶Abb. 5.41 zeigt ein einfaches Ersatzschaltbild einer realen Spule. Der Widerstand R repräsentiert z.B. den ohmschen Widerstand der Kupferwicklung und die **Hystereseverluste** infolge der Ummagnetisierungsvorgänge in einem permeablen Kernmaterial bei zeitabhängigen Strömen (vgl. Kap. 6.5.2).

Abbildung 5.41: Ersatzschaltbild einer realen Spule

In vielen praktischen Anwendungen wie z.B. bei Filterspulen sollte die Wicklungskapazität möglichst minimal sein. Das lässt sich dadurch erreichen, dass Windungen, zwischen denen ein großer Potentialunterschied besteht wie z.B. zwischen der ersten und letzten Windung möglichst weit auseinander liegen. Die in dieser Hinsicht optimale Lösung stellt die einlagige Spule dar, den ungünstigsten Fall bildet die Spule mit genau zwei Lagen, da hier Anfang und Ende der Wicklung unmittelbar übereinanderliegen. Zur Verdeutlichung dieser komplizierten Zusammenhänge zeigt die ▶Abb. 5.42 den Kapazitätsverlauf als Funktion der Windungszahl bzw. der Lagenzahl für ein konkretes Zahlenbeispiel (Wickelkörper eines ETD34-Kerns mit einem Durchmesser von 13,4 mm, mehrlagige Wicklung mit einem Draht des Durchmessers 0,3 mm, 61 Windungen/Lage).

Ist die zur Realisierung einer geforderten Induktivität benötigte Windungszahl so groß, dass mehrere Lagen erforderlich sind, dann können die Windungen gemäß Abb. 5.39c auf mehrere Kammern verteilt werden, wobei jeweils eine Kammer zuerst vollgewickelt wird, bevor mit der nächsten begonnen wird. Theoretisch geht die Wicklungskapazität bei n Kammern um den Faktor n^2 zurück, in der Praxis wird diese Reduzierung wegen der geringen Distanz zwischen den Kammern jedoch nur zum Teil erreicht.

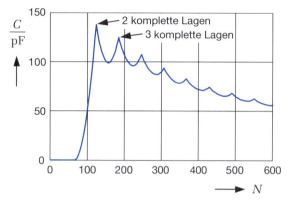

Abbildung 5.42: Kapazitätsverlauf als Funktion der Windungszahl N

5.15.2 Planare Luftspulen

Eine andere Bauform von Luftspulen sind die so genannten planaren Spulen. Diese werden direkt auf den Leiterplatten realisiert, indem aus der zunächst vollständigen Kupferbeschichtung eine z.B. spiralförmige Leiterbahn geätzt wird, deren Anfang und Ende die Anschlüsse für die Spule darstellen. Das Prinzip der mehrlagigen Spulen lässt sich auch in der planaren Technologie realisieren, indem mehrere spiralförmige Strukturen mit sehr dünnen Isolationszwischenlagen übereinandergelegt und durch die Schichten hindurch miteinander verschaltet werden.

Gegenüber den im folgenden Abschnitt beschriebenen Spulen mit hochpermeablen Kernen besitzen die Luftspulen nicht nur einen Kostenvorteil, sie sind insbesondere unabhängig von den nichtlinearen Materialeigenschaften (Permeabilitäten).

5.15.3 Spulen mit hochpermeablen Kernen

Zur Realisierung größerer Induktivitätswerte werden die Spulen auf hochpermeable Kerne gewickelt. Auch hier gibt es unzählige unterschiedliche Variationen. Bei den Stabkernspulen werden die Wickelanordnungen in Abb. 5.39 auf zylindrische Stäbe aus permeablem Material geschoben. Mit dieser Bauform sind allerdings auch nur begrenzte Induktivitätswerte realisierbar. In dem Stab ist die Feldstärke wegen der großen Permeabilität sehr klein, d.h. die magnetische Feldstärke wird in den Außenraum verdrängt, der hier wie ein großer Luftspalt wirkt.

Als geschlossene magnetische Kreise werden Ringkerne verwendet. Da diese aber nicht so leicht zu bewickeln sind, werden alternative Bauformen bevorzugt, bei denen die Wicklung zunächst auf einen Kunststoffwickelkörper aufgebracht und dieser mit den aus zwei Teilen bestehenden Kernen zusammengebaut wird. Die ▶Abb. 5.43 zeigt eine mit einem E-Kern realisierte Spule sowie zwei Beispiele für mögliche Kernformen, eine E-Kernhälfte und eine auch als Schalenkern bezeichnete P-Kernhälfte (Potcore). Ein eventuell erforderlicher Luftspalt wird üblicherweise im Mittelschenkel realisiert.

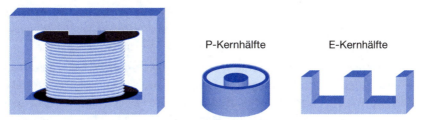

Abbildung 5.43: Ferritkernspule mit E-Kern und handelsübliche Kernformen

Bei Frequenzen im unteren kHz-Bereich werden vorzugsweise Eisenlegierungen als Kernmaterialien verwendet. Die Sättigung tritt bei diesen Materialien erst bei Flussdichten oberhalb von 1 T auf. Wegen der guten elektrischen Leitfähigkeit können allerdings so genannte Wirbelströme induziert werden (vgl. Kap. 6), die zu erhöhten Kernverlusten führen. Aus diesem Grund bestehen diese Kerne aus dünnen Blechpaketen, wobei die Bleche zur Unterbrechung möglicher Strompfade elektrisch gegeneinander isoliert sind.

Im Frequenzbereich bis einige MHz werden aus Metalloxiden (Eisen, Zink, Mangan, Nickel) gesinterte Ferritkerne verwendet. Der Vorteil dieser Materialien besteht in der wesentlich geringeren elektrischen Leitfähigkeit. Allerdings tritt die Sättigung schon bei Flussdichten im Bereich 300 ... 450 mT auf, bei steigenden Temperaturen liegen diese Grenzwerte noch niedriger. Die Curie-Temperatur liegt im Bereich 200 ... 250°C.

ZUSAMMENFASSUNG

- **Gleichströme** erzeugen zeitlich **konstante Magnetfelder**. Das magnetische Feld ist ein Wirbelfeld, die Feldlinien umschließen den stromdurchflossenen Leiter.

- **Bewegte Ladungen** bzw. Ströme **erfahren Kräfte** in einem Magnetfeld. Die Kraft auf eine bewegte Ladung ist proportional zur magnetischen Flussdichte. Ihre Richtung steht senkrecht auf der von der Flussdichte und der Bewegungsrichtung der Ladungsträger aufgespannten Ebene. Gleich gerichtete Ströme ziehen sich an, entgegengesetzt gerichtete Ströme stoßen einander ab.

- Das Integral der **Flussdichte** über eine Fläche bezeichnen wir als den **magnetischen Fluss**, der die Fläche durchsetzt. Da es keine magnetischen Einzelladungen gibt, verschwindet der magnetische Fluss durch eine geschlossene Hüllfläche.

- Neben der magnetischen Flussdichte wird ein zweiter Feldvektor, die **magnetische Feldstärke**, eingeführt. Das längs eines geschlossenen Weges gebildete Integral des Skalarprodukts aus magnetischer Feldstärke und vektoriellem Wegelement entspricht dem von dem Integrationsweg umschlossenen Strom. Für einfache, meist symmetrische stromdurchflossene Leiteranordnungen lässt sich aus dieser Aussage die ortsabhängige Feldverteilung bestimmen.

- Stabmagnete und gleichstromdurchflossene Zylinderspulen erzeugen **gleiche Magnetfeldverteilungen**. Das Verhalten der Magnete lässt sich mithilfe atomarer Stromschleifen erklären.

- Magnetische Kreise lassen sich mit den gleichen Gesetzmäßigkeiten wie elektrische Stromkreise behandeln. In den Gleichungen entsprechen sich elektrischer Strom und magnetischer Fluss, elektrische Spannung und Durchflutung, elektrischer und magnetischer Widerstand.

- Bei einer Stromschleife bezeichnen wir das Verhältnis aus dem von der Schleife insgesamt erzeugten magnetischen Fluss und dem verursachenden Strom als Induktivität. Diese Eigenschaft beschreibt die Fähigkeit einer Anordnung, **magnetische Energie** zu **speichern**.

- Zur Realisierung **großer Induktivitätswerte** können Kerne aus **hochpermeablem Material** und aus vielen Windungen bestehende Leiterschleifen verwendet werden.

- Um den Einfluss der nichtlinearen Materialeigenschaften zu minimieren, werden die Kerne mit Luftspalten versehen. Bereits bei sehr kleinen Luftspalten ist der überwiegende Teil der magnetischen Energie in dem Luftspalt lokalisiert.

Übungsaufgaben

Aufgabe 5.1 Kraftberechnung im Magnetfeld

Die im Querschnitt dargestellte Leiteranordnung ist in z-Richtung unendlich ausgedehnt. An den Stellen $x = -a$ und $x = a$ befinden sich zwei Linienleiter, die von den Gleichströmen $I_1 = I/2$ und $I_2 = I/2$ mit der im Bild angegebenen Orientierung durchflossen werden. Der Rückleiter besteht aus einem Hohlzylinder mit dem Radius b und einer vernachlässigbar kleinen Wandstärke. Er wird von dem über den Querschnitt des Rückleiters homogen verteilten Gleichstrom $I_3 = -I$ durchflossen.

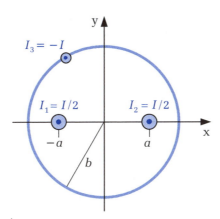

Abbildung 5.44: Leiteranordnung

1. Bestimmen Sie das magnetische Feld $\vec{H}(x,y)$ im gesamten Raum, indem Sie die Beiträge der einzelnen Leiter überlagern.
2. Welche auf die Länge l bezogene Kraft $\vec{F}$ wirkt auf den bei $x = -a$ befindlichen Linienleiter?

Aufgabe 5.2 Drehmomentberechnung (Prinzip des Drehspulinstruments)

In einem homogenen Magnetfeld der Flussdichte $\vec{B} = \vec{e}_y B_0$ ist eine rechteckige Leiterschleife um die z-Achse des kartesischen Koordinatensystems drehbar gelagert. Die Leiterschleife besitzt die Höhe h und die Breite b. Der Abstand d zwischen den Stromzuführungen sei vernachlässigbar klein. ▶Abb. 5.45a zeigt den Schnitt durch eine Ebene $z = z_0$ mit $0 < z_0 < h$ bei einem Winkel $\varphi > 0$, Abb. 5.45b zeigt die Vorderansicht bei dem Winkel $\varphi = 0$. Diese Anordnung kann zur Messung eines die Leiterschleife durchfließenden Gleichstromes I verwendet werden.

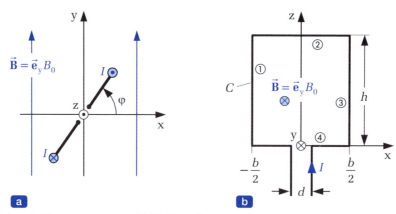

Abbildung 5.45: Im externen Magnetfeld drehbar gelagerte Leiterschleife

1. Bestimmen Sie die Teilkräfte $\vec{F}_1$ bis $\vec{F}_4$ auf die vier Leiterstücke der Kontur C in Abhängigkeit des Winkels φ und des Stromes I.
2. Bestimmen Sie das Drehmoment auf die Leiterschleife.

Aufgabe 5.3 Hall-Effekt

Die ▶Abb. 5.46 zeigt einen Ausschnitt aus einem rechteckigen Leiter der Breite b und der Dicke d, der von einem Strom I in der angegebenen Richtung durchflossen wird. Der Leiter befindet sich in einem x-gerichteten homogenen Magnetfeld der Flussdichte $\vec{B}$.

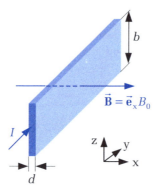

Abbildung 5.46: Stromdurchflossener Leiter im homogenen Magnetfeld

1. Bestimmen Sie die Kraftwirkungen auf die bewegten Ladungsträger.
2. Bestimmen Sie die sich zwischen oberer und unterer Berandung des Leiters einstellende Hall-Spannung (benannt nach dem amerikanischen Physiker E. H. Hall, 1855 – 1938).
3. Bestimmen Sie die Anzahl der am Ladungstransport beteiligten Elektronen pro Volumen.

Aufgabe 5.4 Feldstärkeberechnung

Das in z-Richtung als unendlich lang angenommene Koaxialkabel in ▶Abb. 5.47 führt im Innenleiter einen Gleichstrom I, der im Außenleiter wieder zurückfließt.

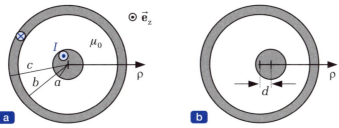

Abbildung 5.47: Querschnitt durch ein Koaxialkabel

Berechnen Sie die magnetische Feldstärke im gesamten Bereich $0 \leq \rho < \infty$ für die beiden Fälle: a) die beiden Leiter besitzen die gleiche Symmetrieachse und b) der Mittelleiter ist um den Abstand d aus dem Mittelpunkt verschoben.

Aufgabe 5.5 Induktivitätsberechnung

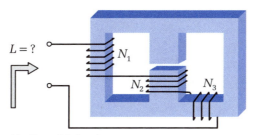

Abbildung 5.48: Permeabler Kern mit Luftspalt

Die beiden Außenschenkel des aus Ferritmaterial (Permeabilitätszahl μ_r) bestehenden Kerns besitzen die Querschnittsfläche A und die effektive Weglänge l_A. Der Mittelschenkel besitzt die Querschnittsfläche $2A$ und die effektive Weglänge l_M. Aus dem Mittelschenkel wird ein Teil des Ferritmaterials entfernt, so dass ein Luftspalt der Länge d entsteht.

Auf dem Kern befinden sich drei in Reihe geschaltete Wicklungen mit den Windungszahlen N_1, N_2 und N_3. Zur Vereinfachung wird angenommen, dass die magnetische Flussdichte $\vec{B}$ homogen über den Kernquerschnitt verteilt ist. Der Streufluss beim Luftspalt wird vernachlässigt, so dass für den Luftspalt der gleiche Querschnitt wie für den Mittelschenkel angenommen werden kann.

1. Erstellen Sie ein vollständiges magnetisches Ersatzschaltbild.
2. Berechnen Sie die Flüsse Φ_L und Φ_R durch den linken und den rechten Schenkel sowie Φ_M durch den Mittelschenkel.
3. Berechnen Sie die Induktivität der Anordnung in Abhängigkeit von den gegebenen Parametern.

Das zeitlich veränderliche elektromagnetische Feld

6.1 Das Induktionsgesetz 235
6.2 Die Selbstinduktion 248
6.3 Einfache Induktivitätsnetzwerke 249
6.4 Die Gegeninduktion 250
6.5 Der Energieinhalt des Feldes 260
6.6 Anwendung der Bewegungsinduktion 267
6.7 Anwendung der Ruheinduktion 274

6 Das zeitlich veränderliche elektromagnetische Feld

Einführung

›› Das dem folgenden Kapitel zugrunde liegende Faraday'sche Induktionsgesetz wird oft als das wichtigste Gesetz auf dem Gebiet der elektromagnetischen Erscheinungen bezeichnet. Ohne den Vorgang der Induktion gäbe es z.B. keine Umwandlung mechanischer in elektrische Energie in Generatoren und keine Ausbreitung elektromagnetischer Wellen. Der Siegeszug der Elektrotechnik hätte in diesem Maße nicht stattgefunden und unser Alltag würde völlig anders aussehen.

Während wir bisher ausschließlich zeitlich konstante elektrische und magnetische Felder betrachtet haben, werden wir uns jetzt den zeitabhängigen Vorgängen zuwenden. Das Induktionsgesetz besagt, dass ein sich zeitlich änderndes magnetisches Feld ein elektrisches Feld hervorruft. Umgekehrt ruft ein sich zeitlich änderndes elektrisches Feld auch bei nicht vorhandener Leitungsstromdichte ein magnetisches Feld hervor. Die beiden Felder sind im Gegensatz zu den in den vorangegangenen Kapiteln behandelten zeitunabhängigen Fällen nicht mehr entkoppelt. Aus diesem Grund spricht man allgemein von elektromagnetischen Feldern.

Als Beispiele für den Induktionsvorgang werden wir in diesem Kapitel das Prinzip des Wechselspannungsgenerators und den Transformator bzw. Übertrager behandeln. ‹‹

LERNZIELE

Nach Durcharbeiten dieses Kapitels und dem Lösen der Übungsaufgaben werden Sie in der Lage sein,

- das Induktionsgesetz von Faraday zu verstehen und anzuwenden,
- die Probleme bei der Spannungsmessung bei zeitlich veränderlichen Größen zu verstehen,
- die Zusammenschaltung von nicht gekoppelten Induktivitäten zu vereinfachen,
- die Netzwerkgleichungen für gekoppelte Induktivitäten anzuwenden,
- die Gegeninduktivitäten einfacher Anordnungen zu berechnen,
- die im magnetischen Feld gespeicherte Energie zu berechnen,
- die Spannungserzeugung mittels Generator und einfache Schaltungen beim Dreiphasen-Drehstromsystem zu verstehen sowie
- verschiedene Ersatzschaltbilder für Übertrager abzuleiten.

6.1 Das Induktionsgesetz

Eine mit der Geschwindigkeit $\vec{v}$ bewegte Ladung Q erfährt in einem Magnetfeld $\vec{B}$ nach den Aussagen in Kap. 5.3 eine Kraft $\vec{F} = Q\vec{v} \times \vec{B}$. Betrachten wir nun die in ▶Abb. 6.1 dargestellte Anordnung, bei der sich ein geradliniger Leiter in einem homogenen Magnetfeld der Flussdichte $\vec{B} = -\vec{e}_z B$ mit der konstanten Geschwindigkeit $\vec{v} = \vec{e}_x v_x$ bewegt. Ein innerhalb des Leiters befindliches Elektron der Elementarladung $-e$ erfährt nach Gl. (5.10) die in negative y-Richtung wirkende Lorentz-Kraft

$$\vec{F}_m = -e\,\vec{e}_x v_x \times (-\vec{e}_z B) = -\vec{e}_y\, e v_x B\,. \tag{6.1}$$

Wir verwenden an dieser Stelle den Index m als Hinweis darauf, dass diese Kraftkomponente von dem Magnetfeld hervorgerufen wird.

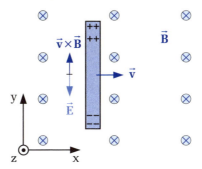

Abbildung 6.1: Im Magnetfeld bewegter Leiter

Die freien Elektronen werden sich in Richtung auf das untere Ende des Stabes bewegen, so dass sich die in Abb. 6.1 angedeutete Ladungsverteilung mit einem Elektronenüberschuss am unteren Ende und einem Elektronenmangel am oberen Ende des leitenden Stabes einstellt. Infolge dieser Ladungstrennung entsteht ein zusätzliches, in die Abbildung eingetragenes elektrisches Feld $\vec{E} = -\vec{e}_y E$, das von den positiven zu den negativen Ladungsträgern gerichtet ist. Die von diesem Feld hervorgerufene Coulomb'sche Kraft

$$\vec{F}_e \stackrel{(1.3)}{=} Q\vec{E} = -e\left(-\vec{e}_y E\right) = \vec{e}_y\, eE \tag{6.2}$$

versucht, die Elektronen in die positive y-Richtung zu bewegen. Im stationären Zustand wird sich innerhalb des Leiters eine Ladungsverteilung einstellen, bei der sich die Kräfte (6.1) und (6.2) im Gleichgewicht befinden, so dass die resultierende Gesamtkraft auf die Ladungsträger verschwindet. Aus dieser Bedingung kann die elektrische Feldstärke bestimmt werden

$$\vec{F}_m + \vec{F}_e = \vec{0} \quad \text{bzw.} \quad E = v_x B\,. \tag{6.3}$$

Diese besitzt überall im Stab den gleichen Wert. Ein Beobachter, der sich mit dem Stab bewegt, wird feststellen, dass sich die beiden Felder $\vec{E} = -\vec{e}_y E = -\vec{e}_y v_x B$ und $\vec{v} \times \vec{B} = +\vec{e}_y v_x B$ innerhalb des Leiters kompensieren, so dass er im Leiterinneren kein elektrisches Feld beobachten kann.

Stellen wir uns nun vor, dass sich der Leiter auf zwei leitenden Schienen bewegt, die entsprechend ▶Abb. 6.2 an ihrem Ende mit einem ohmschen Widerstand R abgeschlossen sind. Solange die gegenüber Abb. 6.1 hinzugefügten Leiterteile ortsfest sind, kann in ihnen wegen $\vec{v} = \vec{0}$ keine Feldstärkekomponente $\vec{v} \times \vec{B}$ auftreten. Bezeichnet l die Länge des Stabes, dann wird infolge der von den positiven zu den negativen Ladungen zeigenden elektrischen Feldstärke eine Spannung U_{12} zwischen der oberen Schiene 1 und der unteren Schiene 2 entstehen, die durch Integration der elektrischen Feldstärke entlang der Koordinate y von der oberen Schiene bei y = l bis zur unteren Schiene bei y = 0 berechnet werden kann

$$U_{12} \stackrel{(1.30)}{=} \int_l^0 \left(-\vec{e}_y E\right) \cdot \vec{e}_y \mathrm{d}y = -E \int_l^0 \mathrm{d}y = l\,E \stackrel{(6.3)}{=} l\,v_x B. \qquad (6.4)$$

Außerhalb des bewegten Leiters, also in den Schienen und im Widerstand, kann diese Spannung nicht durch die entgegengesetzt gerichtete Komponente $\vec{v} \times \vec{B}$ kompensiert werden.

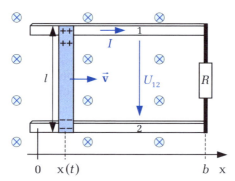

Abbildung 6.2: Teilweise bewegte Leiterschleife

Nehmen wir zur Vereinfachung die Widerstände des bewegten Stabes und der Schienen als vernachlässigbar klein gegenüber dem Widerstand R an, dann fällt die gesamte Spannung U_{12} an dem Widerstand R ab. Nach dem Ohm'schen Gesetz fließt also ein Strom $I = U_{12}/R$ in der eingezeichneten Richtung durch den geschlossenen Stromkreis, bestehend aus Schienen, bewegtem Stab und Widerstand. Die sich über die Außenanschlüsse ausgleichenden Ladungen können nicht mehr zur elektrischen Feldstärke $\vec{E}$ in dem sich bewegenden Leiter beitragen. Das Kräftegleichgewicht ist nun nicht mehr gewährleistet, so dass die weiterhin vorhandene Feldstärke $\vec{v} \times \vec{B}$ in dem Stab eine erneute Trennung von Ladungen verursacht. Die abfließenden Ladungen werden somit nachgeliefert und das Kräftegleichgewicht bzw. die Feldfreiheit in dem bewegten Leiter bleibt weiterhin gewährleistet[1].

Aus den bisherigen Gleichungen ist zu erkennen, dass die Geschwindigkeit v_x als Proportionalitätsfaktor in die Lorentz-Kraft (6.1) und damit in die Spannung U_{12} nach Gl. (6.4) eingeht. Die von der Leiterschleife umschlossene Fläche nimmt bei der x-gerichteten Bewegung des Stabes kontinuierlich ab, diese Abnahme ist ebenfalls proportional zur Geschwindigkeit v_x. Wir werden daher versuchen, die Geschwindigkeit aus den Gleichungen zu eliminieren und einen direkten Zusammenhang zwischen der Spannung U_{12} und der zeitlichen Änderung der Schleifenfläche bzw. der zeitlichen Änderung des die Schleifenfläche $A(t)$ durchsetzenden magnetischen Flusses $\Phi(t) = BA(t)$ herzustellen.

Zur mathematischen Beschreibung legen wir das Koordinatensystem so fest, dass sich der Stab zum Zeitpunkt $t=0$ bei $x(0)=0$ befindet (Abb. 6.2). Die Breite der Leiterschleife zum Zeitpunkt $t=0$ wird mit b bezeichnet. Mit der von der Zeit abhängigen Position des Stabes $x(t)$ kann die ebenfalls von der Zeit abhängige Schleifenfläche $A(t)$ in der Form

$$A(t) = lb - lx(t) \tag{6.5}$$

geschrieben werden. Ihre zeitliche Änderung lässt sich durch die Geschwindigkeit $v_x = dx/dt$ ausdrücken

$$\frac{dA(t)}{dt} = -l\frac{dx(t)}{dt} = -lv_x. \tag{6.6}$$

Die Zusammenfassung der beiden Gleichungen (6.4) und (6.6) liefert den gesuchten Zusammenhang zwischen der in der Schleife induzierten Spannung U_{12} und der zeitlichen Änderung der von der Stromschleife umfassten Fläche

$$U_{12} \stackrel{(6.4)}{=} lv_x B \stackrel{(6.6)}{=} -B\frac{dA(t)}{dt}. \tag{6.7}$$

Die nach Voraussetzung zeitlich konstante Flussdichte B kann als konstanter Faktor unter die Zeitableitung gezogen werden, so dass man durch Erweiterung mit dem Skalarprodukt $(-\vec{e}_z)\cdot(-\vec{e}_z) = 1$ die vektorielle Darstellung

$$U_{12} = -B\frac{dA(t)}{dt} = -\frac{d}{dt}\left[BA(t)\right] = -\frac{d}{dt}\left[(-\vec{e}_z)B\cdot(-\vec{e}_z)A(t)\right] = -\frac{d}{dt}\left[\vec{B}\cdot\vec{A}(t)\right] \tag{6.8}$$

erhält. Die in dieser Gleichung eingeführte vektorielle Fläche $\vec{A}(t) = -\vec{e}_z A(t)$ hat die gleiche Richtung wie die Flussdichte. Das in der rechten eckigen Klammer stehende Skalarprodukt entspricht nach Gl. (5.30) dem Fluss durch die von der Leiterschleife

---

[1] Der in der geschlossenen Leiterschleife fließende Strom I verursacht seinerseits ebenfalls eine Flussdichte, die bei der Betrachtung berücksichtigt werden muss. Wir werden diesen Beitrag jedoch vorübergehend vernachlässigen und ausschließlich den Fluss infolge des *externen* Magnetfeldes $\vec{B} = -\vec{e}_z B$ betrachten. Auf den anderen Fall kommen wir in Kapitel 6.2 zurück.

aufgespannte Fläche. Das Flächenintegral in Gl. (5.30) geht nämlich für den hier vorliegenden Sonderfall einer von den Koordinaten x und y unabhängigen Flussdichte in eine einfache Multiplikation von Flussdichte und Fläche über. Resultierend kann die induzierte Spannung als die negative zeitliche Ableitung des die Leiterschleife durchsetzenden magnetischen Flusses dargestellt werden

$$U_{12} = -\frac{d\Phi}{dt} .$$ (6.9)

Da die Richtung der Spannung U_{12} am Verbraucher R mit der Richtung des Stromes I in der Abb. 6.2 übereinstimmt, gilt die Aussage, dass die Zählrichtung des Stromes und die des magnetischen Flusses durch die von der Schleife aufgespannte Fläche im Sinne einer Rechtsschraube einander zugeordnet sind.

Lässt man den Wert des Widerstandes R nach unendlich gehen, dann leistet der verschwindende Strom I keinen Beitrag zu dem Fluss durch die Schleife und man kann an den offenen Klemmen eine **induzierte Spannung** $U_{12} = U$ in der in Abb. 6.2 eingezeichneten Richtung messen, deren Wert nach Gl. (6.9) gegeben ist. Resultierend kann die betrachtete Anordnung durch das in ▶Abb. 6.3 dargestellte Ersatzschaltbild beschrieben werden.

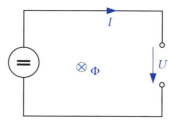

Abbildung 6.3: Ersatzschaltbild

Für einen endlichen Widerstand R zwischen den beiden Klemmen fließt ein Strom $I > 0$ in der in Abb. 6.3 angedeuteten Richtung. Der sich bewegende Stab besitzt zwar für einen mitbewegten Beobachter kein elektrisches Feld in seinem Inneren, bezüglich der Anschlussklemmen an seinen beiden Enden wirkt er aber gegenüber der ortsfesten Leiteranordnung wie eine Spannungsquelle mit der Leerlaufspannung U.

Bei der Bewegungsrichtung des Stabes in Abb. 6.2 nimmt der Fluss durch die zeitlich kleiner werdende Fläche ab, d.h. es gilt $d\Phi/dt < 0$ bzw. $-d\Phi/dt = U > 0$. Der Strom in Abb. 6.3 hat bei der angegebenen Zählrichtung einen positiven Wert und erzeugt seinerseits eine Flussdichte, die die Leiterschleife in $-\vec{e}_z$-Richtung durchsetzt. Eine Abnahme des magnetischen Flusses durch die Schleife infolge der Bewegung ruft also einen Strom in der Leiterschleife hervor, der so gerichtet ist, dass das von ihm erzeugte Magnetfeld dieser Flussänderung entgegenwirkt.

Zur Verdeutlichung der Zusammenhänge betrachten wir die zeitabhängigen Funktionsverläufe in ▶Abb. 6.4. Wir nehmen an, dass sich der Stab nur in dem Zeitintervall $t_0 \leq t \leq t_1$ mit der konstanten Geschwindigkeit v_x bewegt. Den die Schleifenfläche infolge des externen Magnetfeldes $\vec{B} = -\vec{e}_z B$ in negative z-Richtung durchsetzenden Fluss wollen wir als Φ_{ext} bezeichnen. Er besitzt in den Zeitbereichen $t < t_0$ und $t > t_1$ wegen $v_x = 0$ einen konstanten Wert und nimmt in dem Zeitintervall $t_0 \leq t \leq t_1$ wegen der nach Gl. (6.6) linear abnehmenden Fläche ebenfalls linear ab.

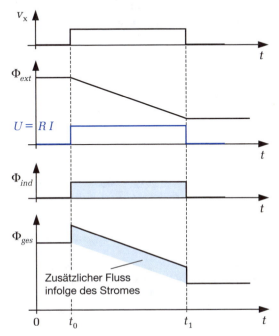

Abbildung 6.4: Zusammenstellung der zeitabhängigen Größen

Die in der Schleife nach Gl. (6.9) induzierte Spannung besitzt die gleiche Zeitabhängigkeit wie die Geschwindigkeit. Unter der Voraussetzung eines hinreichend großen Widerstandes R kann die Selbstinduktivität der Leiterschleife vernachlässigt werden, so dass der induzierte Strom[2] nach dem Ohm'schen Gesetz ebenfalls diese Zeitabhängigkeit aufweist.

Der von dem Strom hervorgerufene Fluss Φ_{ind} ist ebenfalls in negative z-Richtung gerichtet[3] und überlagert sich dem Fluss Φ_{ext}. An dem zeitlichen Verlauf des Gesamtflusses $\Phi_{ges} = \Phi_{ext} + \Phi_{ind}$ ist zu erkennen, dass die zeitliche Abnahme noch immer mit

---

[2] Nach dem Faraday'schen Gesetz (6.15) wird kein Strom, sondern eine Spannung induziert. Wenn hier dennoch von einem *induzierten Strom* gesprochen wird, dann ist damit der von der induzierten Spannung in einer geschlossenen Leiterschleife hervorgerufene Strom gemeint.

[3] Der Fluss Φ_{ind} ist zum leichteren Verständnis in dem Zeitbereich $t_0 \leq t \leq t_1$ als konstante Größe dargestellt. Wegen der abnehmenden Schleifenfläche wird er aber ebenfalls mit der Zeit geringer werden.

der gleichen Steigung erfolgt, dass aber während der Zeit, in der die Abnahme stattfindet, ein konstanter Anteil überlagert ist. Zusammengefasst gilt:

> **Merke**
>
> Der in einer Leiterschleife induzierte Strom wirkt der ihn verursachenden Flussänderung entgegen.
>
> *Bemerkung:* Spannung bzw. Strom wird nur in Zeiten eines sich ändernden Flusses induziert, d.h. nicht der Fluss, sondern dessen zeitliche Änderung soll verhindert werden.

Eine ähnliche Aussage lässt sich auch für die Kraft auf den bewegten Stab machen. Der induzierte Strom fließt innerhalb des Stabes in y-Richtung. Nach Gl. (5.5) erfährt der Stab eine Kraft

$$\vec{F} = I\,\vec{e}_y\,l \times (-\vec{e}_z)B = -\vec{e}_x\,I\,l\,B\,, \tag{6.10}$$

die in die negative x-Richtung zeigt, also **entgegengesetzt zur Bewegungsrichtung** orientiert ist und daher versucht, die Bewegung zu verhindern. Bekannt sind diese Zusammenhänge unter dem Begriff der Lenz'schen Regel (nach H. F. E. Lenz, 1804 – 1865):

> **Merke**
>
> Der induzierte Strom ist so gerichtet, dass er die Ursache seines Entstehens zu verhindern sucht.

Die zu leistende mechanische Arbeit bei der Bewegung des Stabes in x-Richtung entgegen der Kraft (6.10) wird zunächst im Stab in elektrische Energie und schließlich am Widerstand in Wärme umgewandelt.

Die Beziehung (6.9) gilt bisher nur unter der Voraussetzung, dass die zeitliche Änderung des Flusses durch eine Bewegung zustande kommt, während die Flussdichte $\vec{B}$ zeitlich konstant ist. In diesem Fall spricht man von der **Bewegungsinduktion**. Ein typisches Anwendungsbeispiel sind die Generatoren zur Spannungserzeugung, bei denen sich Leiterschleifen in einem Magnetfeld bewegen (vgl. Kap. 6.6).

Die zeitliche Änderung des magnetischen Flusses in Gl. (6.9) kann aber auch bei zeitlich unveränderlicher Fläche entstehen, wenn sich die die Fläche durchsetzende Flussdichte $\vec{B}$ selbst zeitlich ändert. Diesen Fall wollen wir jetzt etwas näher untersuchen. Betrachten wir als Zwischenschritt zunächst die Anordnung in ▶Abb. 6.5. Die Flussdichte sei weiterhin zeitlich konstant und ortsunabhängig. Den Widerstand verschieben wir in den Bereich der ortsfesten Schiene, die Leiterschleife enthält jetzt zwei sich mit gleicher Geschwindigkeit in x-Richtung bewegende Stäbe.

Die bisherige Betrachtung für den sich bewegenden Stab kann jetzt für beide Stäbe übernommen werden. Die in dem zugehörigen Ersatzschaltbild eingetragenen induzierten Spannungen sind betragsmäßig gleich groß $U_1 = U_2$. Wegen der zeitlich konstanten Schleifenfläche A ist nämlich die Flussänderung durch die Fläche Null und die resultierende Spannung U am Widerstand verschwindet $U = U_1 - U_2 = 0$, so dass sich die beiden auf der linken Seite des Bildes angedeuteten Ströme gegenseitig kompensieren und die Leiterschleife insgesamt stromlos bleibt.

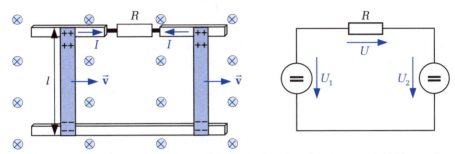

Abbildung 6.5: Im homogenen Magnetfeld bewegte Leiterschleife und zugehöriges Ersatzschaltbild

Die Problemstellung aus Abb. 6.5 wird jetzt auf den Fall eines inhomogenen, d.h. ortsabhängigen Magnetfeldes erweitert (▶Abb. 6.6). Als Sonderfall betrachten wir eine von der Koordinate x abhängige Flussdichte

$$\vec{B}(x) = -\vec{e}_z B(x) = -\vec{e}_z B_0 \frac{x}{a}, \qquad (6.11)$$

deren lineare Zunahme mit der Koordinate x in Abb. 6.6 angedeutet ist. Die beliebige Abmessung a ist lediglich aus Dimensionsgründen eingeführt und spielt bei der Betrachtung keine Rolle. Die beiden Stäbe bewegen sich wieder mit der gleichen Geschwindigkeit und befinden sich zu einem beliebigen Zeitpunkt an den Stellen x_1 bzw. x_2. Unter der Voraussetzung eines hinreichend großen Widerstandes $R \to \infty$, d.h. der Beitrag des Schleifenstromes I zur Flussdichte darf wieder vernachlässigt werden, erhält man für die am Widerstand R abfallende Spannung U mit Gl. (6.7) den Ausdruck

$$U = U_1 - U_2 \stackrel{(6.7)}{=} lv_x B(x_1) - lv_x B(x_2) = -lv_x \big[B(x_2) - B(x_1)\big]. \qquad (6.12)$$

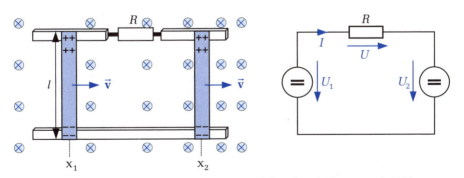

Abbildung 6.6: Im inhomogenen Magnetfeld bewegte Leiterschleife und zugehöriges Ersatzschaltbild

Die Flussdichte an der Stelle x_2 lässt sich aber mit der Vorgabe (6.11) durch die Flussdichte an der Stelle x_1 und ihre Änderung in Richtung der Koordinate x ausdrücken

$$B(x_2) = B(x_1) + \frac{dB}{dx} \cdot (x_2 - x_1), \qquad (6.13)$$

so dass man für die an dem Widerstand R entstehende Spannung das Ergebnis

$$U \stackrel{(6.12, 6.13)}{=} -v_x \frac{dB}{dx} \cdot \underbrace{(x_2 - x_1) \, l}_{A} = -A \frac{dB}{dx} \frac{dx}{dt} = -A \frac{dB}{dt} = -\frac{d\Phi}{dt} \qquad (6.14)$$

erhält. Da in diesem Beispiel die Fläche zeitlich konstant ist, darf A unter die Zeitableitung gezogen werden und man erhält auch hier wieder das Ergebnis (6.9).

Betrachten wir noch einmal die Zuordnung von Stromrichtung und Flussänderung. Der in $-\vec{e}_z$-Richtung positiv gezählte Fluss durch die Schleife wird entsprechend der Vorgabe (6.11) größer bei der Bewegung der Stäbe in x-Richtung. Wegen $d\Phi/dt > 0$ gilt aber $U = -d\Phi/dt < 0$. Die in Abb. 6.6 eingetragene Spannung U ist negativ, d.h. auch der Wert des Stromes I ist negativ. Ein *positiver* Strom fließt also entgegen der in der Abbildung eingezeichneten Richtung und ruft eine zusätzliche Flussdichte durch die Schleifenfläche hervor, die z-gerichtet ist und somit entgegengesetzt zu dem betragsmäßig ansteigenden $-z$-gerichteten Fluss infolge des externen Magnetfeldes.

Auch in diesem Beispiel können wir die in der Leiterschleife induzierte Spannung nach Gl. (6.14), die für $R \to \infty$ an den offenen Klemmen als Leerlaufspannung gemessen werden kann, interpretieren als eine Folge des die Leiterschleife durchsetzenden, sich zeitlich ändernden magnetischen Flusses. Für die induzierte Spannung ist es unerheblich, ob die Änderung des Flusses durch die Bewegung der Schleife in einem ortsabhängigen Magnetfeld zustande kommt oder ob die in Ruhe befindliche Schleife von einem sich zeitlich ändernden magnetischen Fluss durchsetzt wird.

Im Fall der ruhenden Leiterschleife spricht man von **Ruheinduktion**. Eine wichtige Anwendung werden wir bei den Transformatoren und Übertragern in Kap. 6.7 kennen lernen.

In den bisherigen Beispielen hat sich der die Schleifenfläche durchsetzende Fluss zeitlich *linear* geändert. In diesen Fällen wird nach Gl. (6.9) eine zeitlich konstante Spannung induziert. Bewegt man dagegen die Stäbe in den bisherigen Beispielen mit einer variablen Geschwindigkeit $v_x(t)$, dann ist auch die induzierte Spannung eine Funktion der Zeit. Zur Kennzeichnung zeitabhängiger Spannungen $u(t)$ und Ströme $i(t)$ werden im Folgenden Kleinbuchstaben verwendet. Zusammenfassend gilt der durch Messungen von Faraday bestätigte allgemeine Zusammenhang

$$u(t) = R \, i(t) = -\frac{d\Phi}{dt} \stackrel{(5.30)}{=} -\frac{d}{dt} \iint_A \vec{B} \cdot d\vec{A} \quad . \qquad (6.15)$$

6.1 Das Induktionsgesetz

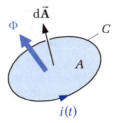

Abbildung 6.7: Zum Induktionsgesetz von Faraday

Dieser als **Faraday'sches Induktionsgesetz** bezeichnete **Erfahrungssatz** besagt, dass in einem dünnen Leiter der Kontur C ein Strom $i(t)$ zum Fließen kommt, wenn sich der mit der Leiterschleife C verkettete magnetische Fluss Φ zeitlich ändert ▶Abb. 6.7. Bezeichnet R den gesamten entlang der Leiterschleife verteilten Widerstand, dann entspricht die entlang der Leiterkontur C entstehende Umlaufspannung der negativen zeitlichen Änderung des die Leiterschleife rechtshändig zur Stromrichtung durchsetzenden Flusses.

Im Gegensatz zu der Kirchhoff'schen Maschenregel (3.4) verschwindet die Umlaufspannung entlang der Schleife bei zeitabhängigen Vorgängen nicht mehr. Wird die Leiterschleife unterbrochen, dann kann diese Spannung an den beiden offenen Klemmen gemessen werden. Die Besonderheiten bei der Spannungsmessung im zeitabhängigen Fall werden in Beispiel 6.2 behandelt.

Die auf einem Abschnitt der Leiterschleife entstehende Spannung kann auch als Linienintegral der elektrischen Feldstärke entlang dieses Leiterabschnittes geschrieben werden. Zur Berechnung der Umlaufspannung ist dann das Ringintegral der elektrischen Feldstärke über die geschlossene Schleife zu berechnen. Dabei muss jedoch beachtet werden, dass sich das Umlaufintegral auf die Leiterkontur bezieht und sich im Falle einer bewegten Leiterschleife entsprechend mitbewegt. Als besonderen Hinweis darauf, dass die elektrische Feldstärke in dem bewegten Bezugssystem der Leiterschleife und nicht wie die magnetische Flussdichte in dem System des ruhenden Beobachters einzusetzen ist, verwenden wir die Bezeichnung $\vec{E}'$. Das Induktionsgesetz nimmt dann die Form

$$\oint_C \vec{E}' \cdot d\vec{s} = -\frac{d}{dt} \iint_A \vec{B} \cdot d\vec{A} \tag{6.16}$$

an. In ruhenden Systemen entfällt die Unterscheidung zwischen $\vec{E}'$ und $\vec{E}$ und es kann $\vec{E}' = \vec{E}$ gesetzt werden. Die Flussdichte $\vec{B}$ muss über eine Fläche A integriert werden, die in beliebiger Form über die Leiterschleife aufgespannt werden darf, deren Berandung aber durch die Kontur C vorgegeben ist.

Diese Gleichung ist von viel größerer Allgemeingültigkeit, als die bisherigen Ableitungen vermuten lassen. Sie ist nämlich nicht an das Vorhandensein eines Leiters gebunden und gilt z.B. auch im Vakuum. Ein zeitlich sich änderndes Magnetfeld ruft nach Gl. (6.16) immer auch ein elektrisches Feld hervor. Ein Konvektionsstrom $i(t)$ kann jedoch nur dann fließen, wenn auch ein Leiter vorhanden ist.

6 Das zeitlich veränderliche elektromagnetische Feld

Beispiel 6.1: Auswertung des Linienintegrals

Um den Zusammenhang zwischen den beiden Bezugssystemen noch einmal zu verdeutlichen, wollen wir das Ringintegral auf der linken Seite der Gl. (6.16) für das Beispiel der teilweise bewegten Leiterschleife in Abb. 6.2 auswerten.

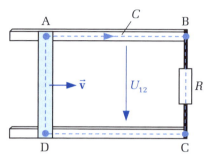

Abbildung 6.8: Auswertung des Linienintegrals

Lösung:

Zu diesem Zweck unterteilen wir den Integrationsweg gemäß ▶Abb. 6.8 in vier Teilabschnitte

$$\oint_C \vec{E}' \cdot d\vec{s} = \int_A^B \vec{E}' \cdot d\vec{s} + \int_B^C \vec{E}' \cdot d\vec{s} + \int_C^D \vec{E}' \cdot d\vec{s} + \int_D^A \vec{E}' \cdot d\vec{s} = \underbrace{\int_A^B \vec{E} \cdot d\vec{s}}_{0} + \underbrace{\int_B^C \vec{E} \cdot d\vec{s}}_{U_{12}=U} + \underbrace{\int_C^D \vec{E} \cdot d\vec{s}}_{0} + \int_D^A \vec{E}' \cdot d\vec{s}. \tag{6.17}$$

In den ortsfesten Leiterabschnitten (Schienen und Widerstand) gilt $\vec{E}' = \vec{E}$. Eine Unterscheidung zwischen bewegtem und nicht bewegtem Bezugssystem gibt es hier nicht. Die als widerstandslos angenommenen Schienen liefern keinen Beitrag zur Spannung und die am Widerstand R abfallende Spannung U_{12} wurde bereits in Gl. (6.4) angegeben. Besondere Aufmerksamkeit verdient aber der Integrationsweg zwischen den Punkten D und A. Hier gilt nämlich die Beziehung

$$\vec{E}' = \vec{E} + \vec{v} \times \vec{B} \tag{6.18}$$

zwischen den Feldgrößen in den beiden Bezugssystemen. Wir haben bereits im Zusammenhang mit der Abb. 6.1 festgestellt, dass sich die Ladungsträger in dem bewegten Stab so verteilen, dass sie keine Kraft mehr erfahren. Diese Aussage ist aber gleichbedeutend mit der bereits ebenfalls festgestellten Tatsache, dass das mitbewegte Ladungsteilchen oder ein mit dem Stab bewegter Beobachter das Innere des Stabes als feldfrei erkennt. Wegen $\vec{E}' = \vec{0}$ liefert der Integrationsweg zwischen den Punkten D und A keinen Beitrag und aus dem Ringintegral (6.17) erhalten wir als Ergebnis wieder die Spannung U bzw. bei beliebig zeitabhängiger Geschwindigkeit die dann ebenfalls zeitabhängige Spannung $u(t)$ entsprechend Gl. (6.15).

Das Umlaufintegral der elektrischen Feldstärke verschwindet in dem Beispiel im Gegensatz zu der Beziehung (1.22) nicht mehr. Bei der Definition der elektrischen Spannung U in Gl. (1.30) als das Wegintegral der elektrischen Feldstärke haben wir aber die Tatsache verwendet, dass die zwischen zwei Punkten existierende Spannung unabhängig von der Wahl des Integrationsweges ist. Diese Bedingung ist im Zusammenhang mit der Gl. (1.22) zwar immer erfüllt, bei den Gleichungen (6.15) und (6.16) gilt diese Voraussetzung aber nicht mehr. Die Angabe einer zwischen zwei Punkten vorliegenden Spannung ist bei den zeitlich veränderlichen magnetischen Feldern nicht mehr eindeutig, sie ist nur noch sinnvoll bei gleichzeitiger Angabe des zugehörigen Integrationsweges. Zur Veranschaulichung dieser Problematik betrachten wir ein konkretes Beispiel.

Beispiel 6.2: Spannungsmessung bei zeitlich veränderlichen Größen

Eine sehr lange Spule wird von einem zeitabhängigen Strom $i_1(t)$ durchflossen, der einen im Folgenden als bekannt vorausgesetzten magnetischen Fluss $\Phi(t)$ durch den Spulenquerschnitt erzeugt. Das Feld außerhalb der Spule kann unter der Voraussetzung einer sehr langen Spule vernachlässigt werden. Eine quadratische Schleife mit vier ohmschen Widerständen R umfasst die Spule. Die Widerstandswerte R sind hinreichend groß gewählt, so dass der Strom $i_2(t)$ sehr klein ist und sein Beitrag zum Magnetfeld ebenfalls vernachlässigt werden kann. Zwischen den Punkten A und B soll die Spannung mit einem idealen Voltmeter (Innenwiderstand $R_V \to \infty$) gemessen werden.

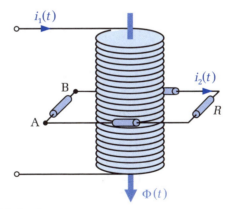

Abbildung 6.9: Betrachtete Anordnung

Lösung:

Zum Nachweis der Abhängigkeit der Spannungsmessung vom Integrationsweg bzw. von dem Verlauf der Messschleife betrachten wir die in ▶Abb. 6.10 dargestellte Ebene der Stromschleife mit den an den beiden Ecken A und B angeschlossenen Voltmetern VM$_1$ und VM$_2$. Für die gezeigte Position der Messgeräte sollen die beiden Spannungsverläufe $u_1(t)$ und $u_2(t)$ berechnet werden.

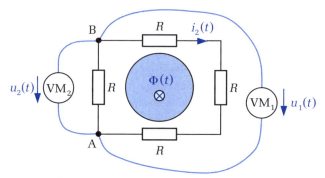

Abbildung 6.10: Messanordnung

Die Anwendung des Induktionsgesetzes (6.15) auf die quadratische Leiterschleife mit dem Strom $i_2(t)$ und dem Gesamtwiderstand $4R$ liefert den Ausdruck

$$4R\, i_2(t) = -\frac{\mathrm{d}}{\mathrm{d}t}\Phi(t). \qquad (6.19)$$

Der Strom $i_2(t)$ ist in der geforderten Weise rechtshändig zu dem die umschlossene Schleife durchsetzenden magnetischen Fluss $\Phi(t)$ orientiert.

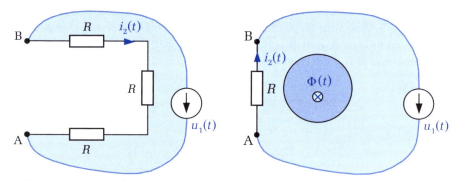

Abbildung 6.11: Zur Berechnung der Spannung $u_1(t)$

Zur Berechnung der von dem Voltmeter VM_1 angezeigten Spannung $u_1(t)$ kann das Faraday'sche Gesetz (6.16) mit $\vec{E}' = \vec{E}$ auf die beiden unterschiedlichen Leiterschleifen der ▶Abb. 6.11 angewendet werden. Dabei ist zu beachten, dass in den Anschlussleitungen zum Messinstrument kein Strom fließt, d.h. die elektrische Feldstärke verschwindet wegen $\vec{J} = \kappa\vec{E} = \vec{0}$ in diesen Leiterstücken. Für die Schleife im linken Teilbild gilt

$$\oint_C \vec{E}\cdot\mathrm{d}\vec{s} = 3R\, i_2(t) - u_1(t) = -\frac{\mathrm{d}}{\mathrm{d}t}\Phi(t) = 0 \quad \rightarrow \quad u_1(t) = 3R\, i_2(t). \qquad (6.20)$$

Wegen des feldfreien Raumes außerhalb der Zylinderspule tritt kein magnetischer Fluss durch die markierte Fläche, so dass die Spannung $u_1(t)$ den angegebenen Wert annimmt. Betrachtet man dagegen die Schleife im rechten Teilbild, dann wird der Fluss durch die Zylinderspule eingeschlossen. Man erhält jedoch erwartungsgemäß das gleiche Ergebnis

$$\oint_C \vec{E}\cdot d\vec{s} = R\, i_2(t) + u_1(t) = -\frac{d}{dt}\Phi(t) \stackrel{(6.19)}{=} 4R\, i_2(t) \quad \rightarrow \quad u_1(t) = 3R\, i_2(t). \quad (6.21)$$

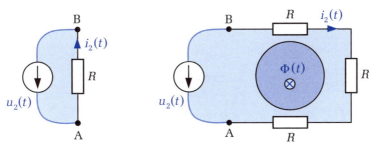

Abbildung 6.12: Zur Berechnung der Spannung $u_2(t)$

Für die Spannung am Voltmeter VM_2 erhält man mit den analogen Überlegungen aus den beiden Teilbildern der ▶Abb. 6.12 die Ergebnisse

$$\oint_C \vec{E}\cdot d\vec{s} = R\, i_2(t) + u_2(t) = -\frac{d}{dt}\Phi(t) = 0 \quad \rightarrow \quad u_2(t) = -R\, i_2(t) \quad (6.22)$$

bzw.

$$\oint_C \vec{E}\cdot d\vec{s} = 3R\, i_2(t) - u_2(t) = -\frac{d}{dt}\Phi(t) \stackrel{(6.19)}{=} 4R\, i_2(t) \quad \rightarrow \quad u_2(t) = -R\, i_2(t). \quad (6.23)$$

Die von den beiden Messgeräten angezeigten Spannungen unterscheiden sich also und zwar genau um die zeitliche Änderung des von den beiden Messschleifen umschlossenen magnetischen Flusses

$$\oint_C \vec{E}\cdot d\vec{s} = u_1(t) - u_2(t) \stackrel{(6.20,6.22)}{=} 4R\, i_2(t) \stackrel{(6.19)}{=} -\frac{d}{dt}\Phi(t). \quad (6.24)$$

Fassen wir noch einmal zusammen: Sofern zeitlich veränderliche Magnetfelder von der Schleife umfasst werden, ist das Umlaufintegral der elektrischen Feldstärke verschieden von Null. Die Gl. (1.22) verliert ihre Gültigkeit und damit auch die Kirchhoff'sche Maschenregel (3.4). Daher zeigen die beiden Messinstrumente unterschiedliche Spannungen, obwohl sie an den gleichen Punkten A und B angeschlossen sind. Die Spannung U_{AB} ist also, wie eingangs erwähnt, nur noch eindeutig bei gleichzeitiger Angabe des Integrationsweges bzw. des Verlaufs der Messschleifen im betrachteten Beispiel.

6.2 Die Selbstinduktion

Wir erweitern jetzt die Anordnung in Abb. 6.7, indem wir die ruhende Leiterschleife an eine zeitlich veränderliche Spannungsquelle $u_0(t)$ anschließen. Der von der Spannungsquelle in der Leiterschleife hervorgerufene zeitlich veränderliche Strom $i(t)$ verursacht einen zeitlich veränderlichen Fluss $\Phi(t)$ durch die Schleifenfläche (▶Abb. 6.13). Während wir in dem vorangegangenen Kapitel den Fluss durch die Schleife infolge eines externen Magnetfeldes betrachtet haben, teilweise unter Berücksichtigung des Flusses infolge des induzierten Stromes, untersuchen wir jetzt den Fall, dass der Fluss ausschließlich von dem Strom in der betrachteten Leiterschleife selbst verursacht wird. Die Überlagerung der beiden Fälle behandeln wir in Kap. 6.4.

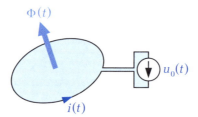

Abbildung 6.13: Zum Induktionsgesetz von Faraday

Nach dem Induktionsgesetz (6.16) muss das Umlaufintegral der elektrischen Feldstärke gleich sein zu der negativen zeitlichen Änderung des die Schleife durchsetzenden Flusses. Bezeichnet R den ohmschen Widerstand der Leiterschleife, dann gilt mit Gl. (6.16) der Maschenumlauf

$$\oint_C \vec{E}\cdot d\vec{s} = R\,i(t) - u_0(t) = -\frac{d\Phi}{dt}. \tag{6.25}$$

Der von dem Strom verursachte magnetische Fluss hängt von der Geometrie der Leiterschleife und gegebenenfalls von den Materialeigenschaften (Permeabilitäten) ab. In der Gleichung (5.56) haben wir das Verhältnis aus dem die Schleife durchsetzenden magnetischen Fluss Φ zu dem ihn verursachenden Strom I als Induktivität L bezeichnet. Mit diesem Zusammenhang führt die Gl. (6.25) auf die Beziehung

$$u_0 \stackrel{(6.25)}{=} R\,i + \frac{d\Phi}{dt} \stackrel{(5.56)}{=} R\,i + \frac{d}{dt}(L\,i). \tag{6.26}$$

Unter den beiden Voraussetzungen:

a Die Geometrie der Anordnung ändert sich nicht mit der Zeit und

b die Permeabilität vorhandener Materialien kann als konstant, d.h. unabhängig von dem jeweiligen Wert des zeitlich veränderlichen Stromes angesehen werden (dies gilt bei Verwendung von ferromagnetischen Materialien nur im linearen Teil der B-H-Kurve (vgl. Abb. 5.21)), ist die Induktivität zeitlich konstant und die zeitliche Ableitung beschränkt sich allein auf den Strom $i(t)$. Die Gl. (6.26) nimmt dann die vereinfachte Form

$$u_0 = Ri + L\frac{di}{dt} = u_R + u_L \qquad (6.27)$$

an, in der das Produkt $Ri = u_R$ den Spannungsabfall an dem ohmschen Widerstand der Leiterschleife repräsentiert. Die Induktivität der Leiterschleife verursacht ebenfalls einen mit u_L bezeichneten Spannungsabfall, der proportional zur Induktivität und zur zeitlichen Änderung des Stromes ist. Das zu dieser Gleichung gehörende Ersatzschaltbild ist in ▶Abb. 6.14 dargestellt.

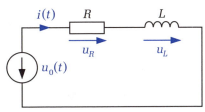

Abbildung 6.14: Ersatzschaltbild für die Anordnung der Abb. 6.13

Merke

An der Induktivität ist die Spannung proportional zur zeitlichen Änderung des Stromes

$$u_L = L\frac{di}{dt}. \qquad (6.28)$$

Die Zählpfeile für Strom und Spannung entsprechen dem Verbraucherzählpfeilsystem.

6.3 Einfache Induktivitätsnetzwerke

Betrachten wir nun die Zusammenschaltung mehrerer voneinander unabhängiger, d.h. magnetisch nicht gekoppelter Spulen. Die gegenseitige Beeinflussung (Kopplung) von Spulen wird in Kap. 6.4 untersucht. Die Aufgabe besteht wieder darin, eine Anordnung mit mehreren Induktivitäten L_k mit $k = 1,2,...$ durch eine einzige Induktivität L_{ges} zu ersetzen, die bezogen auf die beiden Anschlussklemmen das gleiche Verhalten aufweist.

Bei der **Reihenschaltung** werden alle Induktivitäten von dem gleichen Strom durchflossen. Aus dem Spannungsumlauf erhält man die Gleichung

$$u_{ges} = \sum_{k=1}^{n} u_k \overset{(6.28)}{=} \sum_{k=1}^{n} L_k \frac{di}{dt} = L_{ges}\frac{di}{dt} \quad \rightarrow \quad \boxed{L_{ges} = \sum_{k=1}^{n} L_k}. \qquad (6.29)$$

Die gesamte an den Eingangsklemmen wirksame Induktivität ist durch die Summe der einzelnen Induktivitäten gegeben.

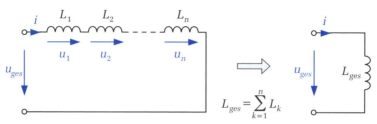

Abbildung 6.15: Reihenschaltung von Induktivitäten

Bei der **Parallelschaltung** teilt sich der Gesamtstrom $i_{ges}(t)$ auf die einzelnen Induktivitäten auf. Da außerdem an allen Spulen die gleiche Spannung liegt, gilt die Beziehung

$$\frac{\mathrm{d}}{\mathrm{d}t}i_{ges} \stackrel{(3.7)}{=} \frac{\mathrm{d}}{\mathrm{d}t}\left(\sum_{k=1}^{n}i_k\right) = \sum_{k=1}^{n}\frac{\mathrm{d}i_k}{\mathrm{d}t} \stackrel{(6.28)}{=} \sum_{k=1}^{n}\frac{1}{L_k}u = \frac{1}{L_{ges}}u \quad \rightarrow \quad \frac{1}{L_{ges}} = \sum_{k=1}^{n}\frac{1}{L_k} \; . \quad (6.30)$$

Für den Sonderfall zweier parallel geschalteter Induktivitäten L_1 und L_2 folgt daraus

$$L_{ges} = \frac{L_1 L_2}{L_1 + L_2} \; . \tag{6.31}$$

Bei der Parallelschaltung ist die Gesamtinduktivität stets kleiner als die kleinste vorkommende Einzelinduktivität.

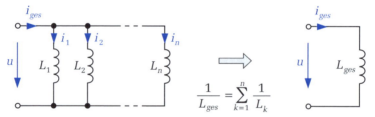

Abbildung 6.16: Parallelschaltung von Induktivitäten

> **Merke**
>
> Bei der Reihenschaltung nicht gekoppelter Spulen addieren sich die Induktivitäten der einzelnen Spulen, bei der Parallelschaltung ist der Kehrwert der Gesamtinduktivität gleich der Summe der Kehrwerte der Einzelinduktivitäten.

6.4 Die Gegeninduktion

In Kap. 1.20 haben wir bereits eine Situation beschrieben, bei der infolge mehrerer leitender Elektroden kapazitive Netzwerke entstehen. Wir haben dann nicht mehr von

6.4 Die Gegeninduktion

einem Kondensator, sondern von Teilkapazitäten gesprochen. Eine analoge Situation entsteht, wenn sich mehrere Spulen (Stromkreise) gegenseitig beeinflussen, indem der von einer Spule erzeugte magnetische Fluss eine andere Spule durchsetzt und entsprechend dem Faraday'schen Gesetz dort eine Spannung induziert. Diesen Vorgang bezeichnet man als **Gegeninduktion**. Als Folge davon können die einzelnen Stromkreise nicht mehr unabhängig voneinander betrachtet werden. Sie sind magnetisch miteinander **gekoppelt**. Um diese Situation einigermaßen übersichtlich zu gestalten, betrachten wir die in ▶Abb. 6.17 dargestellte Anordnung mit lediglich zwei Stromkreisen.

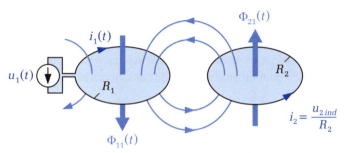

Abbildung 6.17: Gekoppelte Stromkreise

Die Leiterschleife 1 ist an eine zeitlich veränderliche Spannung $u_1(t)$ angeschlossen, die einen Strom $i_1(t)$ in der angegebenen Richtung verursacht. Das von diesem Strom hervorgerufene Magnetfeld erzeugt insgesamt einen magnetischen Fluss Φ_{11} durch die Leiterschleife 1, wobei die Zählrichtungen von Strom $i_1(t)$ und Fluss Φ_{11} rechtshändig miteinander verknüpft sind.

Ein Teil des Flusses Φ_{11}, in Abb. 6.17 durch zwei Feldlinien angedeutet, wird auch die Leiterschleife 2 durchsetzen. Diesen Fluss bezeichnen wir mit Φ_{21}, wobei der erste Index die Schleife kennzeichnet, die von dem Fluss durchsetzt wird, der zweite Index dagegen den Strom, der den Fluss erzeugt.

Besitzt die Leiterschleife 1 den Widerstand R_1, dann folgt aus dem Induktionsgesetz der bereits in Gl. (6.26) angegebene Zusammenhang für die Schleife 1 (Der Fluss infolge des Stromes i_2 in der zweiten Leiterschleife wird zunächst noch vernachlässigt.)

$$u_1 \stackrel{(6.26)}{=} R_1 i_1 + \frac{d\Phi_{11}}{dt} \stackrel{(5.56)}{=} R_1 i_1 + L_{11} \frac{di_1}{dt}. \qquad (6.32)$$

In dieser Gleichung bezeichnet L_{11} die **Selbstinduktivität** der Leiterschleife 1 (diese entspricht der bisher als Induktivität bezeichneten Eigenschaft einer einfachen, nicht gekoppelten Spule). Infolge des sich zeitlich ändernden Flusses Φ_{21} wird in der Leiterschleife 2 eine Spannung $u_{2ind}(t)$ entsprechend Gl. (6.15) induziert, die ebenfalls proportional zur zeitlichen Änderung des diese Schleife durchsetzenden Flusses und damit proportional zur Stromänderung in der ersten Schleife ist

$$u_{2ind} = -\frac{d\Phi_{21}}{dt} = -L_{21}\frac{di_1}{dt}. \qquad (6.33)$$

Die Richtung, in die der Fluss durch die Schleife 2 positiv gezählt wird, ist zunächst willkürlich. Wir entscheiden uns für die auf der rechten Seite der Abb. 6.17 dargestellte Orientierung. Mit der Festlegung einer Zählrichtung für Φ_{21} ist aber gleichzeitig auch die Zählrichtung für die induzierte Spannung bzw. den induzierten Strom aufgrund der Zuordnung in Gl. (6.15) bzw. Abb. 6.7 eindeutig festgelegt. Die rechtshändige Verknüpfung führt auf die im Bild dargestellte Richtung für den induzierten Strom $i_2(t)$. Wird die Leiterschleife 2 unterbrochen, dann verschwindet der Strom $i_2(t)$ und die induzierte Spannung (6.33) kann an den offenen Klemmen gemessen werden. Sie hat die gleiche Bezugsrichtung wie der in der Abbildung eingetragene Strom.

Den in der Gl. (6.33) eingeführten Proportionalitätsfaktor L_{21} bezeichnet man als **Gegeninduktivität** zwischen der Schleife 1 und der Schleife 2. Während die Selbstinduktivität immer positiv ist, kann je nach Festlegung von Zählrichtungen und Geometrie der Schleifen zueinander die Gegeninduktivität auch negative Werte annehmen (vgl. Beispiel 6.3).

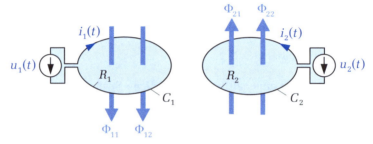

Abbildung 6.18: Gekoppelte Stromkreise mit gleich gerichteten Flüssen

Wenn in der Leiterschleife 2 ein Strom $i_2(t)$ fließt, unabhängig davon, ob er durch die Flussänderung infolge des zeitlich veränderlichen Stromes $i_1(t)$ induziert oder ob er von einer Quellenspannung $u_2(t)$ verursacht wird, dann wird dieser Strom $i_2(t)$ ebenfalls einen magnetischen Fluss Φ_{22} erzeugen, der die Schleife 2 durchsetzt und mit dem Strom rechtshändig verknüpft ist. Derjenige Teil des Flusses Φ_{22}, der auch mit der Schleife 1 verkettet ist, wird jetzt als Φ_{12} bezeichnet. Insgesamt erhalten wir wieder die gleichen Beziehungen (6.32) und (6.33), jedoch mit vertauschten Indizes 1 und 2. Da die induzierte Spannung in einer Leiterschleife nach dem Induktionsgesetz proportional ist zur zeitlichen Änderung des gesamten die Schleife durchsetzenden Flusses, müssen die beiden beschriebenen Fälle überlagert werden. Die Gl. (6.32) ist also unvollständig, da sie den Einfluss eines eventuell vorhandenen Stromes $i_2(t)$ auf die Schleife 1 bisher noch nicht berücksichtigt. Nachdem wir uns die wechselseitige Beeinflussung veranschaulicht haben, betrachten wir direkt den in ▶Abb. 6.18 dargestellten allgemeinen Fall mit zwei Leiterschleifen, die beide an jeweils eine Spannungsquelle angeschlossen sind.

Nach Anwendung des Induktionsgesetzes (6.16) auf die beiden Schleifen finden wir die Beziehungen

$$\oint_{C_1} \vec{E} \cdot d\vec{s} = -u_1 + R_1 i_1 = -\frac{d\Phi_{1ges}}{dt} = -\frac{d}{dt}(\Phi_{11} + \Phi_{12}) \qquad (6.34)$$

und

$$\oint_{C_2} \vec{E} \cdot d\vec{s} = -u_2 + R_2 i_2 = -\frac{d\Phi_{2ges}}{dt} = -\frac{d}{dt}(\Phi_{21} + \Phi_{22}), \qquad (6.35)$$

die sich mithilfe der in Gl. (6.33) eingeführten Gegeninduktivitäten als Gleichungssystem darstellen lassen

$$\begin{aligned} u_1 &= R_1 i_1 + \frac{d}{dt}(\Phi_{11} + \Phi_{12}) = R_1 i_1 + L_{11}\frac{di_1}{dt} + L_{12}\frac{di_2}{dt} \\ u_2 &= R_2 i_2 + \frac{d}{dt}(\Phi_{21} + \Phi_{22}) = R_2 i_2 + L_{21}\frac{di_1}{dt} + L_{22}\frac{di_2}{dt} \,. \end{aligned} \qquad (6.36)$$

Die Beziehung für die Schleife 1 unterscheidet sich von der Gl. (6.32) nur dadurch, dass jetzt nicht nur Φ_{11}, sondern der gesamte die Schleife durchsetzende Fluss berücksichtigt wird.

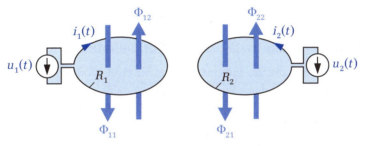

Abbildung 6.19: Gekoppelte Stromkreise mit entgegengesetzt gerichteten Flüssen

An dieser Stelle soll noch eine Bemerkung zur Wahl der Flussrichtung gemacht werden. Bei festgelegter Zählrichtung für den Strom in einer Schleife ist der zugehörige Fluss durch die betreffende Schleife festgelegt. Der Fluss Φ_{11} ist rechtshändig mit i_1 und der Fluss Φ_{22} rechtshändig mit i_2 verknüpft. Der Fluss durch die jeweils andere Schleife kann aber hinsichtlich seiner Orientierung frei gewählt werden. Betrachten wir z.B. die ▶Abb. 6.19, in der die beiden Flüsse Φ_{12} und Φ_{21} verglichen mit der Abb. 6.18 willkürlich anders gezählt werden, dann gilt für die Gesamtflüsse durch die Schleifen $\Phi_{1ges} = \Phi_{11} - \Phi_{12}$ und $\Phi_{2ges} = -\Phi_{21} + \Phi_{22}$.

Das zugehörige Gleichungssystem

$$\begin{aligned} u_1 &= R_1 i_1 + \frac{d}{dt}(\Phi_{11} - \Phi_{12}) = R_1 i_1 + L_{11}\frac{di_1}{dt} - L_{12}\frac{di_2}{dt} \\ u_2 &= R_2 i_2 + \frac{d}{dt}(-\Phi_{21} + \Phi_{22}) = R_2 i_2 - L_{21}\frac{di_1}{dt} + L_{22}\frac{di_2}{dt} \end{aligned} \qquad (6.37)$$

ist aber identisch zur Gl. (6.36). Bei der anderen Flussorientierung unterscheiden sich einerseits die infolge der Kopplung induzierten Spannungen in den beiden Gleichungssystemen im Vorzeichen, andererseits aber unterscheiden sich die in beiden Situationen aus dem Verhältnis von Fluss zu verursachendem Strom berechneten Werte für die Gegeninduktivitäten L_{12} und L_{21} ebenfalls im Vorzeichen.

> **Merke**
>
> Unterstützen sich die durch die positiven Ströme hervorgerufenen Flüsse durch eine Leiterschleife, dann addieren sich die induzierten Spannungen von Selbstinduktivität und Gegeninduktivität in der zugehörigen Gleichung. Sind die Flüsse entgegengerichtet, dann geht der Beitrag infolge der Gegeninduktivität mit umgekehrtem Vorzeichen in die Gleichung ein.

Die in den Gleichungssystemen enthaltenen Induktivitätswerte können bei einer bekannten Leiteranordnung aus der Geometrie bestimmt werden. Sind zusätzlich die Schleifenwiderstände R_1 und R_2 bekannt, dann lassen sich aus den beiden Gleichungen für vorgegebene zeitabhängige Quellenspannungen $u_1(t)$ und $u_2(t)$ die zugehörigen zeitabhängigen Ströme $i_1(t)$ und $i_2(t)$ berechnen.

6.4.1 Die Gegeninduktivität zweier Doppelleitungen

Als Beispiel wollen wir die Gegeninduktivitäten für zwei parallel verlaufende, unendlich lange Doppelleitungen berechnen. Die in ▶Abb. 6.20 im Querschnitt dargestellte Anordnung kann als eben, d.h. unabhängig von der Koordinate senkrecht zur Zeichenebene betrachtet werden.

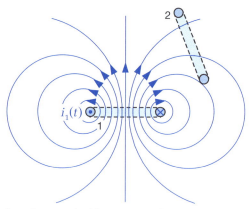

Abbildung 6.20: Feldverteilung einer stromdurchflossenen Doppelleitung

Zur Bestimmung der Gegeninduktivität L_{21} benötigen wir den Fluss Φ_{21} durch die Schleife 2 infolge des Stromes in der Schleife 1. Für die angenommene Stromrichtung $i_1(t)$ erhalten wir die in der Abbildung qualitativ dargestellte Feldverteilung. Da die Auswertung des Integrals (5.30) für diesen Feldverlauf etwas umständlich ist, wird die Berechnung in zwei Teilschritten ausgeführt. Im ersten Schritt betrachten wir nur den Fluss Φ_{21_r} durch die Schleife 2 infolge des Stromes im *rechten* Leiter der Schleife 1 (▶Abb. 6.21).

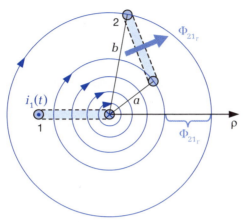

Abbildung 6.21: Beitrag des rechten Leiters zum Fluss

Das Feld dieses Linienleiters besteht aus konzentrischen Kreisen mit dem Leiter im Mittelpunkt und mit der Ortsabhängigkeit nach Gl. (5.25). Legen wir den Leiter in den Ursprung eines zylindrischen Koordinatensystems und bestimmen wir die positive Zählrichtung für den Fluss entsprechend Abb. 6.21, dann wird die Berechnung sehr einfach. Man erkennt, dass der Fluss durch die Schleife 2 durch das gesamte Feld, das sich zwischen den in der Abbildung eingetragenen beiden äußeren kreisförmigen Feldlinien befindet, gegeben ist. Bezeichnet man die Abstände zwischen dem stromführenden Leiter im Ursprung und den beiden Leitern der Schleife 2 mit a und b, dann kann die Integration der Flussdichte auch entlang der eingetragenen ρ-Achse in den Grenzen $a \leq \rho \leq b$ durchgeführt werden. Die Integration in z-Richtung wird wieder wegen der unendlich langen Anordnung für einen Abschnitt der Länge l durchgeführt. Berücksichtigt man den gegenüber der Herleitung von Gl. (5.25) jetzt in die entgegengesetzte Richtung fließenden Strom, d.h. i_1 ist mit negativem Vorzeichen in die Gleichung einzusetzen, dann gilt

$$\Phi_{21_r} \stackrel{(5.30)}{=} \iint_{A_2} \vec{B} \cdot d\vec{A} \stackrel{(5.25)}{=} \mu_0 \int_{z=0}^{l} \int_{\rho=a}^{b} \underbrace{\vec{e}_\varphi \frac{-i_1}{2\pi\rho}}_{\vec{H}} \cdot \underbrace{(-\vec{e}_\varphi) d\rho dz}_{d\vec{A}} = \frac{\mu_0 i_1}{2\pi} l \int_{\rho=a}^{b} \frac{1}{\rho} d\rho = \frac{\mu_0 i_1}{2\pi} l \ln\frac{b}{a}. \quad (6.38)$$

Den Beitrag Φ_{21_l} des *linken* Leiters der Schleife 1 zum Fluss durch die Schleife 2 erhalten wir mit der gleichen Vorgehensweise. Mit den jetzt in ▶Abb. 6.22 definierten

Abständen c und d kann das Ergebnis (6.38) unmittelbar übernommen werden, wobei noch ein Vorzeichenwechsel infolge der anderen Stromrichtung zu berücksichtigen ist

$$\Phi_{21_l} = -\frac{\mu_0 i_1}{2\pi} l \ln\frac{d}{c}. \tag{6.39}$$

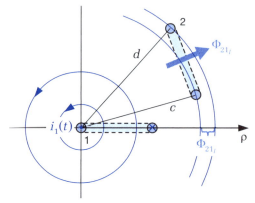

Abbildung 6.22: Beitrag des linken Leiters zum Fluss

Der Gesamtfluss Φ_{21} entspricht der Summe der beiden Teilergebnisse (6.38) und (6.39)

$$\Phi_{21} = \frac{\mu_0 l}{2\pi} i_1 \left(\ln\frac{b}{a} - \ln\frac{d}{c}\right) = \frac{\mu_0 l}{2\pi} i_1 \ln\frac{bc}{ad}. \tag{6.40}$$

Die gesuchte Gegeninduktivität ist dann nach Gl. (6.33) durch die Beziehung

$$L_{21} = \frac{\Phi_{21}}{i_1} = \frac{\mu_0 l}{2\pi} \ln\frac{bc}{ad} \tag{6.41}$$

gegeben. Es sei noch einmal daran erinnert, dass das Ergebnis (6.41) von der Zählrichtung für den Fluss Φ_{21} abhängt. Bei entgegengesetzt gewählter Orientierung von Φ_{21} erhalten wir die Gegeninduktivität L_{21} mit einem zusätzlichen Minuszeichen.

Im nächsten Schritt berechnen wir die Gegeninduktivität L_{12}. Dazu nehmen wir einen Strom $i_2(t)$ in der Schleife 2, beispielsweise mit der in ▶Abb. 6.23 angegebenen Richtung an. Da sich die Flüsse Φ_{21} und Φ_{22} bei der gewählten Festlegung unterstützen, wird der Fluss Φ_{12} jetzt so gezählt, dass er ebenfalls den Fluss Φ_{11} unterstützt, so dass wir resultierend das Gleichungssystem (6.36) verwenden können.

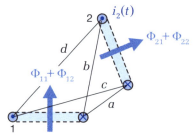

Abbildung 6.23: Orientierung der Teilflüsse

6.4 Die Gegeninduktion

Der gesuchte Fluss Φ_{12} kann durch entsprechende Vertauschung der Abmessungen und unter Beachtung der Stromrichtungen entweder aus Gl. (6.40) übernommen oder aber durch Wiederholung der beiden Teilschritte entsprechend der Berechnung von Φ_{21} nochmals hergeleitet werden. Wir übernehmen das Ergebnis

$$\Phi_{12} = \frac{\mu_0 l}{2\pi} i_2 \left(\ln \frac{c}{a} - \ln \frac{d}{b} \right) = \frac{\mu_0 l}{2\pi} i_2 \ln \frac{bc}{ad} . \tag{6.42}$$

Die zugehörige Gegeninduktivität

$$L_{12} = \frac{\Phi_{12}}{i_2} = \frac{\mu_0 l}{2\pi} \ln \frac{bc}{ad} = L_{21} \tag{6.43}$$

besitzt den gleichen Wert wie die Gegeninduktivität in Gl. (6.41). Diese hier am Beispiel der Doppelleitungen gefundene Symmetrie-Eigenschaft lässt sich auch für allgemeine Leiteranordnungen zeigen (vgl. Kap. 6.5)

$$L_{ik} = L_{ki} . \tag{6.44}$$

Damit gilt die Aussage:

> **Merke**
>
> In einem System mehrerer Leiter gilt für die zwischen dem i-ten und k-ten Leiter auftretende Gegeninduktivität die Symmetrie-Eigenschaft $L_{ik} = L_{ki}$.

Da es in der Literatur üblich ist, die Gegeninduktivitäten mit M zu bezeichnen, können wir das zu verwendende Gleichungssystem (6.36) unter Berücksichtigung der Symmetrie-Eigenschaft $L_{12} = L_{21} = M$ folgendermaßen schreiben:

$$\begin{aligned} u_1(t) &= R_1 i_1(t) + L_{11} \frac{di_1}{dt} + L_{12} \frac{di_2}{dt} = R_1 i_1(t) + L_{11} \frac{di_1}{dt} + M \frac{di_2}{dt} \\ u_2(t) &= R_2 i_2(t) + L_{21} \frac{di_1}{dt} + L_{22} \frac{di_2}{dt} = R_2 i_2(t) + M \frac{di_1}{dt} + L_{22} \frac{di_2}{dt} . \end{aligned} \tag{6.45}$$

Mit den bereits in Kap. 5.13.2 berechneten Selbstinduktivitäten L_{11} bzw. L_{22} sind die Zusammenhänge zwischen den Strömen und Spannungen der beiden gekoppelten Leiterschleifen eindeutig bestimmt.

Beispiel 6.3: Berechnung der Gegeninduktivität

Die beiden Leiter einer Doppelleitung besitzen den Mittelpunktsabstand h und liegen in der Ebene y = 0 an den Stellen x = ± $h/2$. Die Leiter einer zweiten Doppelleitung liegen in der Ebene y = h an den Stellen x = x_0 ± $h/2$. Zu berechnen ist die Gegeninduktivität pro Längeneinheit M/l als Funktion der Mittelpunktsposition $0 \leq x_0 \leq 4h$.

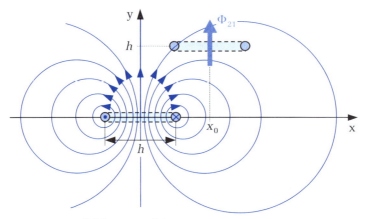

Abbildung 6.24: Zwei unendlich lange Doppelleitungen

Lösung:

Mit den Abstandsbezeichnungen in Abb. 6.23 erhalten wir aus Gl. (6.41) unmittelbar das Ergebnis

$$\frac{M}{l} = \frac{\Phi_{21}}{l\, i_1} = \frac{\mu_0}{2\pi} \ln \frac{bc}{ad} = \frac{\mu_0}{2\pi} \ln \frac{\sqrt{(x_0-h)^2+h^2}\sqrt{(x_0+h)^2+h^2}}{\sqrt{x_0^2+h^2}\sqrt{x_0^2+h^2}} \quad \rightarrow$$

$$\frac{M/l}{\mu H/m} = \frac{1}{10} \ln \frac{(\eta^2+2)^2 - 4\eta^2}{(\eta^2+1)^2} \quad \text{mit der Abkürzung} \quad \eta = \frac{x_0}{h}. \quad (6.46)$$

Den größten Wert weist die Gegeninduktivität auf, wenn die beiden Doppelleitungen exakt übereinanderliegen. Wird die obere Doppelleitung nach rechts verschoben, dann nimmt der Fluss Φ_{21} und damit auch M ab. Befindet sich diese Doppelleitung im Bereich $x_0 > 1{,}25h$, dann kehrt der Fluss sein Vorzeichen um und die in Gl. (6.45) einzusetzende Gegeninduktivität M wird negativ.

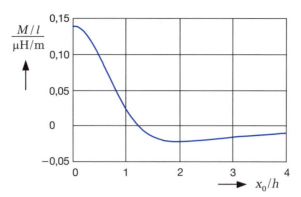

Abbildung 6.25: Gegeninduktivität pro Längeneinheit der beiden Doppelleitungen in Abb. 6.24

Zwischen diesen beiden Bereichen existiert eine Nullstelle für M. Eine solche Nullstelle tritt immer dann auf, wenn die beiden Einzelleiter (von der oberen Doppelleitung) auf der gleichen Feldlinie (hervorgerufen von der unteren Doppelleitung) liegen, so dass der Fluss Φ_{21} durch die Leiterschleife verschwindet. In diesem Fall tritt keine gegenseitige Beeinflussung zwischen den beiden Doppelleitungen auf, sie sind entkoppelt und können wie zwei voneinander unabhängige Induktivitäten behandelt werden.

6.4.2 Die Koppelfaktoren

Das Gleichungssystem (6.45) ist unabhängig von der Geometrie der Anordnung. Anders verlaufende Leiterschleifen beeinflussen lediglich die Werte der Induktivitäten. Der Wert der Gegeninduktivität M hängt nur davon ab, welcher Anteil des von einer Schleife insgesamt erzeugten magnetischen Flusses die andere Schleife durchsetzt. Diese Kopplung zwischen den beiden Schleifen kennzeichnet man durch so genannte **Koppelfaktoren**, die das Verhältnis von dem durch beide Schleifen hindurchtretenden Fluss zu dem gesamten von einer Schleife erzeugten Fluss angeben. Mit den Bezeichnungen des vorangegangenen Kapitels gilt

$$k_{21} = \frac{\Phi_{21}}{\Phi_{11}} = \frac{M}{L_{11}} \quad \text{und} \quad k_{12} = \frac{\Phi_{12}}{\Phi_{22}} = \frac{M}{L_{22}}. \tag{6.47}$$

Diese Koppelfaktoren können je nach Form der beiden Leiterschleifen oder je nach Anzahl der Windungen N_1 und N_2 sehr unterschiedliche Werte annehmen[4]. Gilt für

---

[4] Aus diesem Grund werden die beiden Koppelfaktoren oft so definiert, dass nicht die Gesamtflüsse durch die Schleifenflächen, sondern die durch die jeweiligen Windungszahlen dividierten Flüsse ins Verhältnis gesetzt werden. Die beiden Werte $|k_{12}|$ und $|k_{21}|$ sind dann immer ≤ 1. Diese Methode versagt aber, wenn die Leitergeometrie die Identifikation abzählbarer Windungen nicht erlaubt; sie ist selbst dann problematisch, wenn die einzelnen Windungen wie bei den Luftspulen in Abb. 5.39 von unterschiedlichen Flüssen durchsetzt werden. Auf den Koppelfaktor k in Gl. (6.48) haben diese unterschiedlichen Definitionen keine Auswirkung, diese Beziehung ist in beiden Fällen gleich.

die Schleifen $N_1 = N_2 = 1$, wie im Beispiel mit den beiden Doppelleitungen, dann kann der mit beiden Windungen verkettete Fluss nur kleiner oder maximal gleich sein zu dem von einer Windung insgesamt erzeugten Fluss, d.h. die Koppelfaktoren können dann betragsmäßig maximal den Wert 1 annehmen. Für die Praxis reicht zur Beschreibung der Kopplung zwischen den beiden Schleifen ein einziger Zahlenwert aus. Man bildet daher aus den beiden gegebenenfalls sehr unterschiedlichen Koppelfaktoren (6.47) das geometrische Mittel. Dieses ist unabhängig von den Windungszahlen betragsmäßig immer ≤ 1

$$k = \pm\sqrt{k_{12}k_{21}} = \frac{M}{\sqrt{L_{11}L_{22}}} \quad \text{mit} \quad |k| \leq 1, \tag{6.48}$$

so dass das Gleichungssystem (6.45) auch in der Form

$$u_1(t) = R_1 i_1(t) + L_{11}\frac{di_1}{dt} + k\sqrt{L_{11}L_{22}}\frac{di_2}{dt}$$
$$u_2(t) = R_2 i_2(t) + k\sqrt{L_{11}L_{22}}\frac{di_1}{dt} + L_{22}\frac{di_2}{dt} \tag{6.49}$$

geschrieben werden kann.

6.5 Der Energieinhalt des Feldes

In diesem Kapitel wollen wir, ähnlich wie bereits beim Kondensator, die Frage untersuchen, wie viel Energie, wir sprechen hier von **magnetischer Energie** W_m, in einer stromdurchflossenen Spule gespeichert ist. Dazu wird die in ▶Abb. 6.26 dargestellte Ringkernspule der Induktivität L zum Zeitpunkt $t = 0$ an eine Gleichspannungsquelle U angeschlossen.

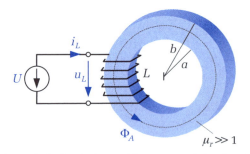

Abbildung 6.26: Zur Berechnung der in einer Spule gespeicherten magnetischen Energie

Die Spannung an der Spule ist zu jedem Zeitpunkt $t > 0$ gleich der Quellenspannung $u_L = U$. Vernachlässigt man die Verlustmechanismen in der Spule wie z.B. den ohmschen Widerstand der Wicklung, dann wird sich in der anfangs stromlosen Spule nach Gl. (6.28) ein linear ansteigender Strom ausbilden und die gesamte der Spule zugeführte Energie trägt zur Erhöhung der Flussdichte im Ringkern bei. Die in einem ele-

6.5 Der Energieinhalt des Feldes

mentaren Zeitabschnitt von der Quelle an die Spule abgegebene Energie kann mit Gl. (2.48) berechnet werden. Berücksichtigt man den Zusammenhang (6.28) zwischen Spulenstrom und Spulenspannung, dann erhält man den folgenden Energiezuwachs in der Spule

$$\mathrm{d}W_m \stackrel{(2.45)}{=} u_L\, i_L\, \mathrm{d}t \stackrel{(6.28)}{=} L\, i_L\, \frac{\mathrm{d}i_L}{\mathrm{d}t}\, \mathrm{d}t = L\, i_L\, \mathrm{d}i_L\,. \tag{6.50}$$

Die gesamte in der Spule gespeicherte magnetische Energie W_m kann durch Integration der Beziehung (6.50) von dem Anfangswert $i_L = 0$ bis zu dem Endwert $i_L = I$ berechnet werden

$$W_m = L \int_0^I i_L\, \mathrm{d}i_L \quad \rightarrow \quad \boxed{W_m = \frac{1}{2} L I^2 = \frac{1}{2} \Phi I}\,. \tag{6.51}$$

Bei der mathematischen Herleitung wurde zu keinem Zeitpunkt die spezielle Geometrie der Spule berücksichtigt, d.h. die abgeleitete Beziehung ist unabhängig von der Bauform der Spule. Es muss allerdings darauf hingewiesen werden, dass bei der Integration der Gl. (6.50) die Induktivität L als konstant, d.h. unabhängig vom Strom i_L angesehen wurde. Diese Voraussetzung ist jedoch nur erfüllt, wenn die bei der Berechnung der Induktivität auftretende Permeabilität konstant ist.

> **Merke**
>
> Die in einer Induktivität gespeicherte magnetische Energie ist proportional zum Produkt aus der Induktivität L und dem Quadrat des Stromes I.

Die Gl. (6.51) beschreibt die Energie in einer einzelnen stromdurchflossenen Spule. Wir wollen jetzt die Energie in einem System gekoppelter Induktivitäten berechnen. Zur Vereinfachung beschränken wir uns zunächst auf eine Anordnung mit nur zwei Leiterschleifen, wobei wir die gekoppelten Stromkreise nach Abb. 6.18 mit sich gleichsinnig überlagernden Flüssen und mit dem zugehörigen Gleichungssystem (6.36) zugrunde legen wollen. Zu berechnen ist die Gesamtenergie für den Fall, dass die beiden Ströme die Werte I_1 und I_2 aufweisen. Auch hier müssen wir die dem Leitersystem zugeführte Energie berechnen, wenn die Ströme von den Anfangswerten $i_1 = i_2 = 0$ auf die Endwerte $i_1 = I_1$ und $i_2 = I_2$ gesteigert werden. Die Widerstände werden zu Null gesetzt, damit die im Magnetfeld gespeicherte Energie der zugeführten Energie entspricht. Die Gl. (2.48) muss jetzt auf die beiden Leiterschleifen angewendet werden

$$\begin{aligned}\mathrm{d}W_m &\stackrel{(2.45)}{=} u_1\, i_1\, \mathrm{d}t + u_2\, i_2\, \mathrm{d}t \stackrel{(6.36)}{=} L_{11}\, i_1\, \mathrm{d}i_1 + L_{12}\, i_1\, \mathrm{d}i_2 + L_{21}\, i_2\, \mathrm{d}i_1 + L_{22}\, i_2\, \mathrm{d}i_2 \\ &= L_{11}\, i_1\, \mathrm{d}i_1 + M\, i_1\, \mathrm{d}i_2 + M\, i_2\, \mathrm{d}i_1 + L_{22}\, i_2\, \mathrm{d}i_2\,.\end{aligned} \tag{6.52}$$

Da die gespeicherte Energie nicht von dem zeitlichen Verlauf des Stromanstieges abhängt, sondern nur von den Endwerten, können wir die Berechnung dadurch einfach gestalten, dass wir die beiden Ströme nacheinander von Null auf ihren jeweiligen Endwert steigern. Beginnen wir also bei dem Zustand $i_1 = I_1$ und $i_2 = 0$, für den die Energie $L_{11}I_1^2/2$ aus Gl. (6.51) bekannt ist. Steigern wir jetzt den Strom i_2 bei konstant gehaltenem Strom I_1, dann folgt wegen $di_1 = 0$ aus der oberen Zeile der Gl. (6.52) die Beziehung

$$W_m = \frac{1}{2}L_{11}I_1^2 + \int_0^{I_2} L_{12} I_1 \, di_2 + \int_0^{I_2} L_{22} \, i_2 \, di_2 \, , \tag{6.53}$$

deren Integration das Ergebnis

$$W_m = \frac{1}{2}L_{11}I_1^2 + L_{12} I_1 I_2 + \frac{1}{2}L_{22}I_2^2 \tag{6.54}$$

liefert. Beginnt man die Berechnung bei dem Anfangszustand $i_2 = I_2$ und $i_1 = 0$, und steigert man anschließend den Strom i_1 auf seinen Endwert I_1, dann folgt das Ergebnis

$$W_m = \frac{1}{2}L_{11}I_1^2 + L_{21} I_1 I_2 + \frac{1}{2}L_{22}I_2^2 \, . \tag{6.55}$$

Da die Energie in den beiden Beziehungen (6.54) und (6.55) gleich sein muss, folgt auch hier wieder die Symmetrie-Eigenschaft $L_{ik} = L_{ki}$, wobei in diesem Fall keine Einschränkung hinsichtlich der Geometrie der Leiterschleifen gemacht wurde. Mit der bereits eingeführten Bezeichnung M für die Gegeninduktivität im Zwei-Leiter-System gilt die Beziehung[5]

$$W_m = \frac{1}{2}L_{11}I_1^2 + M I_1 I_2 + \frac{1}{2}L_{22}I_2^2 \, . \tag{6.56}$$

Als Ergänzung sei noch die Berechnung der Energie im Mehrleitersystem angegeben. Das gesuchte Ergebnis erhält man mithilfe der gleichen Vorgehensweise, nämlich die Ströme nacheinander vom Anfangswert auf den jeweiligen Endwert zu steigern und die dazu benötigten Energien zu berechnen. Wir wählen hier einen kürzeren und etwas anschaulicheren Weg zur Herleitung der Beziehung. Die Energie im Zwei-Leiter-System kann man auch als die halbe Summe der Ergebnisse (6.54) und (6.55) schreiben

$$W_m = \frac{1}{2}L_{11}I_1^2 + \frac{1}{2}L_{12} I_1 I_2 + \frac{1}{2}L_{21} I_1 I_2 + \frac{1}{2}L_{22}I_2^2 = \frac{1}{2}\sum_{i=1}^{2}\sum_{k=1}^{2} L_{ik} I_i I_k \, . \tag{6.57}$$

---

[5] Das Vorzeichen bei der Gegeninduktivität ändert sich, wenn wir von der Abb. 6.19 mit dem zugehörigen Gleichungssystem (6.37) ausgehen. Dieser Vorzeichenwechsel gilt dann auch bei den Gegeninduktivitäten in Gl. (6.58).

Diese Beziehung ist völlig symmetrisch aufgebaut hinsichtlich der beiden Indizes i und k und lässt sich unmittelbar auf ein System mit n Leitern übertragen

$$W_m = \frac{1}{2} \sum_{i=1}^{n} \sum_{k=1}^{n} L_{ik} I_i I_k \ . \tag{6.58}$$

6.5.1 Die Energieberechnung aus den Feldgrößen

Mit den Gleichungen (6.51) und (6.58) haben wir eine Möglichkeit gefunden, die Energie aus den integralen Größen L und I zu berechnen. In Analogie zum Kap. 1.21 wollen wir auch hier die Gleichungen ableiten, mit deren Hilfe die Energie aus den Feldgrößen $\vec{B}$ und $\vec{H}$ berechnet werden kann. Nun haben wir aber bei der Hysteresekurve in Abb. 5.21 festgestellt, dass die beiden Feldgrößen in ferromagnetischen Materialien nicht mehr linear voneinander abhängen. Wegen der praktischen Bedeutung dieser Materialien bei der Herstellung induktiver Komponenten wollen wir im Gegensatz zur Elektrostatik diese nichtlinearen Zusammenhänge berücksichtigen.

Zur Ableitung der Beziehungen betrachten wir wieder die Ringkernspule aus Abb. 6.26, bei der wir zur Vereinfachung annehmen, dass die Abmessung $b - a$ sehr klein ist, so dass wir mit einer mittleren Länge $l_m = \pi(a + b)$ im Kern rechnen können. Besteht die Spule aus N Windungen und bezeichnet Φ_A wieder den magnetischen Fluss im Kern, dann lässt sich aus dem Induktionsgesetz zunächst die folgende Beziehung aufstellen:

$$U \stackrel{(6.26)}{=} R i + \frac{d\Phi}{dt} \stackrel{(5.58)}{=} R i + N \frac{d\Phi_A}{dt} \ . \tag{6.59}$$

Nach Multiplikation dieser Gleichung mit $i\,dt$ steht auf der linken Seite die von der Quelle während dt gelieferte elektrische Energie dW_e, der erste Ausdruck auf der rechten Seite beschreibt die in dem ohmschen Widerstand des Kupferdrahtes in Wärme umgesetzte Energie und der zweite Ausdruck entspricht der im Magnetfeld gespeicherten Energie dW_m

$$\underbrace{U\,i\,dt}_{dW_e} = R\,i^2\,dt + \underbrace{N\,i\,d\Phi_A}_{dW_m} \ . \tag{6.60}$$

Mit der magnetischen Feldstärke im Kern nach Gl. (5.60) und dem magnetischen Fluss nach Gl. (5.30) als Produkt von Flussdichte und Kernquerschnitt A gilt

$$dW_m = N\,i\,d\Phi_A = H\,l_m\,d(BA) = l_m A H\,dB \ . \tag{6.61}$$

Wird die Flussdichte von dem Anfangswert $B = 0$ auf den Endwert B erhöht, dann ist die insgesamt in dem Kernvolumen $V = l_m A$ gespeicherte magnetische Energie durch das Integral

$$W_m = V \int_0^B H\,dB \tag{6.62}$$

gegeben. Das Verhältnis aus Energie und Volumen wird **Energiedichte** genannt und hat die Dimension VAs/m^3

$$w_m = \int_0^B H\, dB \ . \tag{6.63}$$

Betrachtet man den allgemeinen Fall eines nicht homogenen Feldes, dann ist die Energiedichte ortsabhängig. Die in einem elementaren Volumenelement dV gespeicherte Energie dW_m entspricht in diesem Fall dem Produkt aus der an der betrachteten Stelle vorliegenden Energiedichte mit dem Volumenelement. Die gesamte in einem Volumen V gespeicherte Energie findet man durch Integration der elementaren Beiträge über das Volumen

$$W_m = \iiint_V w_m\, dV = \iiint_V \left(\int_0^B H\, dB \right) dV \ . \tag{6.64}$$

Stehen die beiden Feldgrößen in einem linearen Zusammenhang, dann kann das Integral (6.63) auf einfache Weise berechnet werden

$$w_m = \int_0^B H\, dB = \frac{1}{\mu} \int_0^B B\, dB = \frac{1}{2\mu} B^2 = \frac{1}{2} HB \ . \tag{6.65}$$

Bei gleich gerichteten Vektoren $\vec{H}$ und $\vec{B}$ kann das Produkt der beiden Feldgrößen auch wieder als Skalarprodukt der vektoriellen Feldgrößen dargestellt werden[6]

$$w_m = \frac{1}{2} HB = \frac{1}{2} \vec{H} \cdot \vec{B} \quad \text{und} \quad W_m = \iiint_V w_m\, dV = \frac{1}{2} \iiint_V HB\, dV = \frac{1}{2} \iiint_V \vec{H} \cdot \vec{B}\, dV \ . \tag{6.66}$$

Man beachte, dass die für jeweils lineare Zusammenhänge zwischen den Feldgrößen geltenden Beziehungen (6.66) im Magnetfeld und (1.101) bzw. (1.102) im elektrischen Feld völlig analog aufgebaut sind.

In Kap. 5.13 haben wir die Induktivität einfacher Anordnungen aus dem Verhältnis von magnetischem Fluss zu verursachendem Strom berechnet. Die Gleichungen (6.51) und (6.58) bieten als alternative Möglichkeit die Berechnung der Induktivität aus der magnetischen Energie, die ihrerseits aus den Feldgrößen gemäß Gl. (6.64) bzw. (6.66) berechnet werden kann. Wir wollen diese Rechnung an einem einfachen Beispiel demonstrieren.

---

[6] Es existieren Materialien, bei denen die beiden Feldgrößen nicht gleich gerichtet sind. Auf eine eingehende Betrachtung dieser Situation muss an dieser Stelle jedoch verzichtet werden.

Beispiel 6.4: Bestimmung der inneren Induktivität eines Runddrahtes

Als Beispiel soll die innere Induktivität (5.67) aus der im Draht gespeicherten Energie berechnet werden.

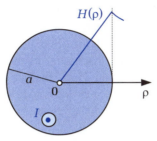

Abbildung 6.27: Zur Berechnung der inneren Induktivität

Lösung:

Mit der von der Koordinate ρ abhängigen magnetischen Feldstärke innerhalb des Drahtes nach Gl. (5.25) führt die Beziehung (6.66) auf den Ausdruck

$$W_m \stackrel{(6.66)}{=} \frac{1}{2} \iiint_V HB\,dV \stackrel{(5.25)}{=} \frac{1}{2}\mu_0 \int_{z=0}^{l} \int_{\varphi=0}^{2\pi} \int_{\rho=0}^{a} \left(\frac{I\rho}{2\pi a^2}\right)^2 \rho\,d\rho\,d\varphi\,dz$$

$$= \frac{\mu_0 I^2}{16\pi} \int_0^l dz = \frac{\mu_0 l}{16\pi} I^2 \stackrel{(6.51)}{=} \frac{1}{2} L_i I^2 \qquad (6.67)$$

für die im Draht gespeicherte magnetische Energie. Der Vergleich mit der Beziehung (6.51) bestätigt das bereits in Gl. (5.67) angegebene Ergebnis.

6.5.2 Die Hystereseverluste

Stehen die magnetische Feldstärke $\vec{H}$ und die Flussdichte $\vec{B}$ in einem linearen Zusammenhang, dann kann die gesamte zuvor im Magnetfeld gespeicherte Energie wiedergewonnen werden. Im Falle der Hysteresekurve allerdings verursachen die Umklappvorgänge der Domänen mechanische Verluste. Bei jedem Umlauf um die Hystereseschleife geht ein Teil der Energie als Wärme im Material verloren.

Zur Bestimmung dieser Verluste können wir von der Energiedichte (6.63) ausgehen. Wir wollen diese Gleichung nicht mathematisch berechnen, sondern mithilfe der Hysteresekurve veranschaulichen. Ersetzen wir in der Abb. 6.26 die Gleichspannungsquelle durch eine Spannungsquelle mit einem zeitlich sinusförmigen Verlauf, dann wird der Spulenstrom in jeder Periode genau einmal den positiven und den negativen Spitzenwert durchlaufen und die Hystereseschleife wird genau einmal umrundet. Aus

Symmetriegründen genügt es, die positive Halbwelle des Stromes zu betrachten. Wird der Strom von dem Anfangswert Null auf den Maximalwert erhöht, dann durchläuft auch die magnetische Feldstärke den Bereich zwischen Null und Maximalwert, auf der Hysteresekurve in ▶Abb. 6.28 wird der Bereich zwischen den Punkten 1 und 2 durchlaufen. Die Energiedichte (6.63) wird durch Integration aller Beiträge $H dB$ berechnet und ist damit identisch mit der Fläche zwischen der Hysteresekurve und der B-Achse, d.h. der Ordinate. Die von der Quelle an die Spule abgegebene Energie entspricht dem Produkt aus Energiedichte (markierte Fläche in Abb. 6.28a) und Kernvolumen V. Nimmt der Strom jetzt wieder von seinem Maximalwert auf Null ab, dann wird auf der Hysteresekurve der Bereich zwischen den Punkten 2 und 3 durchlaufen. Das Integral (6.63) entspricht jetzt der Fläche in Abb. 6.28b. Sein Wert ist negativ und gibt als Produkt mit dem Kernvolumen V die Energie an, die von der Spule an die Quelle zurückgeliefert wird. Die Differenz der beiden Flächen entspricht also genau derjenigen Energie, die pro Volumen in Wärme umgewandelt wird.

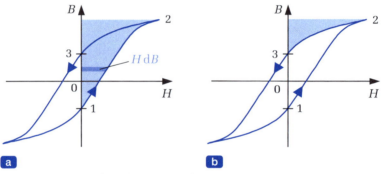

Abbildung 6.28: Zur Veranschaulichung der Hystereseverluste

Da die gleiche Überlegung für die negative Halbwelle des Stromes angestellt werden kann, gilt die folgende Aussage:

> **Merke**
>
> Der Energieverlust beim Umlaufen der Hystereseschleife entspricht dem Produkt aus der von der Schleife umfassten Fläche und dem Kernvolumen. Diese Verluste heißen **Hystereseverluste**.

Für den allgemeinen Fall einer ortsabhängigen Feldverteilung im Kern gilt die bisherige Überlegung nur für ein Volumenelement und die Gesamtenergie muss nach Gl. (6.64) durch Integration der ortsabhängigen Energiedichte über das Volumen bestimmt werden.

6.6 Anwendung der Bewegungsinduktion

Eine wichtige Anwendung der Bewegungsinduktion ist die Umwandlung zwischen elektrischer und mechanischer Energie. Beim Generator wird die zugeführte mechanische Energie in elektrische Energie umgewandelt. In den folgenden Abschnitten wird der prinzipielle Aufbau eines Wechselstromgenerators behandelt.

Im Gegensatz dazu wandelt der Motor die zugeführte elektrische Energie in mechanische Energie um, wobei die Kraftwirkung von Magnetfeldern ausgenutzt wird. Der Aufbau ist prinzipiell der gleiche wie bei den Generatoren, so dass auf eine weitere Betrachtung von Motoren an dieser Stelle verzichtet wird.

6.6.1 Das Generatorprinzip

Das Prinzip eines Wechselstromgenerators ist in ▶Abb. 6.29 dargestellt. In einem homogenen x-gerichteten Magnetfeld der Flussdichte $\vec{B} = \vec{e}_x B_x$ wird eine rechteckige Leiterschleife der Abmessungen a und b mit konstanter Winkelgeschwindigkeit um ihre Symmetrieachse gedreht. Die Rotationsachse stimme mit der z-Achse des kartesischen Koordinatensystems überein. Die offenen Enden der Leiterschleife werden über zwei Schleifkontakte mit den Anschlussklemmen verbunden, an denen die induzierte Spannung gemessen werden kann.

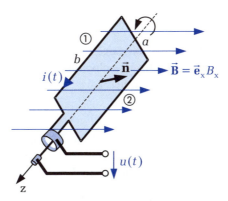

Abbildung 6.29: Drehbewegung einer Leiterschleife in einem homogenen Magnetfeld

Infolge der Drehbewegung ändert sich der Winkel zwischen der senkrecht auf der Leiterschleife stehenden Flächennormalen $\vec{n}$ und der x-gerichteten Flussdichte. Der mit der Leiterschleife verkettete Fluss wird in Richtung der willkürlich gewählten Flächennormalen positiv gezählt, so dass der Strom (bei Abschluss der beiden Klemmen mit einem Widerstand) die in Abb. 6.29 eingetragene Bezugsrichtung erhält. Damit nimmt auch die induzierte Spannung die an den Klemmen eingezeichnete Richtung an. Der Fluss durch die Leiterschleife nach Gl. (5.30) kann mithilfe der Darstellungen in ▶Abb. 6.30 berechnet werden.

Wir wählen den Anfangszeitpunkt $t = 0$ so, dass die Flächennormale $\vec{n}$ in Richtung der Flussdichte zeigt, die Fläche also mit dem maximalen Fluss verkettet ist (Abb. 6.30a).

$$\Phi(t=0) = \hat{\Phi} \stackrel{(5.30)}{=} B_x A = B_x ab \ . \tag{6.68}$$

Den Maximalwert bezeichnet man als **Amplitude**, **Scheitelwert** oder **Spitzenwert**. Er wird durch ein über die Variable gesetztes Dach gekennzeichnet. Den zu einem beliebigen Zeitpunkt vorliegenden Fluss $\Phi(t)$ bezeichnet man dagegen als **Zeitwert** oder **Momentanwert**.

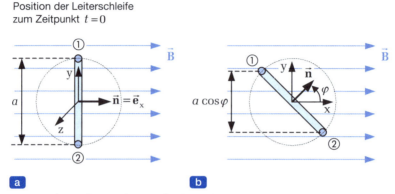

Abbildung 6.30: Festlegung der Bezeichnungen für die Flussberechnung

Die Schleife drehe sich wie in Abb. 6.30b dargestellt in Richtung wachsender Winkel φ. Bei der angenommenen konstanten Drehgeschwindigkeit steigt der Winkel linear mit der Zeit an. Wir können also den Zusammenhang

$$\varphi(t) = \omega t \tag{6.69}$$

mit dem Proportionalitätsfaktor ω aufstellen. Zum Zeitpunkt $t = 0$ nimmt der Winkel den Wert Null an (vgl. Abb. 6.30a). Bezeichnet man die Dauer für eine vollständige Umdrehung, bei der φ den Wert 2π annimmt, mit T, dann gilt

$$\omega = \frac{2\pi}{T} \ . \tag{6.70}$$

T wird als **Schwingungsdauer** oder **Periodendauer**, ω als **Winkelgeschwindigkeit** oder **Kreisfrequenz** bezeichnet. Den Kehrwert von T bezeichnet man als **Frequenz** f

$$f = \frac{1}{T} \quad \rightarrow \quad \omega = 2\pi f \ . \tag{6.71}$$

Die Frequenz hat die Dimension 1/s. Wegen der besonderen Bedeutung wird eine eigene Bezeichnung (Hertz = Perioden pro Sekunde) für die Dimension der Frequenz eingeführt 1 Hz = 1/s (nach Heinrich Hertz, 1857 – 1894).

Den mit der Schleife verketteten zeitabhängigen Fluss erhält man mithilfe der Gl. (5.30), in der für die Flächennormale $\vec{n} = \vec{e}_\rho = \vec{e}_x \cos\varphi + \vec{e}_y \sin\varphi$ gesetzt werden muss

$$\Phi(t) \stackrel{(5.30)}{=} \iint_A \underbrace{\vec{e}_x B_x}_{\vec{B}} \cdot \underbrace{(\vec{e}_x \cos\varphi + \vec{e}_y \sin\varphi)\, dA}_{d\vec{A}} = B_x A \cos\varphi \stackrel{(6.68)}{=} \hat{\Phi}\cos\varphi \stackrel{(6.69)}{=} \hat{\Phi}\cos\omega t. \quad (6.72)$$

Nach dem Induktionsgesetz (6.15) wird in der Schleife eine Spannung

$$u(t) = -\frac{d}{dt}\Phi(t) \stackrel{(6.72)}{=} \omega\hat{\Phi}\sin\omega t = \hat{u}\sin\omega t \quad (6.73)$$

induziert, die einen sinusförmigen Verlauf besitzt und innerhalb einer Periode zweimal ihr Vorzeichen wechselt. Sie wird daher als **Wechselspannung** bezeichnet. Die beiden zeitabhängigen Funktionen sind in ▶Abb. 6.31 für eine volle Periodendauer (eine volle Umdrehung) als Funktion des Winkels $\varphi(t) = \omega t$ dargestellt.

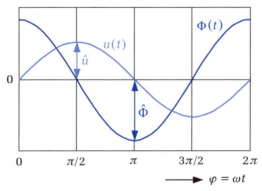

Abbildung 6.31: Zeitlicher Verlauf von verkettetem Fluss und induzierter Spannung

Die Nulldurchgänge der einen Funktion treten zeitgleich mit den Extremwerten der anderen Funktion auf. Dort wo der Fluss am schnellsten abnimmt, d.h. bei seinem Nulldurchgang bei $\omega t = \pi/2$, ist die von der Flussänderung induzierte Spannung am größten. Man spricht davon, dass die beiden Funktionen unterschiedliche **Phasenlagen** haben bzw. gegeneinander **phasenverschoben** sind. Bei dem hier vorliegenden Beispiel beträgt die Phasenverschiebung $\pi/2$. Bezogen auf die Spannung eilt der Fluss um $\pi/2$ voraus. Dies erkennt man daran, dass zuerst der Fluss bei $t = 0$ sein Maximum durchläuft. Die Spannung erreicht ihr Maximum erst zu dem späteren Zeitpunkt $t = \pi/2\omega$. Mathematisch lässt sich die Phasenverschiebung auch in der folgenden Weise darstellen

$$\begin{aligned} u(t) &= \hat{u}\sin(\omega t) \\ \Phi(t) &= \hat{\Phi}\cos\omega t = \hat{\Phi}\sin(\omega t + \pi/2) \quad \text{(d.h. um } \pi/2 \text{ voreilend)}. \end{aligned} \quad (6.74)$$

Wird an die Anschlussklemmen des Generators in Abb. 6.29 ein ohmscher Verbraucher angeschlossen, dann fließt ein Wechselstrom durch den Widerstand, der den gleichen sinusförmigen Verlauf und die gleiche Frequenz wie die Spannung aufweist.

Die Amplitude der induzierten Spannung (6.73) hängt von der Winkelgeschwindigkeit ω, von der Flussdichte B und von der Schleifenfläche A ab. Eine einfache Möglichkeit, die induzierte Spannung zu erhöhen, besteht darin, eine Spule mit mehreren, z.B. N Windungen zu verwenden. Werden alle N Windungen vom gleichen Fluss durchsetzt, dann ist die induzierte Spannung proportional zu N.

Allgemein bezeichnet man den sich drehenden Teil (die Leiterschleife in Abb. 6.29) als **Rotor** bzw. **Läufer** und den feststehenden Teil (zur Erzeugung der Flussdichte B in Abb. 6.29) als **Stator**. Allerdings gibt es auch Anordnungen, bei denen die Leiterschleife als Stator und der Magnet zur Induktionserzeugung als Rotor ausgeführt ist (vgl. ▶Abb. 6.33).

6.6.2 Das Drehstromsystem

Zur effizienten Übertragung elektrischer Energie werden in den Versorgungsnetzen sehr hohe Spannungen benötigt (vgl. Kap. 3.7.3). Wegen der einfachen Transformation (vgl. Kap. 6.7) werden fast ausschließlich Wechselspannungen benutzt und zwar in Form von Mehrphasensystemen. In einem solchen System werden mehrere Spannungen mit gleicher Frequenz, aber unterschiedlichen Phasenlagen verwendet. Von einem **symmetrischen Mehrphasensystem** spricht man, wenn alle Spannungen gleiche Amplitude haben und gleiche Phasenverschiebungen gegeneinander aufweisen. Wegen seiner besonderen Bedeutung werden wir im Folgenden ausschließlich das **Drei-Phasen-System** betrachten.

Zur Erzeugung von drei um jeweils 120° bzw. $2\pi/3$ gegeneinander phasenverschobenen Spannungen werden ebenfalls drei um jeweils 120° räumlich versetzt angeordnete Leiterschleifen (Spulen) relativ zu einem zeitlich konstanten homogenen Magnetfeld mit der Winkelgeschwindigkeit ω gedreht (▶Abb. 6.32).

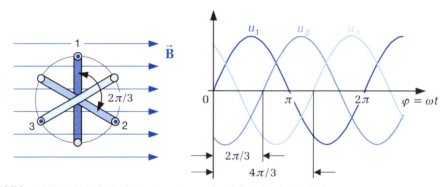

Abbildung 6.32: Prinzip des Drehstromgenerators und zeitliche Folge der Wechselspannungen

Für die in den drei Wicklungen induzierten Spannungen gelten nach Gl. (6.73) die Beziehungen

$$u_1(t) = \hat{u}\sin\omega t, \quad u_2(t) = \hat{u}\sin\left(\omega t - \frac{2\pi}{3}\right), \quad u_3(t) = \hat{u}\sin\left(\omega t - \frac{4\pi}{3}\right). \tag{6.75}$$

Der zeitabhängige Verlauf ist in Abb. 6.32 dargestellt. Werden die drei Wicklungen mit ohmschen Widerständen belastet, dann gelten die Phasenbeziehungen auch für die Ströme.

Die relative Drehbewegung zwischen den drei Wicklungen und dem homogenen Magnetfeld wird in der Praxis oft dadurch realisiert, dass sich innerhalb der ortsfesten Wicklungen ein Magnet, entweder ein Dauermagnet oder ein durch Gleichstrom erregtes Polrad, dreht (Abb. 6.33).

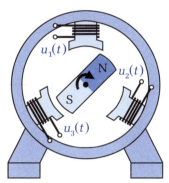

Abbildung 6.33: Erzeugung der drei um 120° phasenverschobenen Wechselspannungen

Lässt man auf der Verbraucherseite die drei im Generator erzeugten phasenverschobenen Ströme durch drei ortsfeste um 120° räumlich versetzte Wicklungen fließen, dann entsteht durch die Überlagerung der drei von den Einzelspulen erzeugten Magnetfelder auf der Verbraucherseite ein mit der gleichen Winkelgeschwindigkeit räumlich umlaufendes **Drehfeld**. Das Drei-Phasen-System wird daher als **Drehstromsystem**, der **Drei-Phasen-Strom** als **Drehstrom** bezeichnet.

So wie der umlaufende Magnet auf der Generatorseite ein zeitlich konstantes Magnetfeld besitzt, so ist auch die Amplitude des Drehfeldes bei Strömen gleicher Amplitude auf der Verbraucherseite zeitlich konstant. Zu den besonderen Vorteilen des Drehstromsystems gegenüber dem Ein-Phasen-System gehören also einerseits die einfache Realisierung von Antrieben, andererseits aber auch die Möglichkeit einer zeitlich konstanten Leistungsabgabe an den Verbraucher und damit verbunden eine zeitlich konstante Belastung des Generators.[7]

Bevor wir uns die Schaltungsmöglichkeiten für die Energieübertragung an den Verbraucher näher ansehen, sollen noch einige üblicherweise verwendete Begriffe eingeführt werden. Die drei spannungserzeugenden Spulen werden als **Strang** oder **Phase** bezeichnet, die an ihnen anliegende Spannung als **Strangspannung** oder **Phasenspannung**. Entsprechend werden die Bezeichnungen **Strangstrom** bzw. **Phasenstrom** für die Ströme in den einzelnen Spulen verwendet.

---

[7] Der mathematische Nachweis für diese Zusammenhänge wird in Teil 2, Kap. 8 erbracht.

Im Prinzip können die drei Spannungen separat, d.h. mit drei Doppelleitungen zu den Verbrauchern übertragen werden. Durch geeignete Zusammenschaltung der drei Generatorwicklungen lässt sich die Anzahl der benötigten Leitungen jedoch reduzieren. Die einzelnen Verbraucher werden dann auf ähnliche Weise zusammengeschaltet. Bei der **Sternschaltung** in ▶Abb. 6.34 sind die drei Spulen an jeweils einem Anschluss, dem **Sternpunkt**, zusammengeschaltet. Die von den Außenpunkten der Stränge zu den Verbrauchern geführten Leiter L1, L2 und L3 heißen **Außenleiter**, der gemeinsame Rückleiter N heißt **Sternpunktleiter** oder **Neutralleiter**. Die in den Außenleitern fließenden **Leiterströme** i_1, i_2 und i_3 sind bei der Sternschaltung identisch zu den Strangströmen. Die gesamte in Abb. 6.34 dargestellte Anordnung bildet ein **Drehstrom-Vier-Leiter-System**.

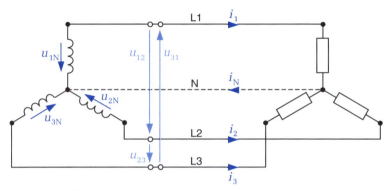

Abbildung 6.34: Sternschaltung beim Drei-Phasen-System

Üblicherweise werden die Generatorspulen im Schaltbild um 120° versetzt dargestellt, so dass ihre Zusammenschaltung unmittelbar erkennbar wird. Die positive Zählrichtung der Leiterströme zeigt vom Generator zum Verbraucher und gemäß dem Generatorzählpfeilsystem zeigen die Strangspannungen dann von den Außenleitern zum Sternpunkt.

Werden die drei Stränge gleichmäßig belastet, d.h. die drei Verbraucherwiderstände in Abb. 6.34 sind gleich groß, dann gilt

$$i_1 + i_2 + i_3 = \hat{i}\left[\sin(\omega t) + \sin(\omega t - 2\pi/3) + \sin(\omega t - 4\pi/3)\right] = 0 = i_N. \tag{6.76}$$

Die Summe der Leiterströme ist in diesem Fall Null, d.h. der Neutralleiter führt keinen Strom. Er wird also nur bei unsymmetrischer Belastung der drei Ausgänge benötigt. Verglichen mit der Übertragung der gleichen Gesamtleistung im Ein-Phasen-System oder auch der Übertragung der drei Teilleistungen mit drei separaten Doppelleitungen fällt der gesamte Rückleiter weg. Damit lässt sich nicht nur die Hälfte des Leitungskupfers einsparen, sondern die Leitungsverluste halbieren sich ebenfalls.

Die in der Abbildung eingetragenen **Außenleiterspannungen** (oder kurz **Leiterspannungen**) u_{12}, u_{23} und u_{31} entsprechen jeweils der Differenz zweier in der Phase um $2\pi/3$ verschobener Strangspannungen. Eine einfache Rechnung mithilfe von Additionstheoremen zeigt, dass die Amplituden dieser Spannungen um den Faktor $\sqrt{3}$ größer sind als die Strangspannungen[8]. Als Beispiel betrachten wir die Spannung u_{12}. Die Differenz der beiden Sinusfunktionen

$$u_{12} = u_{1N} - u_{2N} = \hat{u}\left[\sin(\omega t) - \sin\left(\omega t - \frac{2\pi}{3}\right)\right]$$
$$= \hat{u}\left[\sin\left(\omega t - \frac{\pi}{3} + \frac{\pi}{3}\right) - \sin\left(\omega t - \frac{\pi}{3} - \frac{\pi}{3}\right)\right] \quad (6.77)$$

kann mit dem Additionstheorem $\sin(\alpha + \beta) - \sin(\alpha - \beta) = 2\cos(\alpha)\sin(\beta)$ unmittelbar zusammengefasst werden

$$u_{12} = 2\hat{u}\sin\left(\frac{\pi}{3}\right)\cos\left(\omega t - \frac{\pi}{3}\right) = \sqrt{3}\,\hat{u}\cos\left(\omega t - \frac{\pi}{3}\right) = \sqrt{3}\,\hat{u}\sin\left(\omega t + \frac{\pi}{6}\right). \quad (6.78)$$

> **Merke**
>
> Bei der Sternschaltung eines symmetrischen Drei-Phasen-Systems sind die Leiterspannungen um den Faktor $\sqrt{3}$ größer als die Strangspannungen, Leiterströme und Strangströme haben gleiche Amplituden.

Bei vorhandenem Neutralleiter können die Verbraucher sowohl mit den Strangspannungen (zwischen Außenleiter und Sternpunktleiter) als auch mit den um $\sqrt{3}$ größeren Außenleiterspannungen gespeist werden.

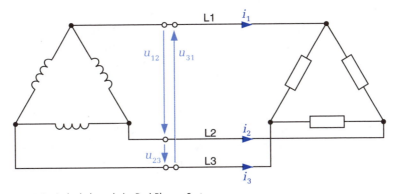

Abbildung 6.35: Dreieckschaltung beim Drei-Phasen-System

---

[8] Bei einer Strangspannung von 230 V ergibt sich die Außenleiterspannung zu $\sqrt{3} \cdot 230$ V ≈ 400 V.

Bei der in ▶Abb. 6.35 gezeigten **Ringschaltung** bzw. **Dreieckschaltung** werden die drei Stränge hintereinandergeschaltet. Da die Summe der drei phasenverschobenen Spannungen (6.75) zu jedem Zeitpunkt verschwindet, kann sich in der von den Strängen gebildeten dreieckigen Masche kein Maschenstrom ausbilden. Bei dieser Zusammenschaltung erhält man ein **Drehstrom-Drei-Leiter-System** mit drei Außenleitern.

Bei der Dreieckschaltung sind Strangspannung und Leiterspannung identisch. Die Verbraucher werden also mit den Strangspannungen gespeist. Die Leiterströme i_1, i_2 und i_3 unterscheiden sich jedoch von den Strangströmen. Bei symmetrischer Belastung erhält man mit der Kirchhoff'schen Knotenregel (3.7) jeden Leiterstrom aus der Differenz zweier um 120° phasenverschobener Strangströme gleicher Amplitude. In Analogie zur Gl. (6.78) stellt man fest, dass jetzt die Leiterströme um den Faktor $\sqrt{3}$ größer sind als die Strangströme.

> **Merke**
>
> Bei der Dreieckschaltung eines symmetrischen Drei-Phasen-Systems sind die Leiterströme bei symmetrischer Belastung um den Faktor $\sqrt{3}$ größer als die Strangströme, Leiterspannungen und Strangspannungen haben gleiche Amplituden.

In den Abbildungen 6.34 und 6.35 sind die spannungserzeugenden Spulen und die Verbraucher jeweils in der gleichen Weise zusammengeschaltet. Kombinationen von Stern- und Dreieckschaltungen sind aber ebenso möglich.

6.7 Anwendung der Ruheinduktion

Eine der wichtigsten Anwendungen der Ruheinduktion findet man bei den **Transformatoren** bzw. den **Übertragern**. Die Aufgabe der Transformatoren in der Starkstromtechnik und in der Leistungselektronik besteht darin, Spannungen zu transformieren und Leistung zwischen galvanisch getrennten Netzwerken zu übertragen. Bei den Anwendungen in nachrichtentechnischen Geräten spricht man üblicherweise von Übertragern. Sie werden eingesetzt zur Widerstandsanpassung, zur Potentialtrennung zwischen Eingangs- und Ausgangsklemmen oder auch zur Realisierung von Schaltungen mit vorgegebenen Eigenschaften. Auch wenn die Zielsetzung und die praktische Ausführung von Transformatoren und Übertragern unterschiedlich sind, so beruhen beide Bauelemente doch auf dem gleichen Prinzip und können gemeinsam betrachtet werden.

Ein Übertrager besteht aus mindestens zwei **Wicklungen** mit gegebenenfalls unterschiedlichen **Windungs**zahlen, die auf einen gemeinsamen Kern aus hochpermeablem Material gewickelt werden und daher magnetisch eng gekoppelt sind. Der Kern hat die Aufgabe, den magnetischen Fluss zu führen, so dass außerhalb des Kerns nur ein sehr geringes, in vielen Fällen zu vernachlässigendes **Streufeld** existiert. Durchsetzt der von einer Wicklung erzeugte magnetische Fluss vollständig die andere Wicklung, dann spricht man von einem *streufreien Übertrager*.

In der Praxis versucht man, die in den Wicklungen und in den Kernmaterialien entstehenden Verluste möglichst gering zu halten. Unter dieser Voraussetzung ist eine Beschreibung der Übertrager ohne Berücksichtigung von Verlusten in vielen Fällen ausreichend. Der im Folgenden verwendete Begriff *verlustloser Übertrager* bedeutet also, dass alle innerhalb des Bauelementes auftretenden Verluste hinreichend klein sind, so dass sie bei der Berechnung ebenfalls vernachlässigt werden können. In den Fällen, in denen die Verlustmechanismen jedoch berücksichtigt werden sollen, kann das reale Verhalten des Bauelementes vielfach durch einfache Erweiterung des Ersatzschaltbildes mit ohmschen Widerständen hinreichend gut nachgebildet werden (vgl. ▶Abb. 6.56).

6.7.1 Der verlustlose Übertrager

Zur Vereinfachung beschränken wir uns bei der folgenden Betrachtung auf einen verlustlosen Übertrager mit lediglich zwei Wicklungen. Auf der Eingangsseite befindet sich die **Primärwicklung** mit N_1 Windungen, auf der Ausgangsseite die **Sekundärwicklung** mit N_2 Windungen.

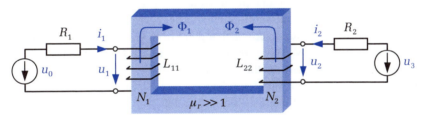

Abbildung 6.36: Übertrager mit Primär- und Sekundärwicklung

Die Primärwicklung wird über einen ohmschen Widerstand R_1 an die Spannungsquelle $u_0(t)$ angeschlossen, die Sekundärwicklung über einen ohmschen Widerstand R_2 an eine Spannungsquelle $u_3(t)$. Die Entscheidung, welche der Wicklungen als Primär- und welche als Sekundärwicklung anzusehen ist, ist willkürlich. In dem praktisch sehr oft vorkommenden Fall, bei dem die Energie aus nur einer Quelle entnommen wird, bezeichnet man die mit der Quelle verbundene Wicklung als Primärwicklung und die mit dem Verbraucher zusammengeschaltete Wicklung als Sekundärwicklung. Die Energieübertragung erfolgt dann von der Primärseite zur Sekundärseite.

Ausgehend von dem Generatorzählpfeilsystem an der Spannungsquelle $u_0(t)$ ist die Zählrichtung für den Strom $i_1(t)$ entsprechend der in der ▶Abb. 6.36 eingetragenen Pfeilrichtung zu wählen. Aufgrund der Zuordnung von Stromrichtung und Flussrichtung im Sinne einer Rechtsschraube kann die Richtung des von dem Strom $i_1(t)$ in dem Kern hervorgerufenen Flusses $\Phi_1(t)$ direkt angegeben werden. In Kap. 5.13 haben wir diesen Fluss durch die Querschnittsfläche mit einem Index A gekennzeichnet. Da hier wegen der im Folgenden verwendeten Doppelindizes bei den verketteten Flüssen keine Verwechslung möglich ist, verzichten wir auf diesen Index. Analog erhält man die Richtung des Stromes $i_2(t)$ auf der Sekundärseite mit dem zugehörigen Fluss $\Phi_2(t)$. Zur besseren Übersicht wird in den folgenden Formeln die für alle Spannungen, Ströme und Flüsse geltende Zeitabhängigkeit nicht mehr hingeschrieben.

Für dieses magnetisch gekoppelte Netzwerk können die für den Eingangs- bzw. Ausgangskreis geltenden Maschengleichungen unter Einbeziehung der in Abb. 6.36 definierten Spannungen u_1 und u_2 unmittelbar aufgestellt werden

$$\begin{aligned} u_0 &= R_1 i_1 + u_1 \\ u_3 &= R_2 i_2 + u_2 \, . \end{aligned} \tag{6.79}$$

Im nächsten Schritt müssen die Spannungen u_1 und u_2 durch die Ströme ausgedrückt werden, so dass das resultierende, aus zwei Gleichungen bestehende Gleichungssystem nach den verbleibenden Unbekannten i_1 und i_2 aufgelöst werden kann.

Nun stehen wir wieder vor der Frage, in welche Richtung wir den von einer Stromschleife hervorgerufenen Fluss durch die andere Schleife zählen wollen. Liegt hier die Situation nach Abb. 6.18 mit den zugehörigen Gleichungen (6.36) oder aber die Situation nach Abb. 6.19 mit den zugehörigen Gleichungen (6.37) vor?

Betrachten wir zunächst einmal den in den beiden genannten Gleichungssystemen auftretenden Fluss Φ_{11}. Dieser entspricht dem mit der Leiterschleife 1 verketteten Flussanteil (▶Abb. 6.37), der ausschließlich von dem Strom i_1 hervorgerufen wird. Er ist immer rechtshändig mit dem verursachenden Strom verknüpft, hat also die gleiche Richtung wie Φ_1. Da alle N_1 Windungen von dem Fluss Φ_1 durchsetzt werden, gilt $\Phi_{11} = N_1 \Phi_1 = L_{11} i_1$. Analog gilt für die Sekundärseite $\Phi_{22} = N_2 \Phi_2 = L_{22} i_2$. Die Entscheidung für das zu verwendende Gleichungssystem (6.36) bzw. (6.37) hängt jetzt von der Wahl der Bezugsrichtungen für die Flüsse Φ_{21} und Φ_{12} ab.

Es mag bei der Betrachtung der Abbildungen 6.36 und 6.37 der Eindruck entstehen, dass der die Schleife 2 durchsetzende Fluss Φ_{21}, der ja von dem Strom i_1 hervorgerufen wird, auch nur in Richtung von Φ_1 und damit entgegengesetzt zu Φ_2 gezählt werden kann. Die Abb. 6.36 lässt diese Wahl zwar vernünftig erscheinen und wir werden es anschließend auch in dieser Weise vereinbaren, es muss aber trotzdem darauf hingewiesen werden, dass es keinen zwingenden Grund gibt, die Wahl der Bezugsrichtungen für die Flüsse Φ_{21} und Φ_{12} so oder anders festzulegen. Es bleibt an dieser Stelle Willkür, auch wenn aufgrund von Plausibilitätsüberlegungen die eine oder die andere Möglichkeit als sinnvoller erscheint. Bei komplizierteren Kerngeometrien und Wickelanordnungen ist diese Zuordnung im Gegensatz zu dem hier betrachteten Beispiel ohnehin nicht mehr so leicht zu erkennen.

Wir *wählen* jetzt die Zählrichtung für Φ_{21} *entgegengesetzt* zur Zählrichtung von Φ_{22} und dann konsequenterweise auch die Zählrichtung von Φ_{12} *entgegengesetzt* zu Φ_{11}. Mit dieser Wahl sind jetzt aber alle weiteren Schritte eindeutig festgelegt:

- Zur Berechnung der Gegeninduktivität M müssen die festliegenden Zählrichtungen von Φ_{21} und i_1 oder im umgekehrten Fall von Φ_{12} und i_2 berücksichtigt werden.

- Da die Schleifen von den entgegen gerichteten Flüssen Φ_{11} und Φ_{12} bzw. Φ_{22} und Φ_{21} durchsetzt werden (die Festlegung entspricht der Situation in Abb. 6.19), müssen die Vorzeichen für die induzierten Spannungen infolge der Gegeninduktivität wie im Gleichungssystem (6.37) gewählt werden.

Die Abb. 6.37 zeigt noch einmal die gewählten Bezugsrichtungen für die einzelnen Teilflüsse.

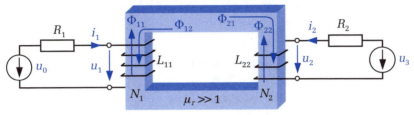

Abbildung 6.37: Zur Wahl der Zählrichtungen

Für das Gleichungssystem (6.79) erhalten wir damit die erweiterte Form

$$u_0 = R_1 i_1 + u_1 = R_1 i_1 + L_{11} \frac{di_1}{dt} - M \frac{di_2}{dt}$$
$$u_3 = R_2 i_2 + u_2 = R_2 i_2 - M \frac{di_1}{dt} + L_{22} \frac{di_2}{dt} \,. \tag{6.80}$$

Nachdem die Gleichungen für die allgemeine Anordnung der Abb. 6.36 angegeben sind, werden wir uns bei den folgenden Betrachtungen auf den vereinfachten Fall beschränken, bei dem auf der Ausgangsseite lediglich ein Verbraucher (Lastwiderstand R_2 in Abb. ▶6.38), aber keine Spannungsquelle mehr vorhanden ist ($u_3 = 0$). Es ist zu beachten, dass mit den eingeführten Bezeichnungen aus der Gl. (6.79) bzw. aus dem Maschenumlauf auf der Sekundärseite in Abb. 6.38 der Zusammenhang $u_2 = -R_2 i_2$ gilt.

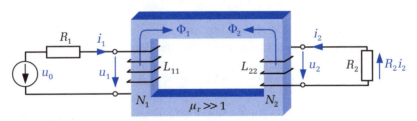

Abbildung 6.38: Übertrager mit Primär- und Sekundärwicklung

Mit der beibehaltenen Zählrichtung für den Strom i_2 gelten für die Anordnung in Abb. 6.38 die Gleichungen

$$u_0 = R_1 i_1 + L_{11} \frac{di_1}{dt} - M \frac{di_2}{dt}$$
$$0 = R_2 i_2 - M \frac{di_1}{dt} + L_{22} \frac{di_2}{dt} \,. \tag{6.81}$$

Beispiel 6.5: Induktivitäten eines Übertragers

Für die Anordnung in ▶Abb. 6.39 sollen die Induktivitätswerte L_{11}, L_{22} und M bestimmt werden.

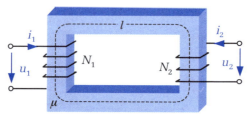

Abbildung 6.39: Übertrager mit Primär- und Sekundärwicklung

Lösung:

Im ersten Schritt werden die beiden Flüsse im Kern Φ_1 und Φ_2 bestimmt. Mit der mittleren Weglänge der magnetischen Feldlinien in den Schenkeln l und dem Kernquerschnitt A erhalten wir den magnetischen Widerstand aus Gl. (5.51). Die Durchflutung infolge der Primärwicklung (bei der Zählrichtung von Φ_1 werden die Ströme in die Zeichenebene hinein benötigt) beträgt $N_1 i_1$. Mit Gl. (5.54) folgt schließlich der Fluss

$$\Phi_1 = \frac{\Theta_1}{R_m} = N_1 i_1 \frac{\mu A}{l} \tag{6.82}$$

und daraus die Selbstinduktivität

$$L_{11} = \frac{\Phi_{11}}{i_1} = \frac{N_1 \Phi_1}{i_1} = N_1^2 \frac{\mu A}{l}. \tag{6.83}$$

Auf der Sekundärseite erhalten wir das entsprechende Ergebnis (hier werden infolge der Zählrichtung von Φ_2 die Ströme aus der Zeichenebene heraus benötigt)

$$L_{22} = \frac{\Phi_{22}}{i_2} = \frac{N_2 \Phi_2}{i_2} = N_2^2 \frac{\mu A}{l}. \tag{6.84}$$

Für die Berechnung der Gegeninduktivität gibt es die beiden in der folgenden Gleichung angegebenen Möglichkeiten, die aber zum gleichen Ergebnis führen

$$M = \frac{\Phi_{21}}{i_1} = \frac{N_2 \Phi_1}{i_1} = N_1 N_2 \frac{\mu A}{l} \quad \text{bzw.} \quad M = \frac{\Phi_{12}}{i_2} = \frac{N_1 \Phi_2}{i_2} = N_1 N_2 \frac{\mu A}{l}. \tag{6.85}$$

Da wir die Koppelflüsse so gezählt haben, dass sie einen positiven Wert annehmen, nämlich Φ_{21} in die gleiche Richtung wie Φ_1 und Φ_{12} in die gleiche Richtung wie Φ_2, nimmt auch die Gegeninduktivität M einen positiven Wert an.

Die Analyse magnetisch gekoppelter Netzwerke wird wesentlich erleichtert, wenn die reale Anordnung mithilfe der zugehörigen Gleichungen in ein **Ersatzschaltbild** (ESB) übertragen wird, das zwar das gleiche elektrische Verhalten wie die Originalschaltung aufweist, in dem aber die Kopplungen zwischen den verschiedenen Wicklungen auf einfache Weise enthalten und daher leichter zu erkennen sind. Zu diesem Zweck modifizieren wir zunächst die Gleichungen (6.81), indem wir zur oberen Gleichung $0 = M\mathrm{d}i_1/\mathrm{d}t - M\mathrm{d}i_1/\mathrm{d}t$ und zur unteren Gleichung $0 = M\mathrm{d}i_2/\mathrm{d}t - M\mathrm{d}i_2/\mathrm{d}t$ addieren. Das Gleichungssystem nimmt dann die neue Form

$$u_0 = R_1 i_1 + (L_{11} - M)\frac{\mathrm{d}i_1}{\mathrm{d}t} - M\frac{\mathrm{d}(i_2 - i_1)}{\mathrm{d}t}$$
$$0 = R_2 i_2 - M\frac{\mathrm{d}(i_1 - i_2)}{\mathrm{d}t} + (L_{22} - M)\frac{\mathrm{d}i_2}{\mathrm{d}t}$$
(6.86)

an, die aber unmittelbar in das äquivalente Ersatzschaltbild der ▶Abb. 6.40b übertragen werden kann. Das Gleichungssystem beschreibt zwei Maschen mit den Strömen i_1 bzw. i_2 und einem gemeinsamen Zweig mit der Gegeninduktivität M, in dem die Differenz der beiden Ströme fließt. Bildet man zur Kontrolle die beiden Maschenumläufe in dem Netzwerk 6.40b, dann ergeben sich wieder die Gleichungen (6.86).

Wird die infolge der Gegeninduktivität M induzierte Spannung in die Masche eingefügt, dann bleibt die Kirchhoff'sche Maschenregel weiterhin anwendbar.

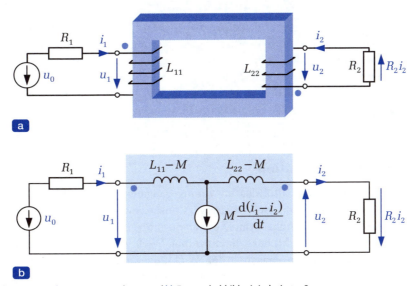

Abbildung 6.40: a) Ausgangsanordnung und b) Ersatzschaltbild mit induzierter Spannung

Die formelmäßige Beschreibung dieser Spannung als das Produkt aus der Gegeninduktivität M und der zeitlichen Ableitung des in dem Zweig fließenden Stromes erlaubt es, in das Ersatzschaltbild direkt den Wert M einzutragen (▶Abb. 6.41). Diese Vorgehensweise ist vergleichbar dem Einfügen der Spannung u_L in Abb. 6.14. Das Verhalten des Übertragers in Abb. 6.40a kann also durch das so genannte **T-Ersatzschaltbild** entsprechend den Abbildungen 6.40b bzw. 6.41 beschrieben werden. In beiden Fällen gelten die Gleichungen (6.81). Man beachte jedoch die jeweilige Orientierung des Ausgangsstromes i_2 in den beiden Bildern im Vergleich zur Ausgangsanordnung in Abb. 6.40a. (Die Bedeutung der hier bereits eingetragenen Punkte an den Anschlüssen des Übertragers wird im nächsten Abschnitt erläutert.)

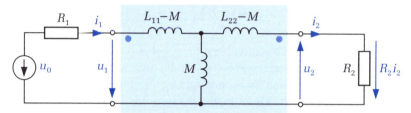

Abbildung 6.41: Ersatzschaltbild für die Anordnung in Abb. 6.40a

> **Hinweis**
>
> Das Ersatzschaltbild zeigt zwar das gleiche elektrische Verhalten bezüglich seiner Anschlussklemmen wie die reale Ausgangsanordnung, d.h. die beschreibenden Gleichungen sind identisch, dadurch wird aber nicht automatisch gewährleistet, dass die einzelnen Komponenten $L_{11} - M$, $L_{22} - M$ und M auch einzeln realisierbar sind. Ein Nachbau dieser Induktivitäten ist z.B. dann nicht möglich, wenn sich rein rechnerisch negative Zahlenwerte für einzelne Komponenten ergeben.

6.7.2 Die Punktkonvention

Zur Ableitung des Ersatzschaltbildes im vorangegangenen Kapitel wurde von einer dreidimensionalen Darstellung des Übertragers ausgegangen, in der der Wickelsinn der beiden Wicklungen erkennbar war. Diese etwas mühsame Vorgehensweise wird in der Praxis dadurch vereinfacht, dass die einzelnen Wicklungen mit Punkten markiert werden, die die Kopplungen zwischen den Wicklungen eindeutig definieren. Bevor wir die Festlegung der Punkte diskutieren, soll zum leichteren Einstieg zunächst noch ein Beispiel betrachtet werden.

Beispiel 6.6: Zeitlicher Verlauf der Ströme und Spannungen am Übertrager

An den Eingang des Übertragers in ▶Abb. 6.42 wird die Spannung $u_0 = u_1 = \hat{u}\cos(\omega t)$ angelegt. Wir wollen die Frage beantworten, wie die zeitlichen Verläufe der Ausgangsspannung und der beiden Ströme in Abhängigkeit des Windungszahlenverhältnisses N_1/N_2 aussehen.

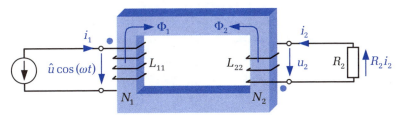

Abbildung 6.42: Betrachtete Anordnung

Lösung:

Ausgangspunkt sind die Gleichungen (6.81) mit $R_1 = 0$. Die Lösung dieses Gleichungssystems lässt sich auf einfache Weise mithilfe der komplexen Wechselstromrechnung bestimmen. Da diese Methode erst in Teil 2, Kap. 8 behandelt wird, soll hier die Lösung direkt angegeben werden. Drückt man noch die Verhältnisse der Induktivitäten entsprechend den Ergebnissen aus Beispiel 6.5 durch das Verhältnis N_1/N_2 aus, dann gilt für die zeitabhängigen Strom- und Spannungsverläufe

$$i_1 = \frac{1}{\omega L_{11}}\hat{u}\sin(\omega t) + \frac{M^2}{L_{11}^2 R_2}\hat{u}\cos(\omega t) = \frac{1}{\omega L_{11}}\hat{u}\sin(\omega t) + \frac{N_2}{N_1}i_2$$
$$i_2 = \frac{M}{L_{11}R_2}\hat{u}\cos(\omega t) = \frac{N_2}{N_1 R_2}u_1 \quad (6.87)$$
$$u_2 = -R_2 i_2(t) = -\frac{M}{L_{11}}\hat{u}\cos(\omega t) = -\frac{N_2}{N_1}u_1 .$$

Die Richtigkeit kann durch Einsetzen in die beiden Gleichungen (6.81) überprüft werden. Diese Zeitverläufe sind in ▶Abb. 6.43 für die Zahlenverhältnisse $N_1 = 2N_2$ und $\omega L_{11} = 10R_2$ dargestellt.

Während der Strom i_2 und damit auch die Spannung an R_2 die gleiche Phasenlage wie die Quellenspannung aufweisen, befindet sich die Spannung $u_2 = -R_2 i_2$ genau in Gegenphase. Betragsmäßig ist das Verhältnis der Spannungen auf der Ausgangsseite zur Spannung auf der Eingangsseite gleich zum Verhältnis der entsprechenden Windungszahlen.

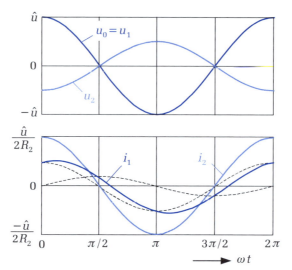

Abbildung 6.43: Verlauf der Spannungen und der mit R_2 multiplizierten Ströme

Der Strom auf der Primärseite setzt sich gemäß Gl. (6.87) aus zwei Anteilen zusammen, die im unteren Teil der Abb. 6.43 gestrichelt dargestellt sind. Der erste Anteil ist unabhängig von dem Ausgangswiderstand R_2 und weist gegenüber der Quellenspannung eine Phasenverschiebung von $\pi/2$ bzw. 90° auf. Dieser Strom fließt auch bei sekundärseitigem Leerlauf $R_2 \to \infty$ und kann aus der Gl. (6.28) berechnet werden, da sich der Übertrager in diesem Fall wie eine Spule mit der Induktivität der Primärwicklung verhält. Der zweite Anteil des Primärstromes ist proportional zum Ausgangsstrom und hängt damit von der Ausgangsbeschaltung ab. Das Verhältnis des Ausgangsstromes zu diesem Teil des Primärstromes ist gleich dem umgekehrten Verhältnis der entsprechenden Windungszahlen.

Kehren wir nun zurück zur Festlegung der Punkte an den Übertrageranschlüssen. Üblicherweise werden die Punkte so gewählt, dass an allen Primär- und Sekundärseiten die Potentialdifferenzen zwischen dem jeweiligen Anschluss mit Punkt und dem zugehörigen Anschluss ohne Punkt gleichzeitig positiv oder gleichzeitig negativ sind. Wir können die Vorgehensweise ausgehend von den Ergebnissen im letzten Beispiel schrittweise betrachten:

1. Festlegung der Punkte beim Übergang von einer realen Anordnung zum ESB

- Auf der Primärseite ist die Wahl zunächst noch willkürlich. Üblicherweise wird derjenige Anschluss mit einem Punkt markiert, in den der Strom i_1 hineinfließt. Der zugehörige Zählpfeil für die Spannung u_1 zeigt von dem Punkt weg, d.h. der Übertrager wird als Verbraucher für die von der Quelle gelieferte Leistung angesehen.

- Die Spannung auf der Ausgangsseite, die zur gleichen Zeit wie u_1 positiv ist, muss dann ebenfalls vom Punkt wegzeigen. Das trifft in Abb. 6.42 auf die Spannung $R_2 i_2$ am Ausgangswiderstand zu. Damit ist der untere Anschluss auf der Ausgangsseite mit einem Punkt zu versehen. Derjenige Anschluss auf der Ausgangsseite, aus dem der Sekundärstrom herausfließt, hat ein höheres Potential gegenüber dem anderen Anschluss auf der Ausgangsseite.

- Damit stellt sich allgemein die Frage, wie sich die Polarität der Ausgangsspannung an der dreidimensionalen Darstellung des Übertragers erkennen lässt. An dieser Stelle werden die Flüsse Φ_1 und Φ_2 benötigt. Der Strom i_1 ruft den in Abb. 6.42 eingetragenen, rechtshändig mit i_1 verketteten Fluss Φ_1 hervor. Nach der Lenz'schen Regel muss der induzierte Strom i_2 einen Fluss Φ_2 hervorrufen, der entgegengesetzt zu Φ_1 gerichtet ist. Wegen der rechtshändigen Verknüpfung von i_2 und Φ_2 ist die Richtung von i_2 und damit auch von der ausgangsseitigen Spannung bekannt.

2. Konsequenzen für die Aufstellung des Gleichungssystems

Werden die Koppelflüsse durch die jeweils andere Schleife so gezählt, wie sie auch tatsächlich gerichtet sind, dann ergeben sich positive Werte für die Gegeninduktivitäten (vgl. Beispiel 6.5). Damit bleibt lediglich noch die Frage zu beantworten, welches der beiden Gleichungssysteme (6.36) bzw. (6.37) anzuwenden ist. Bei dem Beispiel 6.6 fließt der Primärstrom zum Punkt hin, der Sekundärstrom vom Punkt weg und wegen der entgegen gerichteten Teilflüsse durch jede Schleife musste das Gleichungssystem (6.37) verwendet werden. Dieser Sachverhalt lässt sich verallgemeinern:

> **Merke**
>
> Fließen an den mit den Punkten markierten Anschlussklemmen beide Ströme zu den Punkten hin (zum Übertrager hin) oder von den Punkten weg (vom Übertrager weg), dann sind die infolge der Gegeninduktivitäten M induzierten Spannungen mit gleichem Vorzeichen wie die an den Hauptinduktivitäten L_{ii} mit $i = 1,2$ abfallenden Spannungen in das Gleichungssystem einzusetzen.
>
> Im anderen Fall, bei dem der eine Strom zum Punkt hin fließt, der andere Strom aber vom Punkt weg, sind die Ausdrücke mit M bzw. L_{ii} mit unterschiedlichen Vorzeichen einzusetzen.

Die reale Ausgangsanordnung in Abb. 6.40a kann jetzt mithilfe der Punktkonvention wie in ▶Abb. 6.44 schematisiert dargestellt werden. Für den Fall, dass mehrere Wicklungen vorhanden sind, werden die bestehenden Kopplungen zwischen jeweils zwei Wicklungen üblicherweise durch einen Doppelpfeil gekennzeichnet.

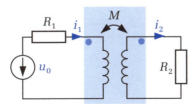

Abbildung 6.44: Kopplungsersatzschaltbild

In diesem Teilbild sind alle Informationen enthalten. Die Spannungen besitzen an den mit Punkten markierten Anschlüssen jeweils gleiche Polarität. Auch im Falle mehrerer Wicklungen sind die bestehenden Kopplungen durch entsprechende Kopplungspfeile markiert. Mit den eingetragenen Stromrichtungen ist das Gleichungssystem (6.37) bzw. (6.81) zu verwenden.

Beispiel 6.7: Reihenschaltung zweier induktiv gekoppelter Spulen

Als Beispiel soll die Reihenschaltung zweier induktiv gekoppelter Spulen mit den Windungen N_1 bzw. N_2 gemäß ▶Abb. 6.45 betrachtet werden. Diese Anordnung besteht im Grunde genommen aus einem geschlossenen Kern mit nur einer Wicklung der Gesamtwindungszahl $N_{ges} = N_1 + N_2$, von der lediglich N_2 Windungen auf die rechte Kernseite verschoben sind.

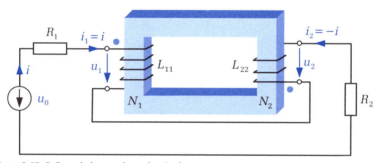

Abbildung 6.45: Reihenschaltung gekoppelter Spulen

Lösung:

Nachdem die beiden Teilwicklungen den gleichen Wickelsinn aufweisen wie die Anordnung in Abb. 6.40 und da die gleichen Bezeichnungen für die Ströme und Spannungen an den Übertrageranschlüssen verwendet wurden, gelten wiederum die Beziehungen (6.81)

$$u_1 = L_{11}\frac{di_1}{dt} - M\frac{di_2}{dt}$$
$$u_2 = -M\frac{di_1}{dt} + L_{22}\frac{di_2}{dt}.$$
(6.88)

Das gesamte Netzwerk besteht nur aus einer einzigen Masche mit einem Strom i, so dass für die beiden Ströme am Übertrager die Gleichungen $i_1 = i$ und $i_2 = -i$ gelten. Das entsprechende Kopplungs-Ersatzschaltbild ist in ▶Abb. 6.46a dargestellt.

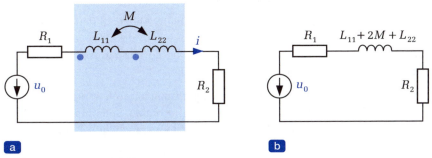

Abbildung 6.46: Ersatzschaltbilder

Aus dem Maschenumlauf erhalten wir folgende Beziehung

$$u_0 = R_1 i + u_1 - u_2 + R_2 i = R_1 i + L_{11}\frac{di_1}{dt} - M\frac{di_2}{dt} + M\frac{di_1}{dt} - L_{22}\frac{di_2}{dt} + R_2 i$$
$$= R_1 i + L_{11}\frac{di}{dt} + 2M\frac{di}{dt} + L_{22}\frac{di}{dt} + R_2 i = R_1 i + (L_{11} + 2M + L_{22})\frac{di}{dt} + R_2 i. \quad (6.89)$$

Aus dieser Gleichung ist zu erkennen, dass sich der Übertrager in Abb. 6.45 wie eine Induktivität mit dem Gesamtwert $L_{ges} = L_{11} + 2M + L_{22}$ verhält, so dass das resultierende Ersatzschaltbild die einfache Form in Abb. 6.46b annimmt. Dieses Ergebnis lässt sich leicht überprüfen. Betrachten wir zunächst den Grenzfall ohne Kopplung, d.h. beide Spulen sind unabhängig voneinander und es gilt $M = 0$. Dann erhält man in Übereinstimmung mit Gl. (6.29) das Ergebnis $L_{ges} = L_{11} + L_{22}$. In dem anderen Grenzfall, d.h. bei perfekter Kopplung ($k = 1$), gilt mit Gl. (6.48)

$$M = \sqrt{L_{11}L_{22}}. \quad (6.90)$$

Da beide Spulen auf den gleichen Kern gewickelt sind, gilt der magnetische Leitwert des Kerns für beide Spulen. Mit Gl. (5.75) folgt dann der Zusammenhang

$$L_{11} = N_1^2 A_L, \quad L_{22} = N_2^2 A_L, \quad M = \sqrt{L_{11}L_{22}} = N_1 N_2 A_L \quad \rightarrow$$

$$L_{ges} = (N_1 + N_2)^2 A_L = N_{ges}^2 A_L. \quad (6.91)$$

Bei perfekter Kopplung ist es also gleichgültig, ob man die Induktivität aus der Gesamtwindungszahl mit Gl. (5.75) direkt berechnet oder ob man zwei Teilwicklungen als Einzelinduktivitäten betrachtet und deren gegenseitige Kopplung berücksichtigt.

Bei nicht perfekter Kopplung ($k^2 \neq 1$) ist die Zusammenfassung der Selbst- und Gegeninduktivitäten mithilfe der binomischen Formel zu einer Gesamtinduktivität nicht mehr möglich. Es darf also nicht mehr mit N_{ges}^2 gerechnet werden, da nicht alle Windungen den gleichen Fluss umschließen.

6.7.3 Der verlustlose streufreie Übertrager

Wir betrachten jetzt ausgehend von der Anordnung in Abb. 6.36 den Sonderfall eines streufreien Übertragers. Unter streufrei ist zu verstehen, dass der gesamte von einer Wicklung erzeugte Fluss auch die andere Wicklung durchsetzt, d.h. der in Gl. (6.48) definierte Koppelfaktor nimmt den Wert $|k| = 1$ an.

Bei dem Übertrager in Abb. 6.36 sind auf der Primärseite N_1 Windungen mit dem Gesamtfluss verkettet. Mit der eingangsseitig anliegenden Spannung u_1 und bei zu vernachlässigendem Schleifenwiderstand $R = 0$ gilt entsprechend Gl. (6.25) die Beziehung

$$u_1 = \frac{\mathrm{d}}{\mathrm{d}t}\Phi_{ges} = N_1 \frac{\mathrm{d}}{\mathrm{d}t}(\Phi_1 - \Phi_2). \qquad (6.92)$$

Mit der entsprechenden Gleichung auf der Sekundärseite lässt sich der Zusammenhang

$$u_2 = N_2 \frac{\mathrm{d}}{\mathrm{d}t}(\Phi_2 - \Phi_1) \stackrel{(6.92)}{=} -u_1 \frac{N_2}{N_1} \qquad (6.93)$$

zwischen den beiden Spannungen aufstellen. Infolge der magnetisch engen Kopplung wird eine an die Eingangsseite angelegte, zeitlich veränderliche Spannung (**Primärspannung**) in eine Spannung an der Ausgangsseite (**Sekundärspannung**) gemäß dem Verhältnis der Windungszahlen

$$\frac{u_1}{u_2} = \mp \ddot{u} \quad \text{mit} \quad \ddot{u} = \frac{N_1}{N_2} \qquad (6.94)$$

transformiert. Das mit dem Buchstaben $\ddot{u}$ bezeichnete Verhältnis der beiden Spannungen nennt man **Übersetzungsverhältnis**. Das Minuszeichen gilt entsprechend der bisherigen Ableitung, d.h. für den Wickelsinn und die Festlegung der Spannungen gemäß Abb. 6.36.

> **Merke**
>
> Bei einem verlustlosen streufreien Übertrager stehen die Beträge der Spannungen im gleichen Verhältnis wie die Windungszahlen.

Im allgemeinen Fall, d.h. beim Übertrager mit Streuung weicht das Übersetzungsverhältnis je nach Kopplung von dem Ausdruck (6.94) ab.

6.7.4 Der ideale Übertrager

Der ideale Übertrager stellt nochmals einen Sonderfall des verlustlosen streufreien Übertragers dar. Unter gewissen Voraussetzungen gelangt man zu einer der Gl. (6.94) entsprechenden Beziehung für die Ströme. Mit der Maschengleichung (5.54) erhält man für den magnetischen Kreis der Anordnung 6.36 den Zusammenhang

$$\Theta = N_1 i_1 - N_2 i_2 \stackrel{(5.54)}{=} R_m \Phi = R_m(\Phi_1 - \Phi_2) \stackrel{(5.51)}{=} \frac{l}{\mu A}(\Phi_1 - \Phi_2). \qquad (6.95)$$

In dieser Gleichung bezeichnet R_m den gesamten magnetischen Widerstand der Anordnung, also die Reihenschaltung (Addition) der magnetischen Widerstände der einzelnen Schenkel. Für einen vernachlässigbar kleinen Wert $R_m \to 0$, d.h. für $\mu_r \to \infty$, verschwindet die rechte Seite der Gleichung (6.95) und damit auch die Durchflutung. Es verbleibt die Beziehung $N_1 i_1 - N_2 i_2 = 0$, aus der sich das Verhältnis der Ströme

$$\frac{i_1}{i_2} = \pm \frac{N_2}{N_1} = \pm \frac{1}{\ddot{u}} \qquad (6.96)$$

ergibt. Das Pluszeichen gilt entsprechend der bisherigen Ableitung.

An dieser Stelle sei noch einmal an das Beispiel 6.6 erinnert. Aus $\mu_r \to \infty$ folgt nämlich mit Gl. (6.83) $L_{11} \to \infty$ und damit entspricht die erste Zeile in Gl. (6.87) der soeben abgeleiteten Beziehung (6.96).

Die Forderung $R_m = 0$ ist in der Praxis nur näherungsweise realisierbar, so dass die Gl. (6.96) auch nur als eine Näherungslösung anzusehen ist, die aber in vielen Fällen ausreichend genaue Ergebnisse liefert. Fasst man die beiden Gleichungen (6.94) und (6.96) zusammen, dann beschreiben sie offenbar den Fall, dass die gesamte dem Eingang des Übertragers zugeführte Leistung unmittelbar an den Ausgang weitergeleitet wird, d.h. es wird keine Energie gespeichert

$$P_1 \stackrel{(2.49)}{=} u_1 i_1 = (-\ddot{u} u_2)\frac{i_2}{\ddot{u}} = -u_2 i_2 \stackrel{Abb.6.38}{=} R_2 i_2^2 \stackrel{(2.49)}{=} P_2. \qquad (6.97)$$

An dieser Stelle führen wir den Index p für die Größen auf der Primärseite und den Index s für die Größen auf der Sekundärseite ein. Als Spannung u_s bezeichnen wir die an dem Lastwiderstand abfallende Spannung $u_s = R_2 i_2$ (Verbraucherzählpfeilsystem), die nach Abb. 6.38 dem negativen Wert der Spannung u_2 entspricht. Mit den Korrespondenzen

$$i_1 = i_p, \quad u_1 = u_p, \quad N_1 = N_p, \quad i_2 = i_s, \quad -u_2 = R_2 i_2 = u_s, \quad N_2 = N_s \qquad (6.98)$$

gilt dann folgende Aussage:

6 Das zeitlich veränderliche elektromagnetische Feld

> **Merke**
>
> Beim idealen Übertrager stehen die Beträge der Spannungen im gleichen, die Beträge der Ströme dagegen im umgekehrten Verhältnis wie die Windungszahlen. Die gesamte dem idealen Übertrager am Eingang zugeführte Leistung ist zu jedem Zeitpunkt gleich der am Ausgang abgegebenen Leistung
>
> $$\frac{u_p}{u_s} = \frac{i_s}{i_p} = \pm \ddot{u}, \quad \ddot{u} = \frac{N_p}{N_s}, \quad u_p\, i_p = u_s\, i_s \ . \qquad (6.99)$$

Wegen der besonderen Bedeutung des idealen Übertragers wird für dieses Bauelement ein eigenes Symbol eingeführt, in dem die beiden Striche zwischen den gekoppelten Wicklungen als Hinweis auf einen Kern mit zu vernachlässigendem magnetischem Widerstand zu verstehen sind (▶Abb. 6.47). Die zugehörigen Gleichungen sind in (6.99) angegeben. Die beiden Fälle mit den jeweils geltenden Vorzeichen beim Übersetzungsverhältnis sind in der Abbildung dargestellt und zwar sowohl als Kern mit erkennbarem Wickelsinn als auch als vereinfachtes Symbol.

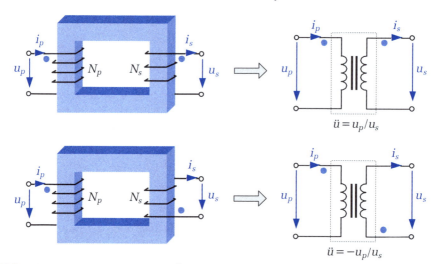

Abbildung 6.47: Schaltsymbol für den idealen Übertrager

Es ist zu beachten, dass der Strom $i_s = i_2$ im oberen Teilbild der Abb. 6.47 die gleiche Flussrichtung im Kern hervorruft wie der Strom i_2 in Abb. 6.38. Daher gilt das positive Vorzeichen bei $\ddot{u}$ in Gl. (6.99) sowohl für das Verhältnis der Ströme $i_s/i_p = i_2/i_1 = +\ddot{u}$ nach Gl. (6.96) als auch für das Verhältnis der Spannungen $u_p/u_s = u_1/(-u_2) = +\ddot{u}$ nach Gl. (6.94).

6.7.5 Die Widerstandstransformation

In Kap. 3.7.2 haben wir gesehen, dass die von einer Gleichspannungsquelle abgegebene Leistung bei Widerstandsanpassung einen maximalen Wert annimmt. Auch bei Wechselspannungen ist in vielen Fällen eine entsprechende Anpassung eines beliebigen Lastwiderstandes an den Innenwiderstand einer Quelle erforderlich. Für diese Aufgabe kann ein Übertrager verwendet werden.

Berechnen wir z.B. den Eingangswiderstand R_E aus dem Verhältnis von Eingangsspannung u_p zu Eingangsstrom i_p für einen idealen Übertrager mit Ausgangswiderstand R_2, dann erhalten wir mit den Beziehungen (6.99) das Ergebnis

$$R_E = \frac{u_p}{i_p} \stackrel{(6.99)}{=} ü u_s \frac{ü}{i_s} = ü^2 R_2 \ . \tag{6.100}$$

Offenbar wird ein an den Ausgang des Übertragers angeschlossener Widerstand mit dem Quadrat des Übersetzungsverhältnisses an die Eingangsklemmen transformiert. Ersetzen wir also den als ideal angenommenen Übertrager mit Lastwiderstand R_2 auf der linken Seite der ▶Abb. 6.48 durch die Ersatzanordnung auf der rechten Seite, dann ist die Belastung für die Quelle in beiden Fällen völlig identisch.

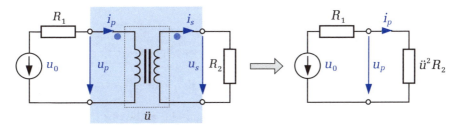

Abbildung 6.48: Zur Widerstandstransformation

> **Merke**
>
> Der Übertrager bietet die Möglichkeit der Anpassung von Lastwiderständen an die Innenwiderstände von Quellen. Der zwischen den Eingangsklemmen des Übertragers gemessene Widerstand entspricht dem mit dem Quadrat des Übersetzungsverhältnisses multiplizierten Ausgangswiderstand.

6.7.6 Ersatzschaltbilder für den verlustlosen Übertrager

In diesem Abschnitt wollen wir einige Ersatzschaltbilder ableiten, mit denen das elektrische Verhalten eines Übertragers auf einfache Weise dargestellt werden kann. Zunächst sei noch einmal die Ausgangsanordnung des verlustlosen Übertragers nach Abb. 6.40 mit dem T-Ersatzschaltbild nach Abb. 6.41 und den zugehörigen Gleichungen zusammengestellt, wobei jedoch die in der Gl. (6.98) eingeführten Bezeichnungen verwendet werden sollen:

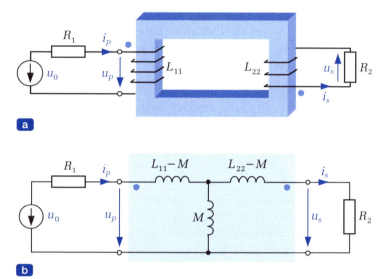

Abbildung 6.49: Ausgangsanordnung und T-Ersatzschaltbild

$$u_0 = R_1 i_p + L_{11} \frac{di_p}{dt} - M \frac{di_s}{dt}$$
$$0 = R_2 i_s - M \frac{di_p}{dt} + L_{22} \frac{di_s}{dt}$$
bzw.
$$u_p = u_0 - R_1 i_p = L_{11} \frac{di_p}{dt} - M \frac{di_s}{dt}$$
$$u_s = R_2 i_s = M \frac{di_p}{dt} - L_{22} \frac{di_s}{dt}$$
. (6.101)

Wir haben bereits gezeigt, dass beide Darstellungen der ▶Abb. 6.49, sowohl die reale Anordnung als auch das ESB, durch die Gln. (6.101) beschrieben werden. In dem T-Ersatzschaltbild besteht jedoch eine leitende Verbindung zwischen dem Eingangskreis und dem Ausgangskreis, die bei der Ausgangsanordnung nicht vorhanden ist. Um diese so genannte **galvanische Trennung** zwischen der Spannungsquelle im Eingangskreis und dem Widerstand im Ausgangskreis auch in dem ESB zum Ausdruck zu bringen, muss dieses, so wie in ▶Abb. 6.50 dargestellt, modifiziert, d.h. um einen idealen Übertrager mit dem Übersetzungsverhältnis $ü = 1$ erweitert werden.

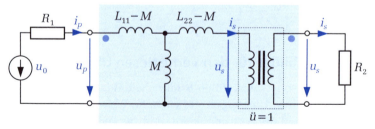

Abbildung 6.50: Ersatzschaltbild mit galvanischer Trennung

Da die Spannungen und Ströme auf der Eingangs- und Ausgangsseite des idealen Übertragers wegen ü = 1 identisch sind, hat er keinen Einfluss auf das Verhalten des Netzwerks und die Gleichungen (6.101) behalten weiterhin ihre Gültigkeit.

Wir wollen jetzt die Frage untersuchen, welche Konsequenzen sich für das Ersatznetzwerk des Übertragers in Abb. 6.50 ergeben, wenn wir für ü nicht den Wert 1, sondern das wirkliche Windungszahlenverhältnis N_p/N_s oder auch irgendeinen anderen beliebigen Wert einsetzen. Die Ströme und Spannungen an den Anschlussklemmen des Übertragers sollen sich dabei aber nicht ändern.

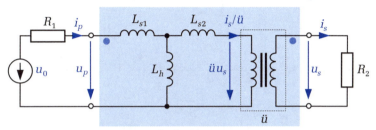

Abbildung 6.51: Ersatzschaltbild mit beliebigem Übersetzungsverhältnis

Zunächst stellen wir fest, dass mit den Beziehungen (6.99) auf der Primärseite des idealen Übertragers in ▶Abb. 6.51 die Spannung $ü u_s$ und der Strom $i_s/ü$ vorliegen. Damit dieses Ersatznetzwerk noch immer die ursprüngliche Anordnung aus Abb. 6.49 beschreibt, müssen die Gleichungen (6.101) auch weiterhin ihre Gültigkeit behalten. Wegen der mit ü geänderten Spannungen und Ströme zwischen dem T-Ersatzschaltbild und dem idealen Übertrager müssen sich auch die Werte an den drei induktiven Komponenten ändern. Wir haben diese daher zunächst neu bezeichnet und zwar als L_{s1} (**primärseitige Streuinduktivität**), L_{s2} (**sekundärseitige Streuinduktivität**) und L_h (**Hauptinduktivität**). Die Aufgabe besteht jetzt darin, einen Zusammenhang herzustellen zwischen diesen drei neuen Netzwerkelementen und den bekannten Werten L_{11}, M, L_{22} und ü und zwar so, dass die Gleichungen (6.101) auch weiterhin gelten.

Für das Ersatzschaltbild 6.51 gelten die beiden Maschenumläufe

$$u_0 = R_1 i_p + L_{s1}\frac{di_p}{dt} + L_h\frac{d}{dt}\left(i_p - \frac{i_s}{ü}\right) \quad \rightarrow \quad u_0 - R_1 i_p = \underbrace{(L_{s1} + L_h)}_{L_{11}}\frac{di_p}{dt} - \underbrace{L_h\frac{1}{ü}}_{M}\frac{di_s}{dt} \quad (6.102)$$

und

$$0 = ü u_s - L_h\frac{d}{dt}\left(i_p - \frac{i_s}{ü}\right) + L_{s2}\frac{d}{dt}\frac{i_s}{ü} \quad \rightarrow \quad u_s = \underbrace{L_h\frac{1}{ü}}_{M}\frac{di_p}{dt} - \underbrace{(L_{s2} + L_h)\frac{1}{ü^2}}_{L_{22}}\frac{di_s}{dt}. \quad (6.103)$$

Ein Koeffizientenvergleich zwischen diesen beiden Beziehungen und dem Gleichungssystem (6.101) liefert das Ergebnis

$$L_h = ü M, \qquad L_{s1} = L_{11} - ü M, \qquad L_{s2} = ü^2 L_{22} - ü M. \qquad (6.104)$$

Mit den Zusammenhängen nach Gl. (6.104) ist auch das Netzwerk in Abb. 6.51 ein gültiges Ersatzschaltbild zur Beschreibung der Ausgangsanordnung. Stellen wir das verallgemeinerte Ergebnis (ESB mit zugehörigen Gleichungen) in ▶Abb. 6.52 nochmals zusammen:

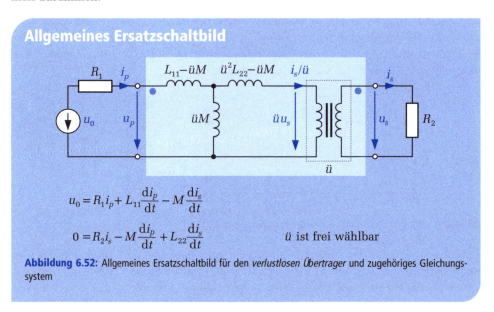

Abbildung 6.52: Allgemeines Ersatzschaltbild für den *verlustlosen Übertrager* und zugehöriges Gleichungssystem

Resultierend haben wir ein allgemein gültiges Ersatzschaltbild gefunden, das mit den beiden angegebenen Gleichungen beschrieben wird. Da das Übersetzungsverhältnis $ü$ in den Gleichungen nicht vorkommt, darf es frei gewählt werden. Die Ursache für diesen Freiheitsgrad liegt in der Tatsache begründet, dass in Abb. 6.51 die vier Parameter L_{s1}, L_{s2}, L_h, $ü$ eingeführt wurden, während in dem Gleichungssystem (6.101) aber nur die drei Komponenten L_{11}, L_{22}, M für die Beschreibung des Übertragers auftreten. Dieser Freiheitsgrad kann dazu genutzt werden, das ESB 6.52 je nach Bedarf derart zu modifizieren, dass die Analyse eines umfangreicheren Netzwerks, in dem Übertrager enthalten sind, möglichst einfach wird.

Zunächst stellen wir zur Kontrolle fest, dass das ESB 6.52 mit der Wahl $ü = 1$ wieder in den Sonderfall des Netzwerks 6.50 übergeht. Man kann das Übersetzungsverhältnis aber auch derart wählen, dass eine der beiden Streuinduktivitäten verschwindet. Mit der Festlegung $ü = M/L_{22}$ lässt sich die sekundärseitige Streuinduktivität L_{s2} zum Verschwinden bringen, so dass sich das ESB auf die in ▶Abb. 6.53 dargestellte Anordnung reduziert. Die beiden verbleibenden induktiven Komponenten können mithilfe der Gl. (6.48) allein durch die Werte L_{11} und k ausgedrückt werden.

Den bei der primärseitigen Streuinduktivität auftretenden Faktor $1 - k^2$ bezeichnet man als **Streugrad** oder **Streuung**

$$\sigma = 1 - k^2 \quad \text{mit} \quad 0 \leq \sigma \leq 1. \tag{6.105}$$

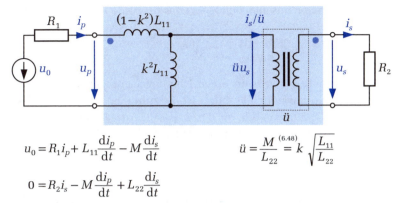

Abbildung 6.53: Vereinfachtes Ersatzschaltbild für den *verlustlosen Übertrager* und zugehöriges Gleichungssystem

Eine große Streuung bedeutet geringe Kopplung und umgekehrt. Ist $\sigma \approx 0$, d.h. $k^2 \approx 1$, dann spricht man von einem **fest gekoppelten** Übertrager. Wird der Koppelfaktor $|k|$ deutlich kleiner als 1, dann spricht man von einem **lose gekoppelten** Übertrager. Der Grenzfall $\sigma = 1$ bzw. $k = 0$ entspricht den bereits in Kap. 6.3 behandelten nicht gekoppelten Spulen.

In vielen Fällen sind die beiden Wicklungen auf den gleichen Kern gewickelt, so dass mit dem gleichen A_L-Wert die Induktivitäten in dem Verhältnis

$$\frac{L_{11}}{L_{22}} \stackrel{(5.75)}{=} \frac{N_1^2 A_L}{N_2^2 A_L} = \frac{N_1^2}{N_2^2} \quad \stackrel{\text{Abb.6.53}}{\to} \quad \ddot{u} = k\sqrt{\frac{L_{11}}{L_{22}}} = k\frac{N_1}{N_2} = k\frac{N_p}{N_s} \quad (6.106)$$

stehen und das Übersetzungsverhältnis den in Gl. (6.106) angegebenen Wert annimmt.

Als weitere Möglichkeit kann das Übersetzungsverhältnis in der Form $\ddot{u} = L_{11}/M$ festgelegt werden. In diesem Fall verschwindet die primärseitige Streuinduktivität L_{s1} und man erhält die Anordnung in ▶Abb. 6.54.

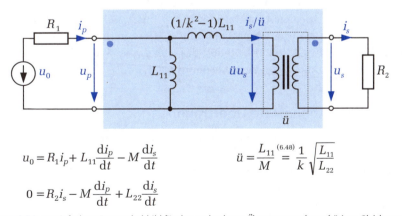

Abbildung 6.54: Vereinfachtes Ersatzschaltbild für den *verlustlosen Übertrager* und zugehöriges Gleichungssystem

Unter der Voraussetzung eines gleichen A_L-Wertes für beide Wicklungen gilt jetzt

$$\ddot{u} = \frac{1}{k}\sqrt{\frac{L_{11}}{L_{22}}} = \frac{1}{k}\frac{N_1}{N_2} = \frac{1}{k}\frac{N_p}{N_s}\,. \tag{6.107}$$

Im nächsten Schritt soll das ESB für einen Übertrager angegeben werden, der nicht nur verlustlos, sondern zusätzlich streufrei ist. Streufreiheit bedeutet perfekte Kopplung zwischen den Wicklungen, d.h. $\sigma = 0$ bzw. $|k| = 1$. Ausgangspunkt kann entweder das Ersatzschaltbild 6.53 oder 6.54 sein. In beiden Fällen erhält man die vereinfachte Schaltung in ▶Abb. 6.55.

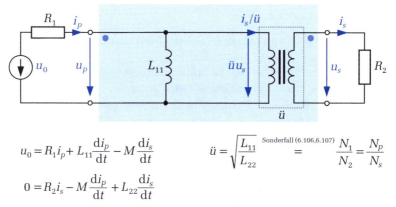

$$u_0 = R_1 i_p + L_{11}\frac{di_p}{dt} - M\frac{di_s}{dt}$$

$$0 = R_2 i_s - M\frac{di_p}{dt} + L_{22}\frac{di_s}{dt}$$

$$\ddot{u} = \sqrt{\frac{L_{11}}{L_{22}}} \stackrel{\text{Sonderfall (6.106,6.107)}}{=} \frac{N_1}{N_2} = \frac{N_p}{N_s}$$

Abbildung 6.55: Ersatzschaltbild für den *verlustlosen streufreien Übertrager* und zugehöriges Gleichungssystem

Im ESB des streufreien Übertragers verschwinden die beiden Streuinduktivitäten L_{s1} und L_{s2}. An diesem Ersatzschaltbild lässt sich sehr anschaulich die Aufteilung des in Beispiel 6.6 berechneten Primärstromes in die beiden Anteile erkennen, einerseits den Teilstrom durch die Selbstinduktivität L_{11} und andererseits den zum idealen Übertrager fließenden Teilstrom $i_s N_s/N_p$. Die noch weiter gehende Vereinfachung dieser Ersatzschaltung 6.55 zu dem in Abb. 6.47 dargestellten und mit den Gleichungen (6.99) beschriebenen idealen Übertrager verlangt zusätzlich das Verschwinden der Induktivität L_{11}. Beim Anlegen einer Spannung u_p darf somit kein Strom durch diesen Querzweig fließen. Mit Gl. (6.28) bedeutet das aber $L_{11} \to \infty$ und damit $R_m \to 0$ bzw. $\mu_r \to \infty$ in Übereinstimmung mit dem Abschnitt 6.7.4.

6.7.7 Der verlustbehaftete Übertrager

In den bisherigen Kapiteln haben wir uns auf den Fall beschränkt, dass der Übertrager keine Verluste aufweist. In der Praxis treten aber verschiedene Verlustmechanismen auf. Diese teilt man auf in Wicklungsverluste, z.B. infolge der ohmschen Widerstände der primären und sekundären Wicklung, und in Kernverluste, z.B. die Hystereseverluste. Die ohmschen Verluste sind unmittelbar mit den Strömen in der Primär- bzw. Sekundärwicklung verknüpft. Im ESB werden diese Verluste durch Widerstände erfasst, die im Primär- bzw. Sekundärkreis des Übertragers angeordnet werden. Für die Kernverluste ist der resultierende Fluss im Kern $\Phi_1 - \Phi_2$ (vgl. Abb. 6.36) verantwortlich. Diesen Verlustmechanismus erfasst man üblicherweise durch einen Widerstand R_h parallel zur Hauptinduktivität. Für den verlustbehafteten Übertrager erhält man damit das gegenüber Abb. 6.52 erweiterte Ersatzschaltbild 6.56.

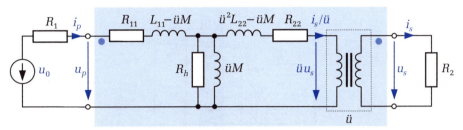

Abbildung 6.56: Ersatzschaltbild für den *verlustbehafteten Übertrager*

In den meisten in der Praxis auftretenden Fällen ist dieses ESB ausreichend zur Beschreibung des Übertragerverhaltens. Es muss allerdings darauf hingewiesen werden, dass die in diesem Modell verwendeten Netzwerkelemente von den unterschiedlichsten Einflussfaktoren abhängen können. Insbesondere die Kernverluste sind stark von den im Allgemeinen nichtlinearen Eigenschaften des Kernmaterials abhängig. Die Verluste werden z.B. von der Temperatur, der Frequenz, der Aussteuerung (maximale Amplitude der Feldstärke), der zeitabhängigen Stromform und auch von der Vorausssteuerung (Überlagerung eines Gleichanteils bei der Feldstärke) beeinflusst.

Die Wicklungsverluste hängen ebenfalls stark von der Frequenz ab, da neben den bereits behandelten ohmschen Verlusten zusätzliche Verluste infolge so genannter Wirbelströme in den Drähten entstehen. Diese Ströme sind eine unmittelbare Folge des Induktionsgesetzes, da sich jede einzelne Kupferwindung innerhalb des Wickelpakets in einem zeitlich veränderlichen Magnetfeld befindet, das z.B. von den Nachbardrähten oder auch vom Kern und insbesondere vom Luftspalt hervorgerufen wird. Bei sehr hohen Frequenzen müssen auch noch kapazitive Einflüsse berücksichtigt werden.

6.7.8 Der Spartransformator

Zum Abschluss soll noch eine vereinfachte Bauform vorgestellt werden. In manchen praktischen Anwendungen ist eine Spannungstransformation zwar erwünscht, eine galvanische Trennung zwischen Eingang und Ausgang aber nicht erforderlich. In diesen Fällen lässt sich der Herstellungsaufwand reduzieren, indem die beiden bisher getrennten Wicklungen durch eine einzige Wicklung mit einer **Anzapfung** ersetzt werden.

Das Prinzip ist in ▶Abb. 6.57 dargestellt. In diesem Beispiel wird eine niedrige Eingangsspannung in eine höhere Ausgangsspannung transformiert. Die Kopplung zwischen Primär- und Sekundärseite ist bei dieser Anordnung besser als bei den beiden separaten Wicklungen in Abb. 6.36. Betrachten wir also direkt den idealen Spartransformator ohne Verluste und ohne Streuung, dann gelten die Gleichungen

$$\frac{u_p}{u_s} = \frac{N_p}{N_s} = \frac{N_1}{N_1+N_2} \quad \text{und} \quad \frac{i_p}{i_s} = \frac{N_s}{N_p} = \frac{N_1+N_2}{N_1}. \tag{6.108}$$

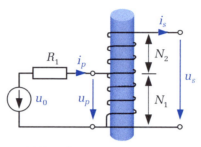

Abbildung 6.57: Spartransformator mit höherer Ausgangsspannung

Man beachte, dass eine höhere Ausgangsspannung gleichzeitig einen niedrigeren Ausgangsstrom zur Folge hat. Auch beim idealen Spartransformator sind Eingangsleistung $u_p i_p$ und Ausgangsleistung $u_s i_s$ zu jedem Zeitpunkt gleich.

Auf entsprechende Weise lässt sich durch eine geeignete Anzapfung eine höhere Eingangsspannung in eine niedrigere Ausgangsspannung transformieren. Die prinzipielle Anordnung ist in ▶Abb. 6.58 dargestellt. Es gelten die zugehörigen Gleichungen

$$\frac{u_p}{u_s} = \frac{N_p}{N_s} = \frac{N_1+N_2}{N_2} \quad \text{und} \quad \frac{i_p}{i_s} = \frac{N_s}{N_p} = \frac{N_2}{N_1+N_2}. \tag{6.109}$$

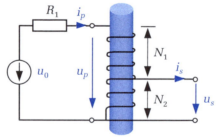

Abbildung 6.58: Spartransformator mit niedrigerer Ausgangsspannung

ZUSAMMENFASSUNG

- Eine **zeitliche Änderung** des magnetischen Flusses durch eine Leiterschleife induziert in der Schleife eine **elektrische Spannung**. Dieser Zusammenhang ist bekannt als das **Faraday'sche Induktionsgesetz**. Die Ursache für die Flussänderung spielt dabei keine Rolle, die Schleife kann ihre Form ändern oder sich in einem ortsabhängigen Feld bewegen, wir sprechen dann von **Bewegungsinduktion**, oder die magnetische Flussdichte kann sich selbst zeitlich ändern, in diesem Fall sprechen wir von Ruheinduktion.

- Bei geschlossener Schleife ruft die induzierte Spannung einen Strom hervor, der so gerichtet ist, dass er die Ursache seines Entstehens zu verhindern sucht.

- Bei der Messung zeitabhängiger Größen ist darauf zu achten, dass in der vom Messgerät und seinen Zuleitungen gebildeten Schleife ebenfalls eine Spannung induziert und das Messergebnis beeinflusst werden kann.

- Wegen der Proportionalität zwischen Strom und zeitlicher Flussänderung kann die induzierte Spannung durch das Einfügen einer Induktivität in das Ersatzschaltbild erfasst werden. Die gegenseitige Beeinflussung mehrerer, von zeitlich veränderlichen Strömen durchflossener Leiterschleifen wird durch das Einfügen von Gegeninduktivitäten in den Ersatzschaltbildern erfasst.

- Wichtige Anwendungen der **Bewegungsinduktion** sind die Umwandlung mechanischer Energie in elektrische Energie in **Generatoren** sowie der umgekehrte Vorgang, nämlich die Umwandlung elektrischer Energie in mechanische Energie in Motoren.

- Die Drehbewegung einer Leiterschleife im zeitlich konstanten Magnetfeld erzeugt **Wechselspannungen**. Zur effizienten Energieübertragung zwischen Kraftwerk und Verbraucher werden einerseits sehr hohe Spannungen verwendet, andererseits Mehrphasensysteme, bei denen sich die Ströme in den Rückleitern kompensieren.

- Die Transformation der Wechselspannungen auf hohe Werte erfolgt in Transformatoren durch Anwendung der **Ruheinduktion**. Beim idealen Transformator stehen die Spannungen im Verhältnis der Windungszahlen, die Ströme im umgekehrten Verhältnis. Die am Eingang zugeführte Leistung wird (im Idealfall) vollständig am Ausgang direkt an den Verbraucher weitergegeben.

- Ein auf der Ausgangsseite angeschlossener Widerstand R wird mit dem Quadrat des Übersetzungsverhältnisses an die Eingangsklemmen transformiert. Diese Aussage gilt allgemein für **Impedanzen** (dieser Begriff wird in Teil 2, Kap. 8 erklärt) und damit auch für die Induktivität L und den Kehrwert der Kapazität $1/C$.

6 Das zeitlich veränderliche elektromagnetische Feld

- Beim Anlegen einer Gleichspannung an eine Induktivität steigt der Strom linear an. Die der Induktivität von der Quelle zugeführte Energie ist im Magnetfeld gespeichert und kann beim Abbau des Magnetfeldes wiedergewonnen werden. Werden zur Realisierung induktiver Bauelemente hochpermeable Materialien eingesetzt, dann entstehen aufgrund der Hysterese-Erscheinungen Verluste in diesen Materialien. Diese sind proportional zu der von der Hystereseschleife gebildeten Fläche, proportional zur Frequenz und zum Volumen des Materials.

Übungsaufgaben

Aufgabe 6.1 Induktionsgesetz

Ein auf der z-Achse befindlicher unendlich langer Linienleiter wird von einem zeitabhängigen Strom $i(t)$ durchflossen. Der Rückleiter ist sehr weit entfernt, so dass sein Einfluss vernachlässigt werden kann. In der Ebene y = 0 befindet sich eine nicht geschlossene quadratische Leiterschleife der Seitenlänge $b - a$.

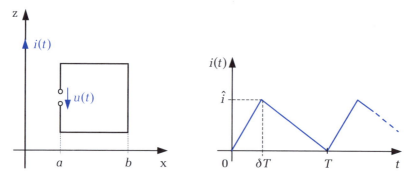

Abbildung 6.59: Betrachtete Leiteranordnung und zeitabhängiger Strom

1. Berechnen Sie die in der Abbildung eingetragene induzierte Spannung $u(t)$ als Funktion des Stromes $i(t)$.
2. Stellen Sie für den dreieckförmigen Stromverlauf die induzierte Spannung $u(t)$ in einem Diagramm dar und geben Sie Maximal- und Minimalwert der Spannung an.
3. Welche Gegeninduktivität M besteht zwischen den beiden Schleifen?

Aufgabe 6.2 Induktionsgesetz

Der in ▶Abb. 6.60 dargestellte Schleifkontakt aus Metall rotiert mit der konstanten Winkelgeschwindigkeit ω um den Ursprung. Der Zeiger gleitet dabei auf einem Metallring mit dem Radius a. Ein homogenes Magnetfeld mit der Flussdichte $\vec{B} = \vec{e}_z B_0$ durchflutet den gesamten Metallring senkrecht zur Ringebene. Alle Betrachtungen sollen für $0 < \omega t < 2\pi$ erfolgen.

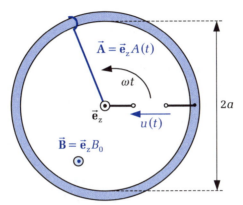

Abbildung 6.60: Rotierender Zeiger im homogenen Magnetfeld

Berechnen Sie die in Abb. 6.60 eingetragene induzierte Spannung $u(t)$, die sich infolge der Bewegung zwischen dem Drehpunkt des Zeigers und dem Metallring einstellt.

Aufgabe 6.3 Energieaufteilung zwischen Kern und Luftspalt

Ein Ringkern der Abmessungen $a = 2$ cm, $b = 2{,}5$ cm und der Dicke $h = 0{,}5$ cm besteht aus hochpermeablem Material $\mu = 1000\mu_0$ und besitzt einen Luftspalt der Länge $d = 1$ mm. Das Feld außerhalb des Luftspalts wird vernachlässigt. Die Wicklung besteht aus $N = 6$ Windungen und wird von einem Strom $I = 1$ A durchflossen.

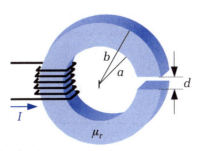

Abbildung 6.61: Ringkern mit Luftspalt

1. Bestimmen Sie die Induktivität der Anordnung.
2. Bestimmen Sie die insgesamt in dem Bauelement gespeicherte Energie.
3. Berechnen Sie die magnetische Feldstärke und die Flussdichte im Kern und im Luftspalt.
4. Bestimmen Sie die prozentuale Aufteilung der Energie zwischen Kern und Luftspalt.

Aufgabe 6.4 Induktivitätserhöhung durch Ferritring

Ein praktisch unendlich langer, gerader Runddraht (Permeabilität μ_0, Radius a) führt den Gleichstrom I. Der Rückleiter ist sehr weit entfernt, so dass sein Einfluss vernachlässigt werden kann. Um den Draht wird ein Hohlzylinder aus nicht leitendem, permeablem Material (Permeabilität $\mu > \mu_0$, Länge l, Innenradius b, Außenradius c) konzentrisch angeordnet.

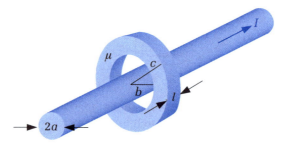

Abbildung 6.62: Kupferrunddraht mit Ferritring

1. Um welchen Betrag ändert sich die magnetische Energie durch das Anbringen des permeablen Hohlzylinders?
2. Welche zusätzliche Induktivität erhält der Stromkreis durch das Anbringen des permeablen Hohlzylinders?

Aufgabe 6.5 Induktivität des Koaxialkabels

1. Berechnen Sie für das in Abb. 1.33 dargestellte Koaxialkabel die Induktivität pro Längeneinheit. Für den Raum zwischen Innen- und Außenleiter kann $\mu = \mu_0$ angenommen werden.
2. Welche Beiträge liefern Innenleiter, Zwischenraum und Außenleiter zur Induktivität, wenn die Abmessungen $a = 0{,}5$ mm, $b = 3$ mm und $c = 3{,}2$ mm betragen?

Aufgabe 6.6 Gekoppelte Induktivitäten

Die aus einem Material der Permeabilitätszahl μ_r bestehenden vier gleichen Ringkerne mit rechteckigem Querschnitt werden von einem sinusförmigen Strom $i_1(t)$ durchflossen. Jeweils zwei Kerne sind durch widerstandslose Kurzschlussschleifen verbunden, in denen sich die Ströme $i_2(t)$ und $i_3(t)$ einstellen. Nun soll das Klemmenverhalten dieses Bauelements untersucht werden.

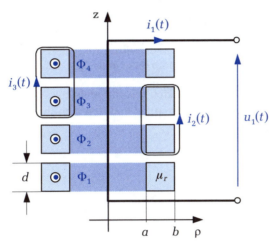

Abbildung 6.63: Induktivität aus vier Ringkernen

1. Bestimmen Sie die magnetischen Flüsse $\Phi_1(t)$, $\Phi_2(t)$, $\Phi_3(t)$ und $\Phi_4(t)$ in Abhängigkeit der Ströme, der Geometrie- und der Materialdaten.
2. Wenden Sie das Induktionsgesetz auf die beiden Kurzschlussschleifen an und berechnen Sie $i_2(t)$ und $i_3(t)$ in Abhängigkeit von $i_1(t)$.
3. Berechnen Sie die Induktivität L_0 der Anordnung.
4. Welche Induktivität L besitzt die Anordnung nach dem Entfernen der beiden Kurzschlussschleifen?

Aufgabe 6.7 Serien- und Parallelschaltung gekoppelter Induktivitäten

Für die beiden gekoppelten Leiterschleifen der ▶Abb. 6.64 gelten die Beziehungen

$$u_1 = L_{11}\frac{di_1}{dt} + M\frac{di_2}{dt}$$
$$u_2 = M\frac{di_1}{dt} + L_{22}\frac{di_2}{dt}.$$

Die Induktivitätswerte L_{11}, L_{22} und M sind bekannt.

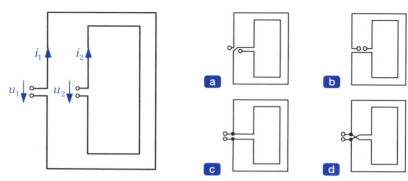

Abbildung 6.64: Zusammenschaltung gekoppelter Induktivitäten

Welche Gesamtinduktivität stellt sich jeweils zwischen den Eingangsklemmen ein, wenn die beiden Schleifen entsprechend den Abbildungen a) bis d) zusammengeschaltet werden?

Vektoren

A.1 Einheitsvektoren 305
A.2 Einfache Rechenoperationen mit Vektoren 305
A.3 Das Skalarprodukt 306
A.4 Das Vektorprodukt 307
A.5 Zerlegung eines Vektors in seine Komponenten .. 308
A.6 Vektorbeziehungen in Komponentendarstellung . 309
A.7 Formeln zur Vektorrechnung 310

A Vektoren

In der Physik werden viele Größen durch Zahlenwert und Einheit vollständig beschrieben wie z.B. das Gewicht eines Körpers oder die Temperatur. Man spricht in diesem Fall von **skalaren** Größen. Daneben existieren **vektorielle** Größen, zu deren Beschreibung neben Zahlenwert und Einheit auch noch die Richtung benötigt wird. Betrachten wir z.B. die Bewegung eines Flugkörpers, dann besitzt dieser zu jedem Zeitpunkt nicht nur eine momentane Geschwindigkeit $v(t)$, sondern auch eine Bewegungsrichtung. Während die gerichteten Größen durch Vektoren dargestellt werden, erfolgt die Beschreibung der physikalischen Zusammenhänge durch vektorielle Größengleichungen. Die gerichtete Strecke $\vec{s}$ kann z.B. als das Produkt aus gerichteter Geschwindigkeit $\vec{v}$ und Zeit t berechnet werden

$$\vec{s} = \vec{v} \cdot t \,. \tag{A.1}$$

In einer vektoriellen Gleichung erfüllen Zahlenwerte, Einheiten und Richtung unabhängig voneinander die Gleichheitsbeziehung.

Zeichnerisch werden Vektoren durch Pfeile dargestellt, deren Richtung die Richtung des Vektors angibt und deren Länge den Betrag des Vektors beschreibt (▶Abb. A.1). Zwei Vektoren werden als gleich bezeichnet, wenn sowohl ihr Betrag, ihre Orientierung im Raum als auch ihr Durchlaufsinn gleich sind. In der Physik unterscheidet man zwischen **freien Vektoren** und **gebundenen Vektoren**. Bei freien Vektoren spielt die Position ihres Anfangspunktes keine Rolle, d.h. sie können frei im Raum verschoben werden. Zwei gleiche Vektoren können so durch paralleles Verschieben zur Deckung gebracht werden. Als Beispiel für die gebundenen Vektoren können die Feldvektoren angesehen werden, die z.B. Betrag und Richtung einer ortsabhängigen Feldstärke beschreiben und damit einer bestimmten Stelle im Raum zugeordnet sind. Bei gebundenen Vektoren können Betrag und Richtung in jedem Punkt des Raumes unterschiedlich sein.

Unter einem Vektor $-\vec{a}$ versteht man einen Vektor mit dem gleichen Betrag wie $+\vec{a}$, aber mit entgegengesetzter Richtung.

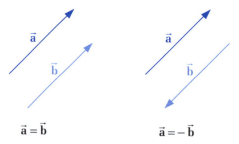

Abbildung A.1: Gleiche und entgegengesetzt gleiche Vektoren

In vielen Fällen werden unterschiedliche Vektoren benötigt, die aber den gleichen Angriffspunkt haben, z.B. kann man sich mehrere Vektoren vorstellen, die ausgehend von dem Ursprung eines Koordinatensystems zu verschiedenen Punkten im dreidimensionalen Raum zeigen. Diese Vektoren werden als **Ortsvektoren** bezeichnet.

A.1 Einheitsvektoren

Ein Vektor vom Betrag 1 wird Einheitsvektor genannt. Jeder Vektor kann als Produkt aus einem Betrag (seiner Länge) und einem in Richtung des Vektors zeigenden **Einheitsvektor** dargestellt werden

$$\vec{a} = \frac{\vec{a}}{a} a = \vec{e}_a a \,. \tag{A.2}$$

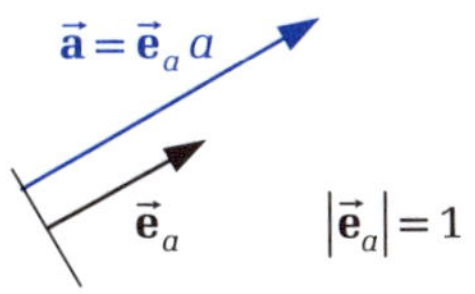

$$\vec{a} = \vec{e}_a a$$
$$\vec{e}_a \qquad |\vec{e}_a| = 1$$

Abbildung A.2: Einheitsvektor

Den in Richtung eines Vektors $\vec{a}$ zeigenden Einheitsvektor $\vec{e}_a$ kann man nach Gl. (A.2) berechnen, indem man den Vektor durch seinen Betrag a dividiert.

A.2 Einfache Rechenoperationen mit Vektoren

A.2.1 Addition und Subtraktion von Vektoren

Zwei Vektoren werden addiert, indem man den zweiten Vektor parallel so verschiebt, dass sein Anfangspunkt mit dem Endpunkt des ersten Vektors zusammenfällt. Der resultierende Vektor (Summenvektor) ist ein neuer Vektor, dessen Anfangspunkt mit dem Anfangspunkt des ersten Vektors und dessen Endpunkt mit dem Endpunkt des zweiten Vektors zusammenfällt.

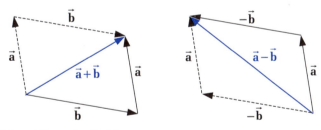

Abbildung A.3: Vektoraddition und -subtraktion

Aus der ▶Abb. A.3 ist unmittelbar zu erkennen, dass für die Vektoraddition das kommutative Gesetz gilt

$$\vec{a} + \vec{b} = \vec{b} + \vec{a} \,. \tag{A.3}$$

Zur Berechnung des Differenzvektors $\vec{a} - \vec{b}$ bildet man zunächst den Vektor $-\vec{b}$, indem man bei dem Vektor $\vec{b}$ die Richtung umkehrt. Dieser neue Vektor wird dann zum Vektor $\vec{a}$ gemäß der Vorschrift

$$\vec{a} - \vec{b} = \vec{a} + \left(-\vec{b}\right) \tag{A.4}$$

addiert (Abb. A.3).

A.2.2 Multiplikation von Vektor und Skalar

Bezeichnet man mit p eine positive reelle Zahl, dann versteht man unter dem Produkt $p\vec{a}$ einen Vektor mit der gleichen Richtung wie $\vec{a}$, dessen Länge $p|\vec{a}| = pa$ sich aber um den Faktor p geändert hat. Handelt es sich bei p um eine negative reelle Zahl, dann versteht man unter dem Produkt $p\vec{a}$ einen neuen Vektor der Länge $|p|a$, jetzt aber mit entgegengesetzter Richtung zu dem ursprünglichen Vektor $\vec{a}$. Für den Sonderfall $p = 0$ erhält man aus dem Produkt $p\vec{a} = \vec{0}$ den Nullvektor $\vec{0}$ mit der Länge 0, dessen Richtung unbestimmt ist.

A.3 Das Skalarprodukt

Das Skalarprodukt $\vec{a} \cdot \vec{b}$ zweier Vektoren $\vec{a}$ und $\vec{b}$ ist definiert als

$$\vec{a} \cdot \vec{b} \stackrel{(A.2)}{=} a\vec{e}_a \cdot b\vec{e}_b = ab\,\vec{e}_a \cdot \vec{e}_b = ab\cos\alpha\,, \tag{A.5}$$

wobei α den von den beiden Vektoren eingeschlossenen Winkel bezeichnet, sofern beide Vektoren an dem gleichen Anfangspunkt beginnen. Das Ergebnis dieser Berechnung ist ein Skalar. Der Winkel α liegt zwischen 0 und 180°, d.h. der Kosinus dieses Winkels ist eindeutig.

Die Länge $b\cos\alpha$ kann interpretiert werden als die Länge der Strecke, die man bei einer Projektion des Vektors $\vec{b}$ auf die Richtung des Vektors $\vec{a}$ erhält.

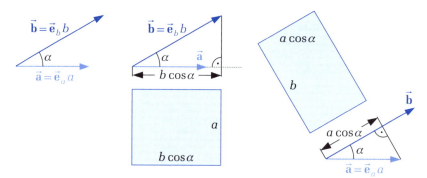

Abbildung A.4: Skalarprodukt

Das Skalarprodukt entspricht also dem Flächeninhalt des Rechtecks mit den Seitenlängen a und $b\cos\alpha$. Mit der gleichen Berechtigung kann auch der Vektor $\vec{a}$ auf die Richtung des Vektors $\vec{b}$ projiziert werden. Das Produkt aus der Länge dieser Projektion $a\cos\alpha$ mit der Länge b ergibt wiederum ein Rechteck mit geändertem Seitenverhältnis, jedoch gleichem Flächeninhalt.

Aus der Beziehung (A.5) bzw. aus der ▶Abb. A.4 ist unmittelbar zu erkennen, dass das Skalarprodukt kommutativ ist

$$\vec{a} \cdot \vec{b} = \vec{b} \cdot \vec{a}\,. \tag{A.6}$$

Für parallele bzw. senkrecht aufeinanderstehende Vektoren $\vec{a}$ und $\vec{b}$ erhält man die Sonderfälle

$$\vec{a}\cdot\vec{b} = ab \qquad\qquad \vec{a}\uparrow\uparrow\vec{b}$$
$$\vec{a}\cdot\vec{b} = 0 \qquad \text{für} \qquad \vec{a}\perp\vec{b} \qquad\qquad (A.7)$$
$$\vec{a}\cdot\vec{b} = -ab \qquad\qquad \vec{a}\uparrow\downarrow\vec{b}.$$

Einige Anwendungen des Skalarproduktes werden in Kapitel C.1 beschrieben.

A.4 Das Vektorprodukt

Zur Beschreibung einiger physikalischer Zusammenhänge wie z.B. bei der Berechnung der Kraft auf einen stromdurchflossenen Leiter (vgl. Kap. 5.2) oder bei der Berechnung des Drehmomentes wird noch eine andere Verknüpfung von Vektoren benötigt, die als Vektorprodukt oder auch **Kreuzprodukt** bezeichnet wird.

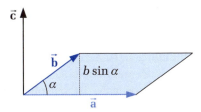

Abbildung A.5: Vektorprodukt

Das vektorielle Produkt $\vec{a}\times\vec{b}$ der beiden Vektoren $\vec{a}$ und $\vec{b}$ ist ein Vektor $\vec{c}$, der senkrecht auf der von den beiden Vektoren $\vec{a}$ und $\vec{b}$ aufgespannten Ebene steht und dessen Richtung so festgelegt ist, dass die drei Vektoren $\vec{a}$, $\vec{b}$, $\vec{c}$ ein Rechtssystem bilden. Beim Drehen des Vektors $\vec{a}$ in Richtung des Vektors $\vec{b}$ erfährt eine Rechtsschraube eine Vorwärtsbewegung in Richtung des Vektors $\vec{c}$. Man kann sich diesen Zusammenhang auch auf einfache Weise mit den Fingern der rechten Hand veranschaulichen. Zeigt der Daumen in Richtung des Vektors $\vec{a}$ und der Zeigefinger in Richtung des Vektors $\vec{b}$, dann zeigt der senkrecht auf der von den beiden Fingern gebildeten Ebene stehende Mittelfinger in Richtung des Vektors $\vec{c}$.

Als Betrag des Vektors $\vec{c}$ definiert man das Produkt $ab\sin\alpha$, das gemäß ▶Abb. A.5 dem Flächeninhalt des von den beiden Vektoren $\vec{a}$ und $\vec{b}$ aufgespannten Parallelogramms entspricht

$$\vec{a}\times\vec{b} = \vec{c} \qquad \text{mit} \qquad |\vec{c}| = ab\sin\alpha\,. \qquad\qquad (A.8)$$

Der zwischen den Vektoren $\vec{a}$ und $\vec{b}$ eingeschlossene Winkel α liegt in dem Wertebereich $0 \le \alpha \le 180°$.

Wird der Vektor $\vec{b}$ in Richtung des Vektors $\vec{a}$ gedreht, dann zeigt die so entstehende Rechtsschraube in die entgegengesetzte Richtung, so dass allgemein

$$\vec{b} \times \vec{a} = -\left(\vec{a} \times \vec{b}\right) \qquad (A.9)$$

gilt. Das Vektorprodukt ist nicht kommutativ.

Für parallele bzw. senkrecht aufeinanderstehende Vektoren $\vec{a}$ und $\vec{b}$ gelten die beiden Sonderfälle

$$\begin{aligned} \vec{a} \times \vec{b} &= \vec{0} \\ \vec{a} \times \vec{b} &= \vec{e}_c\, ab \end{aligned} \quad \text{für} \quad \begin{aligned} &\vec{a} \uparrow\uparrow \vec{b} \text{ und } \vec{a} \uparrow\downarrow \vec{b} \\ &\vec{a} \perp \vec{b}. \end{aligned} \qquad (A.10)$$

A.5   Zerlegung eines Vektors in seine Komponenten

In der Abb. A.3 wurde ein Vektor durch Summation aus zwei anderen Vektoren berechnet. In diesem Abschnitt soll der umgekehrte Vorgang, nämlich die Zerlegung eines gegebenen Vektors in zwei oder mehr einzelne Vektoren, man spricht in diesem Zusammenhang von den Komponenten des Vektors, gezeigt werden. In der Praxis tritt häufig der Fall auf, dass die Richtungen der einzelnen Komponenten bereits vorgegeben sind, wobei üblicherweise die Einschränkung gilt, dass die Komponenten senkrecht aufeinanderstehen. Die einfachste Aufgabe ist beispielsweise die Zerlegung eines beliebigen Vektors in drei Komponenten, von denen jede parallel zu einer Achse des kartesischen Koordinatensystems verläuft (siehe Kap. B.1). Bezeichnet man mit $\vec{e}_x$, $\vec{e}_y$, $\vec{e}_z$ die Einheitsvektoren in Richtung der entsprechenden Achsen x, y, z, dann besteht die Aufgabe bei der Zerlegung eines Vektors $\vec{a}$ darin, die Längen der einzelnen Komponenten a_x, a_y, a_z so zu bestimmen, dass deren Summation wieder den ursprünglichen Vektor ergibt

$$\vec{a} = \vec{e}_x a_x + \vec{e}_y a_y + \vec{e}_z a_z . \qquad (A.11)$$

Als Beispiel betrachten wir die in ▶Abb. A.6 dargestellte Zerlegung des in der xy-Ebene liegenden Vektors $\vec{a}$ in die beiden Komponenten in Richtung der im Bild ebenfalls dargestellten Einheitsvektoren $\vec{e}_x$ und $\vec{e}_y$.

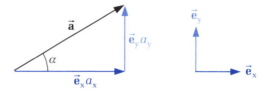

Abbildung A.6: Vektorzerlegung

Die Länge a_x entspricht offenbar der Projektion des Vektors $\vec{a}$ auf die parallel zu $\vec{e}_x$ verlaufende Linie. Mit dem in der Abbildung eingetragenen Winkel α ist diese Länge durch den Ausdruck $a\cos\alpha$ gegeben, den man mit der Definition des Skalarproduktes nach Gl. (A.5) in der folgenden Form schreiben kann

$$\vec{a}\cdot\vec{e}_x \stackrel{(A.5)}{=} a\cos\alpha = a_x \quad \rightarrow \quad a_x = \vec{e}_x\cdot\vec{a}. \tag{A.12}$$

Die Komponente des Vektors $\vec{a}$ in Richtung des Einheitsvektors $\vec{e}_x$ kann nach ▶Abb. A.7 dargestellt werden als ein Produkt aus dem Einheitsvektor $\vec{e}_x$ und der Länge a_x.

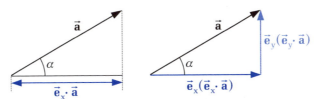

Abbildung A.7: Vektorzerlegung

Führt man diese Betrachtung für alle drei Komponenten durch, dann kann die Vektorzerlegung in der folgenden Weise dargestellt werden:

$$\vec{a} = \vec{e}_x a_x + \vec{e}_y a_y + \vec{e}_z a_z = \vec{e}_x\left(\vec{e}_x\cdot\vec{a}\right) + \vec{e}_y\left(\vec{e}_y\cdot\vec{a}\right) + \vec{e}_z\left(\vec{e}_z\cdot\vec{a}\right). \tag{A.13}$$

A.6 Vektorbeziehungen in Komponentendarstellung

In diesem Abschnitt sollen die bisher angegebenen Beziehungen nochmals mithilfe der Komponentenzerlegung (A.11) formuliert werden.

$$\vec{a}\pm\vec{b} = \vec{e}_x\left(a_x\pm b_x\right) + \vec{e}_y\left(a_y\pm b_y\right) + \vec{e}_z\left(a_z\pm b_z\right) \tag{A.14}$$

$$p\vec{a} = \vec{e}_x p a_x + \vec{e}_y p a_y + \vec{e}_z p a_z \tag{A.15}$$

$$\vec{a}\cdot\vec{b} = \left(\vec{e}_x a_x + \vec{e}_y a_y + \vec{e}_z a_z\right)\cdot\left(\vec{e}_x b_x + \vec{e}_y b_y + \vec{e}_z b_z\right) \stackrel{(A.7)}{=} a_x b_x + a_y b_y + a_z b_z. \tag{A.16}$$

Für den Sonderfall zweier gleicher Vektoren folgt aus Gl. (A.16)

$$\vec{a}\cdot\vec{a} = |\vec{a}|^2 = a^2 = a_x^2 + a_y^2 + a_z^2 \quad \rightarrow \quad a = \sqrt{a_x^2 + a_y^2 + a_z^2}. \tag{A.17}$$

Vorsicht: Aus der Gleichung $\vec{a}\cdot\vec{b} = \vec{a}\cdot\vec{c}$ folgt im Allgemeinen nicht $\vec{b} = \vec{c}$. Da es sich beim Skalarprodukt (A.16) um eine Summation der Produkte aus den einzelnen Komponenten handelt, darf $\vec{a}$ nicht gekürzt werden.

$$\vec{a} \times \vec{b} = \left(\vec{e}_x a_x + \vec{e}_y a_y + \vec{e}_z a_z\right) \times \left(\vec{e}_x b_x + \vec{e}_y b_y + \vec{e}_z b_z\right)$$

$$= a_x b_x \underbrace{\left(\vec{e}_x \times \vec{e}_x\right)}_{\vec{0}} + a_y b_x \underbrace{\left(\vec{e}_y \times \vec{e}_x\right)}_{-\vec{e}_z} + a_z b_x \underbrace{\left(\vec{e}_z \times \vec{e}_x\right)}_{\vec{e}_y}$$

$$+ a_x b_y \underbrace{\left(\vec{e}_x \times \vec{e}_y\right)}_{\vec{e}_z} + a_y b_y \underbrace{\left(\vec{e}_y \times \vec{e}_y\right)}_{\vec{0}} + a_z b_y \underbrace{\left(\vec{e}_z \times \vec{e}_y\right)}_{-\vec{e}_x} \quad \text{(A.18)}$$

$$+ a_x b_z \underbrace{\left(\vec{e}_x \times \vec{e}_z\right)}_{-\vec{e}_y} + a_y b_z \underbrace{\left(\vec{e}_y \times \vec{e}_z\right)}_{\vec{e}_x} + a_z b_z \underbrace{\left(\vec{e}_z \times \vec{e}_z\right)}_{\vec{0}}$$

$$= \vec{e}_x \left(a_y b_z - a_z b_y\right) + \vec{e}_y \left(a_z b_x - a_x b_z\right) + \vec{e}_z \left(a_x b_y - a_y b_x\right)$$

A.7 Formeln zur Vektorrechnung

Nachstehend sind einige Beziehungen angegeben, die (falls bisher nicht abgeleitet) mithilfe der Komponentenzerlegung leicht überprüft werden können.

Distributivität:

$$\vec{a} \cdot \left(\vec{b} + \vec{c}\right) = \vec{a} \cdot \vec{b} + \vec{a} \cdot \vec{c} \quad \text{(A.19)}$$

$$\vec{a} \times \left(\vec{b} + \vec{c}\right) = \vec{a} \times \vec{b} + \vec{a} \times \vec{c} \quad \text{(A.20)}$$

Assoziativität bezüglich der Multiplikation mit einer Zahl:

$$p\left(\vec{a} \cdot \vec{b}\right) = (p\vec{a}) \cdot \vec{b} = \vec{a} \cdot \left(p\vec{b}\right) \quad \text{(A.21)}$$

$$p\left(\vec{a} \times \vec{b}\right) = (p\vec{a}) \times \vec{b} = \vec{a} \times \left(p\vec{b}\right) \quad \text{(A.22)}$$

Mehrfache Produkte:

$$\vec{a} \cdot \left(\vec{b} \times \vec{c}\right) = \vec{c} \cdot \left(\vec{a} \times \vec{b}\right) = \vec{b} \cdot \left(\vec{c} \times \vec{a}\right) \quad \text{(A.23)}$$

$$\vec{a} \times \left(\vec{b} \times \vec{c}\right) = \vec{b}\left(\vec{a} \cdot \vec{c}\right) - \vec{c}\left(\vec{a} \cdot \vec{b}\right) \quad \text{(A.24)}$$

$$\left(\vec{a} \times \vec{b}\right) \cdot \left(\vec{c} \times \vec{d}\right) = \left(\vec{a} \cdot \vec{c}\right)\left(\vec{b} \cdot \vec{d}\right) - \left(\vec{a} \cdot \vec{d}\right)\left(\vec{b} \cdot \vec{c}\right) \quad \text{(A.25)}$$

$$\left(\vec{a} \times \vec{b}\right)^2 = \left(\vec{a} \times \vec{b}\right) \cdot \left(\vec{a} \times \vec{b}\right) = a^2 b^2 - \left(\vec{a} \cdot \vec{b}\right)^2 \quad \text{(A.26)}$$

Orthogonale Koordinatensysteme

B.1 **Das kartesische Koordinatensystem** 312
B.2 **Krummlinige orthogonale Koordinatensysteme** . . 314
B.3 **Die Zylinderkoordinaten** 316
B.4 **Die Kugelkoordinaten** 317

B Orthogonale Koordinatensysteme

Die Position eines Punktes P im dreidimensionalen Raum bezogen auf einen anderen willkürlich gewählten Bezugspunkt Q kann mithilfe eines von Q nach P zeigenden Vektors eindeutig gekennzeichnet werden. Eine vollständige mathematische Beschreibung dieses Vektors kann durch Angabe der Koordinaten von Anfangspunkt Q und Endpunkt P erfolgen. Unter den Koordinaten eines Punktes versteht man Zahlenwerte zur Festlegung seiner Position im Raum. Alternativ zu diesen Koordinaten kann der Vektor auch durch die Angabe seiner drei Komponenten eindeutig beschrieben werden. Diese werden üblicherweise so gewählt, dass sie senkrecht aufeinanderstehen, man spricht dann davon, dass diese Komponenten zueinander **orthogonal** sind.

Sowohl zur Angabe der Koordinatenwerte als auch bei der Zerlegung des Vektors in seine Komponenten bedient man sich der Koordinatensysteme. Es erweist sich in der Praxis als sehr zweckmäßig, ein der jeweiligen Problemstellung angepasstes Koordinatensystem zu verwenden. Bei den in den folgenden Abschnitten betrachteten drei Fällen, nämlich den kartesischen Koordinaten, den Zylinderkoordinaten und den Kugelkoordinaten handelt es sich um orthogonale Rechtssysteme, d.h. die in Richtung wachsender Koordinatenwerte weisenden Einheitsvektoren $\vec{e}_1, \vec{e}_2, \vec{e}_3$ stehen senkrecht aufeinander und erfüllen somit die Bedingung der **Orthogonalität**

$$\vec{e}_1 \cdot \vec{e}_2 = \vec{e}_2 \cdot \vec{e}_3 = \vec{e}_3 \cdot \vec{e}_1 = 0 \,. \tag{B.1}$$

Bei einem Rechtssystem liefert das Vektorprodukt zweier aufeinander folgender Einheitsvektoren den jeweils nächsten Einheitsvektor, so dass die nachstehenden Gleichungen gelten:

$$\vec{e}_1 \times \vec{e}_2 = \vec{e}_3 \,, \quad \vec{e}_2 \times \vec{e}_3 = \vec{e}_1 \,, \quad \vec{e}_3 \times \vec{e}_1 = \vec{e}_2 \,. \tag{B.2}$$

B.1 Das kartesische Koordinatensystem

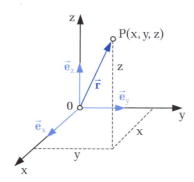

Abbildung B.1: Das kartesische Koordinatensystem

Den einfachsten Fall stellt das kartesische Koordinatensystem dar, bei dem die als x-, y- und z-Achse bezeichneten geradlinigen Koordinatenachsen zueinander orthogonal sind. Ihr gemeinsamer Schnittpunkt wird als Koordinatenursprung bzw. direkt als Ursprung bezeichnet. Die Richtung wachsender Koordinatenwerte wird für die Achsen so festgelegt, dass die Einheitsvektoren $\vec{e}_x$, $\vec{e}_y$, $\vec{e}_z$, die jeweils parallel zu den durch den betreffenden Index gekennzeichneten Koordinatenachsen verlaufen, im Sinne der Gl. (B.2) ein Rechtssystem bilden. Dreht man die positive x-Achse auf dem kürzesten Weg in Richtung der positiven y-Achse, d.h. gegen den Uhrzeigersinn, dann erhält man bei gleichzeitiger Verschiebung in Richtung der positiven z-Achse eine Rechtsschraube.

Eine Besonderheit beim kartesischen Koordinatensystem besteht darin, dass die Richtung der Einheitsvektoren aufgrund der geradlinigen Koordinaten x, y, z konstant, d.h. unabhängig von deren Position im Raum ist.

Als Koordinatenflächen erhält man die drei orthogonal zueinander angeordneten Ebenen x = const (entspricht der y-z-Ebene), y = const (entspricht der x-z-Ebene) und z = const (entspricht der x-y-Ebene).

Der Raumpunkt P wird bezogen auf den Koordinatenursprung 0 durch den **Ortsvektor** $\vec{r}$ der Länge $r = |\vec{r}|$ beschrieben

$$\vec{r} = \vec{e}_x x + \vec{e}_y y + \vec{e}_z z \quad \text{mit} \quad r = |\vec{r}| = \sqrt{x^2 + y^2 + z^2} \;. \tag{B.3}$$

Die differentielle Änderung des Ortsvektors $d\vec{r}$ beim Fortschreiten vom Punkt P(x,y,z) um die elementaren Strecken dx, dy, dz in Richtung der gleichnamigen Koordinaten

$$d\vec{r} = \vec{e}_x dx + \vec{e}_y dy + \vec{e}_z dz \tag{B.4}$$

wird vektorielles Wegelement genannt. Seine Länge ist durch die Beziehung

$$|d\vec{r}| = \sqrt{(dx)^2 + (dy)^2 + (dz)^2} \tag{B.5}$$

gegeben.

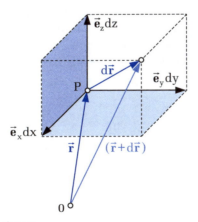

Abbildung B.2: Vektorielles Wegelement

B.2 Krummlinige orthogonale Koordinatensysteme

Bevor wir die Zylinder- und Kugelkoordinaten behandeln, sollen einige allgemein gültige Zusammenhänge für krummlinige orthogonale Koordinatensysteme u_1, u_2, u_3 abgeleitet werden. Diese sind durch die im Allgemeinen bekannten Definitionsgleichungen

$$x = x(u_1, u_2, u_3), \quad y = y(u_1, u_2, u_3), \quad z = z(u_1, u_2, u_3) \tag{B.6}$$

mit den kartesischen Koordinaten verknüpft.

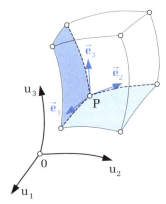

Abbildung B.3: Krummlinige Koordinaten

Das in ▶Abb. B.3 dargestellte Volumen wird durch die sechs beliebig geformten Koordinatenflächen begrenzt, auf denen jeweils eine der Koordinaten u_i mit $i = 1,2,3$ konstant ist. Die Einheitsvektoren $\vec{e}_i$, die die Gleichungen (B.1) und (B.2) erfüllen, zeigen in Richtung der Tangenten, die an die durch den Raumpunkt $P(u_1, u_2, u_3)$ des Ortsvektors $\vec{r}$ verlaufenden Koordinaten u_i gelegt werden. Die Richtung dieser Tangenten und damit auch die Richtung der Einheitsvektoren ist durch die Änderung des Ortsvektors $\partial\vec{r}/\partial u_i$ nach der jeweiligen Koordinate u_i gegeben[1]. Normiert man diesen Ausdruck auf seinen Betrag $|\partial\vec{r}/\partial u_i|$, dann lässt sich die folgende Darstellung für die Einheitsvektoren angeben

$$\vec{e}_i = \frac{1}{\left|\frac{\partial \vec{r}}{\partial u_i}\right|} \frac{\partial \vec{r}}{\partial u_i} = \frac{1}{h_i} \frac{\partial \vec{r}}{\partial u_i} \quad \text{mit} \quad h_i = \left|\frac{\partial \vec{r}}{\partial u_i}\right|. \tag{B.7}$$

---

1 Unter dem Ausdruck $\partial\vec{r}/\partial u_i$ wird die partielle Ableitung, d.h. die Änderungsgeschwindigkeit des Ortsvektors $\vec{r}(u_1, u_2, u_3)$ nach u_1 bzw. u_2 oder u_3 verstanden, wobei die jeweils anderen beiden Koordinaten konstant gehalten werden. Betrachten wir als Beispiel den Fall $i = 2$, dann gilt

$$\frac{\partial \vec{r}}{\partial u_2} = \lim_{\Delta u_2 \to 0} \frac{\vec{r}(u_1, u_2 + \Delta u_2, u_3) - \vec{r}(u_1, u_2, u_3)}{\Delta u_2}.$$

B.2 Krummlinige orthogonale Koordinatensysteme

Entsprechend Gl. (B.7) hängt also die Richtung der Einheitsvektoren im allgemeinen Fall von den Koordinaten (u_1, u_2, u_3), d.h. von der Lage des Raumpunktes P ab. Die als metrische Faktoren bezeichneten Werte $h_i(u_1, u_2, u_3)$ findet man mithilfe der Definitionsgleichungen (B.6) aus

$$h_i^2 = \left(\frac{\partial \vec{r}}{\partial u_i}\right)^2 \stackrel{(B.3)}{=} \left(\vec{e}_x \frac{\partial x}{\partial u_i} + \vec{e}_y \frac{\partial y}{\partial u_i} + \vec{e}_z \frac{\partial z}{\partial u_i}\right)^2 \tag{B.8}$$

beziehungsweise

$$h_i = \sqrt{\left(\frac{\partial x}{\partial u_i}\right)^2 + \left(\frac{\partial y}{\partial u_i}\right)^2 + \left(\frac{\partial z}{\partial u_i}\right)^2}\ . \tag{B.9}$$

Bildet man nun das totale Differential $d\vec{r}$ des Ortsvektors $\vec{r}$, das einer Änderung der Koordinatenwerte u_1, u_2, u_3 um du_1, du_2, du_3 entspricht, dann erhält man unter Einbeziehung der Gl. (B.7) das folgende Ergebnis (▶Abb. B.4)

$$d\vec{r} = \frac{\partial \vec{r}}{\partial u_1} du_1 + \frac{\partial \vec{r}}{\partial u_2} du_2 + \frac{\partial \vec{r}}{\partial u_3} du_3 \stackrel{(B.7)}{=} \vec{e}_1 h_1\, du_1 + \vec{e}_2 h_2\, du_2 + \vec{e}_3 h_3\, du_3\ . \tag{B.10}$$

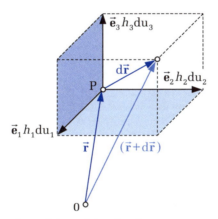

Abbildung B.4: Vektorielles Wegelement in krummlinigen Koordinaten

Für den Betrag des vektoriellen Wegelementes gilt mit Gl. (A.17) die Beziehung

$$|d\vec{r}| = \sqrt{h_1^2 du_1^2 + h_2^2 du_2^2 + h_3^2 du_3^2}\ . \tag{B.11}$$

Das elementare Volumenelement erhält man durch Multiplikation der Seitenlängen gemäß Abb. B.4

$$dV = h_1 h_2 h_3\, du_1 du_2 du_3\ . \tag{B.12}$$

B.3 Die Zylinderkoordinaten

Beim Übergang von kartesischen Koordinaten zu Zylinderkoordinaten bleibt die z-Koordinate unverändert, während die Position eines Punktes P(x,y) in einer Ebene z = const jetzt durch die beiden in ▶Abb. B.5 eingetragenen Koordinaten ρ und φ beschrieben wird. Die Koordinate ρ kennzeichnet den Abstand des Punktes von der z-Achse, der Winkel φ wird definitionsgemäß beginnend bei der positiven x-Achse entgegen dem Uhrzeigersinn gezählt. Der positiven x-Achse ist der Wert $\varphi = 0$ zugeordnet, der negativen x-Achse der Wert $\varphi = \pi$. Die Definitionsgleichungen (B.6) für die Koordinaten des Kreiszylinders ($u_1 = \rho$, $u_2 = \varphi$, $u_3 = z$) können unmittelbar der Abb. B.5 entnommen werden

$$\begin{aligned} x &= \rho \cos\varphi & 0 &\le \rho < \infty \\ y &= \rho \sin\varphi & \text{mit} \quad 0 &\le \varphi < 2\pi \\ z &= z\,. \end{aligned} \tag{B.13}$$

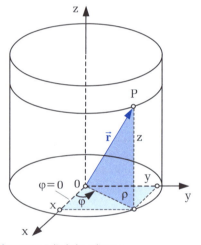
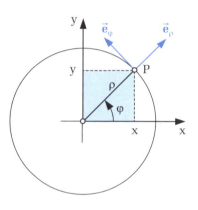

Abbildung B.5: Zylinderkoordinaten

Die metrischen Faktoren können durch Einsetzen der Definitionsgleichungen (B.13) in die Gl. (B.9) berechnet werden

$$\begin{aligned} h_1 &= h_\rho = 1 \\ h_2 &= h_\varphi = \rho \\ h_3 &= h_z = 1\,. \end{aligned} \tag{B.14}$$

Für das vektorielle Wegelement folgt unmittelbar mit Gl. (B.10)

$$d\vec{r} = \vec{e}_\rho d\rho + \vec{e}_\varphi \rho d\varphi + \vec{e}_z dz \tag{B.15}$$

und für das Volumenelement mit Gl. (B.12)

$$dV = \rho\, d\rho\, d\varphi\, dz\,. \tag{B.16}$$

Mit dem Ortsvektor (B.3)

$$\vec{r} = \vec{e}_x \rho \cos\varphi + \vec{e}_y \rho \sin\varphi + \vec{e}_z z \tag{B.17}$$

und den metrischen Faktoren (B.14) werden aus Gl. (B.7) die Einheitsvektoren bestimmt

$$\vec{e}_1 = \vec{e}_\rho = \frac{\partial \vec{r}}{\partial \rho} = \vec{e}_x \cos\varphi + \vec{e}_y \sin\varphi$$

$$\vec{e}_2 = \vec{e}_\varphi = \frac{\partial \vec{r}}{\rho \partial \varphi} = -\vec{e}_x \sin\varphi + \vec{e}_y \cos\varphi \tag{B.18}$$

$$\vec{e}_3 = \vec{e}_z \ .$$

Ein Vergleich der Beziehungen (B.17) und (B.18) zeigt, dass der Ortsvektor in Zylinderkoordinaten die nachstehende Form annimmt

$$\vec{r} = \vec{e}_\rho \rho + \vec{e}_z z \ . \tag{B.19}$$

B.4 Die Kugelkoordinaten

Bei den Kugelkoordinaten ($u_1 = r$, $u_2 = \vartheta$, $u_3 = \varphi$) beschreibt die erste Koordinate r den Abstand eines Punktes $P(r,\vartheta,\varphi)$ vom Ursprung. Die Koordinatenfläche r = const entspricht einer konzentrisch um den Ursprung liegenden Kugelfläche. Der Winkel ϑ wird von der positiven z-Achse und dem vom Ursprung zum Punkt P zeigenden Ortsvektor eingeschlossen. Er wird definitionsgemäß beginnend bei der positiven z-Achse gezählt und durchläuft den Wertebereich $0 \leq \vartheta \leq \pi$. Der positiven z-Achse ist der Wert $\vartheta = 0$ zugeordnet, der negativen z-Achse der Wert $\vartheta = \pi$. Alle Punkte auf der Kugel mit gleichem Wert ϑ liegen auf einem Breitenkreis, z.B. gilt für alle Punkte auf dem Äquator $\vartheta = \pi/2$. Die Koordinate φ ist identisch mit der entsprechenden Koordinate im Zylinderkoordinatensystem.

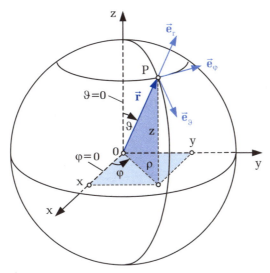

Abbildung B.6: Kugelkoordinaten

B Orthogonale Koordinatensysteme

Ein Punkt $P(r,\vartheta,\varphi)$ auf der Kugeloberfläche hat die z-Koordinate $z = r\cos\vartheta$ und den Abstand $\rho = r\sin\vartheta$ von der z-Achse. Setzt man diesen Abstand in die Gl. (B.13) ein, dann stellt man fest, dass die Kugelkoordinaten mit den kartesischen Koordinaten über die Definitionsgleichungen (B.6) in der Form

$$x = r\sin\vartheta\cos\varphi \qquad 0 \le r < \infty$$
$$y = r\sin\vartheta\sin\varphi \quad \text{mit} \quad 0 \le \vartheta \le \pi \qquad (B.20)$$
$$z = r\cos\vartheta \qquad 0 \le \varphi < 2\pi$$

verknüpft sind. Die metrischen Faktoren können durch Einsetzen der Definitionsgleichungen (B.20) in die Gl. (B.9) berechnet werden

$$h_1 = h_r = 1$$
$$h_2 = h_\vartheta = r \qquad (B.21)$$
$$h_3 = h_\varphi = r\sin\vartheta \, .$$

Für das vektorielle Wegelement folgt unmittelbar mit Gl. (B.10)

$$d\vec{r} = \vec{e}_r \, dr + \vec{e}_\vartheta \, r \, d\vartheta + \vec{e}_\varphi \, r\sin\vartheta \, d\varphi \qquad (B.22)$$

und für das Volumenelement mit Gl. (B.12)

$$dV = r^2 \sin\vartheta \, dr \, d\vartheta \, d\varphi \, . \qquad (B.23)$$

Mit dem Ortsvektor (B.3)

$$\vec{r} = \vec{e}_x \, r\sin\vartheta\cos\varphi + \vec{e}_y \, r\sin\vartheta\sin\varphi + \vec{e}_z \, r\cos\vartheta \qquad (B.24)$$

und den metrischen Faktoren (B.21) werden aus Gl. (B.7) die Einheitsvektoren bestimmt

$$\vec{e}_1 = \vec{e}_r = \frac{\partial \vec{r}}{\partial r} = \vec{e}_x \sin\vartheta\cos\varphi + \vec{e}_y \sin\vartheta\sin\varphi + \vec{e}_z \cos\vartheta$$
$$\vec{e}_2 = \vec{e}_\vartheta = \frac{1}{r}\frac{\partial \vec{r}}{\partial \vartheta} = \vec{e}_x \cos\vartheta\cos\varphi + \vec{e}_y \cos\vartheta\sin\varphi - \vec{e}_z \sin\vartheta \qquad (B.25)$$
$$\vec{e}_3 = \vec{e}_\varphi = \frac{1}{r\sin\vartheta}\frac{\partial \vec{r}}{\partial \varphi} = -\vec{e}_x \sin\varphi + \vec{e}_y \cos\varphi \, .$$

Durch Vergleich der Beziehung (B.24) mit der 1. Zeile in Gl. (B.25) erkennt man direkt den einfachen Zusammenhang für den Ortsvektor in Kugelkoordinaten

$$\vec{r} = \vec{e}_r r \, . \qquad (B.26)$$

Ergänzungen zur Integralrechnung

C.1 Das Linienintegral einer vektoriellen Größe 320
C.2 Der Fluss eines Vektorfeldes 323

C Ergänzungen zur Integralrechnung

In diesem Kapitel soll nicht die Integralrechnung wiederholt werden, da vorausgesetzt werden kann, dass der Leser mit diesem Thema hinreichend vertraut ist. Allerdings werden wir feststellen, dass die Lösung elektrotechnischer Fragestellungen mithilfe der Felder sehr oft auf Ausdrücke der Form

$$\int_C \vec{E} \cdot d\vec{s} = \int_{P_A}^{P_B} \vec{E} \cdot d\vec{s} \quad \text{oder} \quad \oint_C \vec{E} \cdot d\vec{s} \tag{C.1}$$

bzw.

$$\iint_A \vec{B} \cdot d\vec{A} \quad \text{oder} \quad \oiint_A \vec{B} \cdot d\vec{A} \tag{C.2}$$

führt. Das erste Integral, das sich entlang einer Kontur C, z.B. von einem Anfangspunkt P_A bis zu einem Endpunkt P_B erstreckt, wird als **Linienintegral** oder Kurvenintegral bezeichnet. Handelt es sich bei dem Integrationsweg C um eine geschlossene Kontur, d.h. Anfangs- und Endpunkt fallen zusammen ($P_A = P_B$), dann wird das Integralzeichen mit einem Ring dargestellt und das Linienintegral wird als **Ringintegral** bezeichnet.

Handelt es sich bei dem Flächenintegral (C.2) um eine geschlossene Fläche A, dann bezeichnen wir diese als Hüllfläche, das Integral wird wieder mit einem Ring dargestellt und als **Hüllflächenintegral** bezeichnet.

C.1 Das Linienintegral einer vektoriellen Größe

Zur Berechnung des Linienintegrals einer Funktion von z.B. zwei Veränderlichen $f(x,y)$ entlang eines zwischen den Endpunkten P_A und P_B liegenden Kurvenbogens der Kontur C wird der Kurvenbogen in n Teilstücke Δs_i mit $i = 1 \ldots n$ zerlegt. Auf jedem Teilstück wird ein Punkt P_i mit den Koordinaten x_i, y_i ausgewählt.

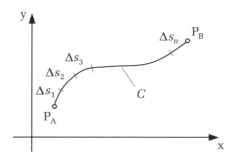

Abbildung C.1: Berechnung des Linienintegrals

Summiert man die Produkte aus den in den Punkten P_i vorliegenden Funktionswerten $f(x_i, y_i)$ mit den Bogenlängen Δs_i, dann erhält man einen Näherungswert für das zu berechnende Integral

$$\int_{P_A}^{P_B} f(x,y) \, ds \approx \sum_{i=1}^{n} f(x_i, y_i) \, \Delta s_i \, . \tag{C.3}$$

Die Abweichung der endlichen Summe von dem Wert des Integrals wird umso geringer, je feiner die Unterteilung der Kontur C gewählt wird. Lässt man die Anzahl der Teilstücke n nach Unendlich gehen, wobei gleichzeitig $\Delta s_i \to 0$ für alle i gelten soll, dann nähert sich die Summe einem Grenzwert (vorausgesetzt der Grenzwert existiert und ist von der Wahl der Bogenlängen Δs_i und den Punkten P_i unabhängig), den man als das zwischen den Punkten P_A und P_B entlang der Kontur C gebildete Linienintegral bezeichnet

$$\int_{P_A}^{P_B} f(x,y)\, ds = \lim_{\substack{\Delta s_i \to 0 \\ n \to \infty}} \sum_{i=1}^{n} f(x_i, y_i)\, \Delta s_i . \tag{C.4}$$

Bei dem bisherigen Beispiel haben wir eine skalare Funktion $f(x,y)$ integriert. Häufig tritt aber der Fall auf, dass eine beliebig gerichtete vektorielle Größe $\vec{E}(x,y,z)$ entlang eines jetzt ebenfalls gerichteten Wegelementes $d\vec{s}$ zu integrieren ist. Der einzige Unterschied gegenüber der Gl. (C.4) besteht darin, dass zunächst das Skalarprodukt $\vec{E} \cdot d\vec{s}$ für jeden elementaren Wegabschnitt zu berechnen ist. Praktisch bedeutet das, dass wir an jeder Stelle des Integrationsweges die Projektion des Vektors $\vec{E}$ auf die Richtung des Wegelementes $d\vec{s}$ bilden, oder anders ausgedrückt, wir integrieren nur jeweils die tangential zum Wegelement verlaufende Komponente des Vektors $\vec{E}$.

Betrachten wir die Vorgehensweise noch einmal im Detail. Der zwischen den Punkten P_A und P_B verlaufende Weg wird entsprechend ▶Abb. C.2 in n vektorielle Wegelemente $\Delta \vec{s}_i$ mit $i = 1 \ldots n$ unterteilt. Auf jedem tangential zum Integrationsweg verlaufenden Wegelement wird wieder ein Punkt P_i mit den Koordinaten x_i, y_i, z_i gewählt, in dem die vektorielle Größe den Wert $\vec{E}(x_i, y_i, z_i)$ aufweist und mit dem Wegelement $\Delta \vec{s}_i$ den Winkel α_i einschließt.

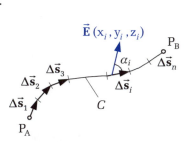

Abbildung C.2: Linienintegral einer vektoriellen Größe

Für jedes Wegelement kann das Skalarprodukt

$$\vec{E}(x_i, y_i, z_i) \cdot \Delta \vec{s}_i = \left|\vec{E}(x_i, y_i, z_i)\right|\left|\Delta \vec{s}_i\right|\cos(\alpha_i) \tag{C.5}$$

bestimmt werden. Analog zur Gl. (C.3) liefert die Summation der Beiträge (C.5) von $i = 1$ bis $i = n$ einen Näherungswert für das Integral

$$\int_{P_A}^{P_B} \vec{E} \cdot d\vec{s} \approx \sum_{i=1}^{n} \left|\vec{E}(x_i, y_i, z_i)\right|\left|\Delta \vec{s}_i\right|\cos(\alpha_i) . \tag{C.6}$$

Der Grenzwert für $\Delta\vec{s}_i \to \vec{0}$ bzw. $n \to \infty$ liefert dann wieder das exakte Ergebnis

$$\int_{P_A}^{P_B} \vec{E}\cdot d\vec{s} = \lim_{\substack{\Delta s_i \to 0 \\ n \to \infty}} \sum_{i=1}^{n} \left|\vec{E}(x_i,y_i,z_i)\right|\left|\Delta\vec{s}_i\right|\cos(\alpha_i). \tag{C.7}$$

Zum besseren Verständnis betrachten wir ein einfaches Beispiel aus der Physik. Eine kleine Kugel rollt, von einer Laufrille geführt, auf einem halbkreisförmigen Bogen vom Anfangspunkt P_A zum Endpunkt P_B. Gleichzeitig wirkt auf die Kugel eine ortsunabhängige Kraft $\vec{F}$ in Richtung der Verbindungslinie der beiden Punkte P_A und P_B (▶Abb. C.3). Wir wollen die Frage untersuchen, welche Arbeit an der Kugel infolge der Kraft $\vec{F}$ verrichtet wird.

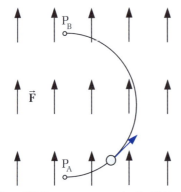 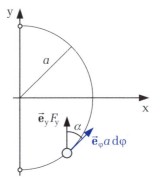

Abbildung C.3: Bewegungsvorgang im Kraftfeld

Zur Beschreibung des Bewegungsvorgangs wählen wir das zylindrische Koordinatensystem mit dem Ursprung im Mittelpunkt des Kreises. Die Kugel bewegt sich in Richtung wachsender φ-Werte auf einem Halbkreis mit konstantem Radius $\rho = a$. Die vorgegebene Kraft lässt sich am einfachsten mit einer kartesischen Komponente $\vec{F} = \vec{e}_y F_y$ beschreiben. An jeder Stelle auf dem Halbkreis ist der Winkel α zwischen der Bewegungsrichtung $\vec{e}_\varphi$ und der Kraftrichtung $\vec{e}_y$ bekannt. Um die von $\vec{F}$ längs des Kreisbogens geleistete Arbeit W zu bestimmen, muss die Kraft in zwei Komponenten zerlegt werden, eine Komponente in Richtung der Bewegung $\vec{e}_\varphi$ und eine weitere senkrecht dazu in Richtung $\vec{e}_\rho$. Da nur die in Richtung der Bewegung wirkende Kraftkomponente einen Beitrag zur Arbeit leistet, benötigen wir das Skalarprodukt aus der vektoriellen Kraft und dem gerichteten Wegelement, dessen Integration vom Anfangspunkt P_A bis zum Endpunkt P_B mit Gl. (C.7) das nachstehende Ergebnis liefert

$$\begin{aligned} W &= \int_{P_A}^{P_B} \vec{F}\cdot d\vec{s} = \int_{-\pi/2}^{\pi/2} \vec{e}_y F_y \cdot \vec{e}_\varphi a\, d\varphi \\ &= aF_y \int_{-\pi/2}^{\pi/2} \underbrace{(\vec{e}_\rho \sin\varphi + \vec{e}_\varphi \cos\varphi)}_{\vec{e}_y} \cdot \vec{e}_\varphi\, d\varphi = aF_y \int_{-\pi/2}^{\pi/2} \cos\varphi\, d\varphi = 2aF_y. \end{aligned} \tag{C.8}$$

C.2 Der Fluss eines Vektorfeldes

In diesem Abschnitt soll die Bedeutung der Flächenintegrale (C.2) untersucht werden. Zum leichteren Verständnis betrachten wir auch hier wieder ein Beispiel aus der Physik.

In einem räumlich ausgedehnten Bereich bewegt sich Wasserdampf mit einer konstanten Geschwindigkeit $\vec{v} = \vec{e}_x v_x$ in Richtung der willkürlich gewählten Koordinate x. Zur Vereinfachung nehmen wir an, dass die Wassermoleküle mit einer konstanten Dichte im Volumen verteilt sind. Befinden sich M Moleküle in einem Volumen von 1 m^3, dann ist die Dichte durch das Verhältnis $\eta = M/\text{m}^3$ gegeben. Wir wollen jetzt die Frage beantworten, wie viele Moleküle pro Zeiteinheit eine vorgegebene Fläche A in einer vorgegebenen Richtung durchströmen. Die Fläche stellen wir uns durch einen dünnen Rechteckrahmen der Seitenlängen a und h begrenzt vor, den wir unter einem Winkel α bezogen auf die Bewegungsrichtung der Moleküle in den strömenden Wasserdampf halten.

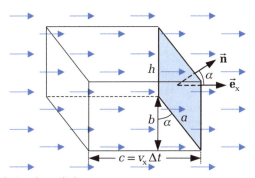

Abbildung C.4: Fluss durch eine ebene Fläche

In einem Zeitintervall Δt legen die Moleküle eine Strecke $c = v_x \Delta t$ zurück. Die von dem Rahmen begrenzte Fläche wird in dem Zeitintervall von allen Molekülen durchströmt, die sich in dem dargestellten Prisma befinden. Die Anzahl m der in dem Prisma enthaltenen Moleküle ist aus dem Produkt der Moleküldichte mit dem Volumen des Prismas (Produkt aus Grundfläche bc und Höhe h) gegeben

$$m = \eta V = \eta\, hbc = \eta\, h(a\cos\alpha)(v_x \Delta t) = \eta\, v_x\, A\cos\alpha\, \Delta t\, . \tag{C.9}$$

Die Anzahl m der die Fläche durchströmenden Moleküle ist erwartungsgemäß proportional zu dem betrachteten Zeitintervall Δt. Das konstante Verhältnis $m/\Delta t$, das die Summe der Moleküle angibt, die pro Zeiteinheit die Fläche A durchströmen, bezeichnen wir als Fluss Ψ

$$\Psi = \frac{m}{\Delta t} = \eta\, v_x\, A\cos\alpha\, . \tag{C.10}$$

Das in Gl. (C.10) enthaltene Produkt $v_x \cos\alpha$ ist aber nach Gl. (A.5) darstellbar als Skalarprodukt aus dem Geschwindigkeitsvektor $\vec{v} = \vec{e}_x v_x$ mit einem Einheitsvektor, wir wollen ihn mit $\vec{n}$ bezeichnen, der mit $\vec{v}$ den Winkel α einschließt. Dreht man die beiden den Winkel α einschließenden Strecken a und b in ihrer Ebene um 90°, dann ist aus der ▶Abb. C.4 unmittelbar zu erkennen, dass die Strecke b parallel zu $\vec{e}_x$ und die Strecke a parallel zu $\vec{n}$ verläuft. Der Einheitsvektor $\vec{n}$ steht somit senkrecht auf der Fläche A und wird allgemein als **Flächennormale** bezeichnet. Er zeigt in die Richtung, in die der Fluss die Fläche durchströmt. Die Gl. (C.10) kann mit dem Skalarprodukt in der Form

$$\Psi = \eta v_x A \vec{e}_x \cdot \vec{n} = \eta \vec{v} \cdot \vec{n} A \qquad (C.11)$$

dargestellt werden. Den Ausdruck $\vec{n}A$ fasst man zusammen zu einer vektoriellen (gerichteten) Fläche $\vec{A} = \vec{n}A$, deren Betrag dem Flächeninhalt A entspricht und deren Richtung $\vec{n}$ senkrecht auf der Fläche steht. Zusammengefasst erhält man den Fluss aus dem Skalarprodukt einer vektoriellen Größe $\vec{B} = \eta \vec{v}$ mit einer vektoriellen Fläche $\vec{A}$. Den zur Abkürzung eingeführten Vektor $\vec{B} = \vec{e}_x \eta v_x$ bezeichnet man als Flussdichte (Fluss pro Fläche).

In dem bisher betrachteten Fall sind wir von einer homogenen Flussdichte ausgegangen. Sowohl die Geschwindigkeit der Wassermoleküle als auch ihre Dichte waren ortsunabhängig. Als zusätzlicher Sonderfall war die Fläche eben, d.h. auch die Flächennormale $\vec{n}$ zeigte unabhängig von der Position auf der Fläche immer in die gleiche Richtung. Wir wollen die Aufgabenstellung jetzt dahingehend erweitern, dass wir den Fluss durch eine gekrümmte Fläche berechnen, wobei gleichzeitig die Flussdichte ortsabhängig sein soll (▶Abb. C.5).

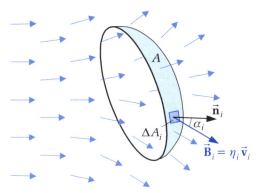

Abbildung C.5: Fluss durch eine gekrümmte Fläche

In einem ersten Schritt wird die Fläche A in elementare Flächenelemente ΔA_i mit $i = 1 \ldots n$ unterteilt, die so klein gewählt werden, dass ihre Krümmung zu vernachlässigen ist. Damit kann jedem Flächenelement eindeutig eine Flächennormale $\vec{n}_i$ zugeordnet werden, die senkrecht auf ΔA_i steht. Mit der Festlegung einer Richtung, in der die Fläche von dem Fluss durchströmt wird, d.h. der Fluss wird in dieser Richtung positiv gezählt, ist auch die Richtung von $\vec{n}_i$ eindeutig festgelegt[1]. Wählt man auf jedem Flächenelement einen Punkt P_j, in dem die Flussdichte den Wert $\vec{B}_i$ aufweist, und nimmt man weiterhin an, dass die Flussdichte überall auf dem elementaren Flächenelement ΔA_i den gleichen konstanten Wert $\vec{B}_i$ besitzt, dann kann der von dem Flächenelement ΔA_i gelieferte elementare Beitrag zum Fluss analog zu der Situation in Abb. C.4 aus dem Skalarprodukt $\Delta \Psi_i = \vec{B}_i \cdot \Delta \vec{A}_i$ berechnet werden. Eine Näherungslösung für den gesamten Fluss Ψ durch die Fläche A erhält man durch Summation dieser Beiträge über alle Flächenelemente

$$\Psi \approx \sum_{i=1}^{n} \Delta \Psi_i = \sum_{i=1}^{n} \vec{B}_i \cdot \Delta \vec{A}_i \ . \tag{C.12}$$

Die Abweichung der endlichen Summe von dem gesuchten Wert wird umso geringer, je feiner die Unterteilung der Fläche A gewählt wird. Lässt man die Anzahl der Teilflächen n nach Unendlich gehen, wobei gleichzeitig $\Delta A_i \to 0$ für alle i gelten soll, dann nähert sich die Summe einem Grenzwert, den man als das über die Fläche A gebildete Oberflächenintegral bezeichnet und das dem Fluss durch diese Fläche entspricht

$$\Psi = \iint_A \vec{B} \cdot d\vec{A} = \lim_{\substack{\Delta A_i \to 0 \\ n \to \infty}} \sum_{i=1}^{n} \vec{B}_i \cdot \Delta \vec{A}_i \ . \tag{C.13}$$

Wir betrachten noch zwei Sonderfälle zu dieser Gleichung, bei denen der Rechenaufwand etwas geringer wird:

- Sind die beiden Vektoren $\vec{B}$ und $d\vec{A}$ überall gleich gerichtet (parallel), dann ist der eingeschlossene Winkel α Null und es gilt die vereinfachte Beziehung:

$$\Psi = \iint_A B \, dA \ . \tag{C.14}$$

- Ist zusätzlich B überall auf A konstant, dann gilt

$$\Psi = B \iint_A dA = B A \ . \tag{C.15}$$

Die Integration geht dann in eine einfache Multiplikation der Flussdichte B mit dem Flächeninhalt A über.

---

[1] In vielen Fällen wird der Fluss berechnet, der aus einem Volumen heraustritt, d.h. die Oberfläche des Volumens wird von dem Fluss *nach außen* durchsetzt. Die Flächennormale zeigt dann ebenfalls *nach außen*.

Physikalische Grundbegriffe

D.1 Physikalische Größen 328
D.2 Physikalische Gleichungen 331

D

ÜBERBLICK

D Physikalische Grundbegriffe

D.1 Physikalische Größen

Jede physikalische Größe ist gekennzeichnet durch eine Quantität (**Zahlenwert** bzw. Vielfaches einer Einheit) und eine Qualität (**Einheit** bzw. Dimension).

Beispiel: $l = 18{,}3$ m   Zahlenwert = 18,3   Einheit = m

Zur besonderen Kennzeichnung der Einheit wird die eckige Klammer verwendet.

Beispiel: $[l] = $ m bedeutet: die Einheit der Länge l ist Meter.

Die zulässigen Einheiten und ihre Definitionen sind gesetzlich geregelt. Seit 1960 wird das international vereinbarte System der **SI-Basiseinheiten** (SI = Système International d'Unités) verwendet.

Tabelle D.1

SI-Einheiten

Basisgröße	Basiseinheit	
	Name	Zeichen
Länge	Meter	m
Masse	Kilogramm	kg
Zeit	Sekunde	s
el. Stromstärke	Ampère	A
Temperatur	Kelvin	K
Stoffmenge	Mol	mol
Lichtstärke	Candela	cd

Die als MKSA-System (Meter-Kilogramm-Sekunde-Ampère) bezeichneten ersten vier Basisgrößen reichen zur Beschreibung der mechanischen und elektromagnetischen Vorgänge aus. Bei der Festlegung physikalischer Größen als Basisgrößen muss darauf geachtet werden, dass sie alle voneinander unabhängig sind. Ist die eine aus den anderen ableitbar, dann kann sie keine Basisgröße sein. Zusätzlich muss das Basissystem vollständig sein, d.h. alle weiteren physikalischen Größen müssen sich aus den Basisgrößen zusammensetzen.

Aus den Basiseinheiten lassen sich durch Multiplikation, Division und Potenzierung **abgeleitete Einheiten** bilden, die ihrerseits einen eigenen Namen bzw. ein eigenes Zeichen besitzen können.

Beispiele

[Ladung] = Coulomb mit 1 C = 1 As

[Kraft] = Newton mit 1 N = 1 kg·m/s²

Die **Dimension** einer Größe gibt den Zusammenhang zwischen der betreffenden Größe und den Basisgrößen an. Für die Dimension der Geschwindigkeit (= Weg/Zeit) gilt demnach dim v = dim $(l \cdot t^{-1})$ = m/s. Die Bezeichnungen l und t sind die vereinbarten Symbole für Länge und Zeit.

Tabelle D.2

Beispiele für physikalische Größen und ihre Einheiten

Physikalische Größe mit Bezeichnung		Name der SI-Einheit und zugehörige Abkürzung		Definitionen und Umrechnungen
Kraft	F	Newton	(N)	1 N = 1 kg m/s² = 1 VAs/m
Energie	W	Joule	(J)	1 J = 1 Nm = 1 Ws = 1 VAs
Leistung	P	Watt	(W)	1 W = 1 Nm/s = 1 VA
Frequenz	f	Hertz	(Hz)	1 Hz = 1/s
Spannung	U	Volt	(V)	1 V = 1 W/A
Widerstand	R	Ohm	(Ω)	1 Ω = 1 V/A = 1 W/A²
Ladung	Q	Coulomb	(C)	1 C = 1 As
Elektrische Feldstärke	E	---		1 V/m = 1 W/(Am)
Elektrische Flussdichte	D	---		1 C/m² = 1 As/m²
Kapazität	C	Farad	(F)	1 F = 1 C/V = 1 As/V
Magnetischer Fluss	Φ	Weber	(Wb)	1 Wb = 1 Vs
Magnetische Flussdichte	B	Tesla	(T)	1 T = 1 Wb/m² = 1 Vs/m²
Magnetische Feldstärke	H	---		1 A/m
Induktivität	L	Henry	(H)	1 H = 1 Wb/A = 1 Vs/A

Eine abgeleitete Einheit heißt **kohärent** (zusammenhängend), wenn sie mit dem Faktor 1 aus den Basiseinheiten gebildet wird. Die inkohärenten Einheiten (z.B. 1 PS = 75 kp m/s = 735,49875 W) sind nicht Bestandteil der SI-Einheiten, d.h. im SI-Einheitensystem ergeben sich alle abgeleiteten Einheiten ausschließlich durch Multiplikation und Division ohne zusätzliche Zahlenfaktoren aus den Basiseinheiten.

Physikalische Grundbegriffe

Neben den SI-Einheiten existieren aber auch noch einige andere Einheiten, deren Verwendung in speziellen Gebieten zweckmäßig ist und deren Zusammenhang mit den SI-Einheiten auf experimentellem Wege ermittelt und daher nicht durch einen einfachen Zahlenwert angegeben werden kann. Als Beispiel seien das Elektronenvolt (eV) und die atomare Masse-Einheit (u) genannt.

Ein **Elektronenvolt** eV entspricht der kinetischen Energie, die ein Elektron beim Durchlaufen einer Potentialdifferenz von 1 V im Vakuum gewinnt

$$1\,\text{eV} = 1{,}6021892 \cdot 10^{-19}\,\text{J} \; . \tag{D.1}$$

Die **atomare Masse-Einheit** u wird angegeben in kg und entspricht 1/12 der Masse eines Kohlenstoffisotops ^{12}C

$$1\,\text{u} = 1{,}66057 \cdot 10^{-27}\,\text{kg} \; . \tag{D.2}$$

Zur Kennzeichnung der Masse eines Atoms m_A verwendet man die relative Atommasse A_r, die z.B. für Kupfer $A_r = 63{,}54$ beträgt und die dem mittleren Massewert des natürlichen Isotopengemischs von Kupfer entspricht. Für die mittlere Masse eines Kupferatoms erhält man den Wert

$$m_A = A_r \cdot \text{u} = 1{,}055 \cdot 10^{-25}\,\text{kg} \; . \tag{D.3}$$

Ist der Zahlenwert einer physikalischen Größe unpraktisch groß oder klein, so kann eine Zehnerpotenz der Einheit verwendet werden, so dass die Zahlenwerte zwischen 0,1 und 1000 liegen. Dies wird durch die folgenden Vorsätze gekennzeichnet:

Tabelle D.3

Umrechnungsfaktoren

Potenz	Name	Zeichen	Potenz	Name	Zeichen
10^{15}	Peta	P	10^{-3}	Milli	m
10^{12}	Tera	T	10^{-6}	Mikro	µ
10^{9}	Giga	G	10^{-9}	Nano	n
10^{6}	Mega	M	10^{-12}	Piko	p
10^{3}	Kilo	k	10^{-15}	Femto	f

Unter Berücksichtigung des in der Tabelle nicht enthaltenen Faktors $10^0 = 1$ entsprechen die Abstufungen zwischen jeweils zwei benachbarten Vorsätzen dem Faktor 10^3. Von den früher verwendeten zusätzlichen Vorfaktoren 10^2 (Hekto), 10^1 (Deka), 10^{-1} (Dezi) und 10^{-2} (Zenti) wird nur noch der Faktor 10^{-2} bei der Länge (Zentimeter) benutzt[1]. Eine Besonderheit bildet die SI-Basiseinheit Kilogramm (kg). Die Vorsätze werden nicht auf kg, sondern auf die Einheit Gramm (g) angewendet. Beispielsweise werden 10^{-3} g als mg und nicht als μkg bezeichnet.

D.2 Physikalische Gleichungen

D.2.1 Größengleichungen

Physikalische Gesetze und Definitionen werden durch **Größengleichungen** ausgedrückt.

Beispiele

Grundgesetz der Mechanik:

   Kraft = Masse · Beschleunigung   ↔ $F = m \cdot a$

Definition der Geschwindigkeit:

   Geschwindigkeit = zeitliche Ableitung des Weges   ↔ $v = ds/dt$

Definition der Beschleunigung:

   Beschleunigung = zeitliche Ableitung der Geschwindigkeit   ↔ $a = dv/dt$

Die in den Größengleichungen auftretenden Formelzeichen können verschiedene Werte (Zahlenwert · Einheit) annehmen. Die Größengleichungen gelten daher unabhängig von der gewählten Einheit. In diesen Gleichungen werden die Einheiten genauso wie algebraische Größen behandelt.

Beispiel

Bei einer konstanten Geschwindigkeit $v = 25$ m/s kann der in $t = 400$ s zurückgelegte Weg s berechnet werden: $s = v \cdot t = 25$ m/s $\cdot\ 400$ s $= 10\,000$ m $= 10$ km.

Genauso kann mit den Einheiten km und h und den entsprechenden Zahlenwerten gerechnet werden, ohne dass die Gleichung $s = v \cdot t$ ihre Gültigkeit verliert.

Die Einheit der berechneten Größe (des Weges im vorstehenden Beispiel) ergibt sich automatisch als Folge der eingesetzten Einheiten bei den gegebenen Größen (Geschwindigkeit und Zeit).

---

[1] Bei der kombinierten Schreibweise von Einheiten und Vorsätzen beziehen sich die Exponenten immer auf den gesamten Ausdruck, z.B. bedeutet μs^2 = (μs)^2 oder km^2 = (km)^2 und nicht μ(s)^2 bzw. k(m)^2.

D.2.2 Zugeschnittene Größengleichungen

Gelegentlich werden auch **zugeschnittene Größengleichungen** verwendet, in denen jede Größe durch die ihr zugeordnete Einheit dividiert auftritt. Als Beispiel sei die in Kap. 2.6 abgeleitete Beziehung für den Gleichstromwiderstand R eines Kupferrunddrahtes

$$R = \frac{\rho_R\, l}{\pi\, a^2} \tag{D.4}$$

der Länge l und des Radius a betrachtet. Mit dem spezifischen Widerstand von Kupfer

$$\rho_R = 0{,}0178\, \frac{\Omega\, \text{mm}^2}{\text{m}} \tag{D.5}$$

nach Tabelle 2.1 und mit dem Drahtdurchmesser $d = 2a$ lässt sich die Gleichung zur Berechnung des Widerstandes unmittelbar auf den in der Praxis üblichen Fall zuschneiden, bei dem der Durchmesser des Kupferdrahtes in mm angegeben wird

$$R = \frac{\rho_R\, l}{\pi\, a^2} = \frac{0{,}0178}{\pi}\, \frac{l}{(d/2)^2}\, \frac{\Omega\, \text{mm}^2}{\text{m}} = 22{,}66 \cdot 10^{-3}\, \Omega\, \frac{l/\text{m}}{(d/\text{mm})^2}$$

$$\rightarrow \quad \frac{R}{\text{m}\Omega} = 22{,}66 \cdot \frac{l/\text{m}}{(d/\text{mm})^2}\, . \tag{D.6}$$

Als Ergebnis liefert diese Gleichung den Widerstand direkt in Milliohm, wenn die Länge l in Meter und der Drahtdurchmesser d in Millimeter eingesetzt werden. Betrachten wir ein einfaches Beispiel. Für einen 5 m langen Kupferdraht mit einem Durchmesser von 1 mm lässt sich der ohmsche Widerstand auf etwa 113 mΩ abschätzen. Die Gleichung behält ihre Gültigkeit aber auch für den Fall, dass andere Einheiten verwendet werden, sofern die entsprechenden Umrechnungen zwischen den Einheiten berücksichtigt werden.

Literaturverzeichnis

[1] Ameling, W., Laplace-Transformation, Vieweg, Wiesbaden, 1984.

[2] Bosse, G., Grundlagen der Elektrotechnik. Bd. 1-4, Springer-Verlag, 1996.

[3] Bronstein, I. N., Semendjajew, K. A., Taschenbuch der Mathematik, Verlag Harri Deutsch, Frankfurt, 2000.

[4] Doetsch, G., Anleitung zum praktischen Gebrauch der Laplace-Transformation, Oldenbourg Verlag, 1961.

[5] Edminster, J.A., Elektrische Netzwerke, McGraw-Hill Book Company GmbH, 1991.

[6] Elschner, H., Grundlagen der Elektrotechnik/Elektronik, Verlag Technik, Berlin, 1990.

[7] Fetzer, A., Fränkel, H., Mathematik I, 7. Aufl., Springer Verlag, Berlin, 2003.

[8] Feynman, R. P., Vorlesungen über Physik, Band II: Elektromagnetismus und Struktur der Materie, Oldenbourg Verlag, München, 2001.

[9] Föllinger, O., Laplace-, Fourier- und z-Transformation, 8. Aufl., Hüthig Verlag, Heidelberg, 2003.

[10] Gräßer, A., Wiese, J., Analyse linearer elektrischer Schaltungen, Hüthig Verlag, Heidelberg, 2001.

[11] Greuel, O., Mathematische Ergänzungen und Aufgaben für Elektrotechniker, Carl Hanser Verlag, 1990.

[12] Haase, H., Garbe, H., Elektrotechnik - Theorie und Grundlagen, Springer Verlag, Berlin, 1997.

[13] Hambley, Allan R., Electrical Engineering - Principles and Applications, Fourth Edition, Prentice Hall, 2008.

[14] Helke, H., Messbrücken und Kompensatoren für Wechselstrom, Oldenbourg Verlag, 1971.

[15] Hering, E., Martin, R., Stohrer, M., Physik für Ingenieure, 6. Aufl., Springer Verlag, Berlin, 1997.

[16] Kuchling, H., Taschenbuch der Physik, Verlag Harry Deutsch, Frankfurt, 1978.

[17] Kurzweil, P., Frenzel, B., Gebhard, F., Physik Formelsammlung, 1. Aufl., Friedr. Vieweg+Sohn, 2008.

[18] Lerch, R., Elektrische Messtechnik, 5. Aufl., Springer-Verlag, Heidelberg, 2010.

[19] Lunze, K., Einführung in die Elektrotechnik, Hüthig Verlag, Heidelberg, 1983.

[20] Meinke, H., Gundlach, F. W., Taschenbuch der Hochfrequenztechnik, 5. Aufl., Springer Verlag, Berlin, 1992.

[21] Merziger, G., Wirth, Th., Repetitorium der höheren Mathematik, 4. Aufl., Verlag Binomi, Springe, 1999.

[22] Moeller, F., Grundlagen der Elektrotechnik, 13. Aufl., B. G. Teubner, Stuttgart, 1967.

[23] Müller, R., Grundlagen der Halbleiter-Elektronik, 6. Aufl., Springer Verlag, Berlin, 1991.

[24] Otten, E. W., Repetitorium Experimentalphysik, Springer Verlag, Berlin, 1998.

[25] Paul, R., Elektrotechnik, 3. Aufl., Springer Verlag, Berlin, 1993.

[26] Philippow, E., Grundlagen der Elektrotechnik, 8. Aufl., Hüthig Verlag, Heidelberg, 1989.

[27] Prechtl, A., Vorlesungen über die Grundlagen der Elektrotechnik, Springer Verlag, Wien, Band 1, 1994, Band 2, 1995.

[28] Pregla, R., Grundlagen der Elektrotechnik, 6. Aufl., Hüthig Verlag, Heidelberg, 2001.

[29] Purcell, E. M., Berkeley Physik Kurs 2, Elektrizität und Magnetismus, 3. Aufl., Friedr. Vieweg+Sohn, Braunschweig, 1983.

[30] Smirnow, W.I., Lehrbuch der höheren Mathematik, Bd. 2, Verlag Harri Deutsch, Frankfurt, 1990.

[31] Spiegel, M.R., Laplace-Transformationen, McGraw-Hill Book Company GmbH, 1977.

[32] Unbehauen, R., Grundlagen der Elektrotechnik, Bd. 1, 5. Aufl., Springer Verlag, Berlin, 1999, Bd. 2, 4. Aufl., Springer Verlag, Berlin, 1994.

[33] von Münch, W., Elektrische und magnetische Eigenschaften der Materie, B. G. Teubner, Stuttgart 1987.

[34] von Weiss, A., Die Feldgrößen der Elektrodynamik: Definition, Deutung und Normung der elektromagnetischen Feldgrößen, VDE-Verlag, 1984.

[35] Zinke, O., Seither, H., Widerstände, Kondensatoren, Spulen und ihre Werkstoffe, 2. Aufl., Springer Verlag, Berlin, 1982.

Verzeichnis der verwendeten Symbole

Generelle Bemerkungen

Die Koordinatenbezeichnungen werden steil gesetzt.

Vektoren werden durch Fettdruck und mit Pfeil gekennzeichnet, z.B. $\vec{\mathbf{s}}$. Ihr Betrag (Länge) wird in der Form $|\vec{\mathbf{s}}| = s$ geschrieben.

Vektoren

$\vec{\mathbf{0}}$		Vektor der Länge Null
$\vec{\mathbf{A}}$	m²	gerichtete Fläche $\vec{\mathbf{A}} = \vec{\mathbf{n}}\,A$, $\vec{\mathbf{n}}$ steht senkrecht auf A
$\mathrm{d}\vec{\mathbf{A}}$	m²	vektorielles Flächenelement $\mathrm{d}\vec{\mathbf{A}} = \vec{\mathbf{n}}\,\mathrm{d}A$
$\vec{\mathbf{B}}$	Vs/m²	magnetische Flussdichte, (Induktion)
$\vec{\mathbf{D}}$	As/m²	elektrische Flussdichte, Verschiebungsdichte, el. Erregung
$\vec{\mathbf{E}}$	V/m	elektrische Feldstärke
$\vec{\mathbf{e}}$		Einheitsvektor, Vektor mit Betrag $|\vec{\mathbf{e}}| = 1$
$\vec{\mathbf{e}}_x, \vec{\mathbf{e}}_y, \vec{\mathbf{e}}_z$		Einheitsvektoren in kartesischen Koordinaten
$\vec{\mathbf{e}}_\rho, \vec{\mathbf{e}}_\varphi, \vec{\mathbf{e}}_z$		Einheitsvektoren in Zylinderkoordinaten
$\vec{\mathbf{e}}_r, \vec{\mathbf{e}}_\vartheta, \vec{\mathbf{e}}_\varphi$		Einheitsvektoren in Kugelkoordinaten
$\vec{\mathbf{F}}$	VAs/m = N	Kraft
$\vec{\mathbf{H}}$	A/m	magnetische Feldstärke
$\vec{\mathbf{J}}$	A/m² Vs/m²	1) (räumlich verteilte) Stromdichte 2) magnetische Polarisation
$\vec{\mathbf{j}}$	Vsm	magnetisches Dipolmoment
$\vec{\mathbf{M}}$	A/m	Magnetisierung
$\vec{\mathbf{m}}$	Am²	magnetisches Moment
$\vec{\mathbf{n}}$		senkrecht auf einer Fläche stehender Einheitsvektor
$\vec{\mathbf{P}}$	As/m²	dielektrische Polarisation
$\vec{\mathbf{p}}$	Asm	elektrisches Dipolmoment
$\vec{\mathbf{r}}$	m m	1) Abstandsvektor vom Quellpunkt zum Aufpunkt 2) Vektor vom Ursprung (Nullpunkt) zum Aufpunkt P
$\vec{\mathbf{r}}_P$	m	Vektor vom Ursprung 0 zum Aufpunkt P

Verzeichnis der verwendeten Symbole

$\vec{r}_Q$	m	Vektor vom Ursprung 0 zum Quellpunkt Q
$\vec{s}$	m	gerichtete Strecke
$\vec{v}$	m/s	Geschwindigkeit
$\vec{v}_e$	m/s	Driftgeschwindigkeit der Elektronen

Lateinische Buchstaben

A	m²	Fläche
A_L	nH	A_L-Wert
a	m/s²	Beschleunigung
a, b	m	Abmessungen
B	Vs/m²	Betrag der magnetischen Flussdichte
B_r	Vs/m²	Remanenz
C	As/V = F	Kapazität
c	m/s	Lichtgeschwindigkeit $c = 2{,}99792 \cdot 10^8$ m/s
D	As/m²	Betrag der elektrischen Flussdichte
d	m	Abstand
E	V/m	Betrag der elektrischen Feldstärke
e		Euler'sche Konstante 2,71828...
e	As	Elementarladung $e = 1{,}6021892 \cdot 10^{-19}$ As
F	VAs/m = N	Betrag der Kraft
f	1/s = Hz	Frequenz
G	1/Ω = A/V	elektrischer Leitwert
H	A/m	Betrag der magnetischen Feldstärke
H_c	A/m	Koerzitivfeldstärke
h	m	Länge (Höhe)
h_1, h_2, h_3		metrische Faktoren (unterschiedliche Einheiten)
I	A	Gleichstrom
I_K	A	Kurzschlussstrom
i	A	1) zeitabhängiger Strom 2) Zählindex
J	A/m²	Betrag der Stromdichte
k		1) Koppelfaktor 2) Zählindex

L	Vs/A = H	Induktivität
L_a	Vs/A	äußere Induktivität
L_h	Vs/A	Hauptinduktivität
L_i	Vs/A	innere Induktivität
L_{ii}	Vs/A	Selbstinduktivität des i-ten Leiters
L_{ik}	Vs/A	Gegeninduktivität zwischen dem i-ten und dem k-ten Leiter
L_s	Vs/A	Streuinduktivität
l	m	Länge
l_m	m	mittlere magnetische Weglänge
M	Vs/A	Gegeninduktivität
m	kg	Masse
m_0	kg	Ruhemasse eines Elektrons $m_0 = 9{,}1094 \cdot 10^{-31}$ kg
N		Windungszahl
n		1) Betrag des Normalenvektors $n = |\vec{n}|$ 2) Zählindex
P		Aufpunkt (Beobachtungspunkt)
P	VA = W	Leistung
p_v	W/m³	Verlustleistungsdichte
Q		Quellpunkt
Q	As	Ladung bzw. Punktladung
q	As	zeitabhängige Ladung
R	V/A = Ω	ohmscher Widerstand
R_E	V/A = Ω	Eingangswiderstand
R_i	V/A = Ω	Innenwiderstand einer Quelle
R_m	A/Vs	magnetischer Widerstand
r	m	Kugelkoordinate $0 \leq r < \infty$
r	m	Betrag des Vektors $\vec{r}$, $r = |\vec{r}|$
r_P	m	Betrag des Aufpunktvektors, $r_P = |\vec{r}_P|$
r_Q	m	Betrag des Quellpunktvektors, $r_Q = |\vec{r}_Q|$
s	m	Strecke
T	K s	1) Temperatur 2) Periodendauer

t	s	Zeit
U	V	Gleichspannung
U_L	V	Leerlaufspannung
u	V	zeitabhängige Spannung
$ü$		Übersetzungsverhältnis
V	m³	Volumen
V_m	A	magnetische Spannung
v	m/s	Betrag der Geschwindigkeit
W	VAs = J	Energie
w	VAs/m³	Energiedichte
x, y, z	m	kartesische Koordinaten
z		Wertigkeit eines Ions

Griechische Buchstaben

Φ	Vs	magnetischer Fluss
Φ_A	Vs	magnetischer Fluss durch eine Querschnittsfläche
Λ_m	Vs/A	magnetischer Leitwert
Θ	A	Durchflutung
Ψ	As	elektrischer Fluss
α	1/K	1) Temperaturkoeffizient 2) Winkel
χ		1) dielektrische Suszeptibilität 2) magnetische Suszeptibilität
ε	As/Vm	Dielektrizitätskonstante, (Permittivität), $\varepsilon = \varepsilon_r \, \varepsilon_0$
ε_0	As/Vm	Dielektrizitätskonstante im Vakuum, (elektrische Feldkonstante) $\varepsilon_0 = 8{,}854 \cdot 10^{-12}$ As/Vm
ε_r		Dielektrizitätszahl, = 1 im Vakuum
φ		Zylinderkoordinate, Kugelkoordinate $0 \leq \varphi < 2\pi$
φ		Phasenwinkel
φ_e	V	elektrostatisches Potential
η		Wirkungsgrad
κ	A/Vm	spezifische Leitfähigkeit, $\kappa = 1/\rho_R$
λ	As/m	Linienladung, Linienladungsdichte

μ	Vs/Am	(absolute) Permeabilität, $\mu = \mu_r \mu_0$
μ_0	Vs/Am	Permeabilität im Vakuum, (magnetische Feldkonstante) $\mu_0 = 4\pi \cdot 10^{-7}$ Vs/Am
μ_e	m²/Vs	Beweglichkeit der Ladungsträger
μ_r		Permeabilitätszahl, = 1 im Vakuum
ϑ		Kugelkoordinate $0 \leq \vartheta \leq \pi$
ρ	m	Zylinderkoordinate $0 \leq \rho < \infty$
ρ	As/m³	freie Raumladung, Raumladungsdichte
ρ_R	Vm/A	spezifischer Widerstand, $\rho_R = 1/\kappa$
σ	As/m²	1) Flächenladung, Flächenladungsdichte 2) Streugrad (Streuung)
ω	1/s	Kreisfrequenz, $\omega = 2\pi f$

Indizes

A	bezieht sich auf eine Querschnittsfläche
e	elektrisch
i	Zählindex
K	bezieht sich auf eine Kugel
k	Zählindex
L	1) bezieht sich auf die Ausgangslast 2) bezieht sich auf den Luftspalt
m	magnetisch
n	in Richtung der Flächennormalen
P	bezieht sich auf den Aufpunkt
p	Primärseite beim Transformator
Q	bezieht sich auf den Quellpunkt
R, L, C	das entsprechende Bauelement betreffend
$\vec{r}$	in Richtung eines Vektors $\vec{r}$
r	in Richtung der Kugelkoordinate r
s	1) in Richtung der Strecke s 2) Sekundärseite beim Transformator
t	in tangentialer Richtung
x, y, z	in Richtung der jeweiligen Koordinate
ρ, φ, ϑ	in Richtung der jeweiligen Koordinate

Verzeichnis der verwendeten Symbole

Sonstiges

$\cdot$	Skalarprodukt
$\times$	Kreuzprodukt
$\lvert\vec{E}\rvert$	Betrag (Länge) des Vektors $\vec{E}$
$\hat{u}$	Spitzenwert (Amplitude) von $u(t)$

Griechisches Alphabet

α	A	Alpha
β	B	Beta
γ	Γ	Gamma
δ	Δ	Delta
ε	E	Epsilon
ζ	Z	Zeta
η	H	Eta
θ, ϑ	Θ	Theta
ι	I	Jota
κ	K	Kappa
λ	Λ	Lambda
μ	M	My
ν	N	Ny
ξ	Ξ	Xi
o	O	Omikron
π	Π	Pi
ρ	P	Rho
σ	Σ	Sigma
τ	T	Tau
υ	Y	Ypsilon
ϕ, φ	Φ	Phi
χ	X	Chi
ψ	Ψ	Psi
ω	Ω	Omega

Koordinatensysteme

	Kartesische Koordinaten
Einheitsvektoren	$\vec{e}_x, \vec{e}_y, \vec{e}_z$
Kreuzprodukte	$\vec{e}_x \times \vec{e}_y = \vec{e}_z, \quad \vec{e}_y \times \vec{e}_z = \vec{e}_x, \quad \vec{e}_z \times \vec{e}_x = \vec{e}_y$
Zusammenhang mit den kartesischen Koordinaten	
Umrechnungen	$\vec{e}_x = \vec{e}_\rho \cos\varphi - \vec{e}_\varphi \sin\varphi$ $= \vec{e}_r \sin\vartheta \cos\varphi + \vec{e}_\vartheta \cos\vartheta \cos\varphi - \vec{e}_\varphi \sin\varphi$ $\vec{e}_y = \vec{e}_\rho \sin\varphi + \vec{e}_\varphi \cos\varphi$ $= \vec{e}_r \sin\vartheta \sin\varphi + \vec{e}_\vartheta \cos\vartheta \sin\varphi + \vec{e}_\varphi \cos\varphi$ $\vec{e}_z = \vec{e}_r \cos\vartheta - \vec{e}_\vartheta \sin\vartheta$
Ortsvektor	$\vec{r} = \vec{e}_x x + \vec{e}_y y + \vec{e}_z z$
Betrag des Ortsvektors	$r = \sqrt{x^2 + y^2 + z^2}$
vektorielles Wegelement	$d\vec{r} = \vec{e}_x dx + \vec{e}_y dy + \vec{e}_z dz$
Volumenelement	$dV = dx\, dy\, dz$
vektorielles Flächenelement	$d\vec{A} = \vec{e}_z dx\, dy$ $d\vec{A} = \vec{e}_y dx\, dz$ $d\vec{A} = \vec{e}_x dy\, dz$

Koordinatensysteme

Zylinderkoordinaten	Kugelkoordinaten
$\vec{e}_\rho, \vec{e}_\varphi, \vec{e}_z$	$\vec{e}_r, \vec{e}_\vartheta, \vec{e}_\varphi$
$\vec{e}_\rho \times \vec{e}_\varphi = \vec{e}_z$, $\quad \vec{e}_\varphi \times \vec{e}_z = \vec{e}_\rho$, $\quad \vec{e}_z \times \vec{e}_\rho = \vec{e}_\varphi$	$\vec{e}_r \times \vec{e}_\vartheta = \vec{e}_\varphi$, $\quad \vec{e}_\vartheta \times \vec{e}_\varphi = \vec{e}_r$, $\quad \vec{e}_\varphi \times \vec{e}_r = \vec{e}_\vartheta$
$\begin{aligned} x &= \rho \cos\varphi \\ y &= \rho \sin\varphi \quad \text{mit} \quad \begin{array}{l} 0 \le \rho < \infty \\ 0 \le \varphi < 2\pi \end{array} \\ z &= z \end{aligned}$	$\begin{aligned} x &= r \sin\vartheta \cos\varphi \\ y &= r \sin\vartheta \sin\varphi \quad \text{mit} \quad \begin{array}{l} 0 \le r < \infty \\ 0 \le \vartheta \le \pi \\ 0 \le \varphi < 2\pi \end{array} \\ z &= r \cos\vartheta \end{aligned}$
$\vec{e}_\rho = \vec{e}_x \cos\varphi + \vec{e}_y \sin\varphi$	$\vec{e}_r = \vec{e}_x \sin\vartheta \cos\varphi + \vec{e}_y \sin\vartheta \sin\varphi + \vec{e}_z \cos\vartheta$
$\vec{e}_\varphi = -\vec{e}_x \sin\varphi + \vec{e}_y \cos\varphi$	$\vec{e}_\vartheta = \vec{e}_x \cos\vartheta \cos\varphi + \vec{e}_y \cos\vartheta \sin\varphi - \vec{e}_z \sin\vartheta$
$\vec{e}_z = \vec{e}_z$	$\vec{e}_\varphi = -\vec{e}_x \sin\varphi + \vec{e}_y \cos\varphi$
$\vec{r} = \vec{e}_\rho \rho + \vec{e}_z z$	$\vec{r} = \vec{e}_r r$
$r = \sqrt{\rho^2 + z^2}$	$r = \sqrt{r^2}$
$d\vec{r} = \vec{e}_\rho d\rho + \vec{e}_\varphi \rho d\varphi + \vec{e}_z dz$	$d\vec{r} = \vec{e}_r dr + \vec{e}_\vartheta r d\vartheta + \vec{e}_\varphi r \sin\vartheta d\varphi$
$dV = d\rho \cdot \rho d\varphi \cdot dz = \rho\, d\rho\, d\varphi\, dz$	$dV = dr \cdot r d\vartheta \cdot r \sin\vartheta d\varphi = r^2 \sin\vartheta\, dr\, d\vartheta\, d\varphi$

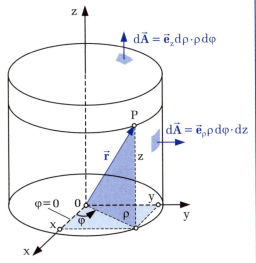
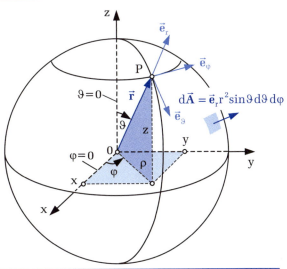

Register

A

Abschirmung 51
Akkumulator 113
Akzeptoren 165
A_L-Wert 219
Ampèremeter 130
Amplitude 268
Anion 157
Anode 153
Anzapfung 295
Äquipotentialfläche 36
Äquipotentiallinie 36
atomare Masse-Einheit 330
Atomkern 17
Atommodell 17
Aufpunkt 21
Aufpunktskoordinate 21
Austrittsarbeit 156
Außenleiter 272
Außenleiterspannung 273

B

Bändermodell 164
Basiseinheiten 328
Beweglichkeit 87
Bewegungsinduktion 240, 267
Bezugspotential 34
bifilar 97
Blochwände 200
Brechungsgesetz 60, 100, 206

C

Coulomb 18
Coulomb'sches Gesetz 18
Curie-Temperatur 202, 227

D

Dauermagnete 202
Defekt-Elektron 164
Diamagnetismus 199
Dielektrikum 54
Dielektrizitätskonstante 18, 55
Dielektrizitätszahl 55
Diffusionsstrom 166
Dipol 52
    elektrischer 52
    magnetischer 196

Dipolmoment 52
    magnetisches 196
Dissoziation 158
Donatoren 165
Doppelleitung 213
Dotierung 165
Drehfeld 271
Drehkondensator 68
Drehstrom 271
Drehstromsystem 271
Dreieckschaltung 274
Drei-Leiter-System 274
Drei-Phasen-System 270
Driftgeschwindigkeit 87
Durchbruchsspannung 170
Durchflutung 188
Durchflutungsgesetz 188
Durchlassrichtung 169

E

Eigenleitfähigkeit 165
Einheitsvektor 305
elektrische Erregung 39
elektrischer Strom 82
elektrochemisches Äquivalent 160
Elektroden 81
Elektrolyse 159
Elektrolyt 158
Elektronenfehlstelle 164
Elektronenhülle 17
Elektronenmangel 18
Elektronenpolarisation 53
Elektronenüberschuss 18
Elektronenvolt 154, 330
Elementarladung 17
Energie
    elektrische 70
    magnetische 260
Energiedichte
    elektrische 72
    magnetische 264
Erregung
    elektrische 39
    magnetische 186
Ersatzschaltbild 69, 73
    T- 280

F

Faraday'scher Käfig 51
Faraday'sches Gesetz 160
Feld 19
   elektrisches 20
   elektrostatisches 20
   homogenes 29
   inhomogenes 29
   magnetisches 177
Feldemission 156
Feldkonstante 18
   elektrische 18
   magnetische 184
Feldlinie 27
Feldstärke 20
   elektrische 20
   magnetische 186
Ferritkern 227
Ferromagnetismus 200
Flächenladung 26, 41
Flächenladungsdichte 27
Flächennormale 38, 324
Fluss 38
   eines Vektorfeldes 323
   elektrischer 38
   magnetischer 195
   verketteter 267
   -verkettung 188, 212
Flussdichte 38
   elektrische 38
   magnetische 180
Fotoemission 156
Frequenz 268

G

galvanische Trennung 290
Galvanisieren 159
Gegeninduktion 251
Gegeninduktivität 252
Generator 267
Gleichrichter 157
Gleichstrom 86
Glühemission 156
Größengleichung 331
   zugeschnittene 332

H

Hall-Effekt 230
Hauptinduktivität 291
Heißleiter 98

Hülle
   unendlich ferne 28, 34
Hüllflächenintegral 320
Hysteresekurve 200
Hystereseschleife 265
Hystereseverluste 266

I

Induktion
   magnetische 180
Induktionsgesetz
   Faraday'sches 243
Induktivität 210
   äußere 214
   innere 214
   Parallelschaltung 250
   Reihenschaltung 249
Influenz 47
   magnetische 177
Innenwiderstand 133
Ion 88, 157

K

Kaltleiter 98
Kapazität 60
   Wicklungs- 225
Kation 157
Katode 153
Kirchhoff'sche Gleichungen 118
Klemmenverhalten 111
Knoten 117
Knotenregel 117
Koerzitivfeldstärke 201
Komponentendarstellung 309
Komponentenzerlegung 308
Kondensator 61
   Parallelschaltung 65
   Reihenschaltung 65
Konvektionsstrom 82
Koordinatensystem 312
   kartesisches 312
   krummliniges 314
   Kugel- 317
   orthogonales 312
   Zylinder- 316
Koppelfaktor 259
Kopplung 259
Kraft 19
   Lorentz- 183
Kreisfrequenz 268
Kreuzprodukt 307
Kristallgitter 163

Kugelkondensator 62
Kurzschluss 133
Kurzschlussstrom 133

L

Ladung
   freie 54
   influenzierte 49
   Polarisations- 54
Ladungsdichten 26
Ladungsverteilungen 24
Läufer 270
Leerlaufspannung 133
Leistung 102
   verfügbare 137
Leistungsanpassung 136
leitende Oberfläche 45
Leiter 86
Leiterspannung 273
Leiterstrom 272
Leitfähigkeit 89
   spezifische 89
Leitung
   selbstständige 157
   unselbstständige 157
Leitungsband 163
Leitwert 93
   elektrischer 93
   magnetischer 208
Lenz'sche Regel 240
Linienintegral 320
Linienladung 26
Linienladungsdichte 26
Loch 164
Löcherstrom 164
Lorentz-Kraft 183
Luftspalt 217
Luftspule 223

M

Magnetfeld 177
magnetischer Kreis 206
Magnetisierung 178, 196
Majoritätsträger 166
Masche 116
   -nauftrennung 147
Maschenregel 116
Mehrleitersystem 262
Mehrphasensystem 270
   symmetrisches 270
metrische Faktoren 315
Minoritätsträger 166

MKSA-System 328
Moment
   magnetisches 196
Momentanwert 268
Motor 267

N

Netzwerk 111
Netzwerkgraph 144
Neukurve 200
Neutralleiter 272
n-Leiter 166
Normalkomponente 41
NTC 98
Nukleonen 18

O

Oersted'sches Gesetz 187
Ohm'sches Gesetz 91
   des magnetischen Kreises 208
   in differentieller Form 91
   in integraler Form 92
Ordnungszahl 17
Orientierungspolarisation 53
Orthogonalität 312
Ortsvektor 304, 313

P

Parallelschaltung
   von Induktivitäten 250
   von Kondensatoren 65
   von Widerständen 119
Paramagnetismus 199
Periodendauer 268
Permeabilität 184, 197
Permeabilitätszahl 197
Phase 271
Phasenlage 269
Phasenspannung 271
Phasenstrom 271
Phasenverschiebung 269
Plattenkondensator 61
p-Leiter 166
pn-Übergang 167
Polarisation 52
   dielektrische 52
   Elektronen- 53
   magnetische 196
   Orientierungs- 53
   Verschiebungs- 52
Polarisationsflächenladung 57

Register

Polarisationsladungen 54
Polarisationsraumladung 57
Potential 33
   elektrostatisches 33
Potentialtrennung 274
Potentiometer 98, 126
   Trimm- 98
Primärspannung 286
Primärwicklung 275
PTC 98
Punktkonvention 280
Punktladung 19, 26

Q

Quellenfeld 33, 188
Quellenspannung 133
Quellenstrom 134
Quellpunktskoordinate 21

R

Randbedingung 43
Raumladung 26
Raumladungsdichte 27
Raumladungsgesetz 156
Reihenschaltung
   von Induktivitäten 249
   von Kondensatoren 65
   von Widerständen 119
Rekombination 165
Reluktanz 208
Remanenz 201
Ringintegral 32, 320
Ringschaltung 274
Rotor 68, 270
Ruheinduktion 242, 274

S

Sättigung 201
Sättigungsstrom 156
Schaltbild 111
Schaltkreis 111
Schaltungstopologie 111
Scheitelwert 268
Schirmwirkung 51
Schrittspannung 107
Schwingungsdauer 268
Sekundäremission 156
Sekundärspannung 286
Sekundärwicklung 275
Selbstinduktion 248
Selbstinduktivität 251

shunt 130
Skalar 304
Skalarpotential
   elektrisches 33
   magnetisches 194
Skalarprodukt 306
Solenoid 192
Spannung 37
   elektrische 37
   magnetische 194
Spannungsabfall 125
Spannungsquelle 113, 133
Spannungsteiler 124
   belasteter 126
Spartransformator 295
Sperrschicht 169
Spin 196
Spitzenwert 268
Spule 210
   planare 226
Stator 68, 270
Sternpunkt 272
Sternpunktleiter 272
Sternschaltung 272
Störleitung 165
Strang 271
Strangspannung 271
Strangstrom 271
Streufeld 48, 192, 274
Streugrad 292
Streuinduktivität 291
Streuung 292
Strom
   Diffusions- 166
Stromdichte 83
Stromquelle 114, 134
Stromrichtung 83
Stromstärke 82
Stromteiler 129
Supraleitung 164
Suszeptibilität
   dielektrische 56
   magnetische 198

T

Teilkapazitäten 69
T-Ersatzschaltbild 280
Topologie 111
Toroidspule 190, 211
Transformator 274

U

Überlagerungsprinzip 141
Übersetzungsverhältnis 286
Übertrager 274
    fest gekoppelter 293
    idealer 287
    lose gekoppelter 293
    streufreier 275, 286
    verlustbehafteter 294
    verlustloser 275

V

Valenzband 163
Valenzelektron 162
VDR 99
Vektor 304
    freier 304
    gebundener 304
vektorielles Flächenelement 38
Vektorprodukt 307
Verbindungszweig 146
Verlustleistung 103
Verlustleistungsdichte 104
Verschiebungsdichte 49
Verschiebungspolarisation 52
Verschiebungsstrom 82
Vielschichtkondensator 67
Vier-Leiter-System 272
vollständiger Baum 146
Voltmeter 126

W

Wechselspannung 269
Wechselstromgenerator 267
Weiß'sche Bezirke 200
Wertigkeit 158

Wheatstone-Brücke 126
Wickelkondensator 69
Wicklung 275
Wicklungskapazität 225
Widerstand 92
    Draht- 97
    Dreh- 98
    elektrischer 92
    Fest- 96
    lichtabhängiger 99
    magnetischer 208
    Masse- 98
    Parallelschaltung 119
    Reihenschaltung 119
    Schicht- 97
    Schiebe- 98
    spannungsabhängiger 99
    spezifischer 89
    temperaturabhängiger 98
Widerstandsanpassung 137
Widerstandsreihe 96
Widerstandstransformation 289
Windung 274
Winkelgeschwindigkeit 268
Wirbelfeld 33, 188
Wirkungsgrad 139

Z

Zählpfeilsystem 115
    Generator- 115
    Verbraucher- 115
Zeitwert 268
Zweig 143
    Verbindungs- 146
Zweipol 111

Manfred Albach
Janina Patz

Übungsbuch Elektrotechnik
ISBN 978-3-8689-4070-1
19.95 EUR [D], 20.60 EUR [A], 33.50 sFr*
352 Seiten

Übungsbuch Elektrotechnik

BESONDERHEITEN

Das Übungsbuch Elektrotechnik von Manfred Albach und Janina Patz eignet sich hervorragend zum Wiederholen und Einüben des Vorlesungsstoffes der Einführungsvorlesungen im Fach Elektrotechnik. Es enthält alle Aufgaben zur Vorlesung Grundlagen der Elektrotechnik I und II, basierend auf den gleichnamigen Lehrbüchern von Manfred Albach. Ausführliche Lösungen mit Rechenwegen bieten eine gezielte Vorbereitung auf Prüfungen.

KOSTENLOSE ZUSATZMATERIALIEN

Unter www.pearson-studium.de stehen für Sie weiterführende Informationen, sowie das komplette Inhaltsverzeichnis und eine Leseprobe zur Verfügung.

Weitere Informationen unter www.pearson-studium.de

*unverbindliche Preisempfehlung